锂离子电池热失控危险特性及其抑制技术

王志荣　欧阳东旭　著

科　学　出　版　社

北　京

内 容 简 介

本书首先简要阐述锂离子电池的发展历程及应用、组成及工作原理、热失控原理及相关安全标准，然后详尽阐述三种滥用方式(电滥用、热滥用、机械滥用)下电池的热失控行为特性及影响规律，明晰电池老化对其性能及热失控的影响，分析电池组热失控传播行为及其影响因素，最后介绍降温、阻隔、灭火等热失控抑制技术，并进行总结展望。本书以锂离子电池热失控及其防护为研究对象，详细论述锂离子电池热失控特性、影响因素及其防护技术。

本书可作为高等院校安全工程、应急技术与管理及相关工程类专业本科生和研究生的教材，也可供安全科学与工程及相关学科领域科研工作人员参考，还可供安全技术及管理人员参考。

图书在版编目(CIP)数据

锂离子电池热失控危险特性及其抑制技术 / 王志荣，欧阳东旭著 .—北京：科学出版社，2024. 2

ISBN 978-7-03-077744-7

Ⅰ. ①锂… Ⅱ. ①王… ②欧… Ⅲ. ①锂离子电池—发热—失控—研究 Ⅳ. ①TM912

中国国家版本馆 CIP 数据核字(2023)第 253042 号

责任编辑：牛宇锋 / 责任校对：任苗苗

责任印制：吴兆东 / 封面设计：图阅社

科学出版社 出版

北京东黄城根北街 16 号

邮政编码：100717

http://www.sciencep.com

北京中石油彩色印刷有限责任公司印刷

科学出版社发行 各地新华书店经销

*

2024 年 2 月第 一 版 开本：720×1000 1/16

2024 年 7 月第二次印刷 印张：21 1/4

字数：426 000

定价：198. 00 元

(如有印装质量问题，我社负责调换)

前　言

随着新能源产业的快速高效发展，锂离子电池及其模组在人类的生产和生活中扮演着越来越重要的角色。由于锂离子电池的本质安全缺陷及其使用环境复杂多样等，其在生产、运输、使用、储存、回收等过程中的热失控事故时有发生。电池热失控通常伴随着燃烧、爆炸、毒害性气体释放、超压等，其具有破坏性大、复杂性强、隐蔽性高等特点，给人民的生命财产安全带来了严重的威胁，也不利于新能源产业的发展及我国“双碳”目标的实现。深入开展锂离子电池热失控特性规律、影响因素等方面的研究，明确降温、阻隔、灭火等措施对于电池热失控的抑制机理与效果，对科学认识锂离子电池热失控行为、预防热失控事故灾害的发生、减少事故损失、指导应急救灾等具有重要的理论价值和现实意义。

本书结构合理，内容全面，对典型滥用条件下锂离子电池热失控及其传播特性、影响因素和热失控抑制技术进行了较全面、系统的介绍，内容翔实，吸收了作者多年来的科学研究成果，并充分吸纳了安全科学技术领域最新研究成果，可增进对锂离子电池安全性的全面认识，并对电池热失控及其火灾事故防护提供指导。

本书在撰写过程中得到了南京工业大学、中国科学技术大学、英国萨里大学等单位有关专家的大力支持，在此表示衷心的感谢！同时也参阅了大量的相关文献资料，在此谨对原作者表达最诚挚的谢意！

由于作者水平有限，书中难免存在不足之处，恳请读者批评指正。

目　　录

第1章　绪　　论

1.1　锂离子电池的发展历程及应用

随着人类社会的发展进步,新型可再生能源得到了越来越多的关注,以应对越发严峻的能源危机与环境污染。其中,锂离子电池凭借其较高的能量密度、较低的成本、较长的使用寿命、较少的污染等优点[1,2],成为当今社会最具代表性的新型能源储存工具。目前,锂离子电池广泛应用于电子产品、电动汽车以及储能系统等领域,在人类的生产生活中扮演着重要的角色。随着消费类电子产品需求的增长和电动汽车的普及,锂离子电池的使用前景不可估量。然而,锂离子电池的发展并不是一蹴而就的。

第一次石油危机之后,美国埃克森美孚公司为了寻找石油的替代能源,开始研发锂离子电池。很快,埃克森美孚的研究员斯坦利·惠廷厄姆提出了第一种锂离子电池[3]。他采用硫化钛作为正极,金属锂作为负极,制成了人类历史上首个锂离子电池。从思路上来看,这一电池构造虽类似于既有电池品种,但仍不是锂离子电池的最终方案。所用的正极材料硫化钛不是最好的选择,且负极材料金属锂极度活泼,具有高度反应性,使用时十分不安全。另外,负极材料金属锂在充电过程中会出现枝晶现象,进而引发电池自燃。直到今天,锂枝晶仍然是锂离子电池自燃的主要原因。尽管如此,斯坦利·惠廷厄姆的工作仍然奠定了锂离子电池的基本构造,此后的研究方向将转移到寻找合适的正负极材料上。

1980 年,牛津大学的约翰·古迪纳夫教授提出了最早的商业化锂离子电池层状正极材料——钴酸锂,这极大地提高了电池的工作电压[4]。一般来说,钴酸锂材料的理论比容量约为 270mAh/g。在使用过程中,充电到 4.2V 时钴酸锂材料的比容量约为 145mAh/g,而在 4.5V 下,其比容量可达 170mAh/g。直到今天,钴酸锂仍是 3C 产品电池正极的首选材料。1983 年,约翰·古迪纳夫教授提出尖晶石结构的锰酸锂正极材料,它价格低廉、性质稳定,具备优良的导电、导锂性能,且氧化性低于钴酸锂[5]。然而,由于 Mn 元素的溶解和 Jahn-Teller 效应,锰酸锂材料在高温环境下的循环性能和储存性能不尽理想,一直制约着锰酸锂材料的大规模应用。约翰·古迪纳夫教授在 1997 年提出了橄榄石结构的磷酸铁锂正极材料[6]。在理想的合成条件下,磷酸铁锂材料具有 3.5V(相对于锂)的平坦工作电压和

170mAh/g 的可充电容量[7,8]。此外，与其他正极材料相比，磷酸铁锂材料具有更优越的安全性能，不易发生热失控。然而，磷酸铁锂材料导电性较差，不适用于低温、高倍率等条件[9]。大多数商业化的磷酸铁锂材料涂布密度为 1.0g/cm^3，低于其他正极材料。较低的工作电压和较小的密度导致磷酸铁锂电池的能量密度相对较低。

2002 年，加拿大达尔豪斯大学的 Jeff Dahn 教授团队在钴酸锂材料的基础上，通过调整镍、锰和钴元素的含量，提出了镍锰钴酸锂(NMC)三元层状正极材料[10]。其中，镍可以提高电池容量，锰用于维持材料的结构稳定性，钴则对电池的导电性起着重要的作用[11,12]。随着电动汽车的快速发展，NMC 材料因其具有高容量优势而受到广泛关注；同时，由于 NMC 材料价格较低、容量较高，高镍三元材料正逐步取代低镍材料。而随着镍含量的增加，其与电解液的极高反应性也带来了较高的安全风险，电池的安全性将受到极大削弱[13]。

与 NMC 材料类似，在钴酸锂材料的基础上，通过调整镍、钴和铝元素的含量，镍钴铝酸锂(NCA)三元层状材料被进一步提出。其中，镍和钴成分分别用于提高容量和导电性，铝主要用于稳定晶格结构和防止循环过程中结构崩塌。由于其具有等效工作电压、高能量密度和实际应用的理想特征，NCA 材料现在被认为是最有吸引力的材料[14]，其中，$LiNi_{0.80}Co_{0.15}Al_{0.05}O_2$ 正极材料已经取得了商业成功。在循环过程中，锂/镍离子的混排导致的快速容量衰减，是 NCA 材料面临的问题[15]。Ni^{2+} 和 Li^+ 的半径相当，Ni^{2+} 很容易进入锂层，占据 Li^+ 的位置，从而导致容量损失和安全问题。

为了进一步降低传统正极材料的成本并提高能量密度，富锂材料受到越来越多的关注[16-20]。富锂层状氧化物在结构上是由层状 Li_2MnO_3 和 $LiMO_2$(M 主要是 Mn、Ni 和 Co)组成的，即 $x LiMO_2-(1-x) Li_2MnO_3$。Li_2MnO_3 和 $LiMO_2$ 之间的交替层排列为 Li^+ 提供了一个合适的二维传导通道[21]。富锂材料可以在 4.8V 的高工作电压下表现出大于 250mAh/g 的充放电能力，这与普通的层状 $LiMO_2$ 材料形成了鲜明的对比。甚至，通过改进前驱体和合成方法，可以实现超过 300mAh/g 的比容量[22]。尽管如此，高不可逆容量和差的倍率性能等缺点还是限制了富锂材料的应用。但可以肯定的是，富锂材料的超高比容量和低成本仍在正极材料的开发过程中吸引了大量的关注。

20 世纪 60 年代初，金属锂被用作锂离子电池的负极材料[23]。然而，含有金属锂的锂离子电池的不良安全性限制了其商业化。1982 年，美国伊利诺伊理工大学的阿加瓦尔和塞尔曼发现，锂离子可以嵌入石墨，此过程快速且可逆[24]。在此基础上，锂离子石墨电极由贝尔实验室试制成功。直到今天，石墨仍然是应用最广泛的锂离子电池负极材料。

1985年,旭化成工业株式会社(现旭化成株式会社)的研究员吉野彰在前人的研究基础上,完成了世界上第一款可商业化的含锂碱性锂离子电池。1991年,索尼和旭化成工业株式会社将钴酸锂作为电池正极,石墨作为负极,成功开发出第一款商业化的锂离子电池[25],并迅速引领了3C产品的发展,使智能手机、笔记本电脑等携带式电子设备的质量和体积大大减小,续航时间大大延长。随着新能源产业的发展,锂离子电池被运用到电动汽车、储能系统等领域,极大地改变了人类的生产生活。在可预见的未来,锂离子电池将变得越发普及,助力世界能源结构的转型,推动"双碳"目标的达成。

1.2 锂离子电池的组成及工作原理

目前商业化的锂离子电池通常由集流体、正极材料、负极材料、隔膜、电解液、外部壳体、安全装置等组成。铝箔、铜箔具有较低的密度、较低的成本、较好的延展性,以及较稳定的性质等优点,可分别作为锂离子电池的正、负极集流体。另外,钴酸锂、锰酸锂、磷酸铁锂、三元镍锰钴、三元镍钴铝等过渡金属氧化物是目前常见的正极材料,与黏结剂、导电剂、溶剂等混匀制成浆料后,均匀涂抹在铝箔上。石墨材料凭借其良好的导电性以及与锂离子的契合度,成为当前主流的锂离子电池负极材料,与黏结剂、导电剂、溶剂等混匀制成浆料后,均匀涂抹在铜箔上。此外,隔膜一般由聚乙烯(polyethylene,PE)、聚丙烯(polypropylene,PP)或二者的复合材料制成,用于分隔正负极并提供锂离子的迁移通道。电解液一般由锂盐($LiPF_6$、$LiBF_4$)和有机碳酸酯溶剂(碳酸乙烯酯(ethylene carbonate,EC)、碳酸甲乙酯(ethyl methyl carbonate,EMC)、碳酸二甲酯(dimethyl carbonate,DMC)、碳酸二乙酯(diethyl carbonate,DEC)等)混合而成,用于提供电池充放电所用的锂离子。目前主流的锂离子电池外部壳体主要有钢壳和铝塑膜两种,前者主要应用于圆柱形电池与方形电池,后者主要应用于软包电池。因此,圆柱形电池与方形电池有着较好的抗冲击能力,并且其具有安全阀、电流阻断器、热敏电阻等安全装置,相比于软包电池有着更为优越的安全性能。

锂离子电池的充放电过程,就是锂离子的嵌入和脱嵌过程。在锂离子嵌入和脱嵌过程中,伴随着与锂离子等当量电子的嵌入和脱嵌(习惯上正极用嵌入或脱嵌表示,负极用插入或脱插表示)。如图1.1所示,在充放电过程中,锂离子在正、负极之间往返嵌入/脱嵌和插入/脱插,被形象地称为"摇椅电池"[26]。

当电池充电时,电池的正极上有锂离子生成,生成的锂离子经过电解液运动到负极。作为负极的碳呈层状结构,它有很多微孔,达到负极的锂离子就嵌入到碳层的微孔中,嵌入的锂离子越多,充电容量越高。同样,当电池放电时,嵌在负极碳层

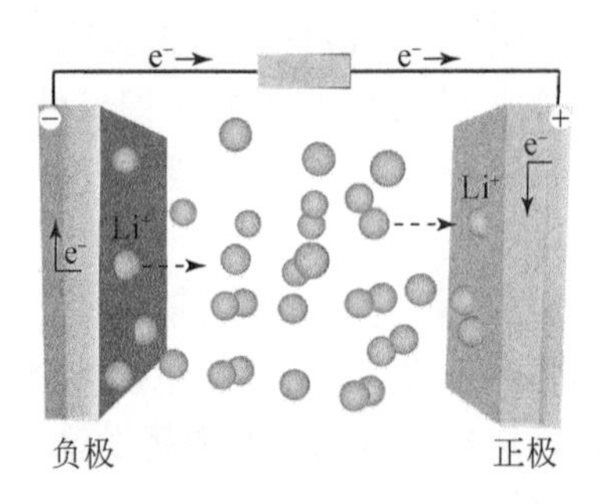

图 1.1　锂离子电池工作原理[26]

中的锂离子脱出，又运动回正极。运动回正极的锂离子越多，放电容量越高。

1.3　锂离子电池热失控原理

锂离子电池热失控通常体现为火灾或者爆炸，其诱导因素一般可分为物理因素、电因素、热因素、生产缺陷、电池老化等[27,28]。由外部过度受力引起的电池破坏性变形是物理因素的共同特征，碰撞、挤压或者针刺是物理故障的典型条件，其将导致电池内部发生短路，进而引发热失控。外部短路、过度充电和过度放电等是常见的热失控电因素，通常由电池变形、浸水、导体老化、使用不当和长时间充电等引起，电池会经历剧烈的升温，进而导致热失控。热因素一般为外部高温和过度受热，其通常导致电池温度急剧上升，隔膜熔化，电极、电解液分解，以及大量副反应的发生，最终引发电池热失控。另外，由电池生产缺陷造成的毛刺、材料污染等，以及电池老化导致的锂枝晶、固态电解质界面(solid electrolyte interphase layers，SEI)膜增长等也可能诱发电池热失控[29]。

锂离子电池热失控是一个复杂的过程，包括电化学、化学、热学、力学等因素。当电池温度上升至 90℃时，电池负极表面的 SEI 膜受热分解，释放气体与热量[30]。失去 SEI 膜的保护后，嵌锂石墨负极接触电解液，反应放热并释放气体。随着气体积聚，电池内部压力升高，冲破安全阀，可燃气体泄放并可能被外部高温引燃。随着电池温度进一步升高，隔膜熔融，内部发生短路，电池副反应加剧。随后，正极材料受热发生分解，并可能释放氧气，引燃电解液。与此同时，可燃气体喷射而出，发生热失控，通常伴有剧烈的冲击、燃烧，甚至爆炸。

1.4　锂离子电池相关安全标准

鉴于锂离子电池的本质危险性，自 1995 年开始，锂离子电池就被联合国列入危险货物名录中，并且许多国家政府机构与国际组织也相继出台了一系列针对锂离子电池的评估标准（如 GB 31241—2014、联合国制定的 UN38.3、国际电工委员会发布的 IEC 62133、美国安全检测实验室推出的 UL1642 等），作为锂离子电池出厂前的安全评估以及运输储存使用等环节的操作规范[31-34]。以《便携式电子产品用锂离子电池和电池组　安全要求》（GB 31241—2014）为例（表 1.1），电池单体和电池模组均需要满足试验条件、一般安全要求、环境试验以及电安全试验的要求，只有满足全部或者部分滥用试验要求的电池和电池模组才能进入市场。因此，锂离子电池的滥用试验对保证电池安全至关重要，并受到了相关政府部门、电池企业、专家学者以及消费者的高度重视。

表 1.1　GB 31241—2014 测试项目汇总[35]

试验项目	试验内容	电池单体	电池模组
试验条件	电池容量测试	√	—
	样品预处理	√	√
一般安全要求	安全工作参数	√	√
	标识要求	√	√
	警示说明	—	√
	耐久性	—	√
环境试验	低气压	√	√
	温度循环	√	√
	热滥用	√	—
	高温使用	—	√
	振动	√	√
	加速度冲击	√	√
	重物冲击	√	—
	挤压	√	—
	跌落	√	√
	燃烧喷射	√	—
	应力消除	—	√
	洗涤	—	√
	阻燃要求	—	√
电安全试验	高温外部短路	√	—
	常温外部短路	√	—
	短路	—	√

续表

试验项目	试验内容	电池单体	电池模组
电安全试验	过压充电	—	√
	过流充电	—	√
	过度充电	√	—
	强制放电	√	—
	欠压放电	—	√
	过载	—	√
	反向充电	—	√
	静电放电	—	√

注：√表示需要测试。

1.5 本章小结

本章为全书的绪论，简要阐述了锂离子电池的发展历程、组成和工作原理，以及热失控原理和相关安全标准，有助于读者对锂离子电池及其安全标准有初步了解。

参考文献

[1] Megahed S, Ebner W. Lithium-ion battery for electronic applications[J]. Journal of Power Sources, 1995, 54(1): 155-162.

[2] Zubi G, Dufo-López R, Carvalho M, et al. The lithium-ion battery: State of the art and future perspectives[J]. Renewable and Sustainable Energy Reviews, 2018, 89: 292-308.

[3] Whittingham M S. Electrical energy storage and intercalation chemistry[J]. Science, 1976, 192(4244): 1126-1127.

[4] Mizushima K, Jones P C, Wiseman P J, et al. Li_xCoO_2 ($0<x\leqslant1$): A new cathode material for batteries of high energy density[J]. Materials Research Bulletin, 1980, 15(6): 783-789.

[5] Thackeray M M, David W I F, Bruce P G, et al. Lithium insertion into manganese spinels[J]. Materials Research Bulletin, 1983, 18(4): 461-472.

[6] Padhi A K, Nanjundaswamy K S, Goodenough J B. Phospho-olivines as positive-electrode materials for rechargeable lithium batteries[J]. Journal of the Electrochemical Society, 1997, 144(4): 1188-1194.

[7] Zou K Y, Chen X, Ding Z W, et al. Jet behavior of prismatic lithium-ion batteries during thermal runaway[J]. Applied Thermal Engineering, 2020, 179: 115745.

[8] Finegan D P, Scheel M, Robinson J B, et al. In-operando high-speed tomography of lithium-ion batteries during thermal runaway[J]. Nature Communications, 2015, 6: 6924.

[9] Finegan D P, Tudisco E, Scheel M, et al. Quantifying bulk electrode strain and material displacement within lithium batteries via high-speed operando tomography and digital volume correlation[J]. Advanced Science, 2016, 3(3): 1500332.

[10] Lamb J, Orendorff C J, Steele L A M, et al. Failure propagation in multi-cell lithium ion batteries[J]. Journal of Power Sources, 2015, 283: 517-523.

[11] Gao S, Lu L G, Ouyang M, et al. Experimental study on module-to-module thermal runaway-propagation in a battery pack[J]. Journal of the Electrochemical Society, 2019, 166(10): A2065-A2073.

[12] Feng X N, Lu L G, Ouyang M G, et al. A 3D thermal runaway propagation model for a large format lithium ion battery module[J]. Energy, 2016, 115: 194-208.

[13] Weng J W, Ouyang D X, Yang X Q, et al. Alleviation of thermal runaway propagation in thermal management modules using aerogel felt coupled with flame-retarded phase change material[J]. Energy Conversion and Management, 2019, 200: 112071.

[14] Jiang J, Dahn J R. ARC studies of the reaction between Li_0FePO_4 and $LiPF_6$ or LiBOB EC/DEC electrolytes[J]. Electrochemistry Communications, 2004, 6(7): 724-728.

[15] Huang H, Yin S C, Kerr T, et al. Nanostructured composites: A high capacity, fast rate $Li_3V_2(PO_4)_3$/carbon cathode for rechargeable lithium batteries[J]. Advanced Materials, 2002, 14(21): 1525-1528.

[16] Morgan D, Van der Ven A, Ceder G. Li conductivity in Li_xMPO_4 (M=Mn, Fe, Co, Ni) olivine materials[J]. Electrochemical and Solid State Letters, 2004, 7(2): A30.

[17] Jo M, Yoo H C, Jung Y S, et al. Carbon-coated nanoclustered $LiMn_{0.71}Fe_{0.29}PO_4$ cathode for lithium-ion batteries[J]. Journal of Power Sources, 2012, 216: 162-168.

[18] Li B Z, Wang Y, Xue L, et al. Acetylene black-embedded $LiMn_{0.8}Fe_{0.2}PO_4$/C composite as cathode for lithium ion battery[J]. Journal of Power Sources, 2013, 232: 12-16.

[19] Zhang B, Wang X J, Li H, et al. Electrochemical performances of $LiFe_{1-x}Mn_xPO_4$ with high Mn content[J]. Journal of Power Sources, 2011, 196(16): 6992-6996.

[20] Li S Q, Meng X Y, Yi Q, et al. Structural and electrochemical properties of $LiMn_{0.6}Fe_{0.4}PO_4$ as a cathode material for flexible lithium-ion batteries and self-charging power pack[J]. Nano Energy, 2018, 52: 510-516.

[21] Barker J, Gover R K B, Burns P, et al. Structural and electrochemical properties of lithium vanadium fluorophosphate, $LiVPO_4F$[J]. Journal of Power Sources, 2005, 146(1): 516-520.

[22] Gover R K B, Burns P, Bryan A, et al. $LiVPO_4F$: A new active material for safe lithium-ion batteries[J]. Solid State Ionics, 2006, 177(26-32): 2635-2638.

[23] Wagner O C, Sulkes M, Knapp H R, et al. Metal-air batteries symposium: Compendium of papers presented for publication[R]. Philadelphia: Power Information Center, 1968.

[24] Agarwal R R. Electrochemical intercalation of lithium in graphite using a molten-salt cell[J]. ECS Proceedings Volumes, 1986, (1): 377-388.

[25] Nishi Y. Past, Present and Future of Lithium-Ion Batteries: Can New Technologies Open

up New Horizons? [M] Amsterdam: Elsevier, 2014.

[26] Walter M, Kovalenko M V, Kravchyk K V. Challenges and benefits of post-lithium-ion batteries[J]. New Journal of Chemistry, 2020, 44(5): 1677-1683.

[27] Balakrishnan P G, Ramesh R, Kumar T P. Safety mechanisms in lithium-ion batteries[J]. Journal of Power Sources, 2006, 155(2): 401-414.

[28] Lyon R E, Walters R N. Energetics of lithium ion battery failure[J]. Journal of Hazardous Materials, 2016, 318: 164-172.

[29] Wu Y, Saxena S, Xing Y J, et al. Analysis of manufacturing-induced defects and structural deformations in lithium-ion batteries using computed tomography[J]. Energies, 2018, 11(4): 925.

[30] Richard M N, Dahn J R. Accelerating rate calorimetry study on the thermal stability of lithium intercalated graphite in electrolyte. I. experimental [J]. Journal of the Electrochemical Society, 1999, 146(6): 2068-2077.

[31] 王其钰，王朔，周格，等. 锂电池失效分析与研究进展[J]. 物理学报，2018, 67(12): 296-308.

[32] Brand M J, Schuster S F, Bach T, et al. Effects of vibrations and shocks on lithium-ion cells[J]. Journal of Power Sources, 2015, 288: 62-69.

[33] Millsaps C. IEC 62133: The standard for secondary cells and batteries containing alkaline or other non-acid electrolytes is in its final review cycle[J]. Battery Power, 2012, 16(3): 16-18.

[34] 王晴晴，王彦兵，肖华. IEC 62133:2012(锂电池部分)与 IEC 62133-2:2017 对比解析[J]. 电池，2019, 49(2): 146-149.

[35] 何鹏林，郭子绮，孙建波. 锂离子电池安全标准 GB 31241—2014 浅析[J]. 中国标准导报，2015, (3): 26-29.

第2章　电滥用诱发电池热失控

电滥用诱发锂离子电池发生热失控是一种常见的现象，尤其是过充电和过放电两种滥用形式，对此国内外开展了大量的工作。以过充电为例，当发生过充电时，金属锂会沉积在电池负极表面，继续过充会使其生长形成锂枝晶，锂枝晶可能会刺穿隔膜造成内短路，引起热量的累积，当温度达到一定程度时，电池发生热失控。因此，对锂离子电池过充电和过放电的研究有利于揭示电池在电滥用条件下触发热失控的机理，为锂离子电池的安全设计打下基础。本章主要介绍在不同工况条件下，单体电池和电池组在发生电滥用后的电-热行为。

2.1　实验装置与方法

本节针对单体电池，进行电池循环过充实验以及不同环境条件下动态过充实验；针对锂离子电池组，进行高倍率充放电条件下电池组热失控影响因素的研究。

2.1.1　实验对象

1. 单体电池实验

本实验采用方形的商业三元聚合物软包锂离子电池。电池型号为 Li-Polymer 603450 cell（图 2.1），电池高度为 53mm，宽度为 35mm，厚度为 6.2mm，电池容量为 1000mAh，额定电压为 3.7V。电池使用铝塑复合膜外壳，可以对内部物质起到较好的保护作用，而且能很好地防止出现漏液的情况。电池正极为镍钴锰酸锂 $Li(NiCoMn)O_2$，负极为石墨，电池采用六氟磷酸锂的碳酸酯类溶剂作为电解液。

2. 电池组实验

电池组主要由单体电池、电池组支架、连接铜片等构成。先将电池组支架按照电池组规模进行拼接，然后将单体电池插入电池组支架中，最后利用铜片通过点焊的方式将电池组内单体电池连接在一起，具体如图 2.2 所示。

1）单体电池

单体电池选用三星 18650 型锂离子电池，电池型号为 ICR18650-26FM，电池高度为 65mm，底面直径为 18.4mm，电池容量为 2600mAh，额定电压为 3.63V。

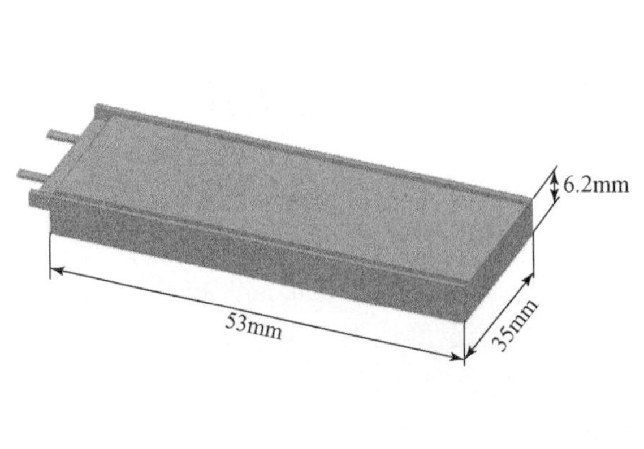

图 2.1　三元聚合物软包锂离子电池结构

(a) 电池组整体

(b) 单体电池

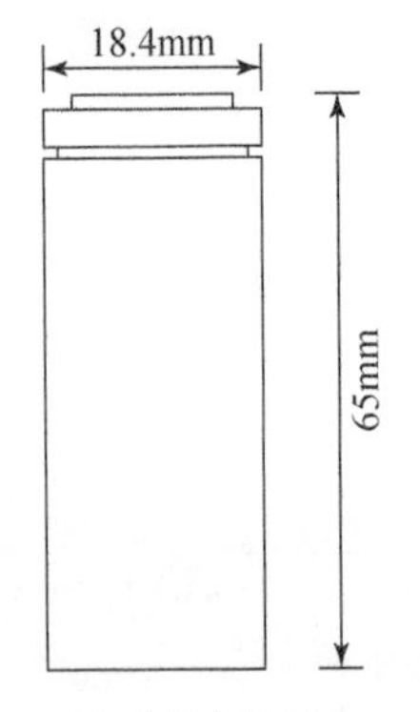

(c) 单体电池尺寸

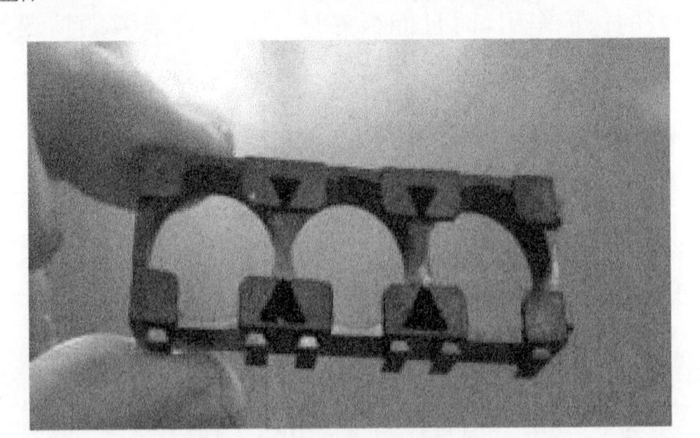

(d) 电池组支架

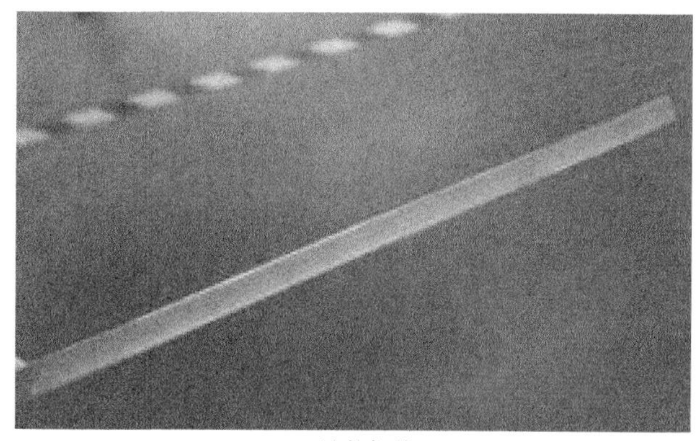

(e) 连接铜片

图 2.2　三星 18650 型锂离子电池组

电池使用全金属材质外壳，可以对内部物质起到较好的保护作用，而且能很好地防止出现漏液的情况。出于安全考虑，电池正极位置加置灰色绝缘片。电池内部为一卷薄膜，两端分别设计正极和负极。内部的薄膜是一种经特殊成型的高分子薄膜，薄膜采用微孔结构设计，可以使锂离子自由通过。电池电解液采用六氟磷酸锂的碳酸酯类溶剂，电池正极为锂钴氧化物，电池负极为石墨。

2) 电池组支架

18650 电芯固定塑料支架，可根据不同的电池组规模，自由排列组合。

3) 连接铜片

电池组的连接铜片选用 T2 紫铜。T2 紫铜具有良好的导电性、导热性、耐腐蚀性和易加工性能，可以采用焊接和钎焊。

2.1.2　实验装置

1. 电池过充实验装置

锂离子电池的动态过充实验和循环过充实验所用到的实验装置包括电池充放电仪器、紧急排放处理仪和无纸记录器等。

1) 电池充放电仪器

本研究所用的充电设备为 Programmable DC Power DSP-030-025HD，其主要由台湾擎宏电子企业有限公司所生产的定电压、定电流直流电源供应器，以及博计电子股份有限公司生产的 Prodigit Instrument Professional 3350F 型直流负载器进行定电流放电。图 2.3 为两台充放电仪器，充电仪器(图 2.3(a))为直流电供应器，最高可达750W，并可按照恒定电压(constant voltage，CV)、恒定电流(constant current，CC)两种充放电模式自动切换；放电仪器(图2.3(b))为一个操作简单、实用且价格经济的电子负载器，可控制电源控制器，并可依据设定的条件进行放电。

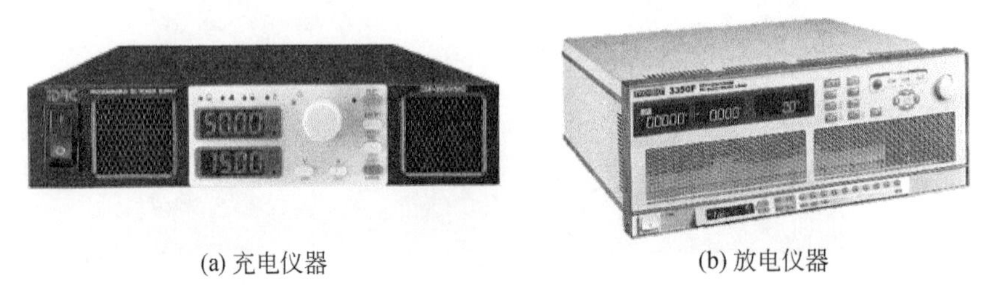

(a) 充电仪器　　(b) 放电仪器

图2.3　电池充放电仪器

2) 紧急排放处理仪

紧急排放处理仪采用VSP2(vent sizing package 2)。VSP2为一种绝热量热仪，其密封性良好，并以绝热技术来评估热失控反应行为，包括热失控、热爆炸、火灾，以及提供安全性的考量等，本节主要探讨绝热环境下样品产热。

VSP2为美国Fauske & Associates公司研发，经美国化学工程师学会认可使用的仪器(图2.4)，其操作温度范围为室温至300℃，侦测灵敏度为0.05℃/min。常用的反应器材质有Hastelloy C及316不锈钢等。

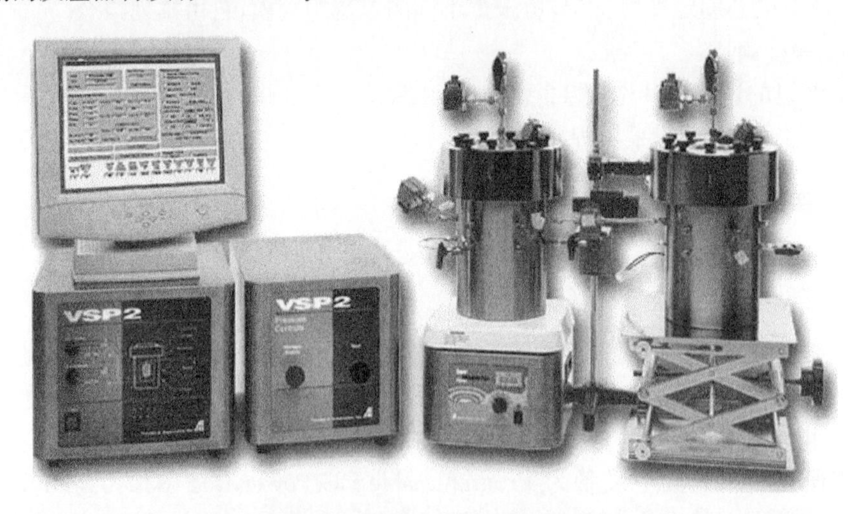

图2.4　紧急排放处理仪外观图

通常，VSP2 会依照设定的时程自动重复加热—等待—搜寻（heat- wait-search，HWS）的循环动作，如图 2.5 所示。其先运用卡计将样品加热至某一设定温度，在此温度等待一段时间（一般约 10min），其间维持绝热状态，之后进入搜寻状态。维持 HWS 阶段直至样品的升温速率超过设定条件（0.2℃/min），定义该点为放热起始温度，此阶段由副加热器维持系统的绝热环境。在加热状态下，外套层（jacket）的加热器依据反应器与卡计间的温度差（ΔT）来加热卡计，以维持卡计的绝热状态，而等待状态可使热量传递更为均匀；在搜寻状态下，若反应器平均温度改变速率大于所设定的灵敏度（通常为 0.05℃/min），则进入放热状态（exothermic），VSP2 会由外层加热器保持卡计的绝热状态，并记录反应的温度和压力数据。

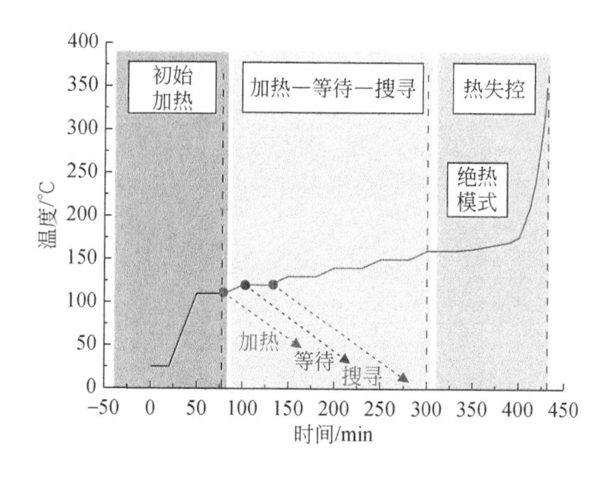

图 2.5　加热—等待—搜寻的示意图

为更详细地了解锂离子电池在不同功率充放电状态下的热生成量，且在绝热环境下能更准确地评估电池的热生成值，本实验设计了适用于 VSP2 的绝热测试罐，该测试罐能完全应用于全电池试验，经不断修正改良，对于反应温度、压力的侦测都有良好的表现。整体罐身材料为不锈钢 316，能耐酸碱，压力承受范围为 0～1500psig（1psig＝6.89476kPa）（图 2.6）。

3）无纸记录器

本研究中锂离子电池模组运作过程中所产生的温度，由大仓电气株式会社所生产的无纸记录器（型号为 VM7000）侦测（图 2.7）。此记录器使用触摸屏幕，操作简单，可将所测量的即时数据显示于液晶显示屏上，并记录于 SD 卡中。输入最多可达 12 通道，输入种类齐全，如热电偶、电阻信号、直流信号、电流等。

图 2.6　VSP2 中锂离子电池测试容器的实拍图

图 2.7　无纸记录器

2. 电池电极样品制备装置

锂离子电池的正极样品制备主要在真空手套箱中进行。本研究中使用的手套箱的型号为 JMS-2 型，如图 2.8 所示。手套箱由舱门、过渡室、箱体、控制管路系统和辅件等组成。锂离子电池和实验所用的其他仪器从外环境通过过渡室进入手套箱中。本实验采用的手套箱中充入的惰性气体为氩气。本研究中，手套箱用于拆解循环过充后的锂离子电池，以便进一步分析。

3. 电池结构性能测试装置

1）扫描电子显微镜

本实验所用的扫描电子显微镜（scanning electron microscope，SEM）实物如

图 2.8　JMS-2 型真空手套箱

图 2.9所示。SEM 主要用于探测样品表面的微观形态、断层面和内部的组织形状，以及材料表面微观组成的定性分析[1]。在本实验中，SEM 主要用于观察循环过充后具有不同荷电状态(state of charge，SOC)的电池电极片的表面形态。

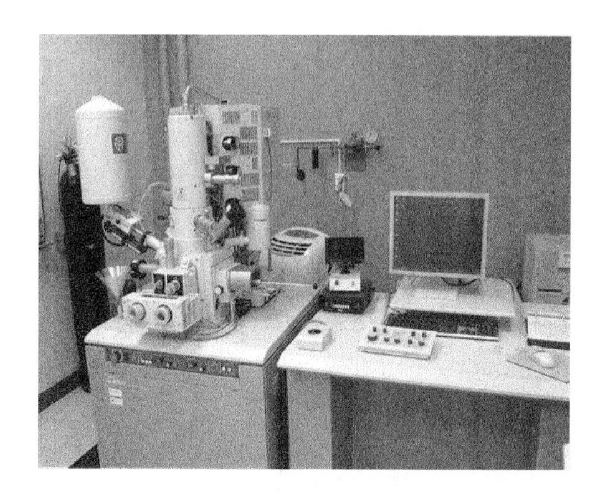

图 2.9　SEM 实物图

2）电感耦合等离子体发射光谱仪

本节使用电感耦合等离子体发射光谱仪(ICP-OES)测量具备不同 SOC 的锂离子电池正极材料的锂含量。该仪器的型号为 Optima 8000，由美国 Perkin Elmer 公司制造，如图 2.10 所示。ICP-OES 应用于地理、化工、生物、冶金等领域，可进行 70 多种金属元素和少部分非金属元素的定性和定量分析。

图 2.10　ICP-OES 实物图

4. 热分析实验装置

本节使用瑞士 Mettler 公司制造的差示扫描量热仪(differential scanning calorimeter,DSC)(型号为 Toledo DSC-821),其实物图如图 2.11 所示。DSC 在升温环境下可获取待测物质吸放热特性及初步热动力学常数,其原理是将样品放入坩埚内并与空坩埚(作为参考物)一同置于热侦测器上,当加热炉升温到样品的转移点时,如晶态转移、熔点或是产生热分解,借由样品及参考体个别由侦测器测得电位信号变化得到吸放热功率的变化,如图 2.12 所示。

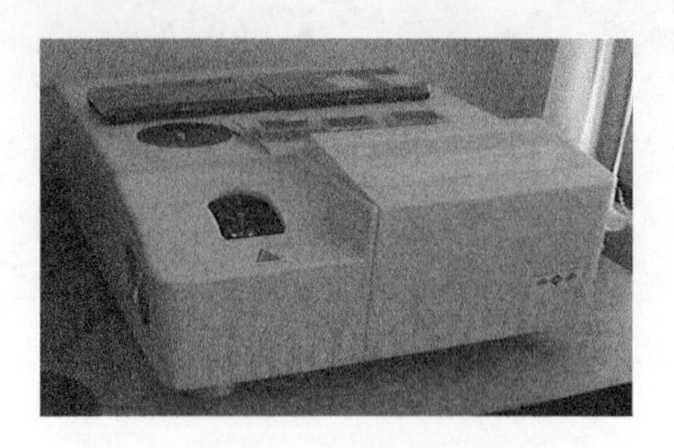

图 2.11　DSC 实物图

5. 电池组实验装置主体

本节组建了一套用于研究高倍率充放电条件下锂离子电池组热失控影响因素的热效应测试系统。实验装置主体为实验箱,实验箱为正六面体,由底板、顶板、后

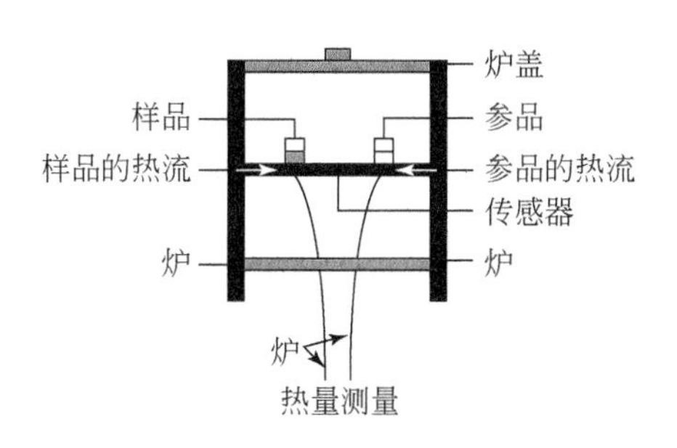

图 2.12 DSC 加热炉热流图

壁、左壁、右壁,以及与左壁铰链连接的前门组成;实验箱前门为有机玻璃门,右侧设有开关把手;底板、顶板、后壁、左壁、右壁均采用不锈钢板;实验箱右壁上设有 6 个可关闭的圆孔,分别为充气孔、排风口、气体采样孔、抽气孔、送风口、引线穿孔。

实验箱内部的底板上设有托盘,托盘由支柱与底板连接,锂离子电池组支撑槽的顶端设有温度传感器安装孔,用于测量锂离子电池温度。

实验箱顶板的中心设有可开关的圆形通风口,通风口连接排气管道,用于实验后废气的排放[2],具体如图 2.13 所示。

2.1.3 实验方法

1) 锂离子电池循环过充实验

使用电池充放电系统对电池进行循环过充实验。电池先以恒流放电的方式——1C(1A)放电至 2.8V,随后以同样的电流恒流充电至 100% SOC、110%

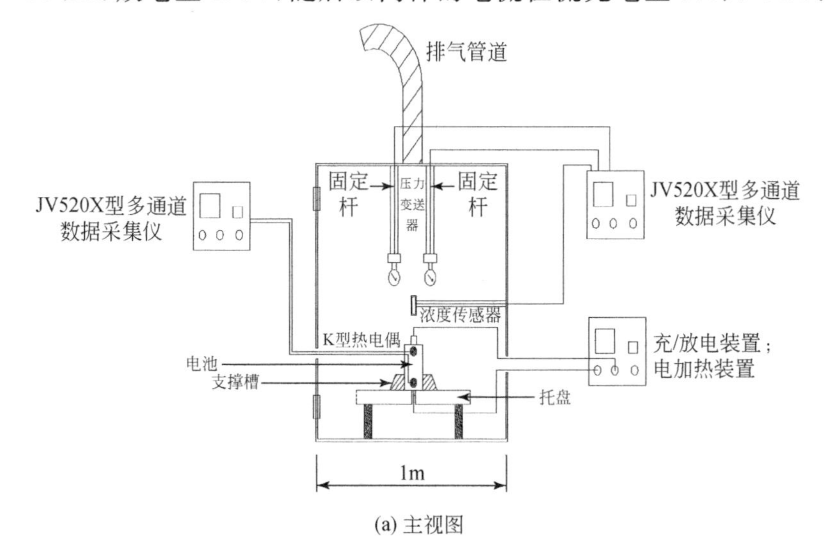

(a) 主视图

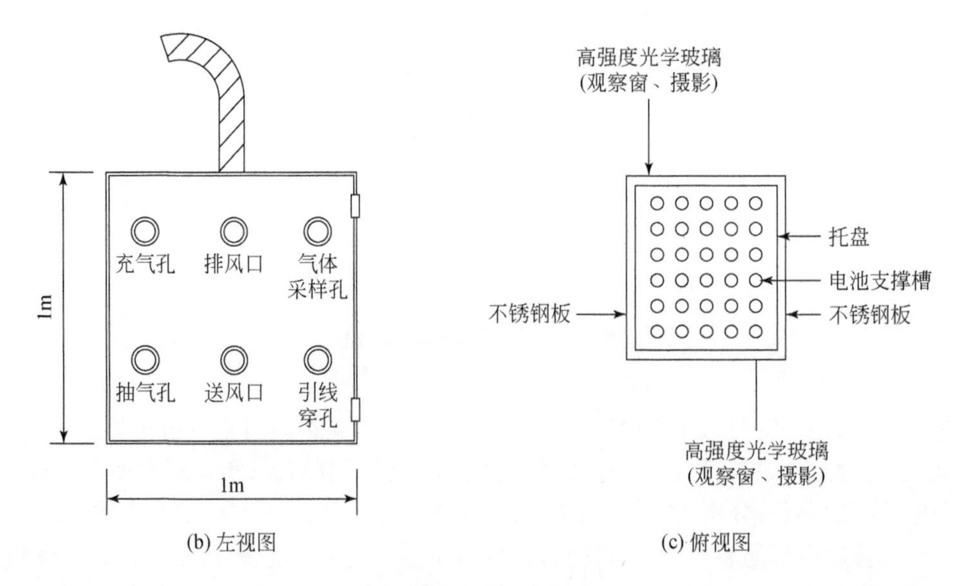

图 2.13　实验装置图

SOC、120% SOC、130% SOC、140% SOC 和 150% SOC。测量电池在循环过充过程中的电压、温度、SOC 和电池厚度。实验过程中具体的实验参数如表 2.1 所示。

表 2.1　锂离子电池循环过充实验参数

序号	研究对象	过充方式	测量参数	分析参数
1	镍钴锰三元软包电池	100% SOC	电压、温度(表面中心)、SOC 和电池厚度	电池库仑效率
2		过充至 110% SOC		
3		过充至 120% SOC		
4		过充至 130% SOC		
5		过充至 140% SOC		
6		过充至 150% SOC		

2）不同环境条件下锂离子电池动态过充及热失控实验

为确保所购买的电池质量，并且满足实验的需求，在实验之前对电池进行性能测试。电池先静置 10min，随后以 0.5A 放电，直到电压达到 2.5V，再静置 90min；随后以 0.5A 恒流充电，使电压达到 4.2V，再以 4.2V 恒压充电，直到电流小于等于 0.05A，如此重复 6 次，具体测试方案如表 2.2 所示。

表 2.2　电池性能测试步骤[3]

步骤	工作模式	结束条件	转到
1	静置	时间≥10min	下一步
2	恒流放电:0.5A	电压≤2.5V	下一步
3	静置	时间≥90min	下一步
4	恒流充电:0.5A	电压≥4.2V	下一步
5	恒压充电:4.2V	电流≤0.05A	下一步
6	静置	时间≥90min	下一步
7	＜如果＞	充放电循环≤6 次	步骤 2
	＜或者/否则＞	—	停止

本实验的目的是在开放环境和绝热环境下探究锂离子电池动态过充的热行为，以此形成对比，探究环境对三元锂离子电池热失控的影响，并研究电池热失控的临界条件判据，包括拐点和充电倍率的关系，以及电池热失控前时间和容量的分析。

在开放环境下，将锂离子电池与充放电仪器连接进行过充，如图 2.14 所示。实验过程中测量锂离子电池的温度、电压和 SOC。将锂离子电池与充放电仪器连接，并将电池放入 VSP2 中，以形成绝热环境，如图 2.15 所示。锂离子电池连接热电偶与加热器，如图 2.16 所示。动态过充分别以 0.5C、1C 和 2C 三种充电速率进行，具体实验参数如表 2.3 所示。

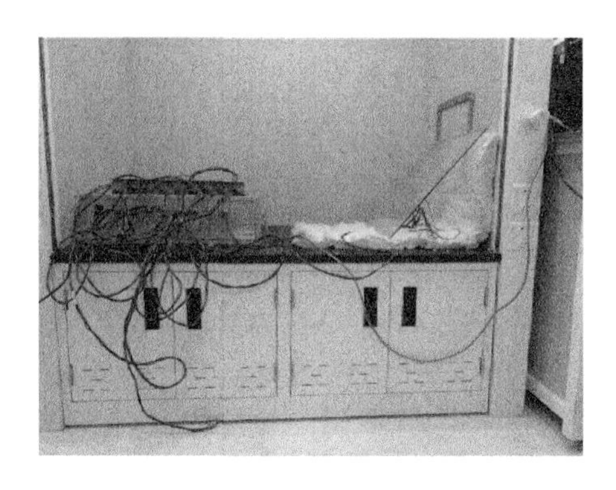

图 2.14　开放环境条件下锂离子电池动态过充实验实物图

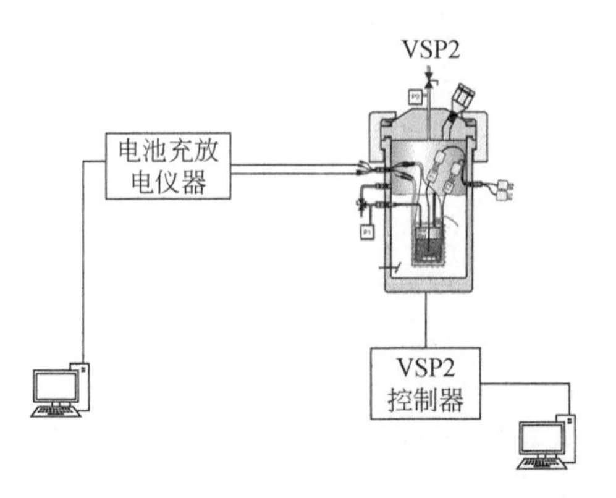

图 2.15　绝热环境下锂离子电池动态过充实验装置

图 2.16　锂离子电池放入 VSP2 测试罐中步骤

表 2.3　锂离子电池在开放环境和绝热环境下的实验方法

实验对象	实验仪器	过充条件	测量参数
镍钴锰三元软包电池	电池充放电仪器	电池先以 1C 速率放电至 2.8V，随后分别以 0.5C、1C 和 2C 速率过充，直至发生热失控	温度(表面中心)、电压、SOC

3）锂离子电池循环过充导致热失控机理的实验

为了探究循环过充导致锂离子电池热失控的机理，使用被循环过充至不同 SOC 的锂离子电池，分别选取三组不同 SOC 的电池放入 VSP2 中进行热失控实验，并选取不同 SOC 的电池在手套箱中进行拆解，随后进行 SEM、ICP- OES 以及 DSC 的实验，以此分析锂离子电池循环过充后内在材料的变化。表 2.4 为不同 SOC 电池在 VSP2 中进行热失控实验的测量参数。表 2.5 为循环过充后电池材料分析。

表 2.4　不同 SOC 电池在 VSP2 中进行热失控实验

序号	研究对象	实验设备	测量参数
1	100% SOC 电池	VSP2	初始温度 T_0，最大温度 T_{max}，最大压力 P_{max}
2	110% SOC 电池		
3	120% SOC 电池		
4	130% SOC 电池		
5	140% SOC 电池		
6	150% SOC 电池		

表 2.5　循环过充后电池材料分析

序号	研究对象	实验设备
1	100% SOC 电池正极材料	手套箱，SEM，ICP-OES，DSC
2	110% SOC 电池正极材料	
3	120% SOC 电池正极材料	
4	130% SOC 电池正极材料	
5	140% SOC 电池正极材料	
6	150% SOC 电池正极材料	

(1) SEM 实验过程。

在电池拆解前，配合 TM837 空气温湿测量仪和 AR8100 氧气检测仪多次抽真空，使手套箱中的水分含量低于 0.1ppm*，氧气含量低于 2ppm[1]，以此保证在拆解电池的过程中不会发生起火燃烧。电池的卷积体由阴极、阳极、隔膜和剩余的电解液组成。从不同 SOC 电池上剪切下来的极片样品浸泡在由碳酸乙酯(EC)、碳酸二乙酯(DEC)、碳酸丙烯(propylene carbonate，PC)按 1∶1∶1 比例混合的溶液中 12h，重复 3 次，以此确保工艺的准确性，然后将洗涤好的样品放入真空容器中进行蒸发，以除去 EC、DEC、PC 溶液，随后进行 SEM 实验。

(2) ICP-OES 实验过程。

本实验的目的在于探测不同 SOC 电池正极材料的锂含量，用于定量分析不同过充程度下锂离子电池所受到的破坏。样品是从铝箔上刮下来的不同 SOC 电池的正极材料，在手套箱中利用电子天平对每种样品称取 60mg。在采用 ICP-OES 测定锂离子电池材料的元素含量之前，需要对样品进行王水消化。王水是通过浓

* $1ppm=10^{-6}$。

硝酸和浓盐酸按 1∶3 体积比混合配制而来的。在制备过程中,需要将 1 份体积的浓硝酸缓慢倒入 3 份体积的浓盐酸中,并且在此过程中要用玻璃棒不断搅拌。同 SOC 电池阴极材料的硝化照片如图 2.17 所示。

图 2.17 同 SOC 电池阴极材料的硝化照片

(3) DSC 实验过程。

本实验的目的在于通过对不同 SOC 电池的正极材料进行 DSC 实验,得到不同材料的放热量,基于此分析不同过充程度电池所含有的内在能量的差别。在手套箱中,将从不同 SOC 电池阴极上刮下来的样品放入 40μL 标准镀金铝锅中进行 DSC 实验。

4) 高倍率充放电时电池数量对电池组热失控的影响

本组实验研究在相同倍率充放电条件下,单体电池数量对锂离子电池组热失控的影响。通过采集不同电池数量的锂离子电池组在高倍率充放电条件下的实验数据,描述高倍率充放电条件下锂离子电池组的状态,定性、定量分析电池数量对锂离子电池组热失控的影响。进行实验的电池组均采用串联方式进行连接,电池组内单体电池间距均为 2mm。采集数据为温度,具体实验方案如表 2.6 和表 2.7 所示。

表 2.6 电池数量对高倍率充电影响的实验方案

序号	电池数量	充电倍率	电池起始电量	热电偶接入方式
1	3	2C	0%	□—③——②——①—△
2	5	2C	0%	□—⑤—④—③—②—①—△
3	6	2C	0%	□—⑥—⑤—④—③—②—①—△

续表

序号	电池数量	充电倍率	电池起始电量	热电偶接入方式
4	8	2C	0%	 □-8-7-6-5-4-3-2-1-△

注:图中,矩形表示电池组正极,三角形表示电池组负极,小圆表示热电偶接入点位置,大圆表示电池组内电池,电池组内单体电池间距均为 2mm。

表 2.7　电池数量对高倍率放电影响的实验方案

序号	电池数量	放电倍率	电池起始电量	热电偶接入方式
1	3	2C	100%	 □-3-2-1-△
2	5	2C	100%	 □-5-4-3-2-1-△
3	6	2C	100%	 □-6-5-4-3-2-1-△
4	8	2C	100%	 □-8-7-6-5-4-3-2-1-△

注:图中,矩形表示电池组正极,三角形表示电池组负极,小圆表示热电偶接入点位置,大圆表示电池组内电池,电池组内单体电池间距均为 2mm。

5) 高倍率充放电时连接方式对电池组热失控的影响

本组实验研究在相同倍率充放电条件下,锂离子电池组连接方式对锂离子电池组热失控的影响。在电池数量和电池间距均相同的情况下,通过采集不同连接方式下锂离子电池组的实验数据,定性、定量分析连接方式对锂离子电池组热安全性的影响。进行实验的电池组除连接方式不同,电池组单体电池数量均为 12 个,电池组内单体电池间距均为 2mm。采集数据均为温度,具体实验方案如表 2.8 和表 2.9 所示。

表 2.8　连接方式对高倍率充电影响的实验方案

序号	电池组连接方式	充电倍率	电池起始电量	热电偶接入方式
1	3 串联 4 并联	2C	0%	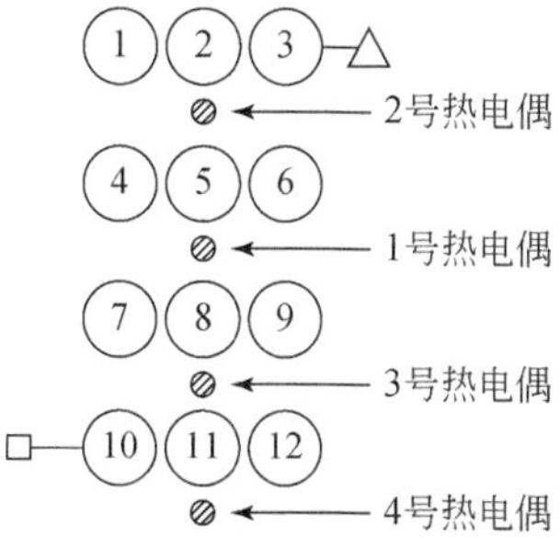 1 2 3-△；2号热电偶
2	4 串联 3 并联	2C	0%	4 5 6；1号热电偶
3	6 串联 2 并联	2C	0%	7 8 9；3号热电偶
4	12 个串联	2C	0%	□-10 11 12；4号热电偶

注:图中,矩形表示电池组正极,三角形表示电池组负极,小圆表示热电偶接入点位置,大圆表示电池组内电池,电池组内单体电池间距均为 2mm。

表 2.9　连接方式对高倍率放电影响的实验方案

序号	电池组连接方式	放电倍率	电池起始电量	热电偶接入方式
1	3 串联 4 并联	2C	100%	① ② ③—△ 2号热电偶
2	4 串联 3 并联	2C	100%	④ ⑤ ⑥ 1号热电偶
3	6 串联 2 并联	2C	100%	⑦ ⑧ ⑨ 3号热电偶
4	12 个串联	2C	100%	□—⑩ ⑪ ⑫ 4号热电偶

注:图中,矩形表示电池组正极,三角形表示电池组负极,小圆表示热电偶接入点位置,大圆表示电池组内电池,电池组内单体电池间距均为 2mm。

6）高倍率充放电时接出点位置对电池组热失控的影响

本组实验研究在相同倍率充放电条件下,锂离子电池组接出点位置对电池组电热安全性的影响。在连接方式、电池数量和电池间距均相同的情况下,通过采集不同接出点位置的锂离子电池组的实验数据,定性、定量分析接出点位置对锂离子电池组电热安全性的影响。接出点实验主要针对具有并联形式的锂离子电池组。其中,电池组连接方式均为 3 串联 5 并联,电池数量均为 15 个,电池组内电池间距均为 2mm。

对不同接出点位置的电池组进行 200 次安全循环充放电,以研究接出点位置对锂离子电池组一致性的影响。每循环 50 次进行一次数据采集,采集数据的时刻为电池进行第 51 次循环中的放电步骤时;采集的数据为放电过程中,电池组每 3 个串联电池所分得的电压,单位为伏(V),每次共采集 5 组数据,具体实验方案如表 2.10 所示。

对电池组进行高倍率充放电实验,以研究接出点位置对电池组热失控的影响。采集数据为温度,具体如表 2.11 和表 2.12 所示。

7）高倍率充放电时电池间距对电池组热失控的影响

本组实验研究在相同倍率充放电条件下,锂离子电池组单体电池间距对电池组热失控的影响。在连接方式和电池数量均相同的情况下,通过采集不同单体电池间距的锂离子电池组的实验数据,定性、定量分析单体电池间距对锂离子电池组热失控的影响。其中,电池组的连接方式均为串联,电池数量均为 4 个,采集数据均为温度,具体实验方案如表 2.13 和表 2.14 所示。

表 2.10　接出点位置对锂离子电池组一致性影响的实验方案

序号	接出点/接入点示意图	电池组起始电量	循环实验步骤
1	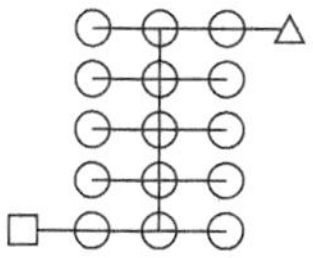	0%	(1)1C 恒流充电； (2)静置 20min； (3)2C 恒流放电； 以上为一个循环
2	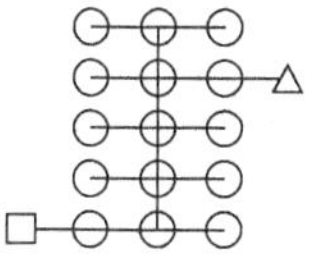	0%	
3	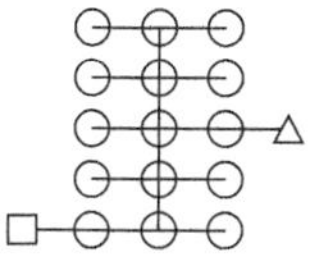	0%	

注:图中,矩形表示电池组正极(接入点),三角形表示电池组负极(接出点)。

表 2.11　接出点位置对高倍率充电影响的实验方案

序号	接出点/接入点示意图	充电倍率	电池组起始电量	热电偶接入方式
1	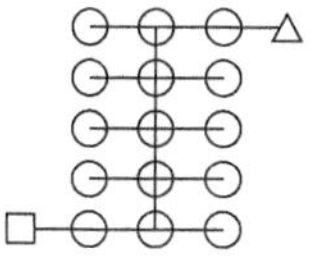	2C	0%	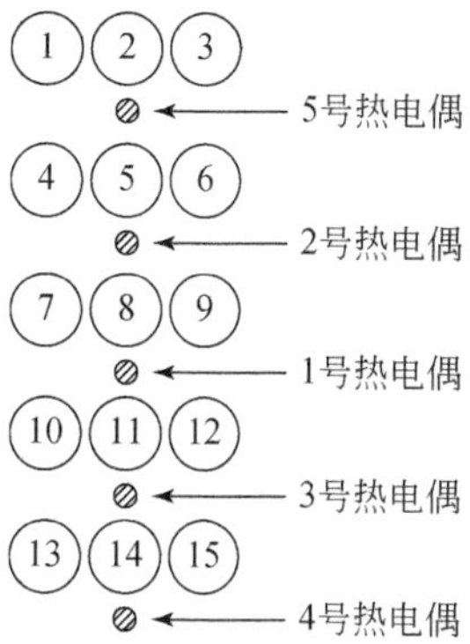 1 2 3 5号热电偶 4 5 6 2号热电偶 7 8 9 1号热电偶 10 11 12 3号热电偶 13 14 15 4号热电偶
2	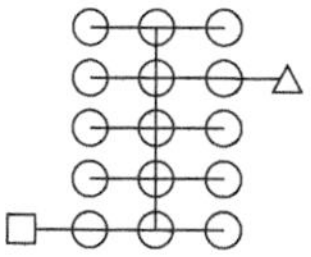	2C	0%	
3	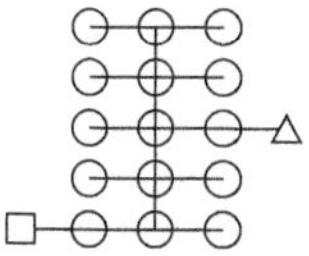	2C	0%	

注:图中,矩形表示电池组正极,三角形表示电池组负极,小圆表示热电偶接入点位置,大圆表示电池组内电池,电池组内单体电池间距均为 2mm。

表 2.12　接出点位置对高倍率放电影响的实验方案

序号	接出点/接入点示意图	放电倍率	电池组起始电量	热电偶接入方式
1	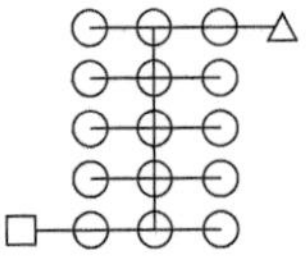	2C	100%	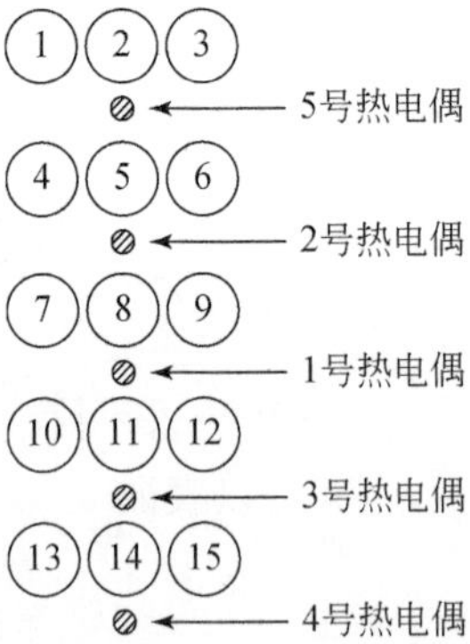 1 2 3 / 5号热电偶 / 4 5 6 / 2号热电偶 / 7 8 9 / 1号热电偶 / 10 11 12 / 3号热电偶 / 13 14 15 / 4号热电偶
2	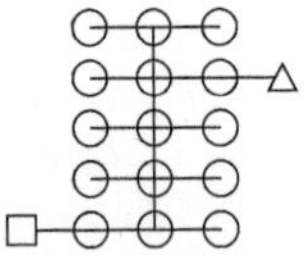	2C	100%	
3	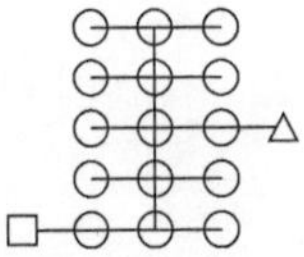	2C	100%	

注：图中，矩形表示电池组正极，三角形表示电池组负极，小圆表示热电偶接入点位置，大圆表示电池组内电池，电池组内单体电池间距均为 2mm。

表 2.13　电池间距对高倍率充电影响的实验方案

序号	单体电池间距/mm	充电倍率	起始电量	热电偶接入方式
1	0.2	2C	0%	 1 2 3 4
2	2	2C	0%	
3	20	2C	0%	
4	40	2C	0%	
5	60	2C	0%	

注：图中，矩形表示电池组正极，三角形表示电池组负极，小圆表示热电偶接入点位置，大圆表示电池组内电池。

表 2.14　电池间距对高倍率放电影响的实验方案

序号	单体电池间距/mm	放电倍率	起始电量	热电偶接入方式
1	0.2	2C	100%	 1 2 3 4
2	2	2C	100%	
3	20	2C	100%	
4	40	2C	100%	
5	60	2C	100%	

注：图中，矩形表示电池组正极，三角形表示电池组负极，小圆表示热电偶接入点位置，大圆表示电池组内电池。

2.2　锂离子电池循环过充热行为特性

2.2.1　循环过充电池热行为

1. 循环过充电池温度、电压变化

图2.18～图2.29为锂离子电池分别循环过充至100% SOC、110% SOC、120% SOC、130% SOC、140% SOC和150% SOC的电压和温度随时间变化曲线。过充过程中采用恒流充电的方式。电池表面的温度一般低于电池内部的实际温度，但其可以表征电池过充过程中的热行为特征。由图可以看出，无论过充至多少SOC，当电池充电和放电时，电池的温度都在上升，因为在电池的工作过程中，都会产生电化学反应热和焦耳热；而在电池静置的过程中，电池向外界散热，所以温度会下降。

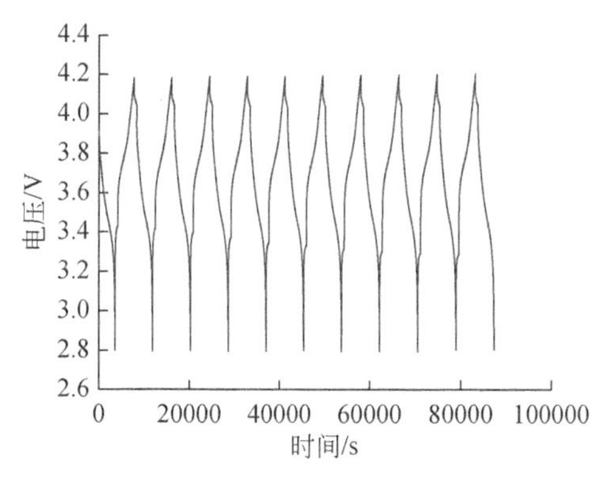

图2.18　100% SOC循环过程电压图

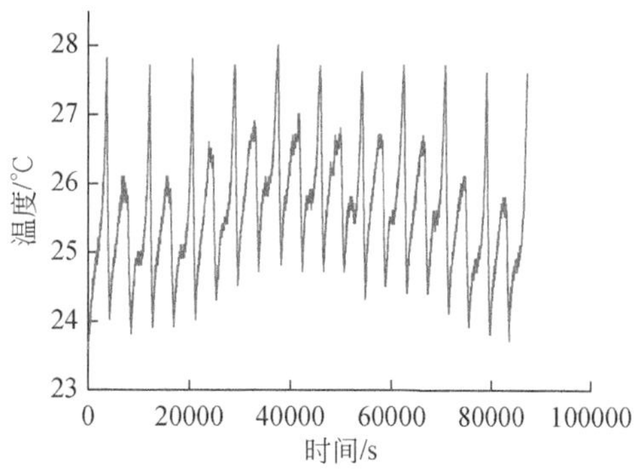

图2.19　100% SOC循环过程温度图

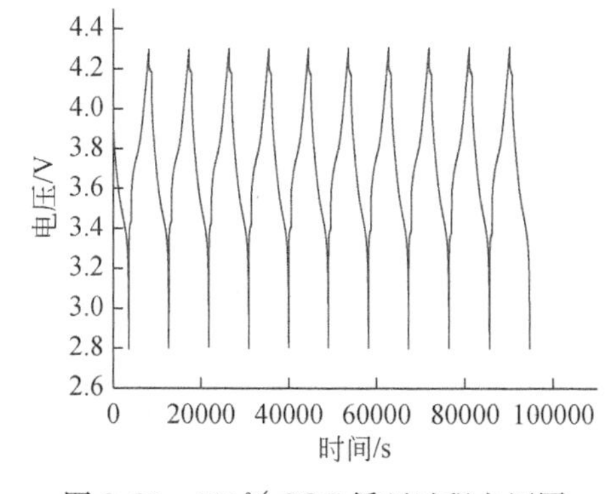

图2.20　110% SOC循环过程电压图

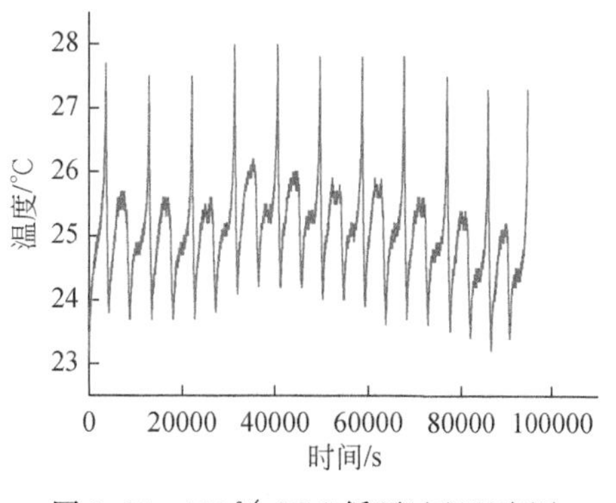

图2.21　110% SOC循环过程温度图

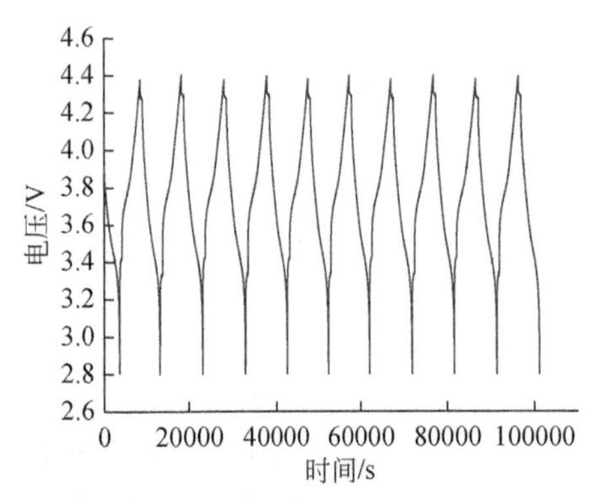

图 2.22 120% SOC 循环过程电压图

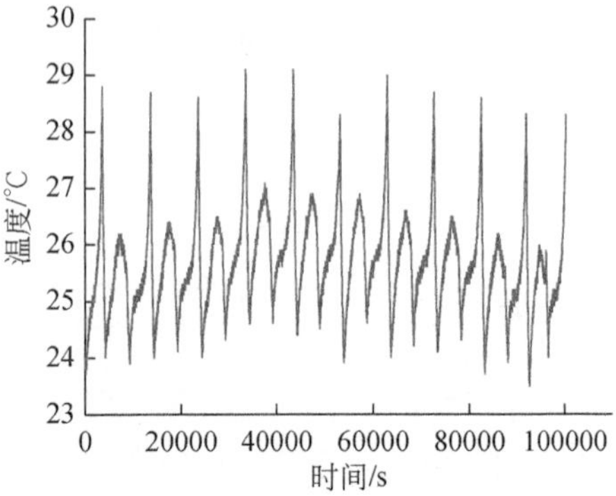

图 2.23 120% SOC 循环过程温度图

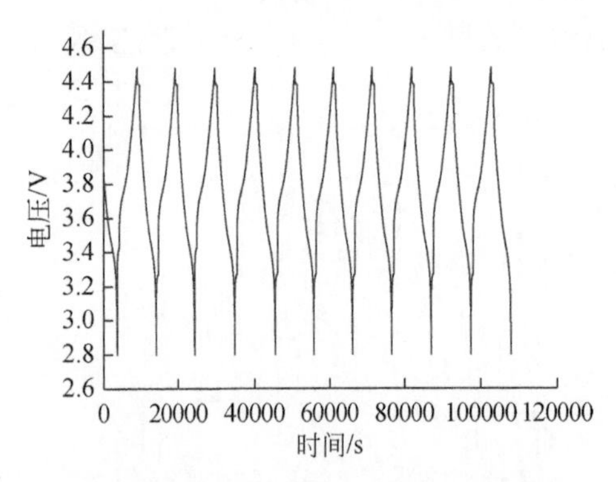

图 2.24 130% SOC 循环过程电压图

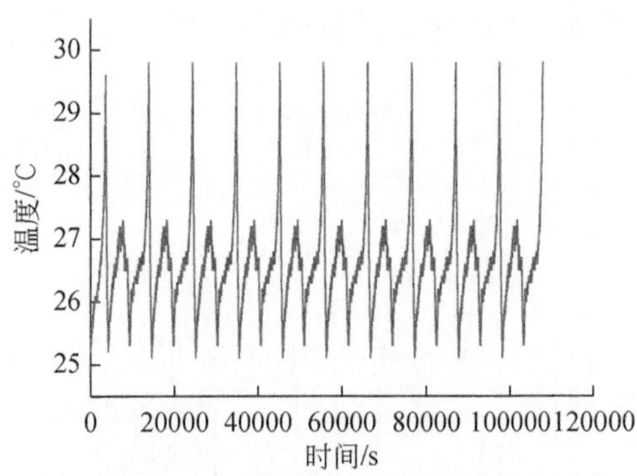

图 2.25 130% SOC 循环过程温度图

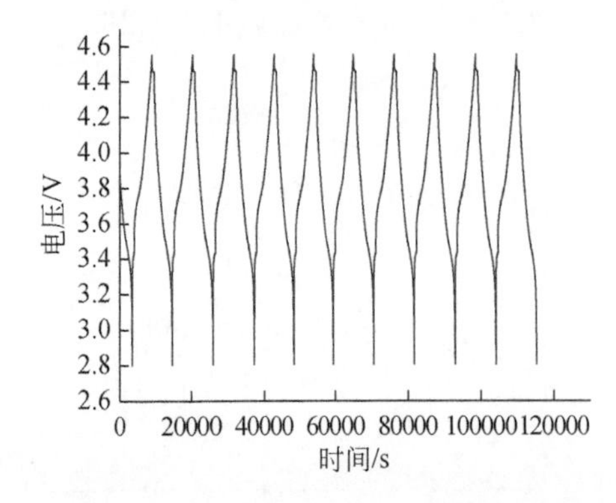

图 2.26 140% SOC 循环过程电压图

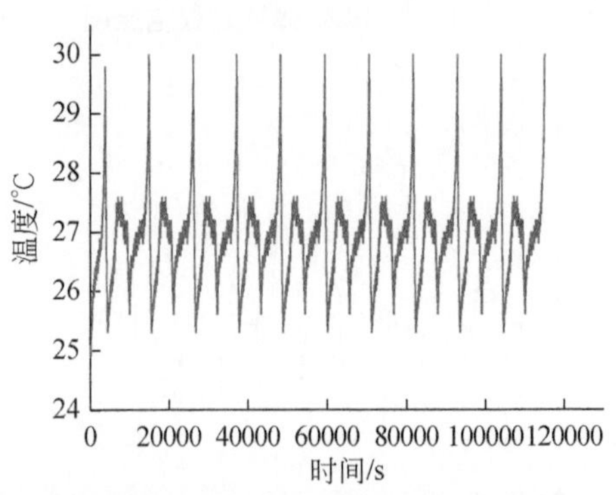

图 2.27 140% SOC 循环过程温度图

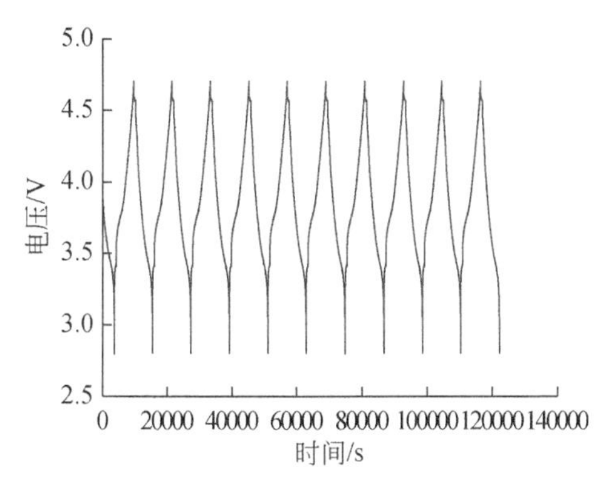

图 2.28 150% SOC 循环过程电压图

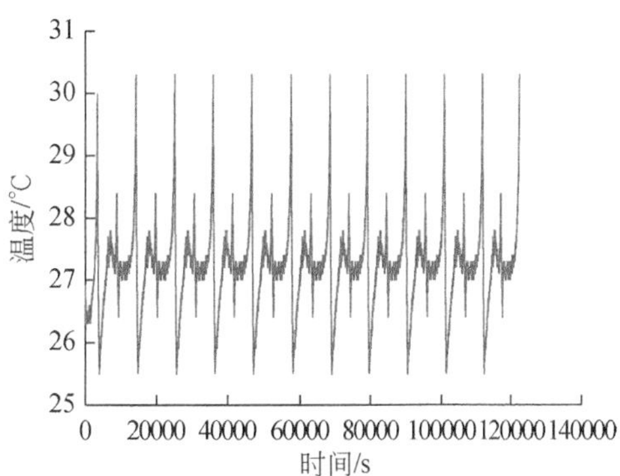

图 2.29 150% SOC 循环过程温度图

锂离子电池在循环过充过程中充放电的最高温度如表 2.15 所示。随着电池过充至更高的 SOC,电池的峰值温度逐渐上升。过充至 150% SOC 时,电池的温度高出 100% SOC 时约 3℃。此外,无论电池过充至多少 SOC,在每次循环放电时的最高温度总是高于充电时的最高温度,高出约 2℃。

表 2.15 电池循环过充至不同 SOC 过程中的最高温度

充电状态	放电过程最高温度/℃	充电过程最高温度/℃
100% SOC	27.4	25.6
110% SOC	28.0	26.2
120% SOC	29.1	27.1
130% SOC	29.8	27.3
140% SOC	30.0	27.6
150% SOC	30.3	28.4

在每次循环过充中,电池放完电所需要的时间比过充至相应的 SOC 所需要的时间长 300~500s,放电时的最高温度比较高是因为更长的工作时间产生较多的电化学反应热和焦耳热。

许多企业的电池产品能够实现低温下正常放电,但在同样的温度下,实现正常充电就比较困难,甚至无法充电[4]。一般认为造成这种现象的原因是当 Li^+ 嵌入石墨材料时,首先要去溶剂化,这个过程会消耗一定的能量,阻碍 Li^+ 扩散到石墨内部;相反,Li^+ 在脱出石墨材料进入溶液中时,会有一个溶剂化过程,而溶剂化不消耗能量,Li^+ 可以快速脱出石墨。因此,石墨材料的充电接受能力明显逊色于放电接受能力。本实验中放电时的温度高于充电时的温度也说明由于放电本身所产生的热量较高，在低温时电池的放电功能强于充电功能。

值得注意的是，电压在静置时会出现较小的下降，造成这种现象的原因可以分为两种：电池过电位和电池自放电[5]。

过电位是指电极的电位差值，又称为超电势。在电化学中，过电位是指半反应的热力学确定的还原电位与实验观察到的氧化还原反应的电位之间的电位差（电压）。过电位与电压效率直接相关，在原电池中，过电位的存在意味着比热力学更少的能量被回收预测。在每次循环过程中，多余的能量都会作为热量流失。

自放电是指电池在开路静置过程中电池电压下降的现象。锂离子电池的自放电现象按照容量损失后是否可以恢复分为两种：容量损失可逆的自放电和容量损失不可逆的自放电。容量损失可逆是指在下一次的充放电循环过程中，电池的容量可以恢复正常的状态，这与电池正常的充放电原理一致。不同的是，在电池正常放电时，电子的工作路径为外电路，运转速度很快。而自放电的电子路径为电解液，电子的运转速度较慢。容量损失不可逆是指电池在下一次的充放电过程中，电池的容量不能恢复到正常的状态。造成容量损失不可逆的原因主要分为四个方面：①阴极与电解液发生不可逆反应；②阳极与电解液发生不可逆反应；③电解液本身所发生的不可逆反应；④电池制造过程中所产生的杂质导致微短路所引发的不可逆反应。

从本质上来看，满电及过充状态的锂离子电池发生自放电现象与锂盐的分解反应和第一次充放电过程中锂的嵌入所导致的反应有关，锂盐的分解反应是不可逆的，锂的初始嵌入是可逆的。锂在正极和负极间的嵌入与脱嵌是可逆的，这是因为正负极以相同的速率进行自放电，其中存在电池容量的平衡机制。但若电池存在长久的自放电现象，则阴阳极间的容量平衡会被打破，最终导致容量不可逆。

由循环过程电压图可以看出，电池电压在下一次循环过充中又恢复到了满容量所对应的电压。因此，锂离子电池在过充过程中静置时出现电压下降，这是因为电池的过电位和可逆容量损失的自放电。

2. 过充电池的热量估算

电池在过充期间产生的热量可以简化成式(2.1)[6]：

$$Q_t = Q_j + Q_r + Q_p \tag{2.1}$$

式中，Q_t为过充过程中产生的总热量，J；Q_j为产生的焦耳热，J，其主要与电池的内阻有关，即与电极和电解液界面、隔膜、电解液、集电体和金属极耳有关，表达式如式(2.2)所示；Q_r为可逆的反应热，J，其来源于如电池充电过程中锂离子从正极向负极移动的一系列可逆反应；Q_p为副反应所产生的热量，J。

$$Q_j = I^2 R t \tag{2.2}$$

式中，I 为电流；R 为电阻；t 为时间。

电池在绝热环境下产生的热被电池自身所吸收，引起了自身的温度变化 ΔT。绝热环境下电池所产生的热量如式(2.3)所示：

$$Q_t = \left(\sum_{i=1}^{n} m_i \Delta C_{pi} \right) \Delta T \tag{2.3}$$

式中，m_i 为电池单个组件的质量，kg；ΔC_{pi} 为单个组件的比热容，J/(kg·℃)；ΔT 为温升，℃。

若 ΔT 未被控制在安全的范围内，ΔT 迅速上升，则会造成电池热量累积，最终导致电池内部自催化反应不断发生并加速，进而发生热失控。因此，电池在设计和选材阶段，应使 Q_t 和 ΔT 尽量小。除此之外，从热动力学的角度来看，若电池散热的速度大于产热的速度，则电池内部就不会积累热量，ΔT 不会升高，电池就不会发生热失控。所以，电池在设计阶段应尽可能提高热散逸的能力。

2.2.2　循环过充电池结构变化特征

锂离子电池凭借其寿命长、能量密度高等优势而被广泛使用，但是随着电池循环次数的增加，其膨胀、安全性能下降等问题也日益严重。本节通过对锂离子电池在循环过充过程中电池厚度变化的定量分析来探究电池在充放电过程中发生膨胀的内在原因，为电池的安全设计提供一定的理论基础。

利用高速摄像仪拍摄下电池在 10 次循环过充至不同 SOC 后的膨胀程度，如图 2.30～图 2.35 所示。由图可以看出，随着过充程度的增加，电池的膨胀程度越来越严重。以 100% SOC 循环过充 10 次的电池并未发生膨胀，而以 150% SOC 循环过充 10 次的电池的膨胀程度较为明显。为了定量探究电池的膨胀程度，将三组 10 次循环过充锂离子电池实验的厚度变化用游标卡尺记录下来，如表 2.16 所示。由表可以看出，电池在正常充放电条件下未发生膨胀，而一旦进行了过充循环就会产生明显的膨胀，110% SOC 时电池就膨胀到了 6.72mm(电池本身高 6mm)。电池以 110% SOC 进行循环过充与以 120% SOC、130% SOC 进行循环过充相比，电池的膨胀程度变化并不是特别明显，仅从 6.72mm 增厚至 6.82mm 和 6.96mm。而当电池以 140% SOC 和以 150% SOC 进行循环过充时，膨胀程度变化较为明显，140% SOC 时电池膨胀至 7.82mm，150% SOC 时电池更是膨胀到了 8.53mm。

锂离子电池膨胀的原因主要分为两种：一种是电池极片的厚度增加导致电池发生膨胀，另一种是在过充过程中电解液发生氧化分解产生气体导致的膨胀[7]。在不同的电池体系中，影响锂离子电池厚度变化的主要原因不同。

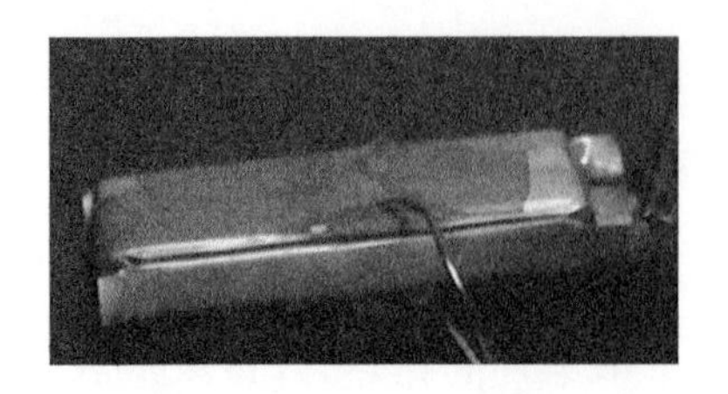

图 2.30　100% SOC 膨胀程度

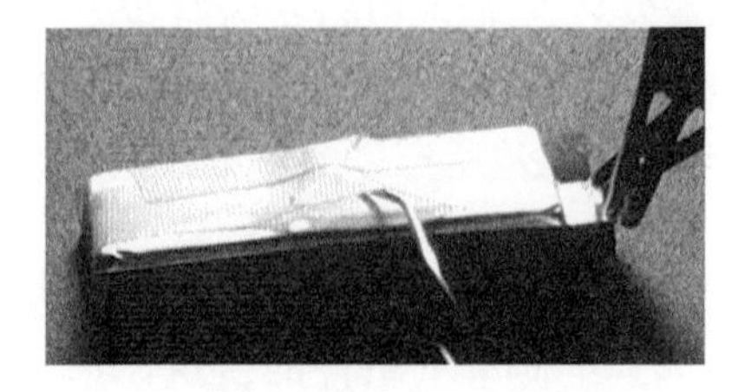

图 2.31　110% SOC 膨胀程度

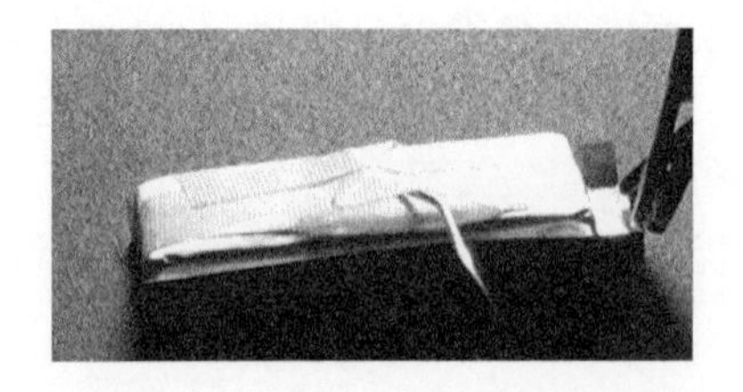

图 2.32　120% SOC 膨胀程度

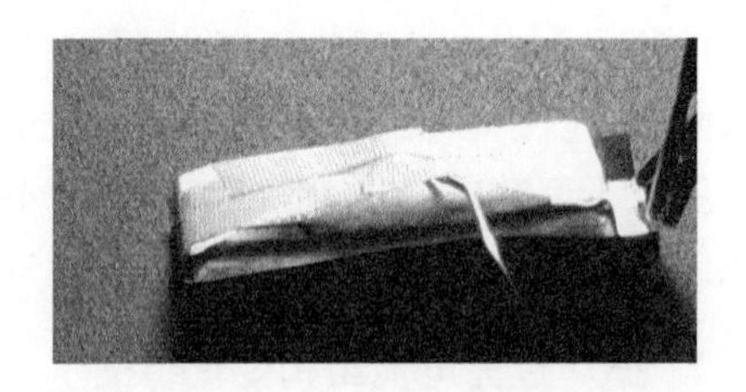

图 2.33　130% SOC 膨胀程度

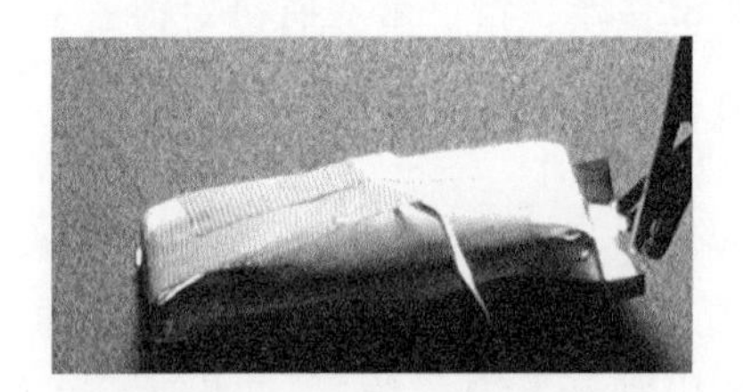

图 2.34　140% SOC 膨胀程度

图 2.35　150% SOC 膨胀程度

表 2.16　锂离子电池循环过充后的厚度变化

锂离子电池 SOC/%	100	110	120	130	140	150
电池分别在三组	6.2	6.74	6.80	6.99	7.86	8.56
实验中循环过	6.2	6.70	6.84	7.01	7.81	8.47
充后的厚度/mm	6.2	6.73	6.81	6.88	7.78	8.55
电池平均厚度/mm	6.2	6.72	6.82	6.96	7.82	8.53

电池极片的厚度在使用过程中也会发生变化。根据前人的研究[8]，锂离子电池经过不断的循环充放电，会产生膨胀的现象，膨胀率为 5%～20%，正负极膨胀程度不一致，阴极的膨胀率小于 5%，而阳极的膨胀率在 20%以上。锂离子电池极片厚度增加的主要原因是石墨发生了改变，石墨在充放电循环中的嵌锂过充中会形成 LiC_x，这会使电池晶格之间的距离发生变化，在内部产生微观的应力，最后发

生膨胀。因此，电池的负极膨胀主要是由充放电过程中嵌锂所引发的不可逆的膨胀所引起的。负极的膨胀与锂离子电池的大小、黏结剂及其自身结构相关。负极的增大会使电池的卷芯发生变形，这会导致负极与隔膜之间产生“空洞”，负极颗粒会产生细微的裂纹，紧接着 SEI 膜会发生破裂并与电解液发生反应，最后导致电池的充放电性能下降。影响负极极片厚度的因素有很多，主要因素为黏结剂的性质和极片的结构参数。石墨负极常用的黏结剂是聚偏二氟乙烯(polyvinylidenefluoride，PVDF)，不同黏结剂的弹性模量、机械强度不同，对极片厚度的影响也不同。极片涂布完成后的轧制力也会影响负极极片在电池使用中厚度的变化。在相同的应力状态下，随着黏结剂弹性模量的上升，负极极片静置时的反弹力会下降。电池在充电过程中，石墨晶格会因为锂的嵌入而增大。与此同时，负极颗粒和黏结剂的形状发生改变，内部的应力得到了完全释放，负极会发生明显的膨胀。此阶段的膨胀与黏结剂的弹性模量和断裂强度相关，一般来说，随着黏结剂弹性模量和断裂强度的上升，电极所产生的增厚会下降。当黏结剂的添加量不一致时，电池极片在辊压成形时所承受的压力就会不同，这会使极片所生成的残余应力不同，而残余应力会随着压力的增大而增大，最终导致电池膨胀率上升。电池黏结剂的含量减少，辊压时所承受的压力下降，电池膨胀程度就会下降。

电池内部产生气体是导致电池膨胀的另一个重要原因，无论是常温循环、高温循环，还是高温搁置，电池均会发生不同程度的膨胀。目前研究结果显示，引起电芯胀气的本质是电解液发生分解反应。电解液发生分解反应主要包含两种情况：一种是电解液的自我分解，在充放电过程中发生分解反应，电解液中的电解质在得到电子之后，都会产生自由基，而自由基发生化学反应之后会生成烃类、酯类、醚类和 CO_2 等；另一种是电解液内部的杂质，一般包含水分和部分金属杂质，这些杂质会发生反应产生气体。在锂离子电池组装完成后，预化成过程中会产生少量气体，这些气体是不可避免的，也是电芯不可逆容量损失的来源。在首次充放电过程中，电子由外电路到达负极后会与负极表面的电解液发生氧化还原反应，生成气体。在此过程中，在石墨负极表面形成 SEI 膜，随着 SEI 膜厚度的增加，电子无法穿透，抑制了电解液的持续氧化分解。在电池使用过程中，内部产气量会逐渐增多，出现此现象的原因是电解液中存在杂质或电池内水分超标。电解液中存在杂质时需要认真排除杂质，电池内水分超标可能是由电解液本身、电池封装不严引进水分、角位破损引起的，另外电池的过充过放滥用、内部短路等也会加速电池的产气速度，造成电池失效。

2.2.3　循环过充电池库仑效率变化特性

库仑效率一般也称为放电效率，表示锂离子电池在同次循环过程中放电容量与充电容量之比，即放电容量与充电容量的百分比[9]。对于锂离子电池正极材料，库仑效率是指嵌锂容量/脱锂容量，也就是放电容量/充电容量。对于锂离子电池负极材料，库仑效率是指脱锂容量/嵌锂容量，即充电容量/放电容量。一般主要考虑电池正极材料的库仑效率，这样比较直观且有意义。影响电池充放电循环中库仑效率的因素有很多，包括电极活性材料的结构、形态、导电性，以及界面钝化、电解液分解等。

影响锂离子电池首次循环的库仑效率的主要因素包括以下几方面：

(1)材料的比表面积，一般比表面积越大，形成的 SEI 膜越多，首次效率越低。

(2)材料的稳定性，在首次充电后正极脱锂态下的稳定性，如三元材料镍含量越高，首次效率越低。

(3)材料加工过程中的压实密度，即极片空隙率，极片空隙率越低，首次效率越高，但会影响容量。

(4)工业上的高温化成有利于 SEI 膜的致密，首次效率会较高。

锂离子电池在循环过充至不同 SOC 过程中的充/放电容量如表 2.17 所示，共进行 10 次循环。

表 2.17　循环过充至不同 SOC 过程中的充/放电容量统计表

循环次数	100% SOC 充/放电容量 /(mAh/mAh)	110% SOC 充/放电容量 /(mAh/mAh)	120% SOC 充/放电容量 /(mAh/mAh)	130% SOC 充/放电容量 /(mAh/mAh)	140% SOC 充/放电容量 /(mAh/mAh)	150% SOC 充/放电容量 /(mAh/mAh)
1	1000/998	1100/1090.1	1200/1183.2	1300/1273.4	1400/1368.4	1500/1466.4
2	1000/998	1100/1087.9	1200/1180.8	1300/1259.1	1400/1354.9	1500/1450.7
3	1000/998	1100/1084.5	1200/1179.6	1300/1255.4	1400/1349.6	1500/1442.1
4	1000/998	1100/1083.5	1200/1177.2	1300/1252.7	1400/1348.9	1500/1443.6
5	1000/999	1100/1082.4	1200/1178.2	1300/1260.3	1400/1352.3	1500/1449.6
6	1000/998	1100/1081.3	1200/1173.6	1300/1258.0	1400/1347.8	1500/1441.1
7	1000/999	1100/1081.9	1200/1173.1	1300/1257.1	1400/1350.4	1500/1436.7
8	1000/999	1100/1081.8	1200/1172.8	1300/1256.8	1400/1349.0	1500/1382.4
9	1000/999	1100/1081.8	1200/1172.6	1300/1257.6	1400/1346.7	1500/1381.4
10	1000/999	1100/1081.3	1200/1172.4	1300/1256.3	1400/1338.4	1500/1382.3

为了更直观地观察循环过充中锂离子电池库仑效率的变化，锂离子电池在循环过充至 100% SOC、110% SOC、120% SOC、130% SOC、140% SOC 和 150% SOC 过程中库仑效率的变化由式(2.4)计算：

$$CE=\frac{C_d}{C_c} \tag{2.4}$$

式中，CE为电池的库仑效率；C_c为电池在同一次循环过程中充入的容量，Ah；C_d为电池在同一次循环过程中随时间的放电容量，Ah。

图2.36展示了锂离子电池在不同循环过程中的库仑效率。由图可以看出，电池在100% SOC的10次循环过程中，每次循环的库仑效率都接近100%，这说明电池在满电的循环过程中保持了较高的充/放电效率，也证明了三元锂离子软包电池在正常工作条件下具有较高的使用效率。电池在110% SOC的循环过程中，在前两次循环过程中，库仑效率都接近99%，虽然后几次的循环库仑效率有所下降，但都在98%以上。电池在120% SOC的循环过程中，前5次循环的库仑效率都在98%以上，后5次循环的库仑效率在97%～98%。电池在130% SOC的循环过程中，第一次循环的库仑效率为97.8%，后9次循环的库仑效率都在96%～97%。电池在140% SOC的循环过程中，第一次循环库仑效率为97.8%，第二次至第九次循环库仑效率均保持在96%以上，最后一次循环库仑效率为95.6%。当电池以150% SOC进行循环过充时，第一次能保持较高的库仑效率，为97.8%，第二次至第七次循环时，库仑效率依旧能达到95%以上，第八次至第十次循环时库仑效率下降到了92%～93%。与满电循环的库仑效率相比，过充条件下电池的库仑效率都比较低。并且，随着锂离子电池过充程度的增大，电池的库仑效率会下降。这是因为，锂离子电池在过充过程中，电极颗粒表面会发生锂沉积，沉积的锂会与电解液发生反应，并且不会参与到下一次的充放电循环中。也就是说，嵌入石墨中的锂离子一部分没有脱出，发生了副反应，导致下一次参与循环的锂离子减少，继而导致库仑效率下降。

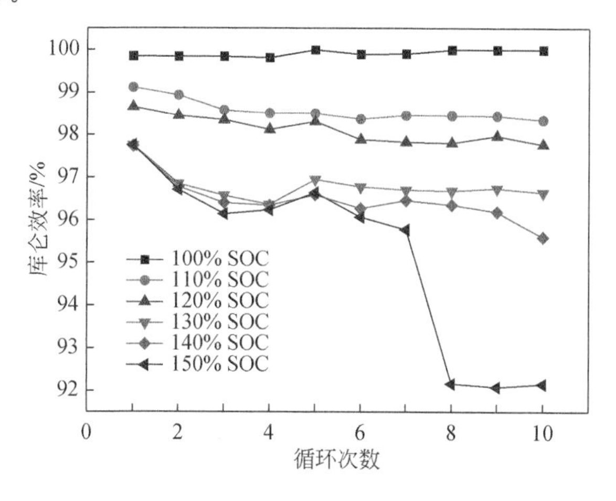

图2.36 锂离子电池在不同循环过程中的库仑效率

2.3 不同环境条件下锂离子电池动态过充及热失控

2.3.1 开放环境下电池的动态过充

1. 不同倍率过充

本节讨论在开放环境下对锂离子电池进行过充实验，以研究充电倍率对电池热失控的影响。无论是在开放环境下还是在绝热环境下，热电偶始终测量电池的中心位置。电池以 0.5C、1C 和 2C 的充电倍率进行过充，温度随时间变化曲线如图 2.37 所示。由图可知，充电倍率越高，过充导致电池发生热失控所需要的时间越短。2C 充电倍率下，电池发生热失控仅需要 87min。而在以 0.5C 过充电池时，电池发生热失控的时间延长到了 145min。这是因为电池的充电倍率越高，电池在相同时间内被充入的能量越多，电池内部产生的热量就越多，在热量积累到一定程度后，量变产生质变，电池发生热失控。因此，随着充电倍率的增加，过充导致电池发生热失控的时间缩短。电池以 2C 倍率进行过充时，T_0（电池自加热起始温度，℃）为 35.6℃，1C 过充时，T_0 为 32.2℃，0.5C 过充时，T_0 为 31.5℃。可以看出，随着充电倍率的增加，电池自加热起始温度逐渐升高，这同样是因为电池在高充电倍率下单位时间内产生的热量较多。

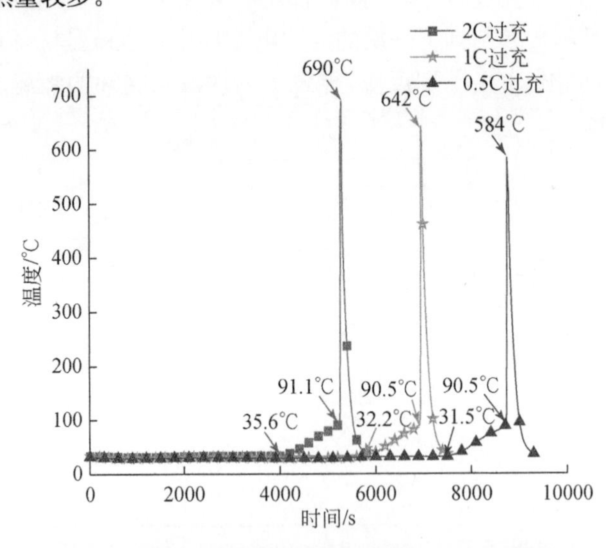

图 2.37 开放环境下锂离子电池的动态过充热行为

如图2.37所示，2C过充时，电池热失控的T_{max}（最高温度，℃）为690℃；1C过充时，电池的T_{max}为642℃；0.5C过充时，电池的T_{max}为584℃。随着电池充电倍率的提高，电池热失控的T_{max}增大。这是因为在高倍率过充的情况下，电池在热失控前积累的热量较多，发生热失控时释放出的热量比较高。同样地，低倍率过充时电池所需要的时间较长，在这一时间段内电池所散发的热量较多，热失控前电池内部的热量较低，发生热失控时释放出的能量较低。值得提出的是，在不同的充电倍率下，电池发生热失控的T_0和T_{max}都与电池的充电倍率呈正比或反比的关系，但是电池的$T_{thermal}$（热失控起始温度，℃）相差不大。2C过充时，电池的$T_{thermal}$为91.1℃；1C过充时，电池的$T_{thermal}$为90.5℃；0.5C过充时，电池的$T_{thermal}$为90.5℃。为了验证实验数据的准确性，进行三组验证实验，各组实验中不同充电倍率下电池的$T_{thermal}$如表2.18所示。显然，三组实验中不同充电倍率下电池的$T_{thermal}$都相差不大。由此可知，电池过充导致热失控时的温度与充电倍率无关，而与电池的容量、通风条件和设计等因素有关。在电池型号一致和通风条件相同的情况下，过充导致电池发生热失控时的温度是一致的。

表2.18　三组实验中不同充电倍率下电池的$T_{thermal}$

过充次数	2C过充的$T_{thermal}$/℃	1C过充的$T_{thermal}$/℃	0.5C过充的$T_{thermal}$/℃
1	91.3	91.6	90.9
2	91.1	90.5	90.5
3	90.8	90.8	91.1

2.1C倍率动态过充

以1C倍率过充电池导致热失控为例，研究开放环境下电池发生热失控的行为。图2.38展示了电池在开放环境下动态过充时温度和电压随着时间和SOC的变化曲线。本节SOC按照式(2.5)计算[10-12]：

$$SOC=\frac{C_c}{C_n}\times 100\% \tag{2.5}$$

式中，C_c为电流对时间积分的充电容量，Ah；C_n为额定容量，Ah。

整个过程可以分为五个阶段，即阶段Ⅰ～Ⅴ。在阶段Ⅰ，电池电压达到4.84V，SOC达到169%，在阶段末端，电池开始产生自热，T_0为32.2℃。在阶段Ⅱ，电池继续升温，电压达到5.34V，SOC达到182%，在阶段末端出现电压拐点。在阶段Ⅲ，电池温度大幅度上升，此时电池的SOC达到了199%，由于电极材料结构坍塌，电池的电压下降至5.21V。在阶段Ⅳ，电池温度继续上升，电压达到5.5V，电池在达到209% SOC时发生破裂，白烟迅速从电池包中冒出，电池发生热失控，此时电池的温度为90.5℃。在阶段Ⅴ，电池热失控完成，释放出所有能量后

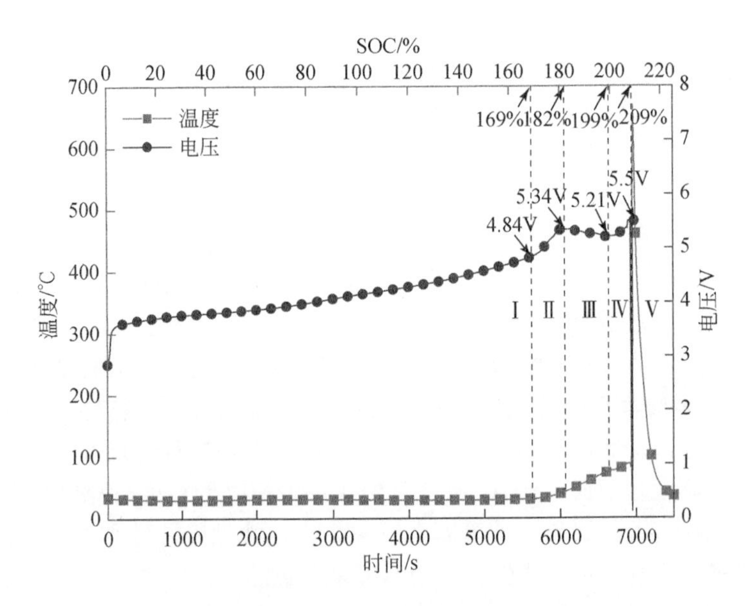

图 2.38　开放环境下 1C 充电倍率过充电池热失控

快速冷却降温。

2.3.2　绝热环境下电池的动态过充

1. 不同倍率过充

本节在绝热环境下对以不同充电倍率进行过充的电池进行动态过充实验，温度随时间的变化曲线如图 2.39 所示。由图可知，2C 过充时，电池热失控的 T_0 为 43.5℃；1C 过充时，T_0 为 39.3℃；0.5C 过充时，T_0 为 35.6℃。这与在开放环境下不同充电倍率过充电池时发生热失控的 T_0 规律一致，随着充电倍率的提高，电池发生热失控的 T_0 增大。不同的是，在绝热环境下，电池的初始温度普遍高于开放环境中的结果，这是因为在绝热环境下电池的散热性能较差，电池更易积聚热量。电池发生热失控时的温度分别为 112.36℃、112.2℃和 111.9℃，说明电池在绝热环境下发生热失控时的温度依然与过充倍率无关。绝热环境下发生热失控时的温度普遍高于开放环境下的结果，这表明过充导致电池发生热失控与换热环境有关，换热环境影响了充电过程中热量累积的多少。电池在 2C 过充、1C 过充和 0.5C 过充的情况下，T_{max} 分别为 744.8℃、728.9℃和 711.8℃。在绝热环境下，电池发生热失控的最高温度随着过充时充电倍率的提高而提高。更高的充电倍率会使电池在单位时间内承受更多的载荷，电池在短时间内所累积的热量会更多，发生热失控时会全部爆发出来。绝热环境下动态过充后电池发生热失控的 T_{max} 也普遍高于开放环境的结果，而且在发生热失控之后，在绝热环境下电池降温所需要的时间也远远高于开放环境。这同样是因为在封闭的环境下，电池的散热效果远远低于开放环境。

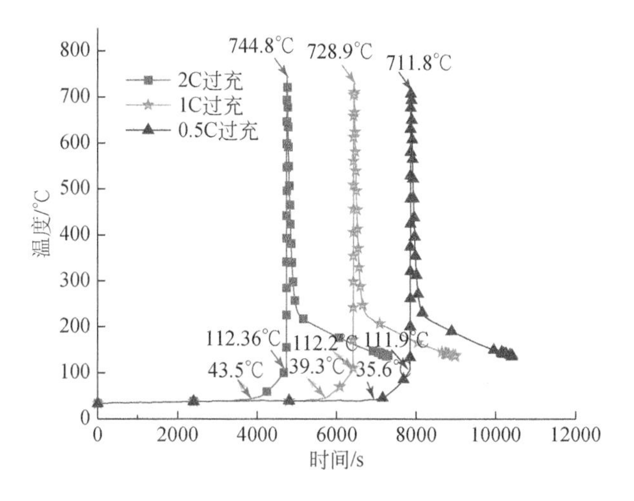

图 2.39　绝热环境下电池的动态过充热行为

2. 1C 倍率动态过充

本节以 1C 倍率过充电池导致热失控为例研究绝热环境下电池的热失控行为。图 2.40 展示了电池在绝热环境下 1C 倍率动态过充时温度和电压随着时间和 SOC 的变化曲线。由图可以看出，在绝热环境下，电池的动态过充过程可以分为四个阶段，即阶段Ⅰ～Ⅳ。

在阶段Ⅰ，电池被持续过充至 4.66V 并被充入 142% SOC 的电量，当 SOC 达到 130%时，温度开始上升。在这一阶段，电池温度从 33.7℃增加到了 39℃，温度的上升速率为 0.13℃/min。由于电池负极容量过大，在达到 120% SOC 之前，电池的负极上并没有出现锂沉积[3]。

在阶段Ⅱ，电池开始发生膨胀并且 SOC 达到 158%。电压迅速升高，在阶段末端达到了最高值 5.09V。值得注意的是，在恒流过充过程中温度达到 45℃时出现了拐点。一般地，这一点被认为是某一副化学反应的表观放热起始温度。

阶段Ⅲ是最关键的过程。电池在 176% SOC 时发生破裂，紧接着在 177% SOC 时发生热失控。电池电压下降至 4.9V，并且在 15～20s 快速下降至 0V。与此同时，电池的表面中心温度从 103℃上升至 110℃。这一阶段发生电压下降是因

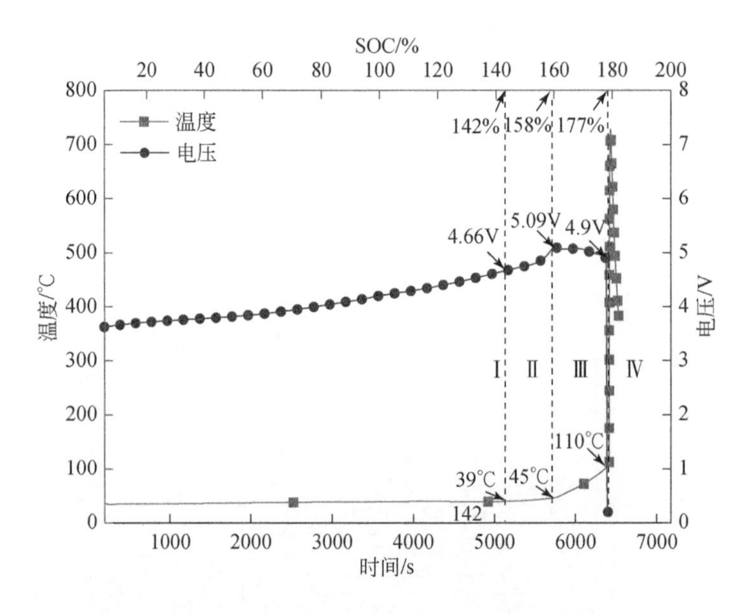

图 2.40　绝热环境下 1C 倍率动态过充电池热失控

为在电解液的氧化过程中充电电流的消耗以及正负极发生了严重的破坏[12]。温度的快速上升使电池的隔膜遭到破坏，电池发生内短路，最终电池的电压降到 0V。

在阶段Ⅳ，由于前期的热量累积到了一定的程度，锂离子电池发生了不可逆转的热失控反应，电池剧烈燃烧并产生大量黑色气体和刺激性气味，温度急速上升至 728℃。

与开放环境下过充导致热失控的结果相比，锂离子电池在绝热环境下更容易累积热量。在开放环境下引发电池热失控所需要的时间是 6910s，而在绝热环境下只需要 6380s。当热失控发生时，电池的 SOC 分别为 209%和 177%。此外，电池在绝热环境下的最高温度也高于在开放环境下的结果。总体上来看，锂离子电池在绝热环境下发生热失控所需要的时间更短，SOC 更低，T_{max}更高，这都说明了绝热环境下锂离子电池更容易累积热量，继而引发热失控。

结合图 2.37 和图 2.38，在电压的拐点时刻温度发生了显著的增加，即锂离子电池过充至热失控期间，在电压拐点时间前后产生了比较剧烈的化学反应，并释放出了较多的热量。Uhmann 等[13]的实验表明，由于电池负极上产生了金属锂的沉积，电池的充电曲线发生了弯曲。Burns 等[14]和 Arai 等[15]在实验中发现，金属锂沉积的现象也发生在钴酸锂离子电池上。他们的实验结果表明，当发生锂沉积时，电池的库仑效率会发生明显的下降，同时以高倍率过充电池更容易出现锂沉积现象。所有电压拐点的出现均是因为负极发生了金属锂的沉积，进而导致其发生了明显的电位偏移。

2.3.3 电池热失控的临界条件分析

1. 拐点电压和充电倍率的关系

锂离子电池热失控是指因电池温度持续上升而导致一系列恶性循环的反应，最终发生不可逆的破坏现象。热失控起始温度($T_{thermal}$)是指电池在发生破裂、着火等不可逆的热失控情况下的温度。绝热环境下，锂离子电池在不同充电倍率下的实验结果如表 2.19 所示。

表 2.19　绝热环境下锂离子电池在不同充电倍率下的实验结果

充电倍率	T_0/℃	$T_{thermal}$/℃	T_{max}/℃	V_{max}/V	$V_{i\text{-}p}$/V	SOC_{max}/%
2C	43.5	112.36	744.8	6.02	5.5	163
1C	39.3	112.2	728.9	5.09	4.66	177
0.5C	35.6	111.9	711.8	4.62	4.24	185

由表 2.19 可以看出，随着电池充电倍率的增大，$V_{i\text{-}p}$(拐点电压)和 V_{max}(最高电压)也增大，而 SOC_{max}(电池热失控前的 SOC)减小。由图 2.41 可知，$V_{i\text{-}p}$和 V_{max}随着充电倍率的增加呈正相关增加。线性公式如式(2.6)和式(2.7)所示，式中$|V_{max}|$、$|V_{i\text{-}p}|$和$|C|$都是无量纲数据，分别代表 V_{max}、$V_{i\text{-}p}$和充电倍率的数值。根据文献[3]，充电过程中的电池电压公式如式(2.8)所示，式中 R_η为过电压电阻，单位为 Ω；U_{oc}为开路电压，单位为 V。式(2.6)和式(2.7)所代表的直线中的开路电压为两直线的截距。根据定义，无量纲的电流倍率如式(2.9)所示，式中 C_n为额定容量，单位为 Ah。结合式(2.7)～式(2.9)可以得到一个通式，即式(2.10)。在本节，$|V_{i\text{-}p}|$和$|V_{max}|$分别对应开路电压为 3.82V 和 4.15V 时的两种状态。

$$|V_{max}|=0.94|C|+4.15 \tag{2.6}$$

$$|V_{i\text{-}p}|=0.84|C|+3.82 \tag{2.7}$$

$$U=R_\eta I+U_{oc} \tag{2.8}$$

$$C=|I/C_n| \tag{2.9}$$

$$|V|=k|C|+|U_{oc}|,\quad k=|C_nR_\eta| \tag{2.10}$$

2. 热失控前时间和容量分析

表 2.20 展示了在绝热环境下不同倍率过充时电池在阶段Ⅱ和阶段Ⅲ的时间，以及在阶段Ⅱ充入的容量 C_1和在阶段Ⅲ充入的容量 C_2。从表中不难发现，随着充电倍率的增加，两个阶段所经历的时间在缩短。当充电倍率达到 2C 时，阶段Ⅱ的

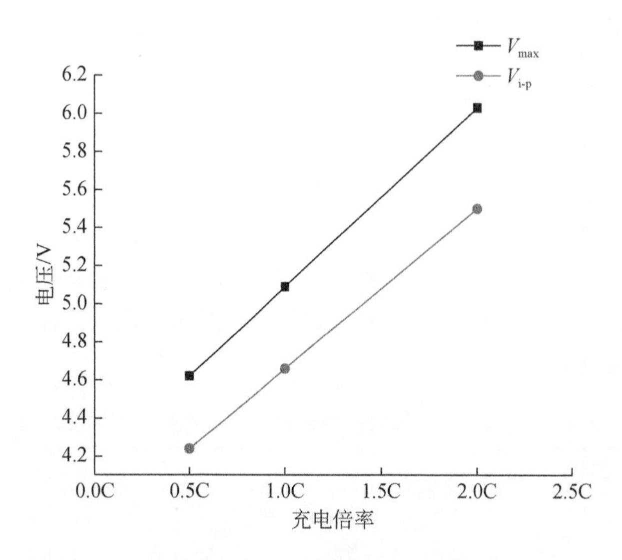

图 2.41　绝热条件下不同充电倍率下的 V_{max} 和 V_{i-p}

时间为 5.4min，因此一旦电池达到电压拐点，必须在 5min 内采取可靠的方法中断充电，同时使锂离子电池冷却降温，防止热失控的发生。

表 2.20　绝热环境下电池在不同倍率过充时的阶段Ⅱ、阶段Ⅲ的所用时间和容量

充电倍率	阶段Ⅱ时间/s	阶段Ⅲ时间/s	阶段Ⅱ+阶段Ⅲ时间/s	C_1/Ah	C_2/Ah	C_1+C_2/Ah
2C	326	454	780	0.072	0.058	0.13
1C	559	694	1253	0.08	0.1	0.18
0.5C	785	832	1617	0.085	0.12	0.205

2.4　高倍率充电条件下电池组热失控的影响因素

本节采用锂离子电池热效应测试系统，研究在高倍率充电条件下，锂离子电池组热失控的影响因素。研究表明，在充电倍率相同，电池组内单体电池数量不同的情况下，电池组的温度平均升高速率随着电池数量的增加而增大；在充电倍率相同，电池组内单体电池间距不同的情况下，电池组的温度平均升高速率随着电池间距的增大而减小；在充电倍率相同，电池组连接方式不同的情况下，电池组的温度平均升高速率随着电池组内并联组数的增大而增大；在充电倍率相同，电池组接出/接入点不同的情况下，电池接出/接入点距离越远，电池组的温度平均升高速率越大。

2.4.1　电池数量对电池组热失控的影响

本节研究在高倍率充电条件下，电池组内电池数量对锂离子电池组热失控的影响。通过设定相同的充电倍率，研究电池组内电池数量对锂离子电池组热失控的影响。电池组均采用串联的方式进行连接，电池组内单体电池间距均为 2mm，充电倍率均为 2C，环境温度均控制为 20℃。

研究表明，在电池组进行充电时，电池的温度平均升高速率随着电池组内电池数量的增加而增加，在发生热失控后，电池组热失控的最高温度随着电池组内电池数量的增加而增加，最先发生热失控的电池在电池组中的位置往往处于中间。

1. 热失控过程分析

图 2.42 是环境温度为 20℃，充电倍率为 2C，电池组内单体电池数量为 3 时，电池组内各个电池的温度变化曲线。电池组布置情况参见 2.1.3 节。在 3 个电池串联的电池组 2C 倍率充电实验中，充电前期，电池温度稳定上升，其中 2 号电池的温度上升速率较快，1 号和 3 号电池的温度上升速率较慢，基本保持一致。随后，实验进行到 2410s 时，2 号电池发生热失控，电路断开，停止充电，电池热失控起始温度为 232℃，发生热失控后电池温度迅速上升，2 号电池热失控最高温度达到 480℃，1 号、3 号电池受其影响，温度也升高，但并未发生热失控。发生热失控的 2 号电池处于电池组的中心位置。

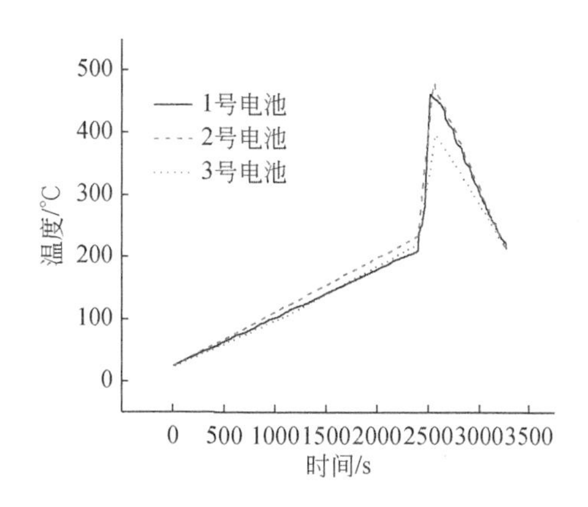

图 2.42　3 串联电池组充电实验温度变化曲线

图 2.43 是环境温度为 20℃，充电倍率为 2C，电池组内单体电池数量为 5 时，电池组内各个电池的温度变化曲线。电池组布置情况参见 2.1.3 节。在 5 个电池

串联的电池组 2C 倍率充电实验中，充电前期，电池温度稳定上升，其中 4 号电池的温度上升速率较快，1 号、2 号、3 号、5 号电池的温度上升速率较慢，基本保持一致。随后，实验进行到 2365s 时，4 号电池发生热失控，电路断开，停止充电，电池热失控起始温度为 230℃，发生热失控后电池温度迅速上升，4 号电池热失控最高温度达到 487℃，电池组内其余电池受其影响，温度升高，但并未发生热失控。发生热失控的电池处于电池组中心偏左的位置。

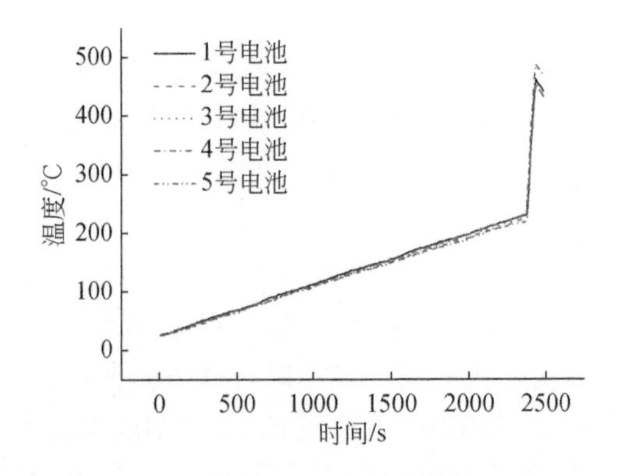

图 2.43　5 串联电池组充电实验温度变化曲线

图 2.44 是环境温度为 20℃，充电倍率为 2C，电池组内单体电池数量为 6 时，电池组内各个电池的温度变化曲线。电池组布置情况参见 2.1.3 节。在 6 个电池串联的电池组 2C 倍率充电实验中，充电前期，电池温度稳定上升，其中 2 号电池的温度上升速率较快，1 号、3 号、4 号、5 号、6 号电池的温度上升速率较慢，基本保持一致。随后，实验进行到 2325s 时，2 号电池发生热失控，电路断开，停止充电，电池热失控起始温度为 228℃，发生热失控后电池温度迅速上升，2 号电池热失控最高

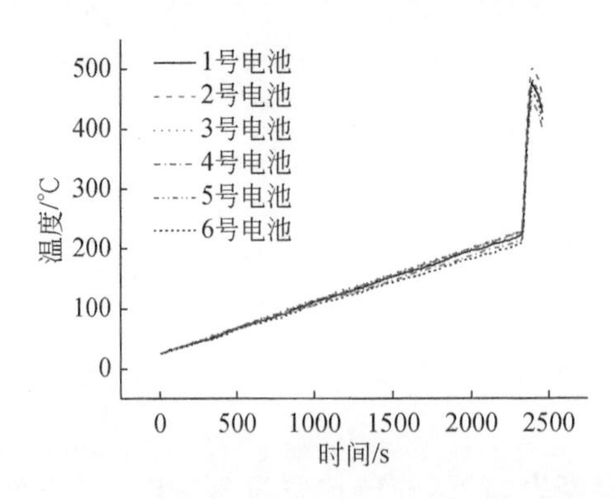

图 2.44　6 串联电池组充电实验温度变化曲线

温度达到 502℃,电池组内其余电池受其影响,温度升高,但并未发生热失控。发生热失控的电池处于电池组中心偏右的位置。

图 2.45 是环境温度为 20℃,充电倍率为 2C,电池组内单体电池数量为 8 时,电池组内各个电池的温度变化曲线。电池组布置情况参见 2.1.3 节。在 8 个电池串联的电池组 2C 倍率充电实验中,充电前期,电池温度稳定上升,其中 7 号电池的温度上升速率较快,1 号、2 号、3 号、4 号、5 号、6 号、8 号电池的温度上升速率较慢,基本保持一致。随后,实验进行到 2295s 时,7 号电池发生热失控,电路断开,停止充电,电池热失控起始温度为 233℃,发生热失控后电池温度迅速上升,7 号电池热失控最高温度达到 532℃,电池组内其余电池受其影响,温度升高,但并未发生热失控。发生热失控的电池处于电池组中心偏左的位置。

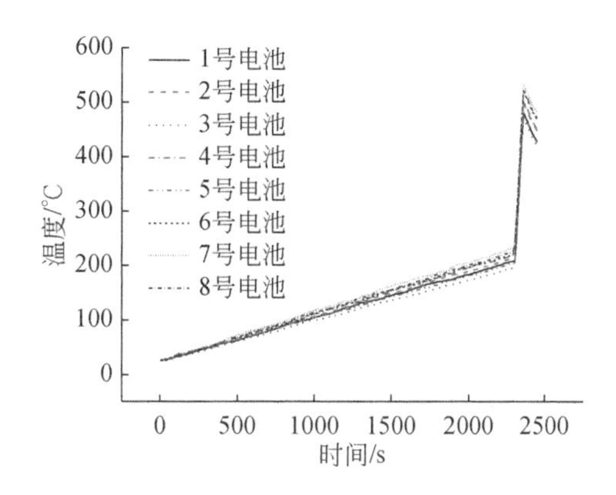

图 2.45　8 串联电池组充电实验温度变化曲线

2. 热失控危险特性分析

高倍率充电条件下,电池数量对锂离子电池组热失控的影响研究的相关参数列于表 2.21 中。由表可见,随着电池组内单体电池数量的增加,电池组热失控的起始时间逐渐缩短,热失控的最高温度相对增加。电池组的温度平均升高速率随着电池组内电池数量的增加而增加。电池组中发生热失控的电池所处的位置均处于电池组中部。

表 2.21　不同电池数量的电池组充电实验相关参数

序号	环境温度/℃	电池数量/个	热失控起始时间/s	热失控起始温度/℃	热失控最高温度/℃	热失控电池所处位置
1	20	3	2410	232	480	中间,靠近接出/接入点
2	20	5	2365	230	487	中心偏左,靠近接出/接入点

续表

序号	环境温度/℃	电池数量/个	热失控起始时间/s	热失控起始温度/℃	热失控最高温度/℃	热失控电池所处位置
3	20	6	2325	228	502	中心偏右,靠近接出/接入点
4	20	8	2295	233	532	中心偏左,靠近接出/接入点

出现上述现象的主要原因是在充电倍率相同,电池组内单体电池均以串联形式连接的情况下,充电过程中的热量来自于电池内阻产生的热量[16],根据公式$Q=I^2R$,充电过程中由电阻带来的热量始终是正值,该部分热量表示为Q_j[17]。在串联电路中,经过每个电池的电流均相同,当电路中电池数量增加时,每个电池所产生的Q_j总和会增大,因此造成了电池数量越多,温度上升速率越快。串联电池组内发生热失控的电池位置均处于电池组中间靠近接出/接入点的位置,这是因为在电池组内部温度场分布中,处于电池组中心位置的温度明显高于外围的温度。此外,电池组的接出/接入点位置由于电流的作用,所产生的热量叠加到单体电池上,使该电池的温度明显高于其他距离接出/接入点位置较远的电池,热量的叠加使电池温度上升速率更大,更容易发生热失控。

2.4.2 连接方式对电池组热失控的影响

本节研究在高倍率充电条件下,电池组不同连接方式对锂离子电池组热失控的影响。通过设定相同的充电倍率,改变电池组内串并联方式,研究电池组内不同连接方式对锂离子电池组热失控的影响。研究过程中,电池组内电池数量保持不变,均为12个,单体电池间距均为2mm。

研究表明,在电池组进行充电时,电池组内的电池温度平均升高速率随着电池组内并联组数的增加而增加;在发生热失控后,电池组热失控的最高温度随着电池组内并联组数的增加而升高。

1. 热失控过程分析

图2.46是环境温度为20℃,充电倍率为2C,电池组连接方式为3串联4并联时,电池组内各测试点的温度变化曲线。电池组布置情况参见2.1.3节。实验中,2号、5号、8号、13号电池发生热失控,2号电池热失控起始温度为230℃,5号电池热失控起始温度为228℃,8号电池热失控起始温度为230℃,13号电池热失控起始温度为220℃。2号电池在充电2455s后发生热失控,5号电池在充电2485s后发生热失控,8号电池在充电2500s后发生热失控,13号电池在充电2530s后发生热失控。电池组内热失控最高温度为640℃。发生热失控的4个电池分别处于

电池组中心第一排、第二排、第三排和第四排的位置。

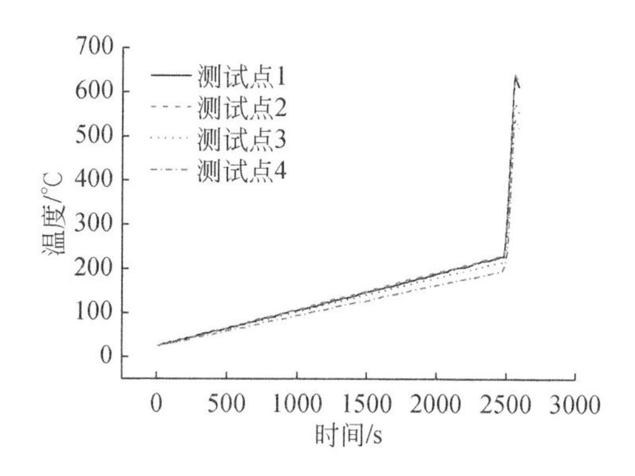

图2.46　3串联4并联电池组充电实验温度变化曲线

图2.47是环境温度为20℃，充电倍率为2C，电池组连接方式为4串联3并联时，电池组内各测试点的温度变化曲线。电池组布置情况参见2.1.3节。实验中，5号、8号、13号电池发生热失控，5号电池热失控起始温度为213℃，8号电池热失控起始温度为215℃，13号电池热失控起始温度为225℃。5号电池在充电2580s后发生热失控，8号电池在充电2555s后发生热失控，13号电池在充电2585s后发生热失控。电池组内热失控最高温度为590℃。发生热失控的3个电池分别处于电池组中心第二排、第三排和第四排位置。

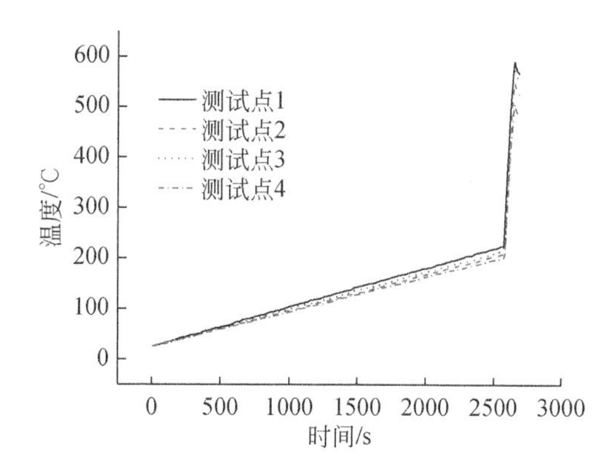

图2.47　4串联3并联电池组充电实验温度变化曲线

图2.48是环境温度为20℃，充电倍率为2C，电池组连接方式为6串联2并联时，电池组内各测试点的温度变化曲线。电池组布置情况参见2.1.3节。实验中，5号、8号电池发生热失控，5号电池热失控起始温度为221℃，8号电池热失控起

始温度为218℃。5号电池在充电2650s后发生热失控,8号电池在充电2700s后发生热失控,电池组内热失控最高温度为513℃。发生热失控的2个电池分别处于电池组中心第二排和第三排的位置。

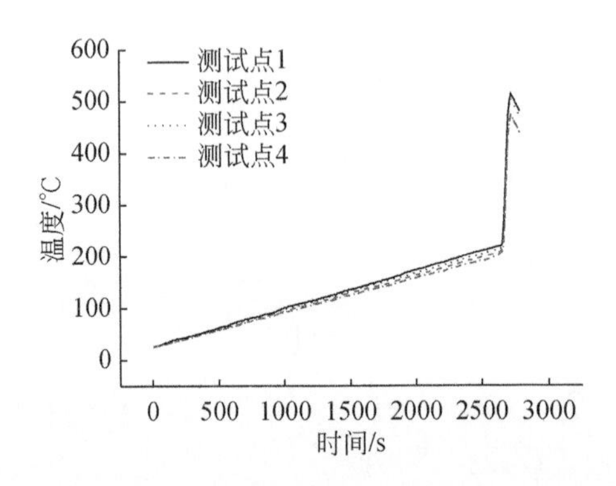

图2.48　6串联2并联电池组充电实验温度变化曲线

图2.49是环境温度为20℃,充电倍率为2C,电池组连接方式为12串联时,电池组内各测试点的温度变化曲线。电池组布置情况参见2.1.3节。实验中,8号电池发生热失控,8号电池热失控起始温度为213℃,在充电2715s后发生热失控,电池组内热失控最高温度为503℃。发生热失控的电池处于电池组中心第三排位置。

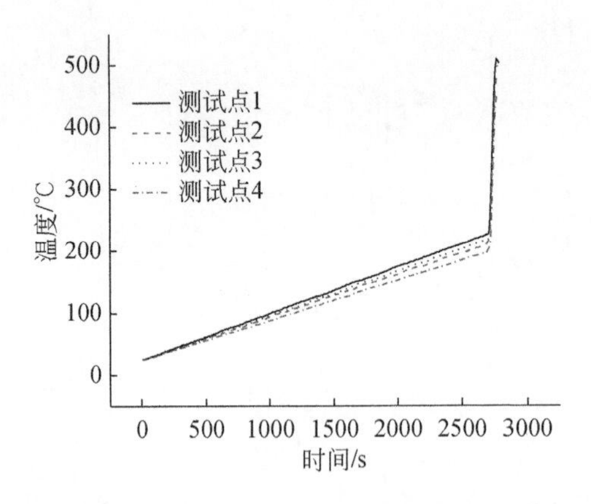

图2.49　12串联电池组充电实验温度变化曲线

2. 热失控危险特性分析

高倍率充电条件下,电池组连接方式对锂离子电池组热失控的影响研究的相关参数列于表 2.22 中。由表可知，在电池组内电池数量和间距均相同的情况下，电池组热失控的起始时间随着电池组内并联组数的增加而减少，电池组热失控的电池数量随着并联组数的增加而增加，电池组热失控的最高温度随着电池组内并联组数的增加而增加，发生热失控的电池位于电池组内每个串联小组的中间位置。

表 2.22　不同连接方式的电池组充电实验相关参数

序号	环境温度/℃	电池连接方式	热失控起始时间/s	热失控电池数量/个	热失控最高温度/℃	热失控电池所处位置
1	20	3 串联 4 并联	2455	4	640	第一排、第二排、第三排、第四排中间位置
2	20	4 串联 3 并联	2555	3	590	第二排、第三排、第四排中间位置
3	20	6 串联 2 并联	2650	2	513	第二排、第三排中间位置
4	20	12 串联	2715	1	503	第三排中间位置

出现上述现象的主要原因是，在并联电池组的充电过程中，每一组串联的电池所分担到的充电电流是相同的。例如，3 串联 4 并联的电池组进行充电时，相当于对 4 组模式为 3 个串联的电池组同时使用相同的电流进行充电，相同推论，4 串联 3 并联的电池组就是针对 3 组模式为 4 个串联的电池组同时使用相同的电流进行充电。在电池组充电过程中，并联的组数越多意味着同时进行充电的串联电池组越多，产生的热量也就越多。因此，更多的并联组数意味着更多的热量和更大的温度上升速率，导致电池组热失控的起始时间随着电池组内并联组数的增加而减少，同时结合前述关于电池组温度场的阐述，可解释发生热失控的电池往往位于单独串联电池组中间位置的现象[18]。并联数量越多，意味着单独充电的串联组数越多，导致电池组热失控的电池数量随着并联组数的增加而增加，同时也最终导致电池组热失控最高温度的增加。

2.4.3　接出点位置对电池组热失控的影响

本节研究在高倍率充电条件下，电池组内接出点位置对锂离子电池组热失控的影响。通过设定相同的充电倍率，改变电池组内接出点的位置，研究电池组内接出点位置对锂离子电池组热失控的影响。其中，所使用的电池组模式均为 3 串联 5 并联，充电倍率均为 2C，电池组内单体电池间距均为 2mm。

1. 热失控过程分析

图 2.50 是环境温度为 20℃，充电倍率为 2C，电池组模式为 3 串联 5 并联时，

接出点与接入点中间间隔 3 组 3 串联电池的温度曲线。电池组布置情况参见 2.1.3 节。实验中,2 号电池、5 号电池、8 号电池、11 号电池、14 号电池发生热失控,对应的热失控起始温度分别为 223℃、231℃、235℃、210℃、230℃,对应的热失控起始时间分别为 2280s、2220s、2225s、2235s、2345s。热失控最高温度为 695℃,热失控最高温度于 3 号测试点上测得,所处位置为电池组中心处。

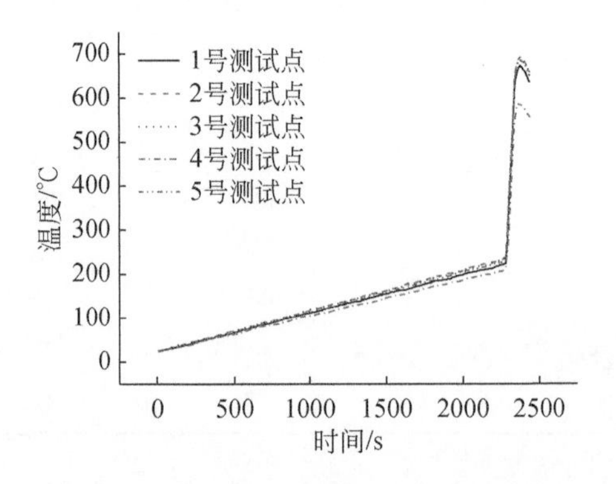

图 2.50 第一组 3 串联 5 并联电池组充电实验温度变化曲线

图 2.51 是环境温度为 20℃,充电倍率为 2C,电池组模式为 3 串联 5 并联时,接出点与接入点中间间隔 2 组 3 串联电池的温度曲线。电池组布置情况参见 2.1.3 节。实验中,2 号电池、5 号电池、8 号电池、11 号电池发生热失控,对应的热失控起始温度分别为 238℃、243℃、236℃、227℃,对应的热失控起始时间分别为 2415s、2430s、2365s、2390s。热失控最高温度为 595℃,热失控最高温度于 3 号测试点上测得,所处位置为电池组中心处。

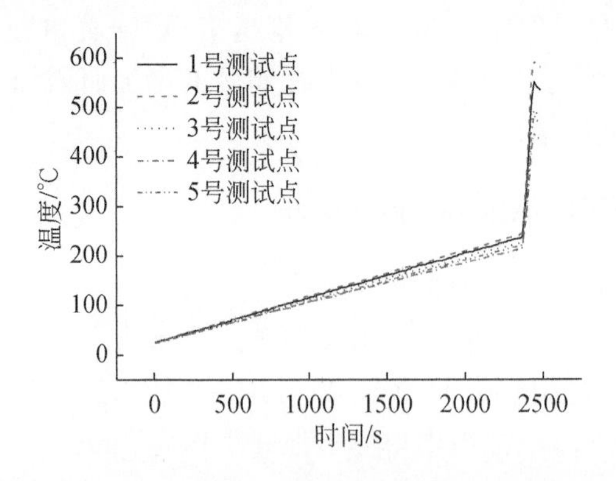

图 2.51 第二组 3 串联 5 并联电池组充电实验温度变化曲线

图 2.52 是环境温度为 20℃，充电倍率为 2C，电池组模式为 3 串联 5 并联时，接出点与接入点中间间隔 1 组 3 串联电池的温度曲线。电池组布置情况参见 2.1.3 节。实验中，2 号电池、5 号电池、8 号电池、11 号电池发生热失控，2 号电池热失控起始温度为 230℃，5 号电池热失控起始温度为 235℃，8 号电池热失控起始温度为 236℃，11 号电池热失控起始温度为 237℃。对应的热失控起始时间分别为 2435s、2450s、2395s、2410s。热失控最高温度为 575℃，热失控最高温度于 3 号测试点上测得，所处位置为电池组中心处。

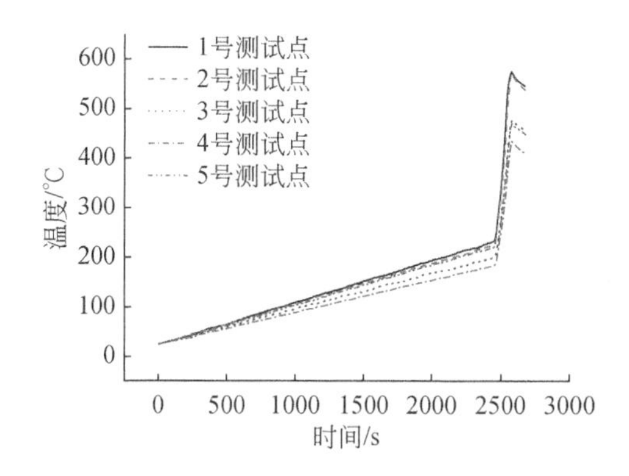

图 2.52　第三组 3 串联 5 并联电池组充电实验温度变化曲线

2. 热失控危险特性分析

高倍率充电条件下，电池组接出点位置对锂离子电池组热失控的影响研究的相关参数列于表 2.23 中。由表可知，随着接出点与接入点之间间隔串联电池组数的增加，热失控起始时间缩短，电池组热失控的最高温度升高，电池组热失控温度最高点位置均位于电池组中心位置的 8 号电池上。

表 2.23　不同接出点位置的电池组充电实验相关参数

序号	环境温度/℃	接出点与接入点之间间隔串联电池组数	热失控起始时间/s	热失控电池数量/个	热失控最高温度/℃	电池组热失控温度最高点位置
1	20	3	2220	5	695	位于 8 号电池位置，电池组中心
2	20	2	2365	4	595	位于 8 号电池位置，电池组中心
3	20	1	2395	4	575	位于 8 号电池位置，电池组中心

出现上述现象的主要原因是，随着接出点与接入点之间串联电池组数量的增加，接出点与接入点之间的距离增加，距离的增加意味着电池组内用于连接电池的

铜片长度增加。电池组在充电过程中,热量有很大一部分来自于外部用于连接电池的铜片在充电过程中由于通电释放的热量。当铜片长度增加时,意味着外部电路的电阻增大,在相同的充电电流下,产生的热量也增加,导致热失控起始时间减少[19]。

当电池组紧密排列时,其热量的传播主要通过电池与电池之间、电池与铜片之间的热传导。热传导是指物质直接接触部分之间的热传递,其在固体、液体和气体中均可发生,主要热传导计算公式如下:

$$Q_c = -K\frac{\mathrm{d}T}{\mathrm{d}x} \tag{2.11}$$

式中,K 为导热系数,W/(m·℃);T 为温度,K。

当铜片长度增加时,会带来更多的热量,式(2.11)中的温度 T 会变大,在 K 恒定的情况下,更多的热量通过热传导的方式传递给周边电池。电池组热失控的最高温度取决于电池组内热失控电池的数量,在第一组实验中,有 5 个电池发生了热失控,在其余两组实验中,均只有 4 个电池发生了热失控,因此第一组实验的热失控最高温度远高于其余两组。电池组热失控的最高温度位于电池组的中心位置,可由电池组在充电过程中温度场的分布解释该现象。

2.4.4 电池间距对电池组热失控的影响

本节研究在高倍率充电条件下,电池组内单体电池间距对锂离子电池组热失控的影响。通过设定相同的充电倍率,改变电池组内单体电池的间距,研究电池组内单体电池间距对锂离子电池组热失控的影响。实验的电池组均为 4 个单体电池串联。

1. 热失控过程分析

图 2.53 是环境温度为 20℃,充电倍率为 2C,电池组模式为 4 串联时,电池组内单体电池间距为 0.2mm 的温度曲线。电池组布置情况参见 2.1.3 节。实验中,2 号、3 号电池同时发生热失控。2 号电池热失控起始温度为 230℃,3 号电池热失控起始温度为 234℃,2 号电池发生热失控的起始时间为 2510s,3 号电池发生热失控的起始时间为 2470s。2 号电池热失控最高温度为 532℃,3 号电池热失控最高温度为 533℃。发生热失控后,电路断开,无法继续充电。其中,4 号电池与 1 号电池的温度曲线趋近一致,2 号电池与 1 号电池的温度曲线趋近一致。在后期温度下降的过程中,温度下降的速度较慢。

图 2.54 是环境温度为 20℃,充电倍率为 2C,电池组模式为 4 串联时,电池组内单体电池间距为 2mm 的温度曲线。电池组布置情况参见 2.1.3 节。实验中,2 号电池发生热失控,2 号电池热失控起始温度为 231℃,发生热失控的起始时间为

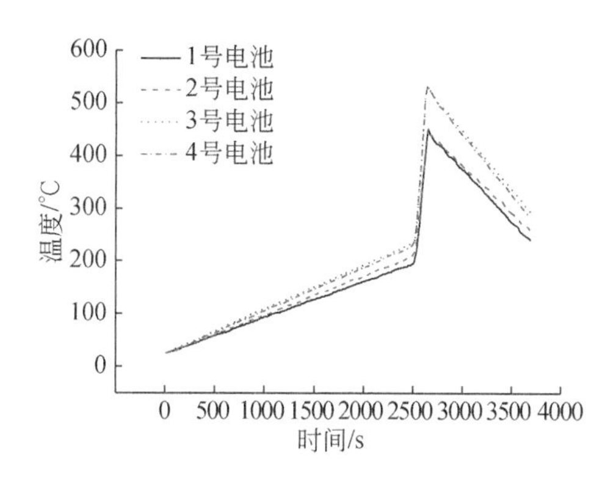

图 2.53　4 串联，0.2mm 间距电池组充电实验温度变化曲线

2505s，热失控最高温度为 437℃，发生热失控后，电路断开，无法继续充电。其中，2 号电池与 3 号电池的温度曲线趋近一致，1 号电池与 4 号电池的温度曲线趋近一致。在后期温度下降的过程中，温度下降的速度为正常水平。

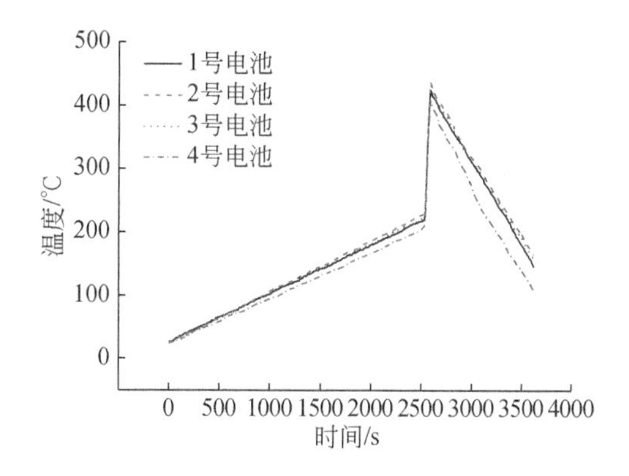

图 2.54　4 串联，2mm 间距电池组充电实验温度变化曲线

图 2.55 是环境温度为 20℃，充电倍率为 2C，电池组模式为 4 串联时，电池组内单体电池间距为 20mm 的温度曲线。电池组布置情况参见 2.1.3 节。实验中，2 号电池发生热失控，2 号电池热失控起始温度为 224℃，发生热失控的起始时间为 2570s，热失控最高温度为 410℃，发生热失控后，电路断开，无法继续充电。其中，2 号电池的温度曲线处于最上方，其余（1 号、3 号、4 号）电池的温度曲线的距离较大。在后期温度下降的过程中，温度下降的速度较快。

图 2.56 是环境温度为 20℃，充电倍率为 2C，电池组模式为 4 串联时，电池组内单体电池间距为 40mm 的温度曲线。电池组布置情况参见 2.1.3 节。实验中，3

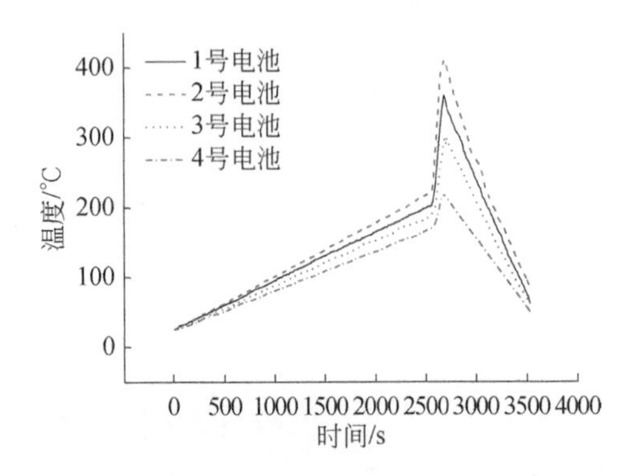

图 2.55　4 串联，20mm 间距电池组充电实验温度变化曲线

号电池发生热失控，3 号电池热失控起始温度为 235℃，发生热失控的起始时间为 3020s，热失控最高温度为 409℃，发生热失控后，电路断开，无法继续充电。3 号电池的温度曲线处于最上方，其余（1 号、2 号、4 号）电池的温度曲线的距离较大。在后期温度下降的过程中，温度下降的速度较快。

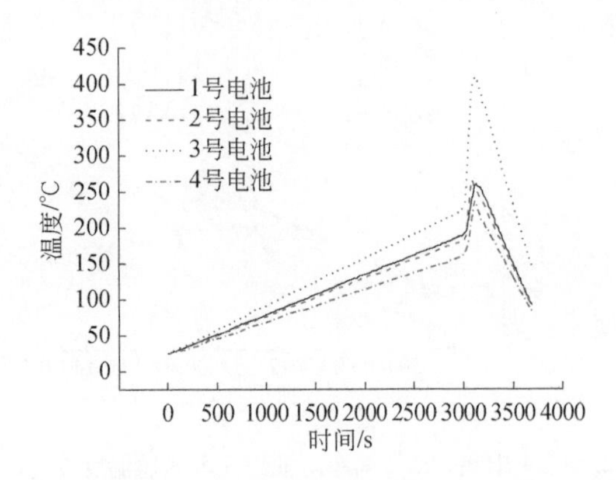

图 2.56　4 串联，40mm 间距电池组充电实验温度变化曲线

图 2.57 是环境温度为 20℃，充电倍率为 2C，电池组模式为 4 串联时，电池组内单体电池间距为 60mm 的温度曲线。电池组布置情况参见 2.1.3 节。实验中，3 号电池发生热失控，3 号电池热失控起始温度为 233℃，发生热失控的起始时间为 3025s，热失控最高温度为 405℃，发生热失控后，电路断开，无法继续充电。3 号电池的温度曲线处于最上方，其余（1 号、2 号、4 号）电池的温度曲线的距离较大。在后期温度下降的过程中，温度下降的速度较快。

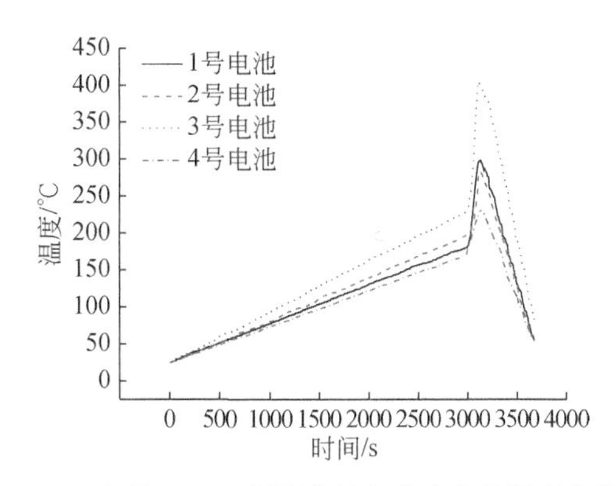

图 2.57　4 串联，60mm 间距电池组充电实验温度变化曲线

2. 热失控危险特性分析

高倍率充电条件下，电池组内单体电池间距对锂离子电池组热失控的影响研究的相关参数列于表 2.24 中。由表可知，随着锂离子电池组内单体电池间距的增加，锂离子电池组热失控的起始时间也增加，热失控的电池数量减少，热失控的最高温度减小，发生热失控温度最高点的位置位于电池组中心位置。

表 2.24　不同单体电池间距的电池组充电实验相关参数

序号	环境温度/℃	单体电池间距/mm	热失控起始时间/s	热失控电池数量/个	热失控最高温度/℃	电池组热失控温度最高点位置
1	20	0.2	2470	2	533	2、3 号电池
2	20	2	2505	1	437	2 号电池
3	20	20	2570	1	410	2 号电池
4	20	40	3020	1	409	3 号电池
5	20	60	3025	1	405	3 号电池

出现上述现象的主要原因是，在充电过程中，随着锂离子电池组内单体电池间距的增加，电池组的散热性能变强。对于整个锂离子电池组，在充电过程中的热量损失主要来自于锂离子电池组与外部环境的热对流，当电池组以紧密排布的方式工作时，电池组内部的热量传递方式以热传导为主[20]；当电池组内电池存在一定间距时，热量传递方式则以热辐射为主。热辐射的计算式如下：

$$Q_r = \varepsilon\sigma A_1 F_{12}(T_1^4 - T_2^4) \tag{2.12}$$

式中，σ 为斯特藩-玻尔兹曼常数，大小为 $5.67\times10^{-8}\,\mathrm{W/(m^2\cdot K^4)}$；$F_{12}$ 为辐射面 1 到辐射面 2 之间的形状系数；A_1 为辐射面 1 的面积，$\mathrm{m^2}$；T_1 为辐射面 1 的绝对温

度，K；T_2 为辐射面 2 的绝对温度，K；ε 为辐射率[21]。

当锂离子电池组内单体电池的间距变大时，电池与电池之间的辐射面积减小，造成热量在电池组内传播的数量减少。因此，随着电池间距的增加，热失控起始时间增加，热失控最高温度降低。

2.5　高倍率放电条件下电池组热失控的影响因素

本节采用锂离子电池热效应测试系统，研究高倍率放电条件下，锂离子电池组热失控的影响因素。研究表明，在相同的放电倍率条件下，电池组的温度平均升高速率随着电池数量的增加而增加；在相同的放电倍率条件下，电池组的温度平均升高速率随着电池组内并联组数的增加而增加；在相同的放电倍率条件下，电池组的温度平均升高速率随着电池组内单体电池间距的增加而减小；随着电池组内接出点和接入点距离的增大，电池组的温度平均升高速率也增大。

2.5.1　电池数量对电池组热失控的影响

本节研究在高倍率放电条件下，电池组内电池数量对锂离子电池组热失控的影响。通过设定相同的放电倍率，研究电池组内电池数量对锂离子电池组热失控的影响。在实验过程中，放电倍率均设置为 2C，电池组连接方式均为串联，电池组内单体电池间距均为 2mm，电池组初始电量均为 100％。

1. 热失控过程分析

图 2.58 为不同数量的串联电池组放电实验温度变化曲线。在整个放电过程中，电池组内单体电池的温度变化类似于正弦函数，每个电池的温度先稳步上升，到达最高值后，再稳步下降。其中，3 串联电池组的最高温度发生在 2 号电池上，为 56℃，从放电开始经历 1056s；5 串联电池组的最高温度发生在 4 号电池上，为 58℃，从放电开始经历 945s；6 串联电池组的最高温度发生在 4 号电池上，为 60℃，从放电开始经历 938s；8 串联电池组的最高温度发生在 7 号电池上，为 63℃，从放电开始经历 855s。在 2C 倍率放电的过程中，所有电池组均未发生热失控。

2. 热失控危险特性分析

表 2.25 为不同电池数量的电池组放电实验相关参数。由表可得，电池组在相同倍率的放电过程中，随着电池组内电池数量的增加，所能达到的最高温度增大，达到最高温度所需的时间减少，最高温度的电池往往处于电池组中心位置，靠近接入/接出点。

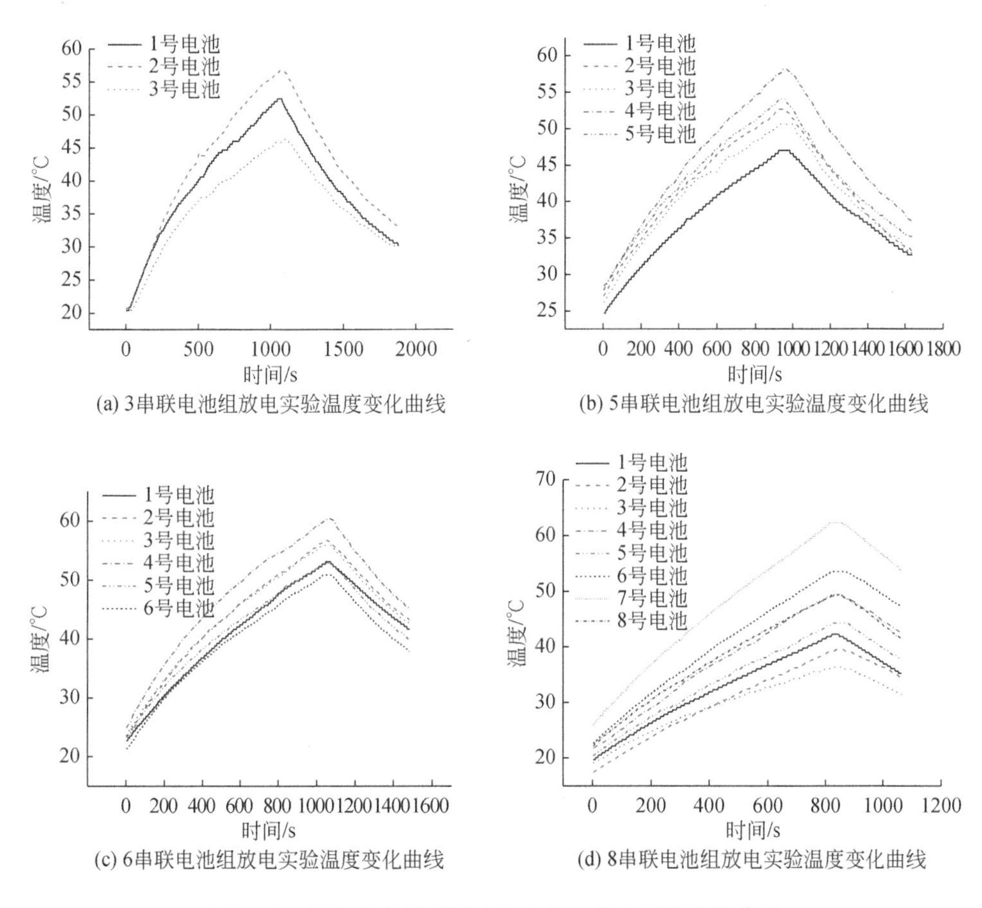

图 2.58　不同数量的串联电池组放电实验温度变化曲线

表 2.25　不同电池数量的电池组放电实验相关参数

序号	环境温度/℃	电池数量/个	放电过程达到最高温度所需时间/s	最高温度/℃	最高温度的电池所处位置
1	20	3	1056	56	正中间
2	20	5	945	58	中间偏左，靠近极耳
3	20	6	938	60	中间偏右，靠近极耳
4	20	8	855	63	中间偏左，靠近极耳

出现上述现象的主要原因是，在相同的放电倍率，电池组内电池均以串联形式连接的情况下，放电过程的热量来自于电池内阻和放电电流产生的热量，由于放电过程中始终存在相同的放电电流，根据公式 $Q=I^2R$，放电过程中由电阻带来的热

量始终是正值,该部分热量表示为 Q_j[17]。在串联电路中,经过每个电池的电流相同,当电路中电池数量增加时,每个电池所产生的 Q_j 总和会增大,因此造成了电池数量越多,温度上升速率越快。电池组中单体电池存在不一致性,导致电池内阻不同,在电流相同的情况下,不同内阻的电池产生的热量不同,也会造成电池组内单体电池温度上升速率不一致。

在放电过程中,本节选用的放电倍率为 2C,电池组未发生热失控。这是因为在 2C 放电电流情况下,电池组的生热速率与电池组和外部环境的散热速率耦合作用下,电池组无法达到热失控所需的临界温度,所以电池组未发生热失控。在放电过程中,保持电池组的放电电流不变,电池组的总体内阻随着放电进程逐渐减小,电池组的放电功率随着放电进程也逐渐减小。电池组未发生热失控,因此放电过程中的热量主要来自于欧姆热[22]。随着电阻的减小,在电流不变的情况下,热量减小,当电池组放电过程中的生热速率小于散热速率时,将导致电池组温度下降,反之,则上升。

2.5.2 连接方式对电池组热失控的影响

本节研究在高倍率放电条件下,电池组连接方式对锂离子电池组热失控的影响。通过设定相同的放电倍率,研究电池组内电池连接方式对锂离子电池组热失控的影响。电池组内电池数量均为 12 个,单体电池间距均为 2mm。

研究表明,在电池组进行放电时,电池组内电池的温度平均升高速率随着电池组内并联组数的增加而增加。在 2C 放电倍率下,电池组未发生热失控,温度最高的电池往往处于电池组的中心位置,电池组初始电量均为 100%。

1. 热失控过程分析

图 2.59 为不同连接方式的电池组放电实验温度变化曲线。在整个放电过程中,电池组内单体电池的温度变化类似于正弦函数,每个电池的温度先稳步上升,到达最高值后,再稳步下降。其中,3 串联 4 并联电池组、4 串联 3 并联电池组、6 串联 2 并联电池组、12 串联电池组的最高温度均发生在 1 号测试点,最高温度依次为 79℃、76℃、72℃、65℃,从放电过程开始到最高温度所需时间依次为 1044s、1065s、1074s、792s。

2. 热失控危险特性分析

表 2.26 为不同连接方式的电池组放电实验相关参数。由表可得,随着电池组并联数量的增加,电池组在相同倍率的放电过程中,所能达到的最高温度增大,最高温度测试点所处的位置处于电池组中间。不同连接方式的电池组在 2C 放电倍

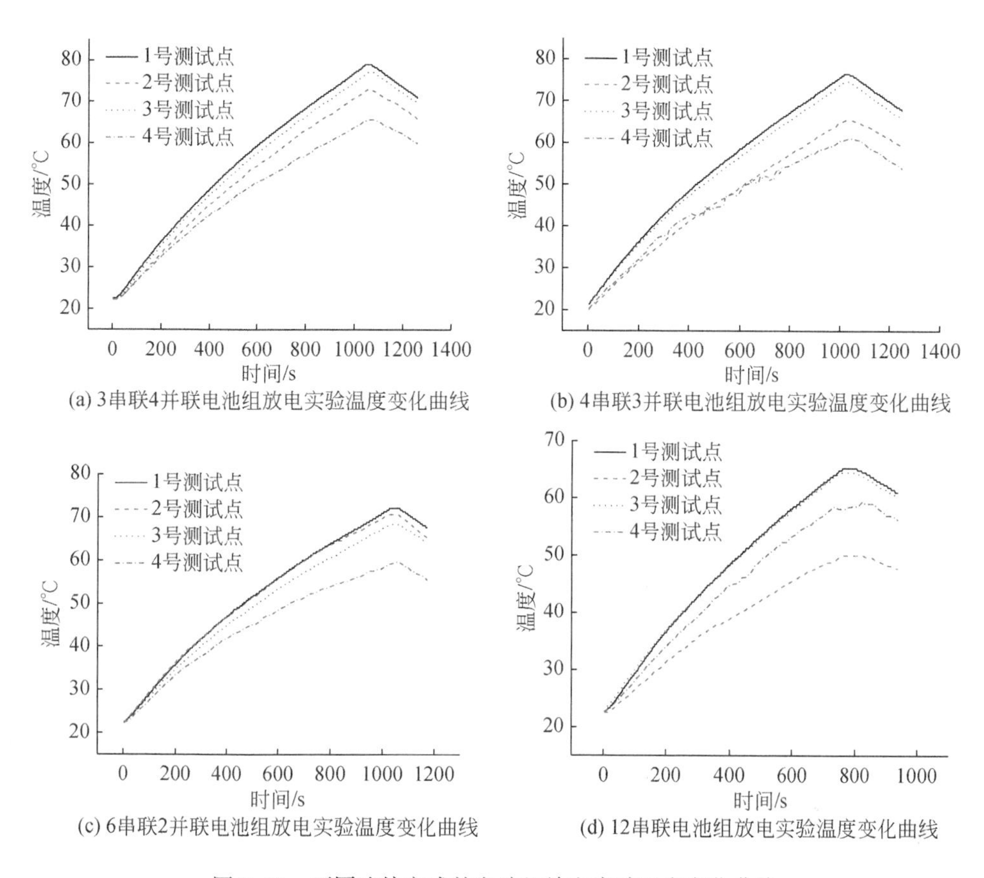

图 2.59　不同连接方式的电池组放电实验温度变化曲线

率下，未发生热失控。

表 2.26　不同连接方式的电池组放电实验相关参数

序号	环境温度/℃	电池组连接方式	放电过程达到最高温度所需时间/s	最高温度/℃	最高温度的电池所处位置
1	20	3 串联 4 并联	1044	79	1 号测试点
2	20	4 串联 3 并联	1065	76	1 号测试点
3	20	6 串联 2 并联	1074	72	1 号测试点
4	20	12 串联	792	65	1 号测试点

出现上述现象的主要原因是，在并联电池组的充电过程中，每一组串联电池所分担到的充电电流是相同的。例如，3 串联 4 并联的电池组进行充电时，相当于对

4 组模式为 3 个串联的电池组同时使用相同的电流进行充电，相同推论，4 串联 3 并联的电池组就是针对 3 组模式为 4 个串联的电池组同时使用相同的电流进行充电。在电池组充电过程中，并联的组数越多意味着串联电池组同时进行充电的数量越多，产生的热量也就越大。因此，更多的并联组数意味着更多的热量和更大的温度上升速率[18]。

在放电过程中，本实验选用的放电倍率为 2C，电池组未发生热失控。这是因为在 2C 放电倍率下，电池组的生热速率与电池组和外部环境的散热速率耦合作用下，电池组无法达到热失控所需的临界温度，所以电池组未发生热失控。在放电过程中，所测得最高温度的测试点所处的位置都位于电池组中间。这是因为在电池组放电过程中，电池组的温度场分布是从中间到四周的温度逐渐降低[23]。

2.5.3　接出/接入点位置对电池组热失控的影响

本节研究在高倍率放电条件下，电池组内接出/接入点位置对锂离子电池组热失控的影响。通过设定相同的放电倍率，研究电池组内接出/接入点位置对锂离子电池组热失控的影响。本实验采用的锂离子电池组均为 3 串联 5 并联的形式，电池组内单体电池间距均为 2mm，放电倍率均为 2C。

1. 热失控过程分析

图 2.60 为不同接出/接入点位置的电池组放电实验温度变化曲线。在整个放电过程中，电池组内单体电池的温度变化类似于正弦函数，每个电池的温度先稳步上升，到达最高值后，再稳步下降。其中第一组实验的接出点与接入点之间间隔 3 个 3 串联的电池，第二组实验间隔 2 个 3 串联的电池，第三组实验间隔 1 个 3 串联的电池。

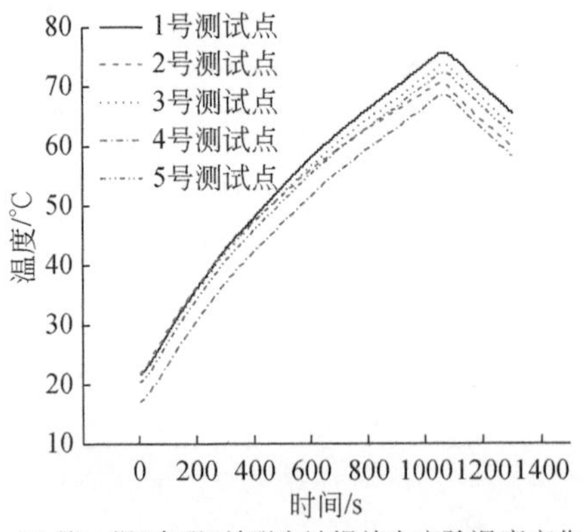

(a) 第一组3串联5并联电池组放电实验温度变化曲线

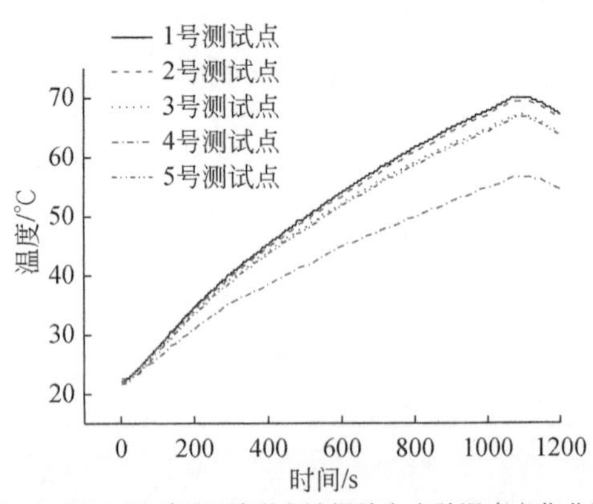

(b) 第二组3串联5并联电池组放电实验温度变化曲线

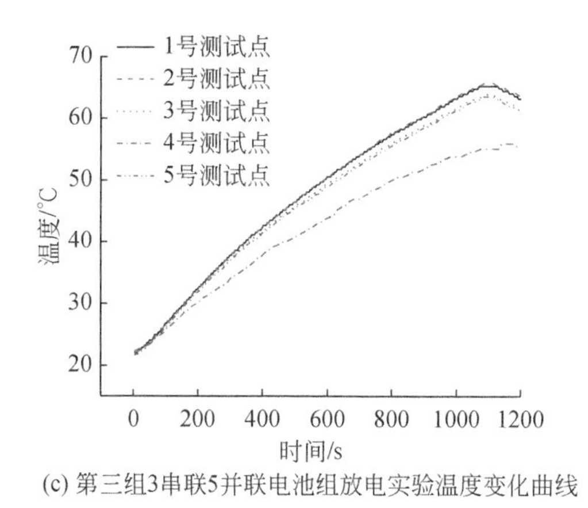

(c) 第三组3串联5并联电池组放电实验温度变化曲线

图 2.60　不同接出/接入点位置的电池组放电实验温度变化曲线

在第一组实验中，电池组温度最高点位于1号测试点位置，为75℃，放电过程中达到最高温度所需时间为1092s。

在第二组实验中，电池组温度最高点位于1号测试点位置，为70℃，放电过程中达到最高温度所需时间为1105s。

在第三组实验中，电池组温度最高点位于1号测试点位置，为65℃，放电过程中达到最高温度所需的时间为1145s。

在第二组与第三组实验中，4号测试点的温度曲线与其他测试点的温度曲线相差较大。造成该现象的原因是，在实验中，4号测试点与电池组的连接方式为高温胶带连接，其余测试点均采用耐高温泡棉连接。相对于耐高温泡棉，高温胶带的保温性较差，因此造成数据点所测得的温度数据偏低，但主体趋势类似。

2. 热失控危险特性分析

表2.27为不同接出/接入点位置的电池组放电实验相关参数。由表可得，随着电池组接出点位置与接入点位置距离的增加，电池组在相同倍率的放电过程中，所能达到的最高温度增大，达到最高温度所需的时间减少，最高温度测试点所处的位置位于电池组中间。电池组在2C放电倍率下，未发生热失控。

出现上述现象的主要原因是，在放电过程中，电池组产生的热量主要来自于电池组内铜片与电流之间的欧姆热，以及电池组内单体电池内阻与电流产生的欧姆热。当接出点与接入点距离变大时，所使用的连接铜片长度变大，导致电池组电路的外阻变大。根据欧姆公式，在相同充电电流下，外阻越大，产生的热量越多，因此造成了温度上升速率越大，最高温度越高[24]。

表 2.27　不同接出/接入点位置的电池组放电实验相关参数

序号	环境温度/℃	接出点与接入点之间间隔串联电池组数	放电过程达到最高温度所需时间/s	最高温度/℃	最高温度的电池所处位置
1	20	3	1092	75	1 号测试点
2	20	2	1105	70	1 号测试点
3	20	1	1145	65	1 号测试点

在放电过程中，保持电池组的放电电流不变，电池组的总体内阻随着放电进程逐渐减小，放电功率随着放电进程也逐渐减小。电池组未发生热失控，因此放电过程中的热量主要来自于欧姆热。根据欧姆热公式，随着电阻的减小，在电流不变的情况下，热量减小，当电池组放电过程中的生热速率小于散热速率时，将导致电池组温度下降，反之，则上升。

2.5.4　电池间距对电池组热失控的影响

本节研究在高倍率放电条件下，电池组内单体电池间距对锂离子电池组热失控的影响。通过设定相同的放电倍率，研究电池组内单体电池间距对锂离子电池组热失控的影响。电池组的形式均为 4 串联的形式，放电倍率均为 2C。

研究表明，在电池组进行放电时，电池组内电池的温度平均升高速率随着电池组内单体电池间距的增大而减小。在 2C 放电倍率下，电池组未发生热失控，温度最高的电池往往处于电池组的中心位置。

1. 热失控过程分析

图 2.61 为不同单体电池间距的锂离子电池组在 2C 放电倍率下的温度变化曲线。当电池组内单体电池间距依次为 0.2mm、2mm、20mm、40mm、60mm 时，电池组放电过程中达到的最高温度依次为 61℃、53℃、49℃、47℃、45℃；达到最高温度所需时间依次为 1122s、915s、897s、843s、936s；出现最高温度的电池编号分别为 2 号、3 号、2 号、2 号、2 号。

2. 热失控危险特性分析

表 2.28 为不同单体电池间距的电池组放电实验相关参数。由表可得，随着电池组内单体电池间距的增加，电池组在相同倍率的放电过程中，所能达到的最高温度降低，温度最高的电池分布于电池组中间位置。电池组在 2C 放电倍率下，未发生热失控。

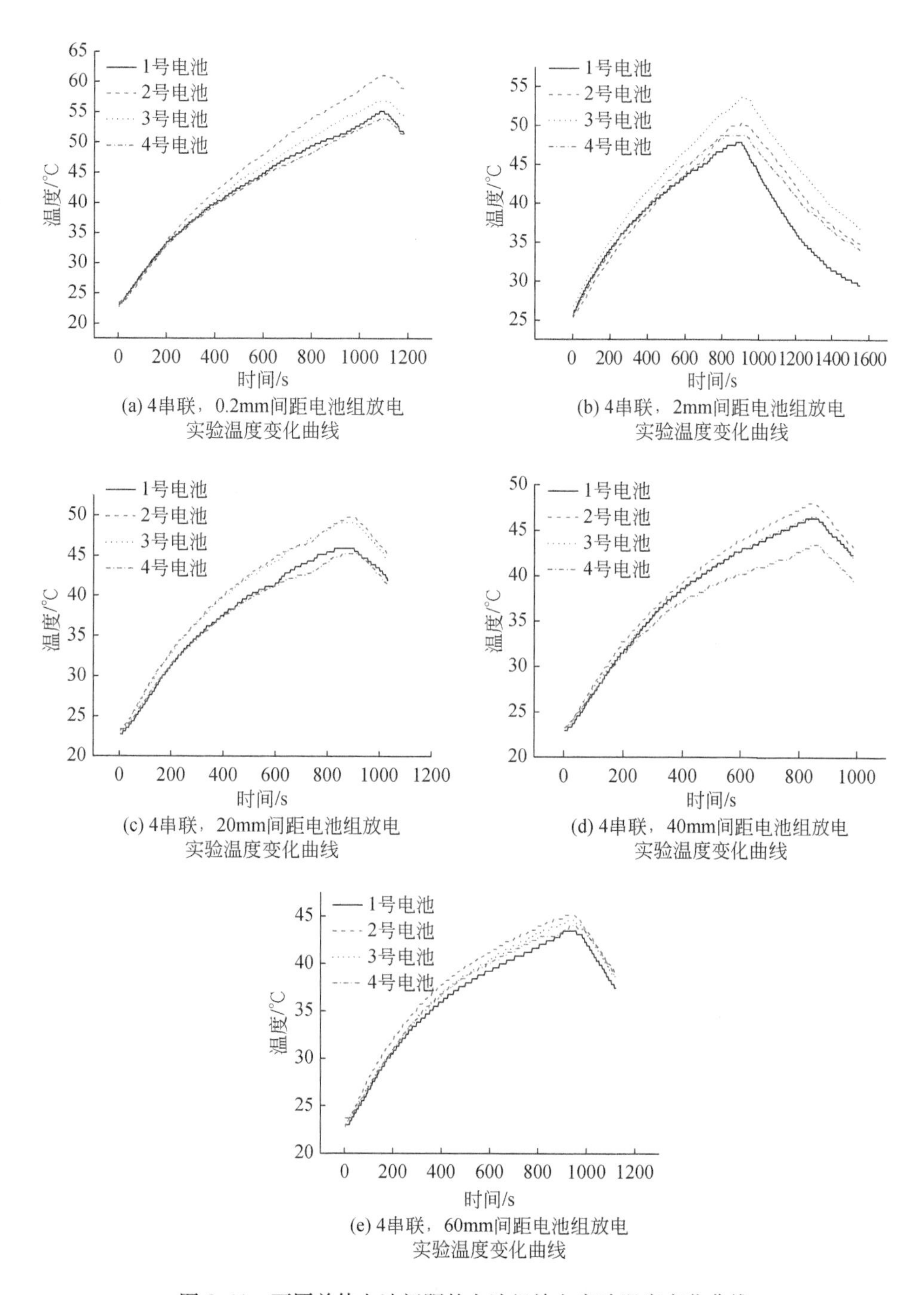

(a) 4串联，0.2mm间距电池组放电实验温度变化曲线

(b) 4串联，2mm间距电池组放电实验温度变化曲线

(c) 4串联，20mm间距电池组放电实验温度变化曲线

(d) 4串联，40mm间距电池组放电实验温度变化曲线

(e) 4串联，60mm间距电池组放电实验温度变化曲线

图 2.61 不同单体电池间距的电池组放电实验温度变化曲线

表 2.28 不同单体电池间距的电池组放电实验相关参数

序号	环境温度/℃	单体电池间距/mm	放电过程达到最高温度所需时间/s	最高温度/℃	最高温度的电池所处位置
1	20	0.2	1122	61	2 号电池
2	20	2	915	53	3 号电池
3	20	20	897	49	2 号电池
4	20	40	843	47	2 号电池
5	20	60	936	45	2 号电池

出现上述现象的主要原因是，在放电过程中，当电池组内电池存在一定间距时，热量传递方式以热辐射为主[25]。根据热辐射公式(2.12)，随着锂离子电池组内单体电池间距的增大，电池间的辐射面积 A_1 减小，造成热量在电池组内传播的数量减少。此外，当电池间距增大时，电池组内用于连接电池的铜片距离也增大，在相同的电流下，产生的热量增加，相对地，电池与外部环境接触的面积增大，热量散失功率大于铜片距离增大所带来的生热量功率，因此电池组的整体温度上升速率依旧随着电池组单体电池间距的增大而减小。

在此情况下，电池组 2C 放电倍率并没有带来电池组的热失控。这主要是由于放电过程中产生的热量与散发到周围环境的热量所叠加的结果带来电池组温度的升高，无法使电池组达到热失控的临界温度，电池组无法发生热失控。电池在更高的放电倍率和更差的散热条件下，依旧存在发生热失控的可能[26]。

2.6 高倍率循环充放电差异性对电池组热失控的影响

锂离子电池组事故的原因之一在于电池组内单体电池的不一致性。在多次循环的过程中，电池组内单体电池的内阻经过大电流的充放电后，会出现较大的个体差异性。在大电流充放电的情况下，该差异会被进一步放大，造成电池组内某一单体电池已经充满电量或者已经释放完电量的情况下，其余电池中仍存在未充满电量或未放电完全的现象，最终可能造成电池组中某一单体电池过充或过放，引发电池组内单体电池的热失控，最终导致电池组整体热失控[27-30]。在电池组充放电过程中，影响电池组内电池一致性的主要因素为电池组内极耳所在位置，即电池组接出点与接入点的位置。本实验选用 3 串联 5 并联模式的电池组，通过调整电池组内接出点的位置，研究不同接出点位置对锂离子电池组一致性的影响。

2.6.1 高倍率循环充放电电池组差异性分析

电池组内电池内阻的差异性可通过放电过程中电压的差异性体现，因此本实验中，采集的数据为固定循环次数后，放电过程中电池组每 3 个串联电池所分得的电压。电池组采用 5 组并联形式，因此每次共采集 5 组数据，具体如图 2.62 所示。

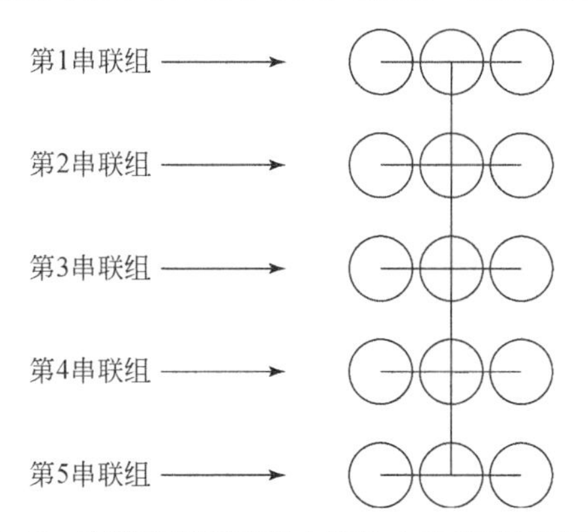

图 2.62　高倍率循环充放电实验电池串联组示意图

通过对不同接出点位置的 3 串联 5 并联模式的锂离子电池组进行高倍率充放电循环实验，得到如表 2.29～表 2.31 所示的数据。

表 2.29　3 串联 5 并联第一组高倍率充放电循环实验数据　(单位：V)

循环次数	第 1 串联组（接出点所在串联组）	第 2 串联组	第 3 串联组	第 4 串联组	第 5 串联组（接入点所在串联组）	最大电压差
实验前	3.691	3.694	3.690	3.693	3.692	0.004
50 次循环后	3.241	3.351	3.364	3.365	3.374	0.133
100 次循环后	3.242	3.362	3.379	3.373	3.385	0.143
150 次循环后	3.245	3.379	3.386	3.382	3.404	0.159
200 次循环后	3.260	3.388	3.401	3.405	3.432	0.172

表 2.30　3 串联 5 并联第二组高倍率充放电循环实验数据　(单位：V)

循环次数	第 1 串联组	第 2 串联组（接出点所在串联组）	第 3 串联组	第 4 串联组	第 5 串联组（接入点所在串联组）	最大电压差
实验前	3.691	3.693	3.692	3.692	3.694	0.003
50 次循环后	3.324	3.310	3.343	3.357	3.366	0.056
100 次循环后	3.349	3.332	3.350	3.369	3.399	0.067
150 次循环后	3.415	3.401	3.450	3.423	3.495	0.094
200 次循环后	3.465	3.429	3.485	3.478	3.553	0.124

表 2.31 3 串联 5 并联第三组高倍率充放电循环实验数据 (单位:V)

循环次数	第 1 串联组	第 2 串联组	第 3 串联组（接出点所在串联组）	第 4 串联组	第 5 串联组（接入点所在串联组）	最大电压差
实验前	3.693	3.691	3.690	3.695	3.692	0.005
50 次循环后	3.369	3.378	3.357	3.364	3.398	0.041
100 次循环后	3.372	3.379	3.361	3.387	3.402	0.041
150 次循环后	3.406	3.401	3.378	3.395	3.420	0.042
200 次循环后	3.412	3.410	3.384	3.402	3.435	0.051

通过对不同接出点位置的 3 串联 5 并联电池组进行高倍率充放电循环实验数据整理，得到不同循环次数下，各个电池组内最大电压差的数据，对数据进行整理，得到如图 2.63 所示的曲线。

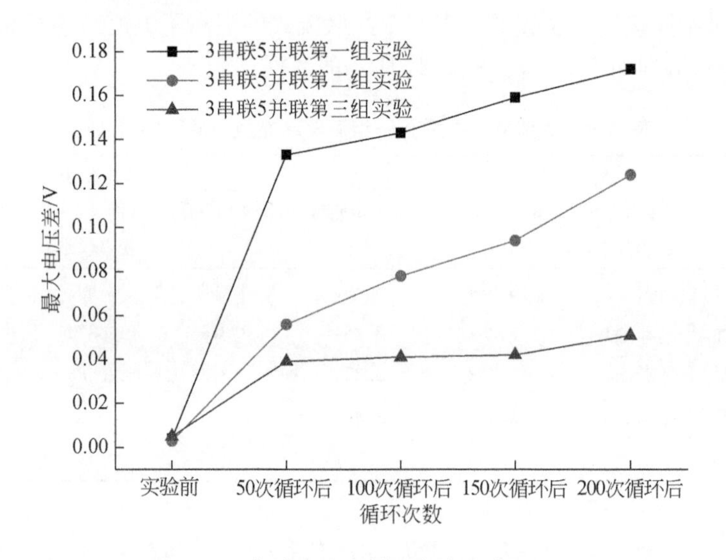

图 2.63 各个电池组循环实验最大电压差

由表 2.29～表 2.31 以及图 2.63 可以看出，对于同一个电池组，经过若干次充放电循环后，电池组内每一串电池在相同放电电流的情况下，所拥有的电压是逐步增大的，这说明在若干次充放电循环后，电池组内每个电池的电阻是逐渐增大的。在不同循环次数后，同一个电池组内每一串电池在相同的放电电流情况下，最大电压差是不断增大的，这说明在若干次充放电循环后，电池组内每个电池之间的电阻差会不断增大，最终体现为整个电池组的一致性不断变差。每个电池组之间，出现最大电压差的两组分别是正极极耳和负极极耳所在的两组串联电池组。

对于不同的电池组，就电池组的差异性来说，3 串联 5 并联第三组在经过不同循环次数后，电池组内每一串电池在相同的放电电流下，最大电压差是 3 个不同电池组中最小的，说明该电池组在循环充放电过程中所产生的差异性变化较小，其次差异性较小的是 3 串联 5 并联第二组，最后是 3 串联 5 并联第一组。

2.6.2　差异性对电池组热失控的影响

在电池组中，单体间的差异总是存在的，以容量为例，其差异性永不会趋于消失，而是逐步恶化的。电池组中流过同样的电流，相对而言，电池组内单体电池容量大者总是处于小电流浅充浅放、趋于容量衰减缓慢、寿命延长，而容量小者总是处于大电流过充过放、趋于容量衰减加快、寿命缩短，两者之间性能参数的差异越来越大，形成负反馈特性，小容量提前失效，最终导致过冲或过放现象，造成电池组热失控[31]。在同一电池组中，最大电压差出现的两组分别是带有接出点和接入点的串联电池组，造成该现象的原因是在电池充放电过程中，接出点和接入点所在电池组相对于其他电池组多出了接出点铜片和接入点铜片的电阻，导致其所在的串联电池组电压差大于其他串联电池组的电压差。

在不同电池组的数据对比中，3 串联 5 并联电池组中接出点位于中间位置的电池组的电压差是 3 组实验中最小的。造成该现象的原因主要是，在充放电过程中，相对于其他电池组，接出点位于中间电池组的欧姆电阻较小，此欧姆电阻包括单体电池连接铜片，以及接出点和接入点电阻。在充放电过程中，外部电路所造成的电学影响和热学影响小于其他类型的电池组，电池组内单体电池的差异主要来自单体电池自身差异性的影响，外部的影响因素相对于其他两组较小，因此最终造成电池组差异性减小。

2.7　本章小结

本章研究了锂离子电池单体在循环过充期间的热行为和其他变化特性，以及不同通风条件下单体电池的动态过充行为，通过开展一系列 18650 型锂离子电池组高倍率充放电实验，研究了电池组内电池数量、连接方式、接出/接入点位置和电池间距对锂离子电池组热失控变化的影响，揭示了 18650 型锂离子电池组热失控的基本规律，并对比了不同类型的电池组充放电过程中释放的热量及充放电效率。具体结论如下：

(1)随着过充电池 SOC 的增大，电池产生的热量也增大；在同次过充循环时，放电的最高温度总是高于充电的最高温度，约 2℃；锂离子电池在过充过程中静置时出现电压下降，是因为电池的过电位和可逆的容量损失的自放电；电池的厚度会随着 SOC 的增大而增大，是因为电池极片的厚度增大和在过充过程中电解液发生氧化分解产生气体；随着过充电池 SOC 的增大，电池的库仑效率下降。

(2)无论在开放环境下还是在绝热环境下，锂离子电池发生过充导致热失控的时间都会随着充电倍率的增大而缩短，而在过充过程中电池所累积的热量会随着过充倍率的增大而增大；锂离子电池发生热失控时的温度与电池的充电倍率无关，而与电池的容量、设计和通风条件有关；锂离子电池在绝热环境下因过充导致热失控的时间要短于开放环境，同时，在相同的倍率下，T_0、T_{thermal}和 $T_{\max}$都高于开放环境下的结果。锂离子电池在绝热环境下过充更利于电池热量的累积，发生热失控的风险更大；在绝热环境下，$V_{\text{i-p}}$和 $V_{\max}$都随着充电倍率的增加呈正相关增加；锂离子电池在日常使用中发生过充并达到电压拐点时，必须在 5min 内结束电池过充，并采取降温措施防止热失控的发生。

(3)在 0% SOC 和 2C 的充电倍率条件下，各电池组发生热失控；在电池组进行高倍率充电时，电池组内电池的温度平均升高速率随着电池组内电池数量的增加而增大，在发生热失控后，电池组热失控的最高温度随着电池组内电池数量的增加而增大。最先发生热失控的电池在电池组中的位置往往处于中部；电池组进行高倍率充电时，电池组内的电池温度平均升高速率随着电池组内并联组数的增加而增大，在发生热失控后，电池组热失控的最高温度随着电池组内并联组数的增加而增大，温度最高点位置均位于电池组中心位置的电池上；随着接出点与接入点之间间隔串联电池组数的增加，热失控起始时间减小，电池组热失控的最高温度升高，电池组热失控温度最高点位置均位于电池组中心位置的电池上；随着锂离子电池组内单体电池间距的增大，锂离子电池组热失控的起始时间也增大，热失控的电池数量减少，热失控的最高温度减小。发生热失控温度最高点的位置位于电池组中心位置。

(4)在 100% SOC 和 2C 的放电倍率条件下，各电池组未发生热失控；随着电池组内电池数量的增大，电池组在相同倍率的放电过程中，所能达到的最高温度增大，达到最高温度所需的时间减少，最高温度的电池往往处于电池组中心位置，靠近接出/接入点；随着电池组并联数量的增加，电池组在相同倍率的放电过程中，所能达到的最高温度增大，达到最高温度所需的时间减少，最高温度测试点的位置处于电池组中间；随着电池组接出点位置与接入点位置距离的增大，电池组在相同倍率的放电过程中，所能达到的最高温度增大，达到最高温度所需的时间减少，最高温度测试点的位置处于电池组中部；随着电池组内单体电池之间距离的增大，电池组在相同倍率的放电过程中，所能达到的最高温度降低，达到最高温度所需的时间增加，温度最高的电池分布于电池组中间位置。

(5)电池组充放电过程中释放的热量随着电池组内电池数量的增加而增大，充放电效率随着电池组内电池数量的增加而减小；电池组释放的热量随着电池组内并联组数的增加而增大，充放电效率随着并联组数的增加而减小；电池组释放的热量随着电池组内接出点与接入点间距的增大而增大，充放电效率随着间距的增大而减小；电池组的产热量随着电池组内单体电池间距的增大而增大，充放电效率随着单体电池间距的增大而减小；电池组内单体电池的差异性随着充放电循环次数的增加而增大，随着接出点与接入点距离的增大而增大。

参考文献

[1] 叶佳娜．锂电子电池过充电和过放电条件下热失控(失效)特性及机制研究[D]．合肥：中国科学技术大学，2017.

[2] 王志荣，王昊，郭林生，等．一种锂离子电池热效应测试系统：ZL201520976713.1[P]．2015-12-01.

[3] Ouyang M G, Ren D S, Lu L G, et al. Overcharge-induced capacity fading analysis for large format lithium-ion batteries with $Li_yNi_{1/3}Co_{1/3}Mn_{1/3}O_2 + Li_yMn_2O_4$ composite cathode[J]. Journal of Power Sources, 2015, 279: 626-635.

[4] 林健．温度对锂离子动力电池充放电性能影响的研究[D]．海口：海南大学，2018.

[5] 何庚寰．商用锂离子电池循环老化之研究[D]．大同：山西大同大学，2015.

[6] 黄海江，解晶莹．锂离子蓄电池不同循环状态的过充行为[J]．电源技术，2005，29(10)：633-636.

[7] 鲁怀敏，方海峰，何向明，等．压力对三元锂电池膨胀及充放电性能的影响[J]．电源技术，2017，41(5)：686-688.

[8] 佟轩．锂离子电池热失控产气过程及其释放气体危险特性研究[D]．南京：南京工业大学，2018.

[9] 何磊，徐俊敏，王永建．$LiFePO_4$包覆的$Li_{1.2}Mn_{0.54}Ni_{0.13}Co_{0.13}O_2$锂离子电池阴极材料：增强的库伦效率和循环性能[J]．物理化学学报，2017，(8)：117-125.

[10] Ye J N, Chen H D, Wang Q S, et al. Thermal behavior and failure mechanism of lithium ion cells during overcharge under adiabatic conditions[J]. Applied Energy, 2016, 182: 464-474.

[11] Belov D, Yang M H. Investigation of the kinetic mechanism in overcharge process for Li-ion battery[J]. Solid State Ionics, 2008, 179(27-32): 1816-1821.

[12] Li J, Zhang Z R, Guo X J, et al. The studies on structural and thermal properties of delithiated $Li_xNi_{1/3}Co_{1/3}Mn_{1/3}O_2$ ($0 < x \leqslant 1$) as a cathode material in lithium ion batteries[J]. Solid State Ionics, 2006, 177(17/18): 1509-1516.

[13] Uhlmann C, Illig J, Ender M, et al. In situ detection of lithium metal plating on graphite in experimental cells[J]. Journal of Power Sources, 2015, 279: 428-438.

[14] Burns J C, Stevens D A, Dahn J R. In-situ detection of lithium plating using high precision coulometry[J]. Journal of the Electrochemical Society, 2015, 162(6): A959-A964.

[15] Arai J, Okada Y, Sugiyama T, et al. In situ solid state 7Li NMR observations of lithium metal deposition during overcharge in lithium ion batteries[J]. Journal of the Electrochemical Society, 2015, 162(6): A952-A958.

[16] Leising R A, Palazzo M J, Takeuchi E S, et al. Abuse testing of lithium-ion batteries: Characterization of the overcharge reaction of $LiCoO_2$/graphite cells[J]. Journal of the Electrochemical Society, 2001, 148(8): A838.

[17] 任保福. 大容量锂离子动力电池充放电过程热特性研究[D]. 北京:北京交通大学, 2012.

[18] 王丽娜, 杨凯, 刘皓, 等. 大容量软包装锂离子电池放电过程热分析[J]. 电源技术, 2012, 36(12): 1780-1782.

[19] Kitoh K, Nemoto H. 100Wh large size Li-ion batteries and safety tests[J]. Journal of Power Sources, 1999, 81/82: 887-890.

[20] Han K N, Seo H M, Kim J K, et al. Development of a plastic Li-ion battery cell for EV applications[J]. Journal of Power Sources, 2001, 101(2): 196-200.

[21] Tobishima S I, Yamaki J I. A consideration of lithium cell safety[J]. Journal of Power Sources, 1999, 81/82: 882-886.

[22] Biensan P, Simon B, Pérès J P, et al. On safety of lithium-ion cells[J]. Journal of Power Sources, 1999, 81/82: 906-912.

[23] 徐克成, 桂长清. 锂离子单体电池与电池组的差异[J]. 电池, 2011, 41(6): 315-318.

[24] Song L B, Li X H, Xiao Z L, et al. Thermo-electrochemical study on the heat effects of $LiFePO_4$ lithium-ion battery during charge-discharge process[J]. International Journal of Electrochemical Science, 2012, 7(8): 6571-6580.

[25] Viswanathan V V, Choi D, Wang D H, et al. Effect of entropy change of lithium intercalation in cathodes and anodes on Li-ion battery thermal management[J]. Journal of Power Sources, 2010, 195(11): 3720-3729.

[26] 罗庆凯, 王志荣, 刘婧婧, 等. 18650 型锂离子电池热失控影响因素[J]. 电源技术, 2016, 40(2): 277-279, 376.

[27] Webster H. Rechargeable Lithium-ion Cells in Transport Category Aircraft [M]. Washington D. C.: Office of Aviation Research and Development, 2006.

[28] Celina M, Michael K, Kevin W, et al. Lithium-ion batteries hazard and use assessment[R]. Quincy: Fire Protection Research, 2011.

[29] Moshurchak L M, Buhrmester C, Wang R L, et al. Comparative studies of three redox shuttle molecule classes for overcharge protection of $LiFePO_4$-based Li-ion cells[J]. Electrochimica Acta, 2007, 52(11): 3779-3784.

[30] Kim C H, Kim M Y, Kim J H, et al. Modularized charge equalizer with intelligent switch block for lithium-ion batteries in an HEV[C]//INTELEC 2009-31st International Telecommunications Energy Conference, Incheon, 2009: 1-6.

[31] Kizilel R, Sabbah R, Selman J R, et al. An alternative cooling system to enhance the safety of Li-ion battery packs[J]. Journal of Power Sources, 2009, 194(2): 1105-1112.

第3章　热滥用诱发电池热失控

热滥用是诱发电池热失控的一个重要原因。热滥用可以由一系列因素导致，如电池在高温环境下使用、受到热源作用导致电池局部过热、电池连接器松动导致接触电阻增大而引发局部过热等。本章通过自主设计搭建一套用于研究锂离子电池热失控的系统（主要包括保温装置、电加热装置、恒温装置、电池充放电装置和数据采集及处理系统），采集实验过程中电池的温度、电压和电流，研究电池的热失控危险特性，揭示锂离子电池在不同热环境下充放电过程中温度、电压和电流的变化规律。

3.1　实验装置及实验方案

3.1.1　实验装置及实验对象

为了研究在不同的热环境下锂离子电池充放电过程中的热失控规律，以及在不同充放电倍率循环下锂离子电池热释放的规律，本节在原有的锂离子电池热失控实验测试系统[1,2]的基础上进行改进，建立了如图3.1所示的锂离子电池热失控测试系统。改进后的实验测试系统主要由保温装置、电加热装置、恒温装置、电池充放电循环测试装置以及数据采集及处理系统组成。

保温装置的主要作用是为电池充放电过程营造一个保温环境，减少电池与外界的热交换。保温装置主要由铜管、保温棉组成。保温棉选用的是陶瓷纤维毯，保温棉包裹铜管，放入铁制容器中，实验装置具体如图3.2所示。

根据18650型锂离子电池的尺寸，对铜管进行设计加工：铜管内径为18mm，铜管厚3mm，外径为24mm，高为68mm，18650型锂离子电池能够放入铜管内腔[1-4]。在铜管的顶端有一个孔径为2mm的孔，孔深20mm，此孔用于安装热电偶。铜管的底部有负极导线安装孔，以方便电池在充放电时，负极导线从中穿出。在实验中，热电偶实际测得的温度是铜管的温度，由于铜的导热系数非常高，电池温度与铜管温度可以近似等价，所以实验中认为热电偶测得的温度是电池的表面温度。在电池循环充放电过程中，热电偶直接用高温绝缘胶带粘贴在电池外表面。电加热实验时，将电阻丝均匀缠绕在铜管外表面，电阻丝两端连接直流稳压电源，通过控制直流稳压电源的电压和电流可以控制电加热的功率。铜管结构具体如图3.2(a)和(b)所示。

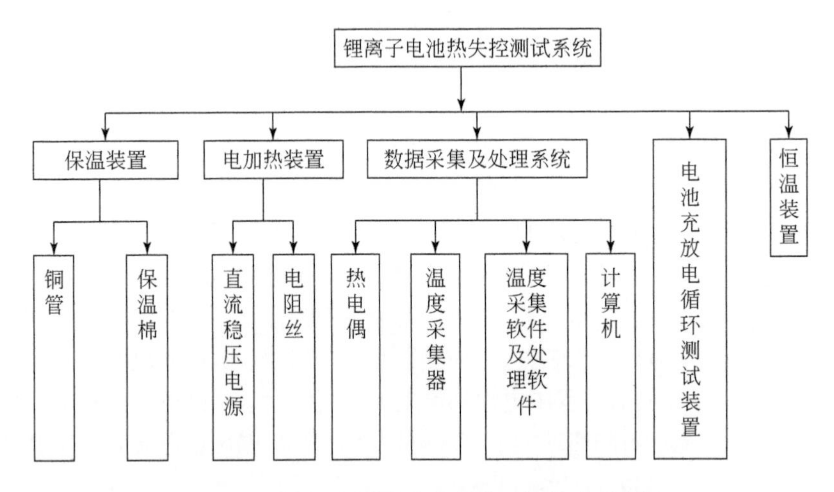

图 3.1 锂离子电池热失控测试系统构成示意图

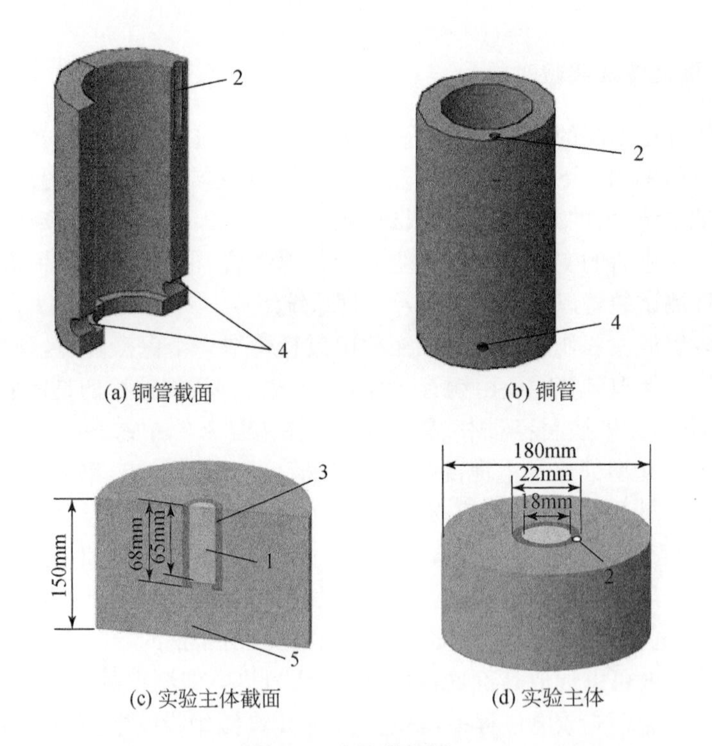

图 3.2 实验装置图

1-18650 型锂离子电池；2-铜管顶部热电偶安装孔；3-铜管；4-负极导线安装孔；5-陶瓷纤维毯(外围为柱形容器)

实验中选用的保温材料是陶瓷纤维毯，其具有热导率低、热容量低及热稳定性良好等优点，是一种集保温、隔热和耐火于一体的保温材料，将陶瓷纤维毯包裹住铜管，可以达到保温隔热的良好效果。电加热装置可为实验创造一种持续升温的高温环境。电加热装置由直流稳压电源和电阻丝组成，其可通过调节电源的电压和电流控制电加热的功率，将电阻丝均匀缠绕在铜管外部，通过电阻丝加热铜管从而营造高温环境。本实验选用的电阻丝材质为 $Cr_{20}Ni_{80}$，其规格为：直径为 0.4mm，长度为 1m，电阻为 9Ω。直流稳压电源的实物如图 3.3 所示，技术参数如表 3.1 所示。

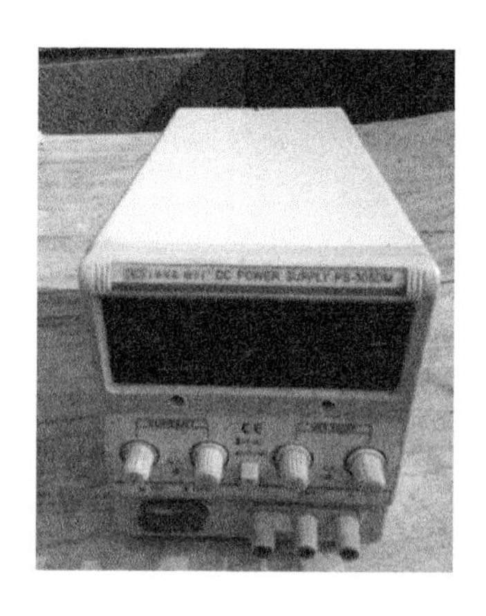

图 3.3　直流稳压电源实物

表 3.1　直流稳压电源技术参数

技术指标	参数
型号	WYJ-5A30V 型
电压可调范围	0～30V
电流可调范围	0～5A
显示准确度	±1.5%
输入电压	AC220V±10%

恒温装置可为实验创造一种恒定温度的环境，实验过程中采用的恒温装置为箱式电阻炉，型号为 SX-12-10，炉膛的尺寸为 50cm(长)×30cm(宽)×20cm(高)，装置的额定电压为 380V，额定功率为 12kW，能够达到的最高温度为 1000℃。膛内采用特种陶瓷纤维材料，密封性良好，基本不会与外界进行热交换。其升温速率快，且升温速率可调节，可通过程序满足 30～50 段连续控温和恒温要求，能够实现定时自动升温和恒温等功能，温控精度高，温差可控制在 1～3℃，具有温度补偿功

能和温度校正功能，显示精度为±1℃。图 3.4 为箱式电阻炉的实物，可以通过设置实现所需要的恒定温度。

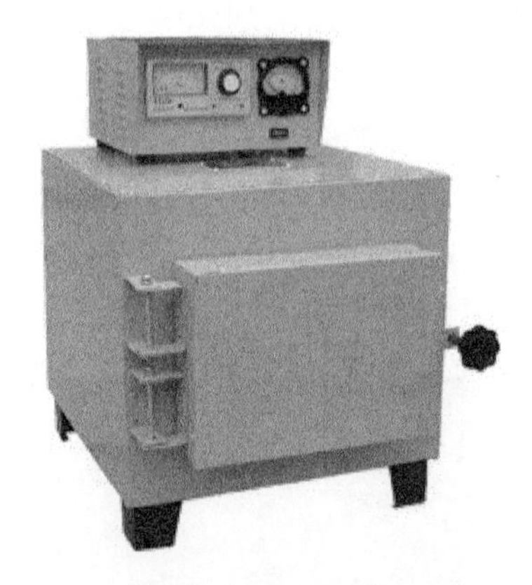

图 3.4　箱式电阻炉实物

为了对电池进行充电、放电和循环实验，本节采用蓝电充放电仪器(蓝电电池测试系统)，其可在充放电过程中获取电池的电压-电流变化曲线，该装置实物如图 3.5所示。该装置有 8 个单独的通道，每个通道可任意对电池进行恒流充放电、恒压充电、恒功率放电、静置等充放电设置，还可以设置不同循环充放电模式，本节使用的装置详细技术参数如表 3.2 所示。

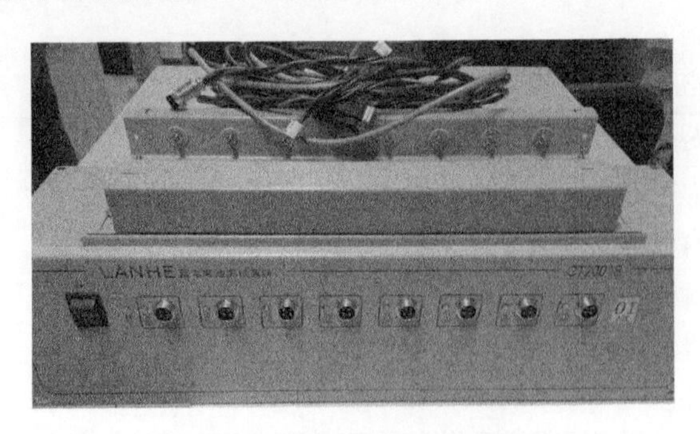

图 3.5　蓝电充放电仪器实物

表 3.2　蓝电充放电仪器技术参数

技术指标	参数
电压量程	0～5V
电流量程	0～20A

续表

技术指标	参数
输入阻抗	≥1MΩ
电压精度	0.1%RD±0.1%FS(控制及检测)
电流精度	0.1%RD±0.1%FS(控制及检测)
恒功率/恒阻精度	0.2%RD+0.2%FS(控制),0.1%RD+0.1%FS(测量)
电压分辨率	可保留5位有效数字
电流分辨率	可保留5位有效数字
工作电源	AC 220V50Hz/110V60Hz

在使用蓝电充放电仪器时，首先将电池与测试装置连接，装置的红色鳄鱼夹端与电池的正极相连，黑色鳄鱼夹端与电池的负极相连，红色和黑色鳄鱼夹均为两个，大的为电流输出端，小的为电压输出端。连接完成后启动电池测试软件，蓝电充放电仪器对电池充放电模式、充放电电流大小、循环次数等参数进行设置。设置完成以后，装置按照设置的工步对电池进行充放电测试，测试过程中采集电池的电压、电流、容量等参数随时间的变化结果。

本实验采集的数据为温度、电压及电流，电池的电压、电流由蓝电充放电仪器直接获得，温度数据通过热电偶、温度采集器、温度采集软件获取，以下主要介绍实验选用的热电偶参数和温度采集器的技术参数。

1）热电偶

实验选用的是OMEGA铠装K型热电偶，其型号为TJ36-CAXL-116U-2，该热电偶的规格为ϕ1.6mm×300mm，刚好能够放入铜管上方孔径为2mm的小孔中，测量范围为−50～1200℃，响应时间约为300ms。其具有响应时间短、测量温度范围宽、高温环境下使用寿命长、可任意弯曲不易断等特点，实物如图3.6(a)所示。

2）温度采集器

实验选用美国Fluke Hydra 2620A数据采集器，该采集器共有21路模拟输入通道，可测量采集电压、电流、温度、频率和电阻等物理参数，同时选用与Hydra 2620A数据采集器配套的Hydra采集软件。实验前将热电偶与数据采集器连接，设定好每个通道所采集的物理参数。该数据采集器灵敏度较高，在采集−25～120℃的温度数据时，误差仅为±0.45℃，在采集120～1000℃的温度数据时，误差仅为±0.68℃，实物如图3.6(b)所示。

实验涉及的其他辅助设备和材料包括数字万用电表、电子天平、耐高温绝缘胶带、玻璃纤维高温套管等。本节采用的电池为三星18650型锂离子电池，电池的容

(a) 热电偶

(b) 温度采集器

图 3.6　温度数据采集装置实物

量为 2600mAh，额定电压为 4.2V±0.05V，质量为 45g，正极材料为钴酸锂，负极材料为石墨，电解液的组成为电解质六氟磷酸锂溶于碳酸乙烯酯和碳酸二乙酯的溶剂。隔膜为聚丙烯和聚乙烯两层隔膜。三星 18650 型锂离子电池实物如图 3.7 所示。

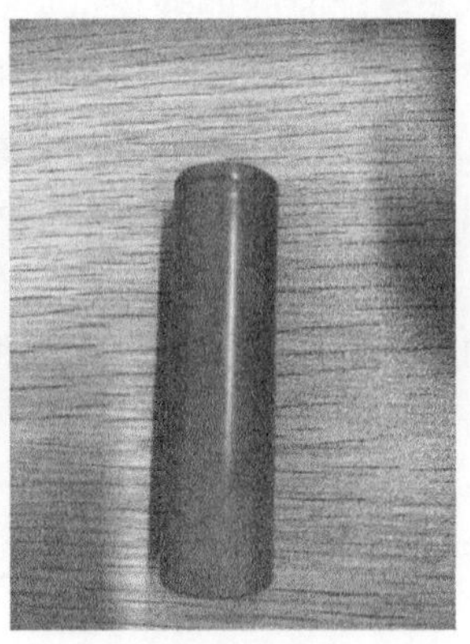

图 3.7　三星 18650 型锂离子电池实物

3.1.2　实验方法及方案

1. 不同环境下实验方法及电池电量设定

1）高温环境下实验方法

（1）先将电阻丝套入玻璃纤维高温套管内，再将铜管外表面均匀缠绕套好的电阻丝，电阻丝一端连接直流稳压电源的正极，另外一端连接负极。

(2)将缠绕电阻丝的铜管用陶瓷纤维毯包裹好,然后将其放入铁制柱状容器内,将热电偶插入铜管顶部小孔内。

(3)实验前,将电池进行前期准备。对于需要进行放电实验的电池,先将其充至满电量;对于需要进行充电实验的电池,先将其放电至零电量。

(4)将前期准备好的电池正极和负极分别连接一根导线,正极一端导线连接蓝电充放电仪器的两个红色鳄鱼夹,负极一端导线连接黑色鳄鱼夹。

(5)开启蓝电充放电仪器,选择通道,设置充放电工步。

(6)连接热电偶,打开数据采集器和数据采集软件,设置数据采集工步,开启数据采集按钮,开始记录数据。开启蓝电测试按钮和直流稳压电源进行电加热的同时对电池进行充放电,保证在测得电池温度数据的同时能够同步测得电池的电压、电流以及容量的变化。

(7)实验结束后,停止加热,用铁钳拔出锂离子电池,等待铜棒和陶瓷纤维毯冷却至室温,然后开始下一组实验。

2) 保温环境下实验方法

在保温环境下实验时,铜管外部不缠绕电阻丝,直接用保温棉包裹电池。用高温绝缘胶带将两个热电偶绑在电池的外表面,电池的温度取两个热电偶的平均值,充电操作和实验数据采集与高温实验过程相似。

3) 恒温环境下实验方法

在恒温环境下实验时,首先将热电偶用高温绝缘胶带绑在电池外表面,然后设定恒温箱温度,待恒温箱温度稳定后,将电池放入恒温箱中,同时开启蓝电充放电仪器和数据采集装置。

4) 电池电量设定

利用蓝电充放电仪器对电池进行充放电设置,使电池含有不同的 SOC,具体如表 3.3 所示。

表 3.3　不同 SOC 设置条件

SOC	设置条件
0%	以恒定 0.5C(1300mA)倍率放电至电池电压为 2.75V
30%	(1)以 0.5C(1300mA)倍率恒流恒压充电至电池满电量; (2)静置 2h; (3)以恒定 0.5C(1300mA)倍率放电 2.1h
50%	(1)以 0.5C(1300mA)倍率恒流恒压充电至电池满电量; (2)静置 2h; (3)以恒定 0.5C(1300mA)倍率放电 1.5h

续表

SOC	设置条件
80%	(1)以 0.5C(1300mA)倍率恒流恒压充电至电池满电量； (2)静置 2h； (3)以恒定 0.5C(1300mA)倍率放电 0.6h
100%	(1)以恒定 0.5C(1300mA)倍率将电池充至电压为 4.2V； (2)4.2V 电压进行恒压充电至电流为 100mA
120%	以恒定 0.5C(1300mA)倍率充至电压为 4.5V

2. 空白实验

为了研究不同功率下铜管温度的变化规律，为热失控过程热量的计算提供实验基础，为后期的实验提供空白对照，实验设置四组空白实验。空白实验是对放入废旧电池的铜管进行电加热，通过改变电加热的功率，研究铜管的温度变化规律。空白实验参数如表 3.4 所示。

表 3.4　空白实验参数

序号	电加热功率/W	加热方式
01	2.55	持续加热
02	5	持续加热
03	10	持续加热
04	15	持续加热

为了选择合适的电加热功率，选取 2.55W、5W、10W、15W 四个功率对铜管进行加热，测得铜管温度的变化曲线。图 3.8 为不同电加热功率下铜管温度变化曲线。

由图 3.8 可知，在一定加热功率下，铜管的升温速率逐渐降低，且在每个电加热功率下，铜管温度最终都会稳定在一个恒定值。在 2.55W、5W、10W、15W 电加热功率下，铜管温度分别稳定在 86℃、131.3℃、257.2℃、335℃。随着电加热功率的增大，铜管达到稳定的温度逐渐升高，升温速率逐渐增大。为了对铜管加热创造高温热环境，以下实验电加热功率均选择 15W。

3. 高温环境下锂离子电池热失控的危险特性

首先将锂离子电池用蓝电充放电仪器充电至不同的 SOC(0%、30%、50%、80%、100%、120%)，然后以电加热的方式诱导锂离子电池热失控。实验过程中得

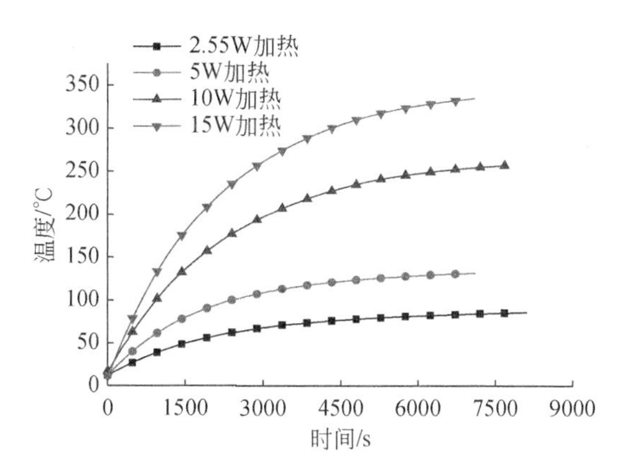

图 3.8　不同电加热功率下铜管温度变化曲线

到电池温度的变化，通过拍摄不同电量下锂离子电池热失控视频，研究高温环境下不同电量的锂离子电池热失控的温度变化特性和热失控行为特性。实验方案如表 3.5所示。

表 3.5　实验方案(a)

序号	电加热功率/W	加热方式	电池初始电量(SOC)/%
01	15	持续加热	0
02	15	持续加热	30
03	15	持续加热	50
04	15	持续加热	80
05	15	持续加热	100
06	15	持续加热	120

4. 保温环境下锂离子充放电池热失控危险特性研究

(1)在保温环境下，将满电量的电池放入铜管中，并用不同的放电倍率对电池进行放电，实验测得锂离子电池放电过程中温度变化和电压、电流变化。实验方案如表 3.6 所示。

表 3.6 实验方案(b)

序号	电加热功率/W	放电倍率	电池初始电量(SOC)/%
01	0	0.5C	100
02	0	1C	100
03	0	2C	100
04	0	3C	100
05	0	4C	100

(2)在未对电池进行电加热的情况下,将完全放电的电池放入铜管中,在保温情况下用不同的充电倍率对电池进行充电,实验测得锂离子电池充电过程中温度变化和电压、电流变化。实验方案如表 3.7 所示。

表 3.7 实验方案(c)

序号	电加热功率/W	充电倍率	电池初始电量(SOC)/%
01	0	0.5C	0
02	0	1C	0
03	0	2C	0
04	0	3C	0
05	0	4C	0

5. 高温环境下锂离子充放电池热失控危险特性研究

(1)在对铜管 15W 电加热情况下,同时对电池用不同的放电倍率放电,实验测得锂离子电池放电过程中温度变化和电压、电流变化,从而研究电池放电过程中的热失控危险特性。实验方案如表 3.8 所示。

表 3.8 实验方案(d)

序号	电加热功率/W	放电倍率	电池初始电量(SOC)/%
01	15	0.5C	100
02	15	1C	100
03	15	2C	100
04	15	3C	100
05	15	4C	100

(2)在对铜管 15W 电加热情况下,同时对电池用不同的充电倍率充电,实验测得锂离子电池充电过程中温度变化和电压、电流变化,从而研究充电过程中电池的热失控危险特性。实验方案如表 3.9 所示。

表 3.9　实验方案(e)

序号	电加热功率/W	充电倍率	电池初始电量(SOC)/%
01	15	0.5C	0
02	15	1C	0
03	15	2C	0
04	15	3C	0
05	15	4C	0

6. 恒温环境下锂离子充放电池热失控危险特性研究

在恒温热环境下研究锂离子电池充电和放电过程,采集锂离子电池温度变化数据和电压、电流变化规律,从而研究充电过程中电池的热失控危险特性。实验方案如表 3.10 所示。

表 3.10　实验方案(f)

序号	恒温箱温度/℃	充放电倍率	电池初始电量(SOC)/%
01	300	2C 充电	0
02	300	2C 放电	100

7. 锂离子电池循环过程热释放研究

1) 循环充放电实验方案设计

锂离子电池充放电是两个独立的化学反应过程,在电池内部,同一时间内只能进行其中一个过程,电池“边充边放”的过程实质上是电池先进行短时间的充电,然后进行短时间的放电,在电池外部看来充电和放电是同时进行的。为了模拟锂离子电池“边充边放”的使用状态,本节利用蓝电充放电仪器设置不同的充电倍率,在较短的时间内对电池进行充放电循环,利用热电偶测得循环过程中电池外表面的温度变化。设置电池的初始电量为 50% SOC,采用的充电倍率分别为 0.5C、1C、2C、3C,放电倍率分别选取 0.5C、1C、2C、3C,充电和放电两两组合。在实验过程中,可测得锂离子电池的温度变化和电池的电压、电流变化。实验方案如表 3.11 所示。

表 3.11 实验方案(g)

序号	充电倍率	充电时间/min	放电倍率	放电时间/min	循环次数
01	0.5C	5	0.5C	5	5
02	0.5C	10	1C	5	5
03	0.5C	12	2C	3	5
04	0.5C	12	3C	2	5
05	1C	5	0.5C	10	5
06	1C	5	1C	5	5
07	1C	10	2C	5	5
08	1C	5	3C	1	5
09	2C	3	0.5C	12	5
10	2C	5	1C	10	5
11	2C	5	2C	5	5
12	2C	3	3C	2	5
13	3C	1	0.5C	6	5
14	3C	2	1C	6	5
15	3C	2	2C	3	5
16	3C	5	3C	5	5

2) 循环过程工步设置

循环过程工步设置,以 1C 充电 5min、3C 放电 1min 循环过程的蓝电充放电仪器工步设置为例,具体设置如表 3.12 所示。

表 3.12 循环过程工步设置

序号	工步内容
1	静置 1min
2	以 1C(2600mA)恒流充电 5min
3	以 3C(7800mA)恒流放电 1min
4	跳至第 2 步,循环 2～3 步,循环 10 次
5	循环结束

3.2　高温环境下锂离子电池热失控特性

3.2.1　不同电量的锂离子电池热失控温度变化特性

对不同电量的锂离子电池用 15W 电加热功率进行加热，研究高温环境下锂离子电池热失控的危险特性。图 3.9 为 0% SOC、30% SOC、50% SOC、80% SOC、100% SOC、120% SOC 电池热失控过程温度变化规律，图 3.10 为对应的电池温度上升速率。由图 3.9 可以看出，当电池 SOC 为 0%时，未发生热失控，其余 SOC 的电池都发生了热失控。这主要是因为当电池 SOC 为 0%时，电池负极不会形成嵌锂碳，研究表明，嵌锂碳与黏结剂、电解液等的化学放热反应是导致锂离子电池发生热失控的主要热量来源[5,6]。由图 3.10 可以得到，30% SOC、50% SOC、80% SOC、100% SOC、120% SOC 电池的最大温度上升速率分别为 0.87℃/s、4.22℃/s、9.37℃/s、13.18℃/s、12.42℃/s，当电池 SOC 为 100%时，电池的最大温度上升速率最大。

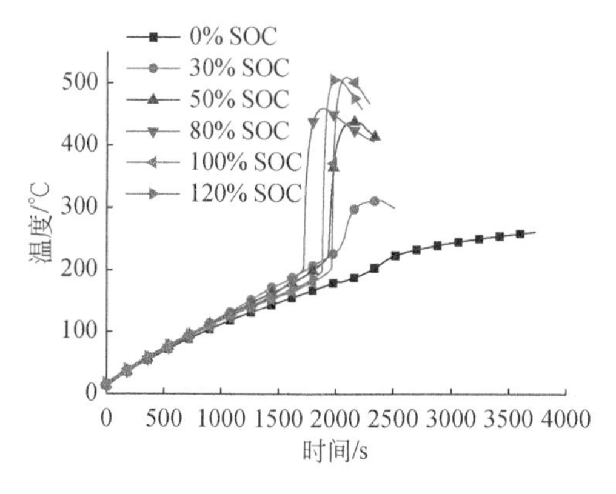

图 3.9　不同 SOC 电池温度变化规律

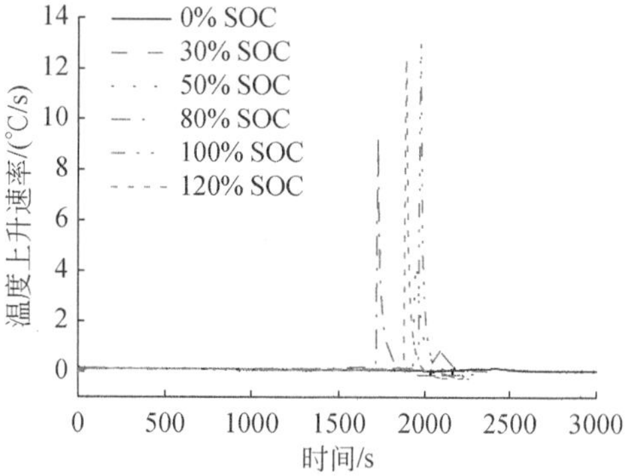

图 3.10　不同 SOC 电池温度上升速率

图 3.11 为电池发生热失控的起始温度和最高温度与电池 SOC 的关系，表 3.13为不同 SOC 的电池热失控前后数据对比。由图 3.11 和表 3.13 可知，30% SOC、50% SOC、80% SOC、100% SOC、120% SOC 的锂离子电池热失控起始温度分别为 244℃、221℃、203.7℃、202.4℃、199.3℃，热失控后的最高温度分别为 311.8℃、438.6℃、460.5℃、509.9℃、508℃。热失控起始温度随着电池 SOC 的增加逐渐降低，热失控后的最高温度大致呈现随着 SOC 的增加而升高的趋势。随着 SOC 的增加，负极积聚的嵌锂碳增多，随着温度的升高和隔膜的熔化，嵌锂碳与电解液、黏结剂等的反应更充分。在相同的时间内，嵌锂碳越多，其与电解液等物质

反应越充分，放出的热量也就越多，所以随着 SOC 的增加，电池发生热失控的初始温度降低[7]。此结论与 Chen 等[8,9]利用 VSP2 测得的锂离子电池热失控起始温度随着 SOC 的增大而减小的结论一致，与文献[10]通过锥形量热仪得到的结论一致。由实验结果可知，电池 SOC 越大，电池所具有的能量越大，危险性也就越大，所以电池在储存和运输过程中应保持低电量，以保证安全。

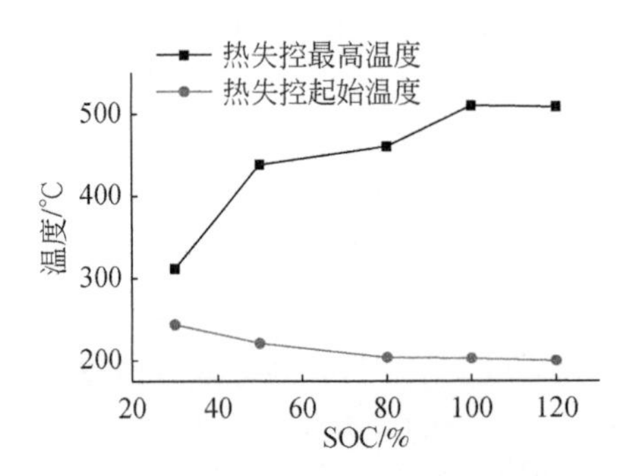

图 3.11　电池热失控起始温度和最高温度与 SOC 的关系

表 3.13　不同 SOC 的电池热失控前后数据对比

加热功率/W	电池电量(SOC)/%	热失控起始温度/℃	热失控最高温度/℃	实验前电池质量/g	实验后电池质量/g	电池质量损失/g
15	0	—	—	45.01	41.2	3.81
15	30	244	311.8	45.09	40.91	4.18
15	50	221	438.6	45.02	38.98	6.04
15	80	203.7	460.5	45.01	36.01	9
15	100	202.4	509.9	45.02	34.13	10.89
15	120	199.3	508	45.01	25.98	19.03

3.2.2　不同电量的锂离子电池热失控行为特性

1. 锂离子电池质量变化特性

锂离子电池的质量损失为电池初始质量与电池热失控后质量的差值，图 3.12 为不同 SOC 电池质量损失曲线。由图可知，电池质量损失随着 SOC 的增加而增加。造成质量损失的原因主要包括以下两方面。

(1)从正极材料释放氧气，MacNeil 等[11]研究了正极材料 $LiCoO_2$ 和电解液的化学反应[3]。

$$Li_xCoO_2 \longrightarrow xLiCoO_2 + (1-x)/3Co_3O_4 + (1-x)/3O_2 \tag{3.1}$$

$$Co_3O_4 \longrightarrow 3CoO + 1/2O_2 \tag{3.2}$$

由化学方程式 (3.1)和(3.2)可以看出,随着 SOC 的增加,产生的氧气增多,正极材料与负极活性物质嵌锂碳和电解液的反应更加剧烈。

(2)随着热失控的发生,电池内部的物质喷出或者被燃烧,从而导致电池质量损失。随着 SOC 的增加,电池的热失控反应加剧,喷出的电解液和燃烧的物质质量增加。

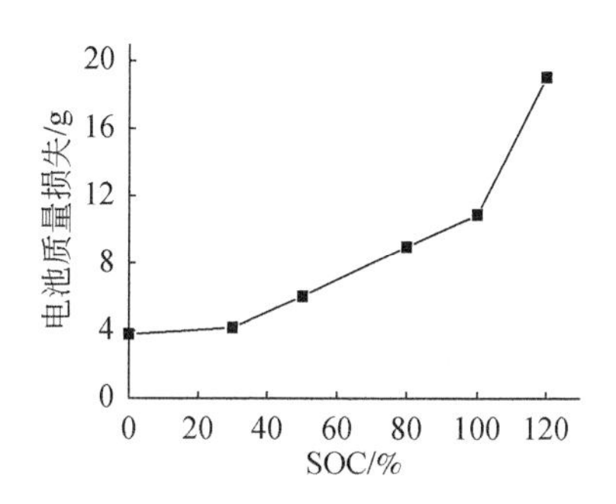

图 3.12　不同 SOC 电池质量损失曲线

2. 锂离子电池热失控危险特性

为了研究锂离子电池在不同电量下发生热失控的特性,在采集电池温度数据的基础上,对不同 SOC 电池发生热失控的整个过程进行视频记录,从而归纳电池在不同 SOC 下发生热失控的特性。

1) 0% SOC 热失控过程

0% SOC 锂离子电池在整个过程未发生火灾爆炸,只出现缓慢泄气的过程。电池在 191℃开始发生泄气,烟气量较少,在 206℃泄放出的气体量开始增加,当温度在 219℃时,泄放出的气体量逐渐减少。图 3.13 为 0% SOC 电池热失控过程典型特征。

2) 30% SOC 热失控过程

30% SOC 锂离子电池在整个过程也未发生火灾爆炸,刚开始出现缓慢泄气,在温度达到 230℃时电池出现大量泄气。具体热失控过程如下所述:161℃电池开始有少量泄气,171℃电池安全阀打开,泄气量有所增加,230℃电池出现大量泄气,大量泄气持续了 60s 左右,此时电池的温度上升速率明显提高。随后电池泄放气体量减少,在 310℃左右只有少量气体泄出。图 3.14 为 30%SOC 电池热失控过程典型特征。

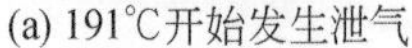

(a) 191℃开始发生泄气

(b) 206℃泄气量开始增加

(c) 219℃泄气量逐渐减少

图 3.13　0% SOC 电池热失控过程典型特征

(a) 161℃开始前期少量泄气

(b) 230℃中期大量泄气

(c) 310℃后期少量泄气

图 3.14　30% SOC 电池热失控过程典型特征

3) 50% SOC 热失控过程

50% SOC 锂离子电池在整个过程未发生火灾爆炸，其过程与 30% SOC 电池相似，都是前期有少量泄气。50% SOC 电池在 215℃时出现大量泄气，大量泄气过程持续时间非常短(仅 10s)，瞬间泄出的气体量非常大，此时电池的温度迅速上升，电池发生热失控。图 3.15 为 50% SOC 电池热失控大量泄气过程。

4) 80% SOC 热失控过程

80% SOC 锂离子电池在实验过程中发生了火灾爆炸现象，电池在发生热失控时，正极处有火焰喷出，形成喷射火。在 160℃左右电池安全阀打开，电池开始缓慢泄气。当温度达到 203℃时，电池发生热失控，形成喷射火焰，热失控过程非常快，喷射状火焰持续了 1s，5s 后火焰熄灭。图 3.16 为 80% SOC 电池喷射火形成过程。第 1s 电池迅速发生气体喷射现象，第 2s 随着气体喷射，火焰迅速从电池正

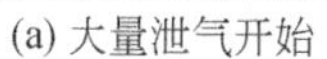
(a) 大量泄气开始

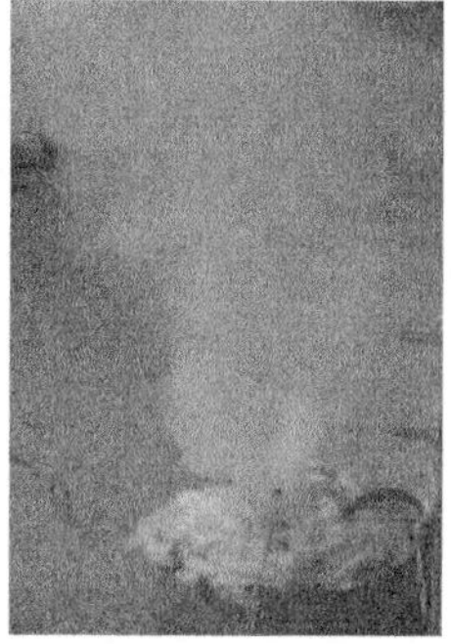
(b) 大量泄气开始后3s

(c) 大量泄气开始后5s

图 3.15　50% SOC 电池热失控大量泄气过程

极喷向四周,第 3s 喷射火迅速减小,直至熄灭。

(a) 喷射气体

(b) 喷射火中期

(c) 喷射火中后期

(d) 喷射火后期

图 3.16　80% SOC 电池喷射火形成过程

5）100% SOC 热失控过程

100% SOC 锂离子电池在实验过程中发生了火灾爆炸，电池在发生热失控时，电池正极处有火焰喷出，形成喷射火。100% SOC 电池热失控过程与 80% SOC 电池热失控过程相似。在 142℃时电池突然发出轻微的声音，在 154℃左右电池安全阀打开，电池开始缓慢泄气。当温度达到 200℃时，瞬间喷射出大量的气体，之后形成喷射火焰，热失控过程非常快，喷射状火焰持续了 2s，10s 后熄灭。图 3.17 为 100% SOC 电池喷射火形成过程。

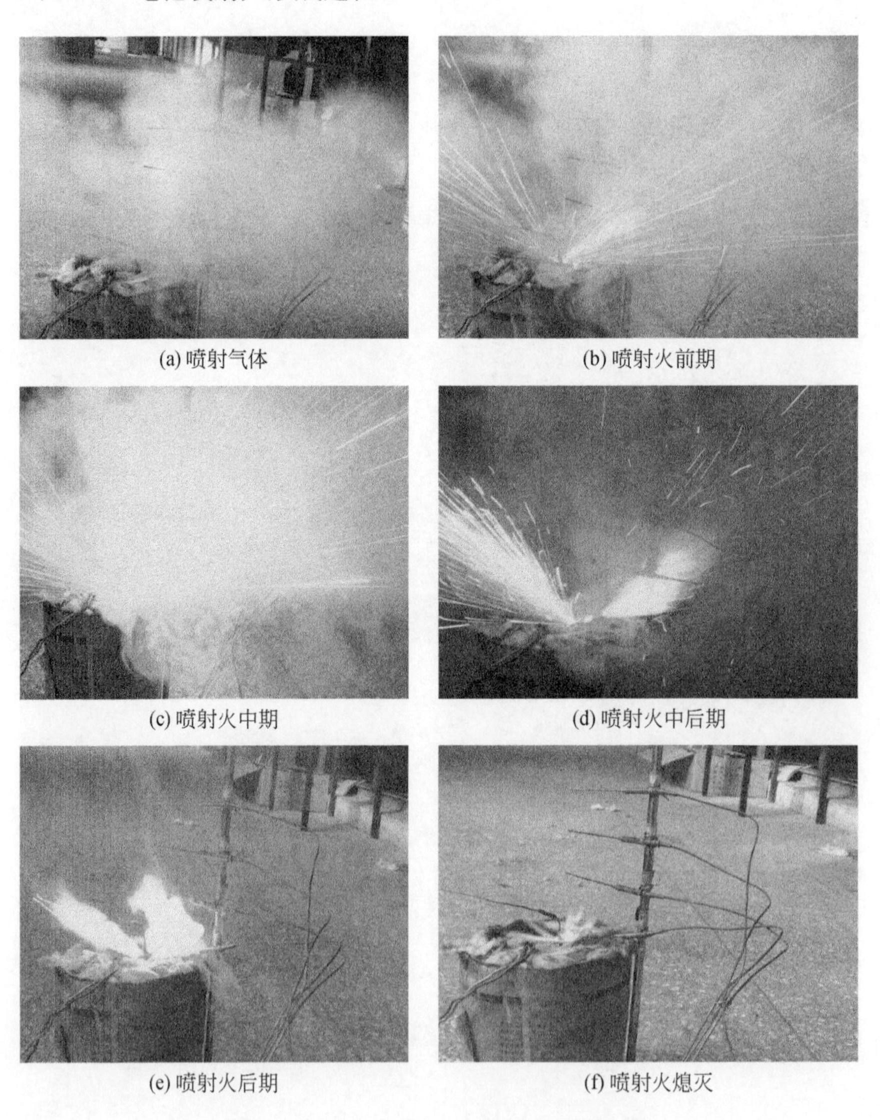

图 3.17　100% SOC 电池喷射火形成过程

6) 120% SOC 热失控过程

120% SOC 锂离子电池在实验过程中发生了火灾爆炸，电池在发生热失控时，电池正极处有火焰喷出，形成喷射火。其热失控过程与 80% SOC、100% SOC 相似。在 150℃左右电池安全阀打开，电池开始缓慢泄气。当温度达到 198℃时，开始迅速喷射出大量气体，立刻形成喷射火焰，热失控过程非常快，喷射状火焰持续了 2s，8s 后熄灭。图 3.18 为 120% SOC 电池喷射火形成过程。

(a) 喷射气体初期　(b) 喷射气体后期　(c) 喷射火初期

(d) 喷射火中期　(e) 喷射火后期　(f) 喷射火熄灭

图 3.18　120% SOC 电池喷射火形成过程

从 0% SOC、30% SOC、50% SOC、80% SOC、100% SOC 和 120% SOC 电池热失控过程分析，0% SOC、30% SOC 和 50% SOC 电池均未形成喷射状火焰，只出现电池泄气现象，且随着电池 SOC 增加，电池的泄气量逐渐增加，瞬间大量泄气现象越来越明显。低电量电池未形成喷射火焰，是因为低电量时，电池内部反应不够剧烈，产生的热量不足以达到电解液的自燃点，所以没有形成火灾而只是出现泄气的过程。80% SOC、100% SOC 和 120% SOC 电池热失控过程均形成喷射状火焰。三种 SOC 电池的热失控过程非常相似，在喷射火焰形成之前均会出现瞬间大量泄气的征兆，随后喷射火焰出现，且喷射状火焰持续时间非常短，在 1～2s，最后喷射火焰逐渐熄灭。

根据以上研究，可将不同 SOC 电池热失控模式过程分为只大量泄气模式和形成喷射火焰模式。其中，只大量泄气模式的失控过程分为以下三个阶段：

(1)稳定升温阶段。

(2)安全阀打开，开始泄气，持续少量泄气阶段。

(3)电池温度达到一定值后瞬间大量泄气阶段。

形成喷射火焰模式的失控过程分为以下四个阶段：

(1)稳定升温阶段。

(2)安全阀打开，开始泄气，持续少量泄气阶段。

(3)瞬间大量泄气和喷射火阶段。

(4)稳定燃烧和火焰熄灭阶段。

3.3 不同热环境下锂离子电池充放电的危险特性

3.3.1 保温环境下锂离子电池充放电的温度变化特性

1. 不同充电倍率

利用蓝电充放电仪器设定恒流充电模式对电池进行充电，充电电流分别设置为 1300mA(0.5C)、2600mA(1C)、5200mA(2C)、7800mA(3C)、10400mA(4C)，充电时间分别设置为 120min、60min、30min、20min、15min。图 3.19 和图 3.20 为电池在恒流充电过程中电池表面温度变化曲线。图 3.21 为各充电倍率下充电过程中电池的最高温度和温度上升速率。在保温环境下，0.5C、1C、2C、3C、4C 充电电池达到的最高温度分别为 20.1℃、28℃、46.7℃、79.8℃、102.7℃，温度上升速率分别为 0.168℃/min、0.467℃/min、1.557℃/min、3.99℃/min、6.847℃/min，电池的温度上升速率随着充电倍率的增大而增大。当电池在充电时，电池的产热主要包括可逆热和不可逆热，其中可逆热为电化学反应产生的热量，不可逆热主要为极化热和焦耳热[12-14]。电流通过电池时不断产生焦耳热，随着充电倍率的增大，电池产热量增大，电池的产热速率也不断增大[15]。

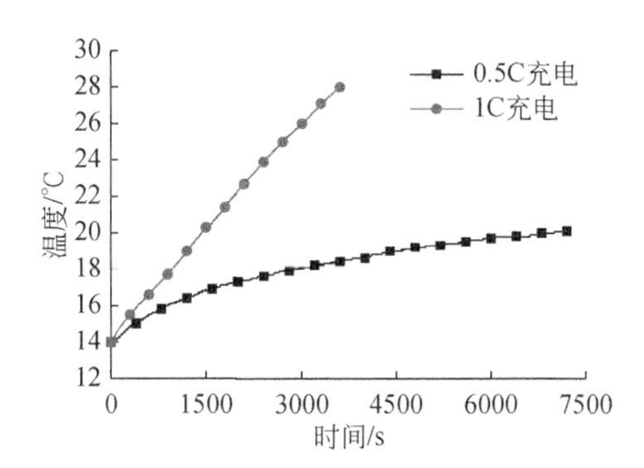

图 3.19　0.5C 和 1C 充电电池温度变化曲线

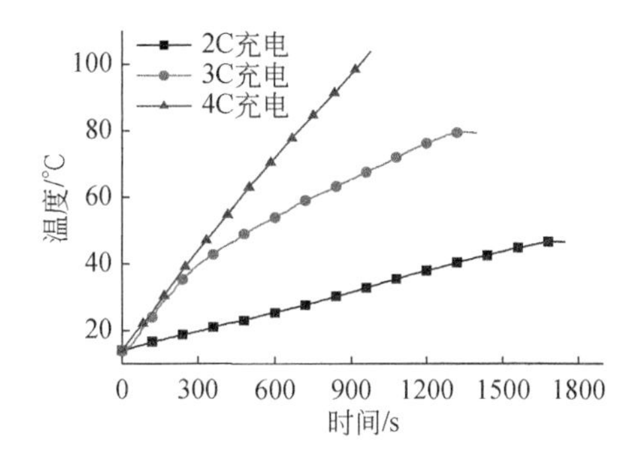

图 3.20　2C、3C 和 4C 充电电池温度变化曲线

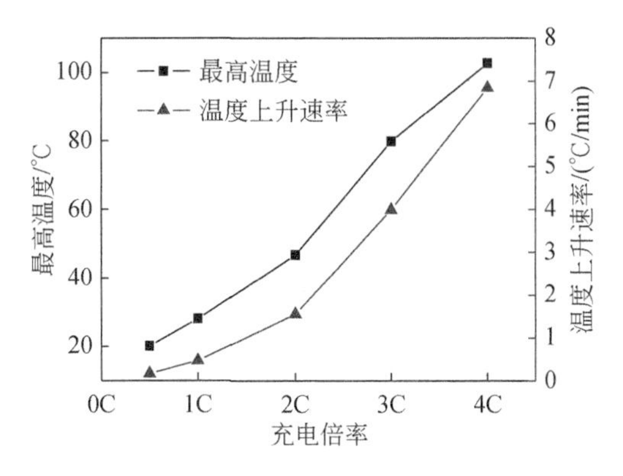

图 3.21　不同充电倍率下电池的最高温度和温度上升速率

2. 不同放电倍率

在锂离子电池进行放电实验前，利用蓝电充放电仪器将电池充电至100% SOC，以0.5C(1300mA)电流恒流充电至电压为4.2V，再以4.2V恒压充电至电池电流为100mA停止。将电池充满电量后，静置1h，再分别以0.5C、1C、2C、3C、4C恒流放电。

电池以0.5C、1C、2C、3C、4C放电过程温度变化曲线如图3.22和图3.23所示。图3.24为不同放电倍率下电池的最高温度和温度上升速率。图3.25～图3.29为各个倍率放电过程中电池的电压-电流变化曲线。由图可知，0.5C放电6000s达到最高温度24.8℃，温度上升速率为0.248℃/min，1C放电3402s达到最高温度44.7℃，温度上升速率为0.788℃/min，2C放电1947s达到最高温度64℃，温度上升速率为1.972℃/min，3C放电1248s达到最高温度86.7℃，温度上升速率为4.168℃/min，4C放电909s达到最高温度74.3℃，温度上升速率为4.904℃/min。在保温环境下放电，锂离子电池温度上升速率随着放电倍率的增大而增大。电池充放电过程中的产热主要包括电化学反应产热、极化产热和欧姆热[12-14]，当锂离子电池以小倍率放电时，反应热将占据主要部分；当锂离子电池以高倍率放电时，欧姆热占据主要部分[16]。0.5C倍率电流相对较小，而其他放电电流相对较大，当放电倍率增大时，欧姆热增加最快，反应热相对增长较慢，所以随着放电倍率的增大，电池的温度上升速率增大[17]。

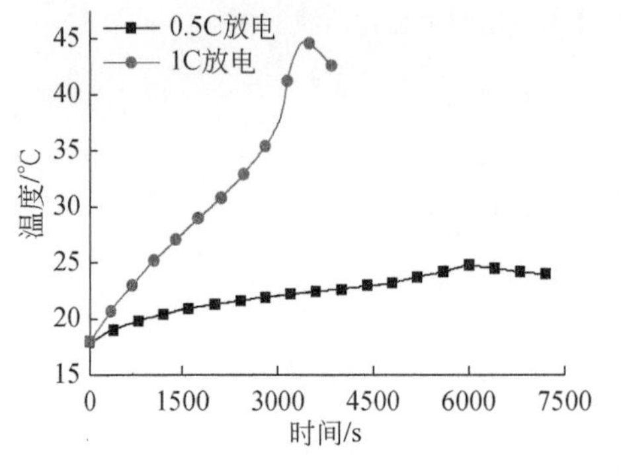

图3.22 保温环境下0.5C和1C放电电池温度变化曲线

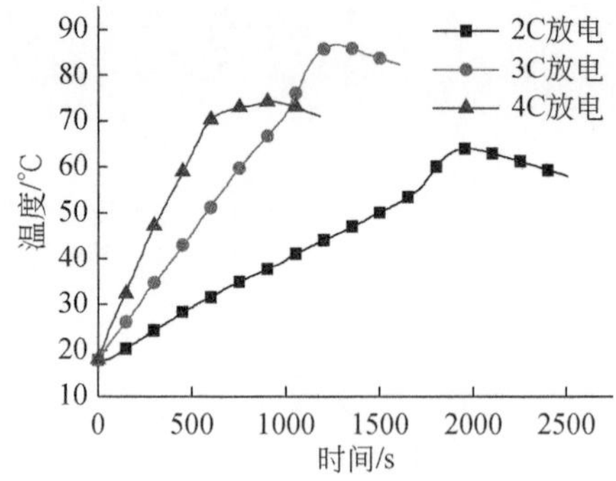

图3.23 保温环境下2C、3C和4C放电电池温度变化曲线

由0.5C放电过程的电压-电流变化曲线可知，在5940s，电池电压从2.75V发生迅速变化，电池也未按照设置的0.5C电流放电，放电电流迅速减小，此时电池温度开始出现下降的趋势。1C放电也出现类似的现象，在3300s，电压从2.72V开

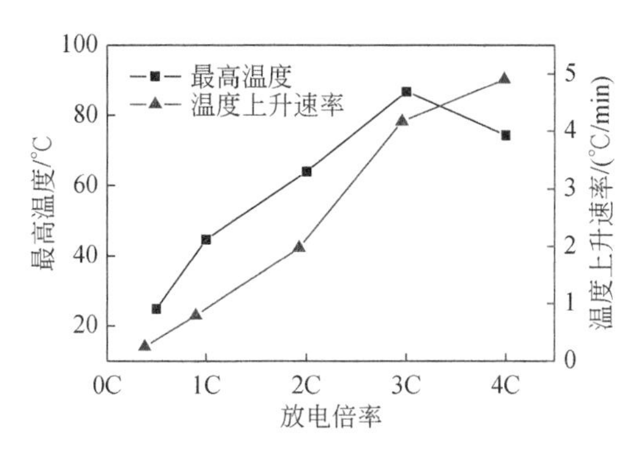

图 3.24　不同放电倍率下电池的最高温度和温度上升速率

始迅速下降，2C 放电在 1620s 电压从 2.76V 开始迅速下降。在以 3C 倍率开始放电时，电池电压出现突然降低的现象，随后电池电压又出现小幅度的增加，之后电池电压持续下降，在 540s，电池电压为 2.72V，在 1020s，电压从 2.55V 开始迅速下降。由以上现象可以发现，电池电压降至 2.7V 左右时，电池的电压会发生迅速下降，主要原因是当电池电压降至 2.7V 时，电池的电量几乎已经放完，随着放电的继续，电池将处于过电状态，电池电压将发生迅速下降。将放电过程温度曲线与电压、电流曲线相结合，发现电池在电压迅速下降以后达到最高温度。

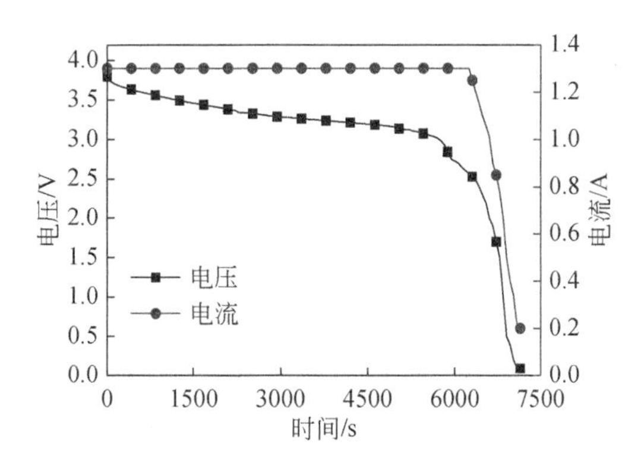

图 3.25　保温环境下 0.5C 放电过程中电压-电流变化曲线

3.3.2　高温环境下锂离子电池充放电的危险特性

1. 充电倍率对锂离子电池热失控的影响

为了研究充电倍率对锂离子电池热失控的影响，对在不同倍率下充电的电池进行电加热，测得电池温度和电池电压变化规律，从而研究锂离子电池热失控的规

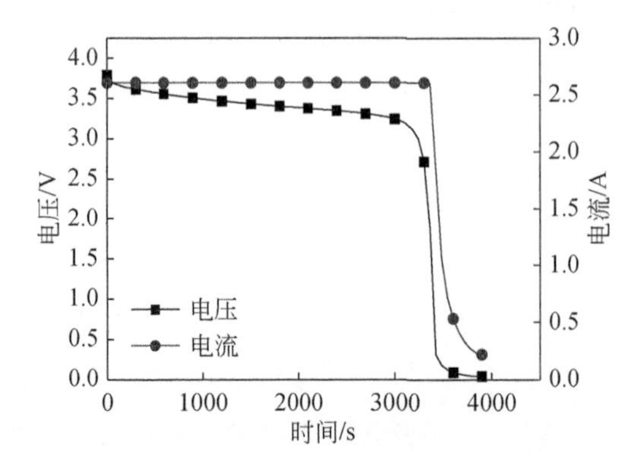

图 3.26　保温环境下 1C 放电过程中电压-电流变化曲线

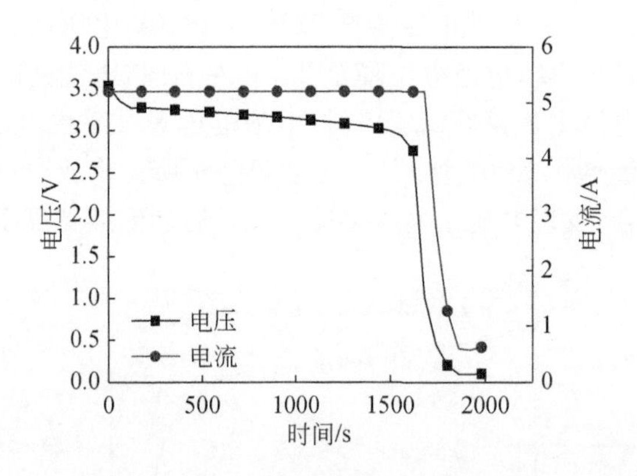

图 3.27　保温环境下 2C 放电过程中电压-电流变化曲线

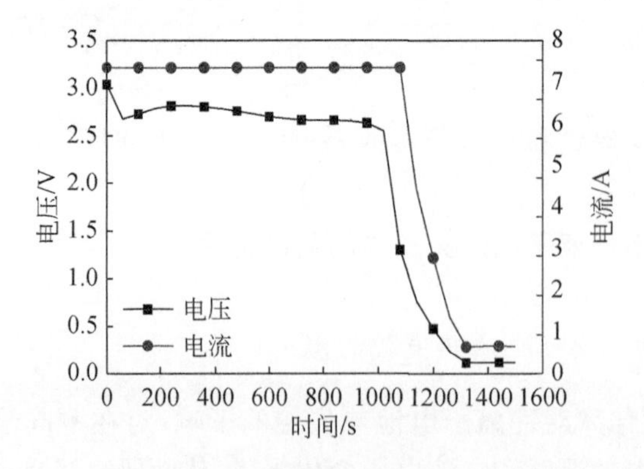

图 3.28　保温环境下 3C 放电过程中电压-电流变化曲线

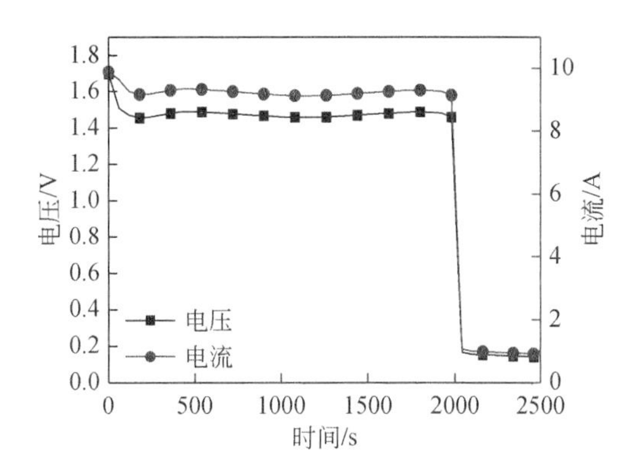

图 3.29　保温环境下 4C 放电过程中电压-电流变化曲线

律。实验前将新电池进行恒流放电至电压为 2.75V,然后利用蓝电充放电仪器设置不同倍率的充电工况,以 0.5C 倍率设置为例,具体设置如表 3.14 所示。

表 3.14　电池充电工步设置

序号	工步内容
1	静置 1min
2	以 0.5C 恒流充电至电压 4.2V
3	以 4.2V 恒压充电至截止电流为 100mA
4	充电结束

图 3.30 为在不同充电倍率下充电过程中锂离子电池温度变化曲线,图 3.31 为在不同充电倍率下锂离子电池温度上升速率变化曲线。由图可以看出,0.5C、1C、2C、3C、4C 充电的热失控温度分别为 302℃、295.7℃、293℃、294.6℃、296.9℃,锂离子电池最大温度上升速率分别为 0.96℃/s、2.43℃/s、3.97℃/s、4.4℃/s、3.3℃/s。锂离子电池热失控起始温度较为接近,最大温度上升速率呈现随着充电倍率增加而增加的趋势。由图 3.31 可见,在 1500～2000s 电池温度上升速率出现负值,此时电池温度有小幅下降,主要原因是温度在 160～180℃时电池安全阀打开,开始泄放出气体,带走电池的一部分热量,随后电池温度继续保持上升趋势。热失控发生之前,电池温度的上升速率随着充电倍率的增加而增加。表 3.15为电池热失控前后参数变化,锂离子电池热失控最高温度分别为 337.3℃、404.9℃、433.1℃、436.1℃、427℃。

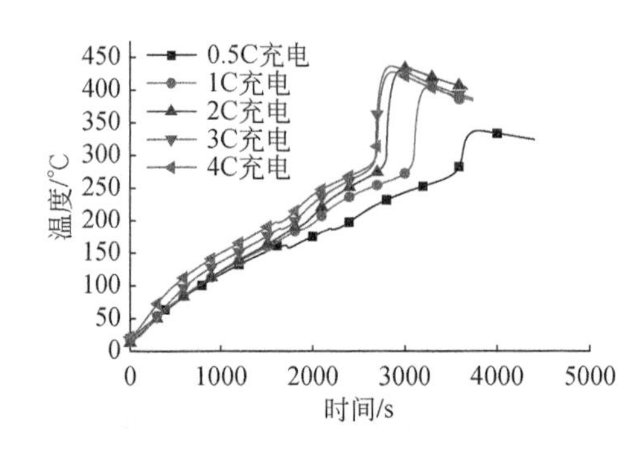

图 3.30　不同充电倍率下锂离子电池温度变化曲线

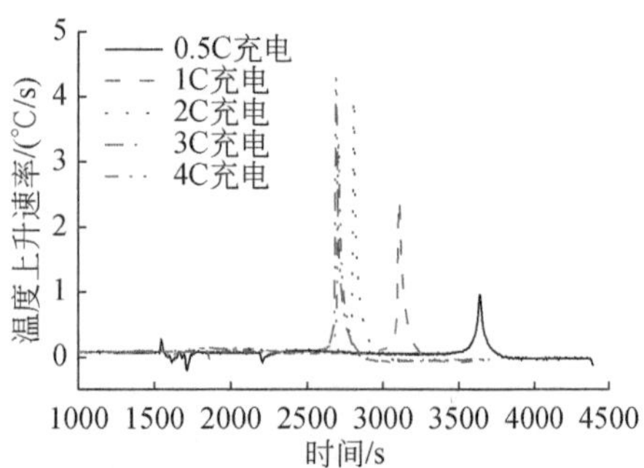

图 3.31　不同充电倍率下锂离子电池温度上升速率变化曲线

表 3.15　15W 电加热不同充电倍率下电池热失控前后参数对比

加热功率/W	充电倍率	热失控起始温度/℃	热失控最高温度/℃	实验前电池质量/g	实验后电池质量/g	电池质量损失/g
15	0.5C	302	337.3	45.01	41.22	3.79
15	1C	295.7	404.9	45	39.24	5.76
15	2C	293	433.1	45.04	40.62	4.42
15	3C	294.6	436.1	45.02	38.32	6.7
15	4C	296.9	427	45.02	39.53	5.49

图 3.32～图 3.36 为锂离子电池在充电过程中电池的电压、电流与充入电池电量(容量)的关系曲线。由图可以看出，在 0.5C 充电时，刚进入恒压充电过程，电流迅速降至 200mA 以下，说明此时电池已经失效无法再进行充电，结合电池温度曲线，电池在充电 1440s 时发生失效，此时电池的温度为 149℃，电池所具有的电量为 0.508Ah。在 1C、2C、3C、4C 充电时，电池直接进入恒压充电工步，随着充电和加热的进行，电池发生失效时电流迅速降低。1C 充电时，电池在 1240s 发生失效，电池温度为 140.7℃，电池所具有的电量为 0.824Ah。2C 充电时，电池在 1280s 发生失效，电池温度为 145.7℃，电池所具有的电量为 0.906Ah。3C 充电时，电池在 1080s 发生失效，电池温度为 142.8℃，电池所具有的电量为 0.996Ah。4C 充电时，电池在 978s 发生失效，电池温度为 147.9℃，电池所具有的电量为 0.854Ah。由以上数据可以发现，无论锂离子电池以何种倍率充电，当电池温度达到 140～150℃时，电池会立即失效，无法再进行充电。这主要是因为实验所采用的 18650 型锂离子电池的隔膜材料主要成分是聚乙烯和聚丙烯，而当电池温度达到 130～165℃时，达到隔膜的熔点，此时电池发生失效[18,19]。由最终电池所具有的电量可

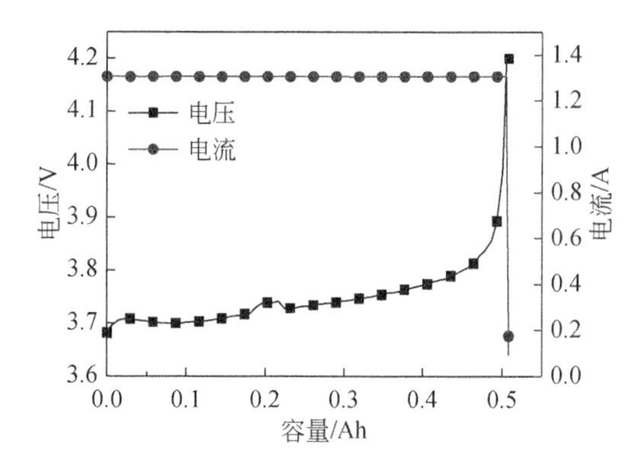

图3.32 0.5C充电时电压、电流与容量的关系曲线

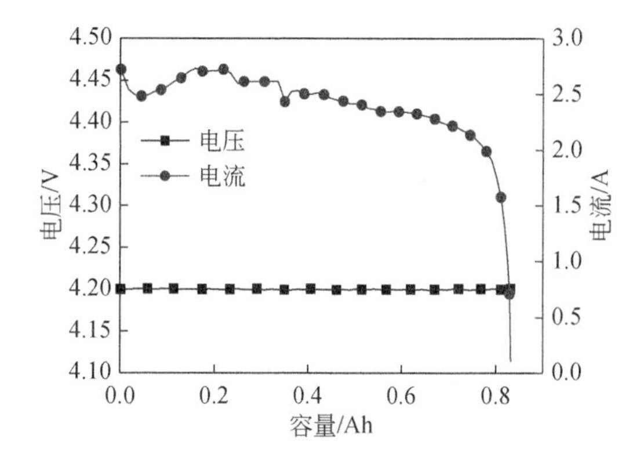

图3.33 1C充电时电压、电流与容量的关系曲线

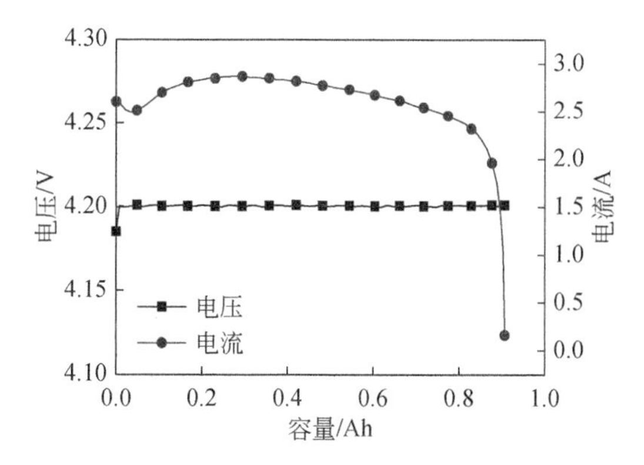

图3.34 2C充电时电压、电流与容量的关系曲线

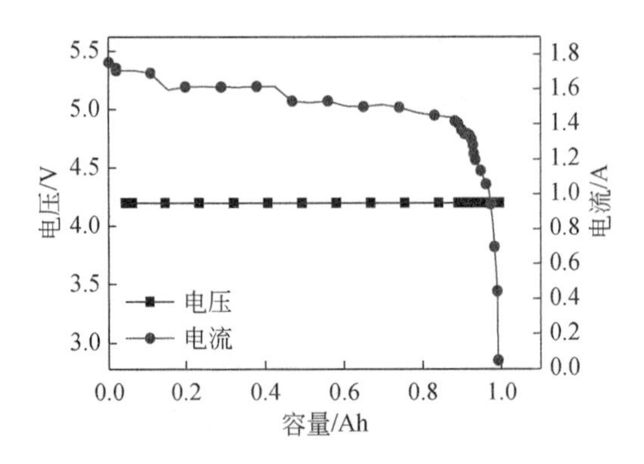

图 3.35　3C 充电时电压、电流与容量的关系曲线

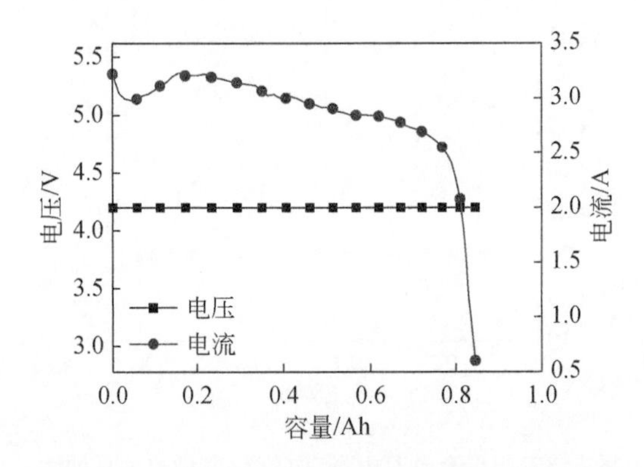

图 3.36　4C 充电时电压、电流与容量的关系曲线

以发现，在 1C、2C、3C、4C 充电时，电池最终所具有的电量相差不大，所以电池的热失控起始温度和热失控最高温度也相差不大，但由于充电倍率的增加，电池的产热速率增加，电池达到热失控起始温度的时间相对较短。

2. 放电倍率对锂离子电池热失控的影响

对充满电的电池在电加热高温环境下分别以 0.5C、1C、2C、3C、4C 倍率进行放电，研究不同放电倍率下锂离子电池热失控的规律和危险性，图 3.37 为对应的锂离子电池温度变化情况。在 5 种放电倍率下，电池均发生了热失控。不同放电倍率下电池热失控起始温度和最高温度对比如图 3.38 所示。由图 3.38 可以看出，电池热失控的起始温度随着的放电倍率的增加而升高，而热失控最高温度随着放电倍率的增加先升高后降低。图 3.39 为热失控过程中电池质量损失结果，

0.5C、1C、2C 放电热失控质量损失大于 3C、4C 放电，主要原因是 0.5C、1C、2C 放电热失控时出现了喷射火焰的现象，反应较为剧烈，电池质量损失较多。3.3.5 节将详细介绍放电过程电池热失控的模式。表 3.16 为电池热失控前后参数变化。

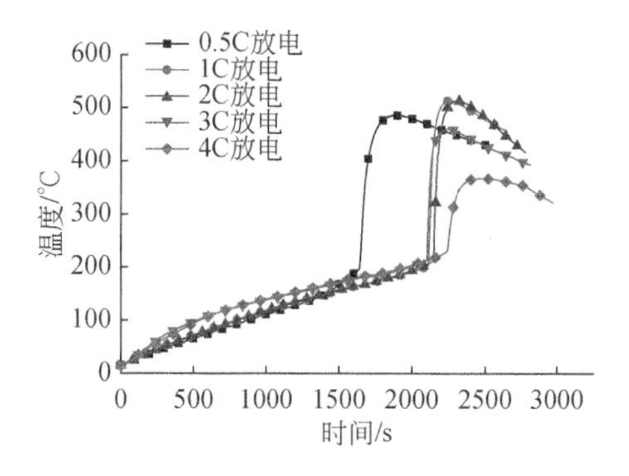

图 3.37 15W 电加热下不同倍率放电过程电池温度变化曲线

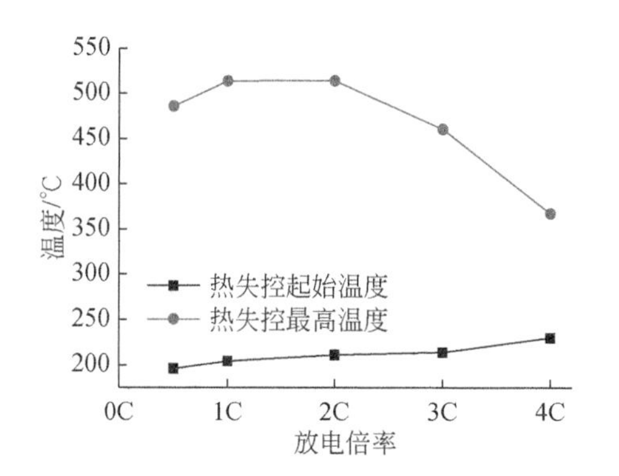

图 3.38 不同放电倍率下电池热失控起始温度和最高温度对比

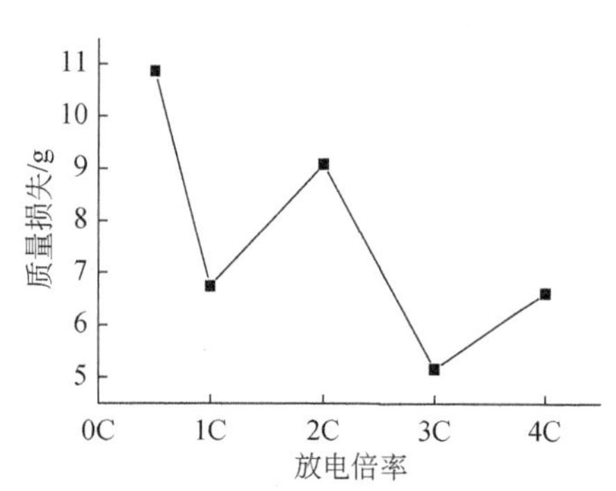

图 3.39 不同放电倍率放电电池热失控质量损失图

表 3.16 15W 电加热不同放电倍率下电池热失控前后参数对比

加热功率/W	放电倍率	热失控起始温度/℃	热失控最高温度/℃	实验前电池质量/g	实验后电池质量/g	电池质量损失/g
15	0.5C	196	485.8	45.06	34.2	10.86
15	1C	204	513.6	45.03	38.29	6.74
15	2C	211.5	513.7	45.06	35.98	9.08
15	3C	214	460.5	44.96	39.8	5.16
15	4C	230	367.2	45.02	38.41	6.61

图 3.40～图 3.44 为锂离子电池在放电过程中电压-电流的变化曲线。以恒流进行放电，由于同时进行电加热，电池温度不断升高，在达到一定温度后，放电电流和电池电压发生突然降低的情况，此时电池已损坏，不能正常放电。当以 0.5C 放电时，在 650s 电压突然下降，此时电池的温度为 80℃。当以 1C 放电时，在 1180s 电压突然下降，此时电池的温度为 132℃。当以 2C 放电时，在 720s 电压突然下降，此时电池的温度为 93℃。当以 3C 放电时，在 400s 电压突然下降，此时电池的温度为 85.6℃。当以 4C 放电时，在 740s 电压突然下降，此时电池的温度为 120.7℃。显然，电池在 80～130℃发生失效，无法进行放电，前人研究发现，在 80～120℃下，电池 SEI 膜发生分解反应[20,21]。因此，高温触发 SEI 膜分解是电池无法进行正常放电的原因。

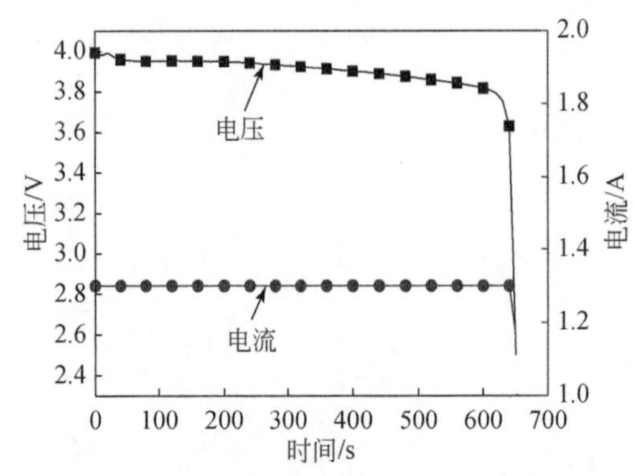

图 3.40 15W 电加热 0.5C 放电电压-电流的变化曲线

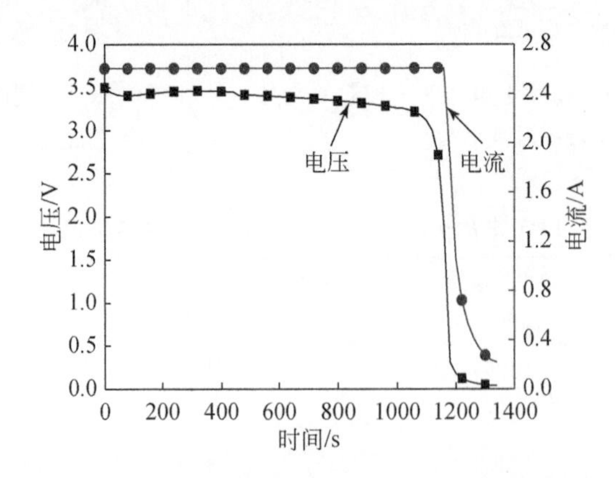

图 3.41 15W 电加热 1C 放电电压-电流的变化曲线

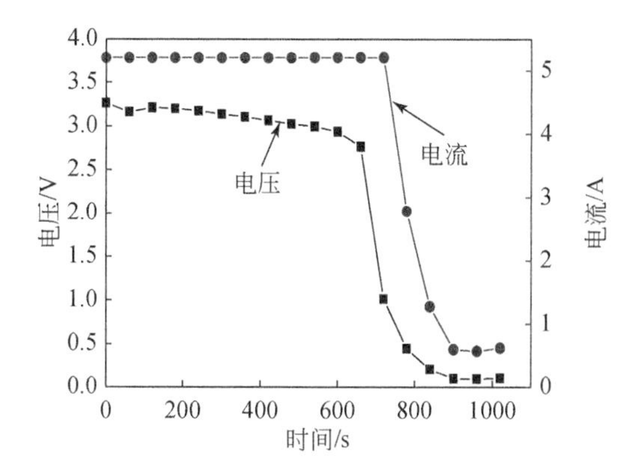

图 3.42 15W 电加热 2C 放电电压-电流的变化曲线

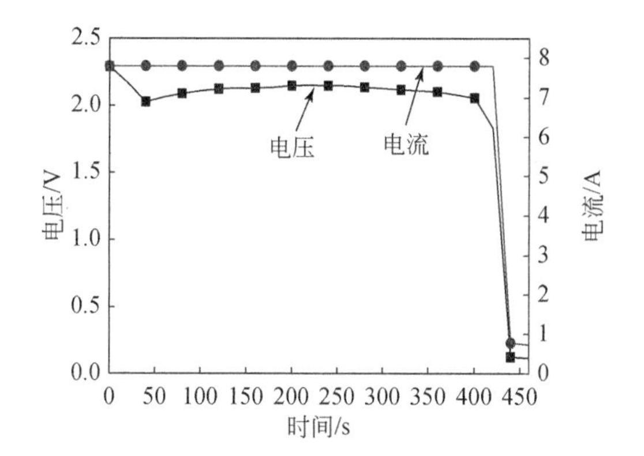

图 3.43 15W 电加热 3C 放电电压-电流的变化曲线

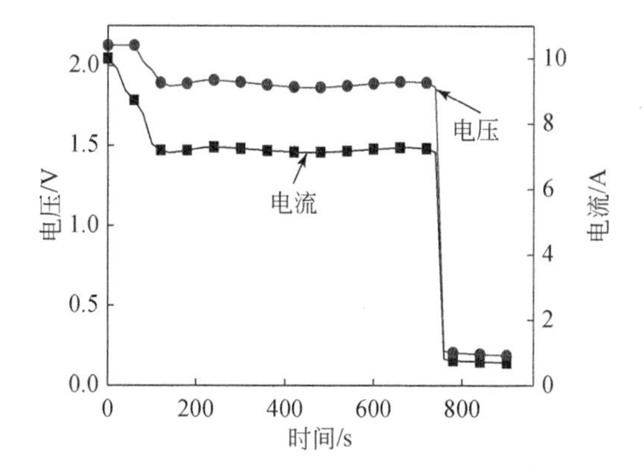

图 3.44 15W 电加热 4C 放电电压-电流的变化曲线

图 3.45 为不同放电倍率下电池电压与放电容量的关系曲线。在 0.5C、1C、2C、3C、4C 整个放电过程中，放电容量分别为 0.460Ah、0.862Ah、0.889Ah、0.917Ah、1.741Ah。因此，放电结束后电池的剩余电量分别为 2.140Ah、1.738Ah、1.711Ah、1.683Ah、0.859Ah，分别为 82% SOC、67% SOC、66% SOC、65% SOC、33% SOC。随着电池 SOC 的增加，电池热失控起始温度降低，因此随着放电倍率的增加，电池的剩余电量减少，电池热失控起始温度随着放电倍率的增加而升高。

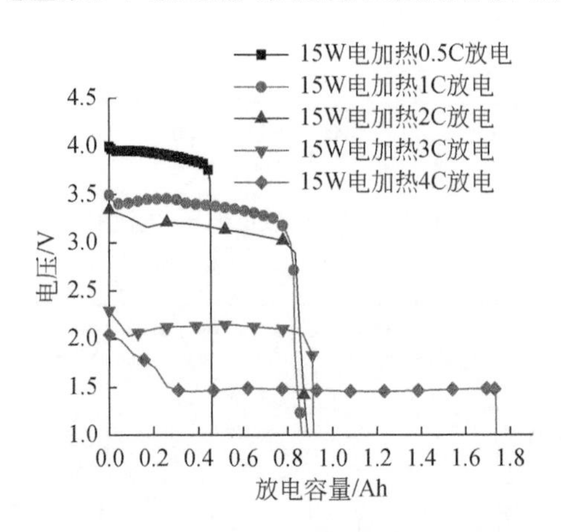

图 3.45　放电过程电池电压与放电容量的关系曲线

3.3.3　高温环境下锂离子电池充放电的热失控行为特性

1. 充电过程热失控行为特性

高温环境下，锂离子电池在不同的倍率下充电，其热失控过程较为相似，电池均只出现大量的泄气，并未出现喷射火或者稳定燃烧的现象。0.5C 充电时，电池热失控比其他倍率充电更温和平缓，泄气时间和泄气量也相对较小，所以电池热失控所达到的最高温度比其他倍率低。图 3.46 为不同充电倍率下锂离子电池热失控过程典型特征图。热失控前期有少量的白色烟气从电池正极泄放出，热失控后，电池瞬间泄放出大量白烟并持续了 20s 左右，泄出的白烟具有刺激性气味。在电池大量泄气后，还有少量的气体从正极缓慢地泄放出，直至电池的温度进一步下降，泄放出的气体逐渐减少消失。充电过程中电池未形成喷射火或稳定燃烧与电池内部的热失控反应有关。充电过程中电池电量较低，内部反应较为平缓，温度上升速率较低，产生的压力较小，所以泄放出的气体和电解液等物质未达到着火点，未被点燃。充电时，热失控模式为大量泄气模式，此模式可总结归纳为以下三个典型的阶段：

(a) 0.5C充电
(b) 1C充电
(c) 2C充电
(d) 3C充电
(e) 4C充电

图 3.46 不同充电倍率下锂离子电池热失控过程典型特征图

(1)热失控前期缓慢泄放气体阶段。

(2)热失控过程瞬间大量泄放气体阶段。

(3)热失控后期缓慢少量泄放气体阶段。

2. 放电过程热失控行为特性

图 3.47 为不同倍率放电过程中锂离子电池热失控典型特征图。在电加热条件下以不同倍率进行放电过程中,电池热失控过程也有差异。当以 0.5C 放电时,电池热失控时持续大量泄气 9s,泄气之后出现了较小的燃烧火焰,小火焰持续燃烧了 10s。当以 1C 放电时,电池热失控时持续大量泄气 4s,泄气之后出现了较大的燃烧火焰,持续 5s 后火焰熄灭。当以 2C 放电时,电池瞬间泄气,然后形成喷射火焰,火光四射,反应十分剧烈。当以 3C 放电时,电池持续大量泄气 15s,大量泄气后未出现燃烧火焰的现象。当以 4C 放电时,电池持续大量泄气 20s,泄气完成后,电池未出现燃烧火焰的现象。从热失控过程来看,0.5C、1C、2C 放电时,电池泄气后都出现了燃烧火焰,而 3C、4C 放电时,热失控过程中均未发生燃烧现象,所以 0.5C、1C、2C 放电电池的热失控最高温度比 3C、4C 放电时高。

(a) 0.5C放电时大量泄气阶段

(b) 0.5C放电时小火焰燃烧阶段

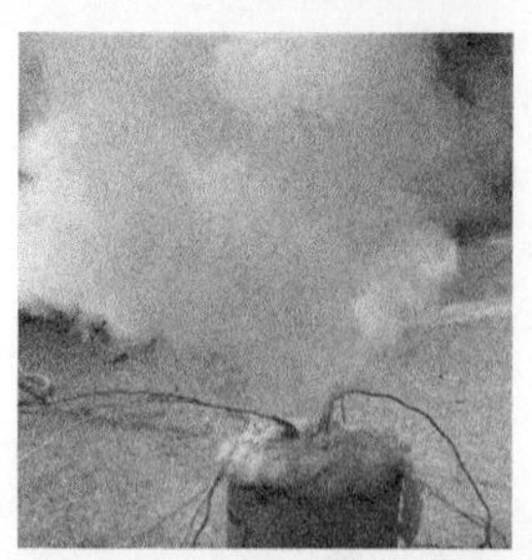

(c) 1C放电时大量泄气阶段

(d) 1C放电时稳定燃烧阶段

(e) 2C放电时瞬间泄气阶段

(f) 2C放电时喷射火阶段

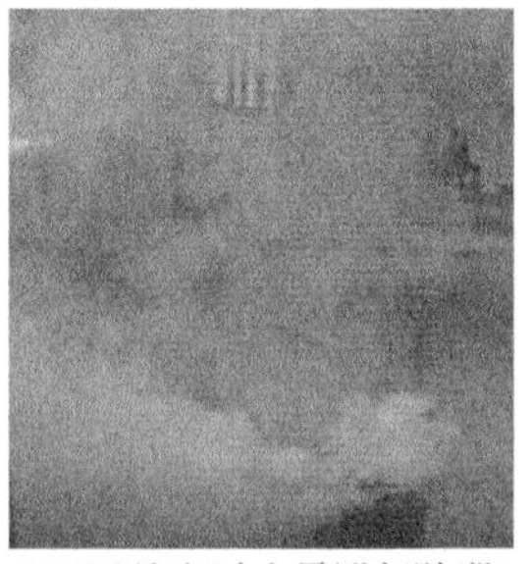
(g) 3C放电时大量泄气阶段

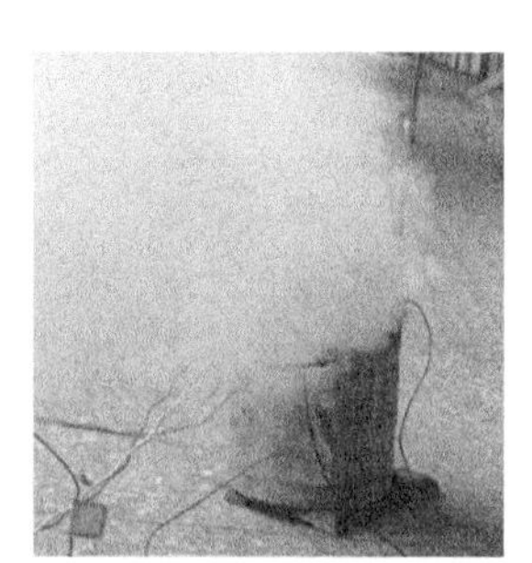
(h) 4C放电时大量泄气阶段

图 3.47 不同放电倍率下锂离子电池热失控过程典型特征图

从不同放电倍率下热失控过程特性分析，将放电过程电池热失控分为两种模式：一种是大量泄气模式；另一种是大量泄气+燃烧模式。两种模式具有两个相同的阶段：①热失控前期少量缓慢泄气阶段；②瞬间大量泄气阶段。在低倍率放电时，在大量泄气结束后，还出现了短暂的燃烧阶段。

3.3.4 高温环境下锂离子电池充放电的热释放

本节计算的热失控过程生热量是指电池在热失控开始到热失控结束过程中电池产生的热量，主要计算的是电池在电加热高温环境下热失控过程的热量变化。在热失控过程中，系统产生的热量包括电池热失控产生的热量 Q_r 和电加热输入到系统的热量 Q_{in}，这两部分热量主要由铜管吸收的热量 Q_{Cu}、电池吸收的热量 Q_b，以及通过热辐射、热传导传递到外界环境的热量损失 Q_{loss} 组成。热量平衡方程如下：

$$Q_{in}+Q_r=Q_{Cu}+Q_b+Q_{loss} \tag{3.3}$$

铜管吸收的热量 Q_{Cu} 计算公式如下：

$$Q_{Cu}=C_{Cu}m_{Cu}(T_{i+1}-T_i) \tag{3.4}$$

式中，C_{Cu} 为铜的比热容，取值为 0.39J/(g·℃)；m_{Cu} 为铜管的质量，计算取值

133.5g；$T_{i+1}-T_i$为某时刻铜管的温度差，℃。

电池吸收的热量Q_b计算公式如下：

$$Q_b=C_b m_b(T_{i+1}-T_i) \tag{3.5}$$

式中，C_b为锂离子电池的比热容，取值为0.85J/(g·℃)；m_b为锂离子电池的质量，计算取值45g；$T_{i+1}-T_i$为某时刻锂离子电池的温度差，℃。

系统的热量损失Q_{loss}的计算：利用15W电加热进行空白实验时，采用已经反应失效的电池，并将其放入铜管内；在进行空白实验时，由15W升温曲线可以看出，在温度超过350℃以后温度上升十分缓慢，可以近似地认为散热和产热达到平衡。因此，在电池热失控过程中，温度较高且温度变化较快，在计算时近似地认为$Q_{in}=Q_{loss}$。

锂离子电池热失控过程较为复杂，再加上实验条件有限，所以在热失控计算前进行如下假设：

(1)热失控发生时间较短，温度上升较快，近似认为15W电加热产生的热量等于热量的损失。

(2)热失控前后锂离子电池的比热容不发生变化，铜棒的比热容不随温度变化。

(3)电池热失控前有少量气体泄放，由于泄放的气体量较少，在此假设热失控前电池的质量保持不变。

电池热失控过程产生的热量Q_r计算公式如下：

$$Q_r=C_{Cu}m_{Cu}(T_{i+1}-T_i)+C_b m_b(T_{i+1}-T_i) \tag{3.6}$$

计算单个锂离子电池所储存的能量Q_{store}(34.63kJ)：已知实验所用的18650型锂离子电池的电量C为2600mAh，开路电压为3.7V。在此定义一个无量纲参数n，即计算热失控时释放的热量与电池储存的能量的比值，以此来衡量热失控释放的能量。计算公式如下：

$$n=\frac{Q_r}{Q_{store}} \tag{3.7}$$

不同充电和放电倍率下电池热失控释放的热量计算结果如表3.17所示，图3.48为不同充放电倍率下电池热失控产热图。由图可以看出，在5种倍率下，放电过程中热失控释放的热量比充电过程中热失控释放的热量高。充电过程中，0.5C～3C热失控释放的热量随着充电倍率的增大而增大，而4C热失控释放的热量减小；放电过程中，0.5C热失控释放的热量比1C小，1C～4C热失控释放的热量呈现随着放电倍率的增大而减小的趋势。

表 3.17　不同充放电倍率下电池热失控产热值

模式	倍率	热失控释放的热量/kJ	无量纲值 n
充电过程	0.5C	3.19	0.092
	1C	9.86	0.285
	2C	12.65	0.366
	3C	12.78	0.369
	4C	11.75	0.339
放电过程	0.5C	26.17	0.758
	1C	27.96	0.807
	2C	27.29	0.788
	3C	22.26	0.643
	4C	12.39	0.358

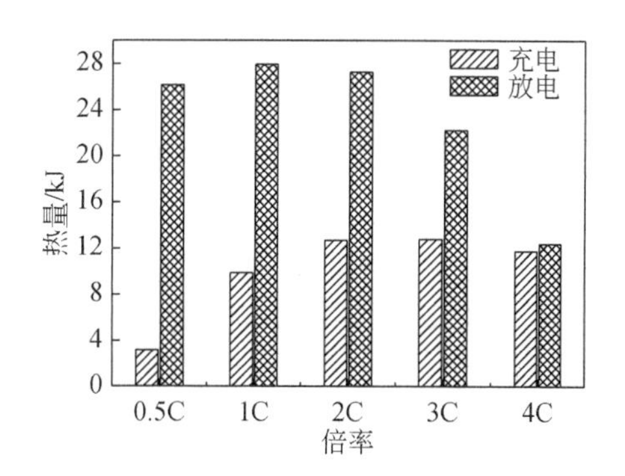

图 3.48　不同充放电倍率下电池热失控产热图

3.4　本章小结

本章对不同热环境下锂离子电池充放电过程热失控危险性进行了研究，揭示了锂离子电池充放电过程中的温度变化规律以及热失控过程的危险特性，结论如下。

1）高温环境下锂离子电池热失控的危险特性

(1)锂离子电池的电量是影响电池热失控的一个重要因素，当电池 SOC 为 0% 时电池未发生热失控，其余电量均发生热失控。

(2)随着锂离子电池 SOC 的增加，锂离子电池热失控起始温度降低，热失控最高温度具有升高的趋势，热失控越来越剧烈，电池损失的质量不断增加。

(3)当 SOC 小于 50%时，电池只发生瞬间大量泄气的现象，而当电池 SOC 大于 50%时，电池在热失控时形成喷射火。电池热失控过程分为三个主要阶段：①电池稳定升温阶段；②安全阀打开，开始泄气，持续少量泄气阶段；③瞬间大量泄气阶段或喷射火阶段。

2）不同热环境下锂离子电池充放电的危险特性

(1)在保温环境下充电和放电，电池均未发生热失控。在充电过程中，电池的最高温度和温度上升速率随着充电倍率的增加而增加；在放电过程中，温度上升速率随着放电倍率的增加而增加。

(2)在电加热高温环境下充放电，充电和放电过程电池均发生了热失控。在电加热环境下充电，电池温度达到 140～150℃时，电池的电压和电流骤降，无法工作。0.5C、1C、2C、3C、4C 充电的热失控温度分别为 302℃、295.7℃、293℃、294.6℃、296.9℃，电池热失控起始温度和热失控最高温度较为接近。在电加热环境下放电，电池热失控的起始温度随着放电倍率的增加而升高，而热失控最高温度随着放电倍率的增加而降低。

(3)以 2C 放电时，电池在 15W 电加热热环境下发生了热失控，热失控起始温度为 211.5℃，最高温度为 513.7℃，最大温度上升速率为 13.55℃/s。

(4)在同一热环境下比较充放电过程中电池温度的变化，无论是电加热高温环境还是保温环境，放电过程的危险性均大于充电过程的危险性。

(5)在高温环境下充电时电池热失控行为均表现为只发生大量泄气，而放电时，在 0.5C、1C、2C 倍率下表现为大量泄气后燃烧，在 3C、4C 倍率下表现为大量泄气失控现象。

(6)充电过程 0.5C～3C 热失控释放的热量随着充电倍率的增加而增加，而 4C 热释放量减小；放电过程 0.5C 热释放量比 1C 小，1C～4C 热失控释放的热量呈现随着放电倍率的增加而减小的趋势。

参考文献

[1] 王志荣，罗庆凯，郑杨艳，等．一种锂离子电池热失控实验装置：ZL201420741048.3[P]. 2015-03-11.

[2] 王志荣，罗庆凯，郑杨艳，等．一种锂离子电池热失控测试分析系统：ZL201410713524.5[P]. 2015-02-04.

[3] 罗庆凯．充、放电条件下锂离子电池热失控过程的实验研究[D]. 南京：南京工业大学，2015.

[4] 罗庆凯,王志荣,刘静静,等. 18650 型锂离子电池热失控影响因素[J]. 电源技术,2016,140(2):277-279.

[5] Biensan P,Simon B,Pérès J P,et al. On safety of lithium-ion cells[J]. Journal of Power Sources,1999,81/82:906-912.

[6] Du Pasquier A,Disma F,Bowmer T,et al. Differential scanning calorimetry study of the reactivity of carbon anodes in plastic Li-ion batteries[J]. Journal of the Electrochemical Society,1998,145(2):472-477.

[7] Maleki H,Deng G,Anani A,et al. Thermal stability of Li-ion cells and components[J]. Journal of the Electrochemical Society,1999,146(9):3224-3229.

[8] Chen W C,Li J D,Shu C M,et al. Effects of thermal hazard on 18650 lithium-ion battery under different states of charge[J]. Journal of Thermal Analysis and Calorimetry,2015,121(1):525-531.

[9] Chen W C,Wang Y W,Shu C M. Adiabatic calorimetry test of the reaction kinetics and self-heating model for 18650 Li-ion cells in various states of charge[J]. Journal of Power Sources,2016,318:200-209.

[10] Chen M Y,Zhou D C,Chen X,et al. Investigation on the thermal hazards of 18650 lithium ion batteries by fire calorimeter[J]. Journal of Thermal Analysis and Calorimetry,2015,122(2):755-763.

[11] MacNeil D D,Dahn J R. The reaction of charged cathodes with nonaqueous solvents and electrolytes:I. $Li_{0.5}CoO_2$[J]. Journal of the Electrochemical Society,2001,148(11):A1205.

[12] Newman J,Thomas K E,Hafezi H,et al. Modeling of lithium-ion batteries[J]. Journal of Power Sources,2003,119-121:838-843.

[13] Wang Q S,Ping P,Zhao X J,et al. Thermal runaway caused fire and explosion of lithium ion battery[J]. Journal of Power Sources,2012,208:210-224.

[14] Zhang Y Y,Zhang G Q,Wu W X,et al. Heat dissipation structure research for rectangle $LiFePO_4$ power battery[J]. Heat and Mass Transfer,2014,50(7):887-893.

[15] Torabi F,Esfahanian V. Study of thermal-runaway in batteries I. Theoretical study and formulation[J]. Journal of the Electrochemical Society,2011,158(8):A850.

[16] 杨乃兴,张兄文,李国君. 锂离子电池放电循环的发热特性研究[J]. 工程热物理学报,2014,35(9):1850-1854.

[17] Viswanathan V V,Choi D,Wang D H,et al. Effect of entropy change of lithium intercalation in cathodes and anodes on Li-ion battery thermal management[J]. Journal of Power Sources,2010,195(11):3720-3729.

[18] Balakrishnan P G,Ramesh R,Prem Kumar T. Safety mechanisms in lithium-ion batteries[J]. Journal of Power Sources,2006,155(2):401-414.

[19] Larsson F,Mellander B E. Abuse by external heating,overcharge and short circuiting of commercial lithium-ion battery cells[J]. Journal of the Electrochemical Society,2014,161(10):A1611-A1617.

[20] Richard M N, Dahn J R. Accelerating rate calorimetry study on the thermal stability of lithium intercalated graphite in electrolyte. I. Experimental[J]. Journal of the Electrochemical Society, 1999, 146(6): 2068-2077.

[21] Zhang Z, Fouchard D, Rea J R. Differential scanning calorimetry material studies: Implications for the safety of lithium-ion cells[J]. Journal of Power Sources, 1998, 70(1): 16-20.

第 4 章　机械滥用诱发电池热失控

锂离子电池内部一般为卷绕结构或层叠结构，其对集流体表面平整度、卷绕张力、整齐度的要求较高，一旦外界机械损伤使电池结构变形，那么锂离子电池的内部反应就会出现不均匀，若变形过大，则可能会直接导致内短路。锂离子电池在使用过程中可能经受各种机械-热耦合滥用，这些使用环境可能会改变电池内部的物理结构和化学反应过程，进而使电池出现内短路、热失控等危险事件，最终发展为火灾或爆炸事故。目前，学术界对电池热滥用的研究相对于机械滥用更加深入广泛，而机械滥用作为常见的滥用形式与热滥用的协同作用并未被详细研究。本章将目前研究较为缺乏的机械滥用与热滥用相结合，在不同机械挤压状态下加热诱发电池热失控，对热失控边界和表现进行总结，并对电池残骸进行研究，提出不同机械滥用下电池内部发生热失控的过程。

4.1　实验装置与方法

4.1.1　实验对象

本节使用 2000mAh 商用软包锂离子电池，其尺寸为 44.13mm×32.87mm×9.54mm，质量为 33.89g±1.2g，正极活性材料为 $Li(Ni_{0.5}Co_{0.2}Mn_{0.3})O_2$，负极为石墨，使用 Neware CT－4008 电池充放电测试仪以 0.5C 电流将其充电至 100% SOC，实验开始时电池电压为 4.27V±0.12V，电池外观如图 4.1 所示。根据以往的热失控研究，三元电池的热失控危险性最大，且目前电动汽车为提升续航里程要求增加电池组的比能量，因此电池组内的电池开始转向三元和软包电池组[1]。为控制变量，本节使用的电池均为 100% SOC，即正常情况下电池最危险的状态[2]。不选用更大容量的软包电池的原因是，更大容量的电池能量也会更大，尺寸也更大，在室内环境下可能导致灾难性事故，且更大尺寸的电池需要更大的压盘面积、更大的实验箱、更大的实验区域，但其得到的规律是类似的。因此，本节选用较小容量的电池进行实验，只要可以正确反映机械-热耦合滥用对电池热失控造成的影响规律即可。

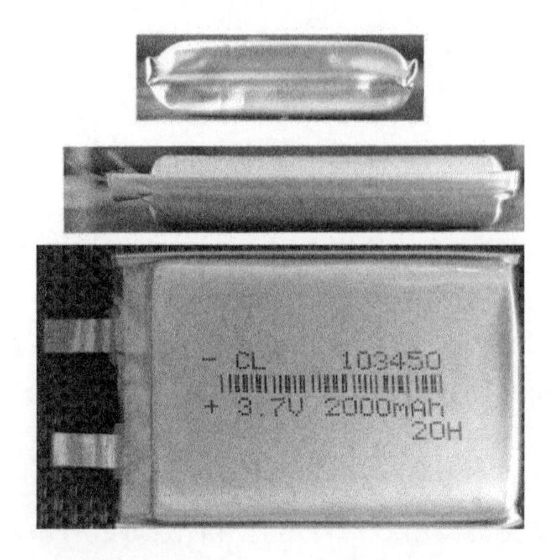

图 4.1 本节使用的 2000mAh 商用软包锂离子电池外观

4.1.2 实验装置

1. 机械-热耦合滥用综合实验系统

图 4.2 和图 4.3 为自行设计搭建的机械-热耦合滥用综合实验系统，该系统由黄铜加热板、电压采集仪、温度采集仪、实验箱等组成。使用 30kN 轴向力学试验机(型号为 Lishi LD24.304，力分辨率为 0.075N，位移分辨率为 0.04μm，准确度等级为 0.5)配合压盘对电池加载恒定压力以施加机械滥用，并实时采集电池厚度变化数据。同时使用黄铜加热板(尺寸为 100mm×70mm×10mm)配合加热电源加热电池以施加热滥用，不使用铸铝加热块的原因是铸铝的机械强度较低且熔点较低，在机械挤压状态下，电池与加热板的接触会更加紧密，因此传热效率会更高，电池热失控产生的热量会使铸铝加热板表面熔化，导致加热板损坏并影响实验结果。电子万能试验机的压盘为钢且体积相较电池而言较大，因此压盘的热容较大，在实验过程中加热板和电池的热量容易通过与压盘紧密接触传热而快速散失，因此需要在加热板与压盘、电池与压盘之间放置隔热棉。因此，电子万能试验机两个压盘之间有四层结构，从上到下分别是隔热层、电池、加热板、隔热层，隔热棉并非完全匀质，因此这四层结构并非都是平面，这会导致压盘在对电池施加平面挤压时，电池最大平面上的应力分布不均，进而导致各组实验之间出现不一致的结果。为解决这个问题，本书采用的电子万能试验机并未使用普通的固定平面压盘，而是使用有自适应调平功能的压盘，这种压盘可以自动适应多层结构导致的表面轻微不平，

使多层结构中每一层上的压力尽量平均。

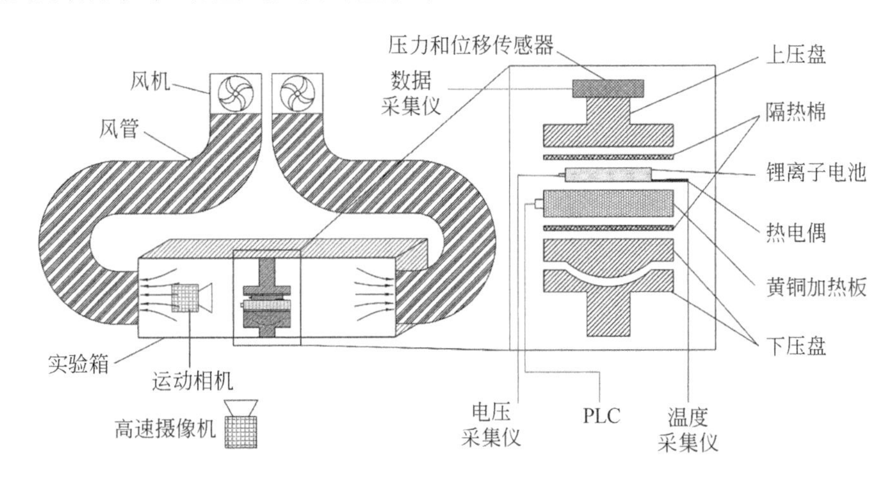

图 4.2　机械-热耦合滥用综合实验系统示意图
PLC 为可编程逻辑控制器

图 4.3　机械-热耦合滥用综合实验系统实物图

本节中对温度的采集与其他实验有所区别，由于对电池进行了机械挤压，电池的最大表面被压盘挤压，一般选择的电池测温点，如上表面中心点无法被热电偶接触，本实验将直径为 1.5mm 的 K 型热电偶（响应时间为 1s，精度为±1.5℃）固定在电池侧面，尽量与电芯贴近，并近似作为电池的表面温度，电池正负极连接至 Neware CT－4008 电池充放电测试仪采集电池电压数据，同时使用内阻仪对电池在热失控过程中的阻值变化进行记录，各装置的实物图如图 4.3～图 4.7 所示。

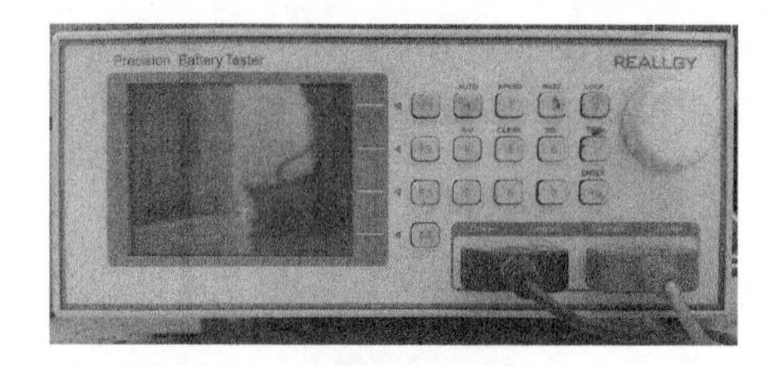

图 4.4 内阻仪

图 4.5 Lishi LD24.304 电子万能试验机

(a)PLC温控装置

(b)黄铜加热板

图 4.6 电加热装置实物图

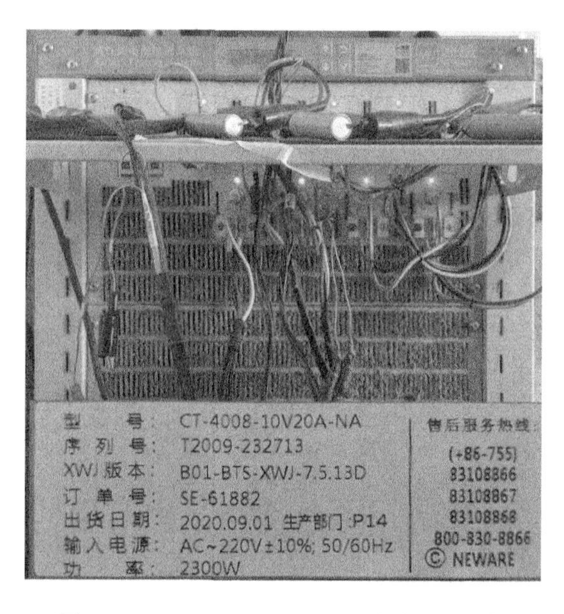

图 4.7 Neware CT-4008 电池充放电测试仪

2. 热失控喷射火焰和高温固体物质监控装置

图 4.8～图 4.10 为与机械-热耦合滥用综合实验系统配合使用的热失控喷射火焰和高温固体物质监控装置，高速红外摄像机（Telop FAST M200，光谱范围为 1.4～25.1μm，分辨率为 640×512，帧率为 100Hz）和 SONY 相机（α7M3，视频模式分辨率为 1920×1080，帧率为 120Hz，镜头为 SIGMA 50 1.4 ART）从同一角度对锂离子电池热失控过程进行拍摄，侧面使用小型运动相机（Gopro Black 10，视频模式分辨率为 1920×1080，帧率为 240Hz）慢动作视频模式对电池热失控喷射口进行拍摄。

图 4.8 Telop FAST M200 高速红外摄像机

图 4.9　SONY α7M3 单反相机

图 4.10　Gopro Black 10 运动相机

红外相机可以定量记录热失控火焰的温度，高帧率视频可以对热失控过程的喷射行为进行更加细致的记录，通过慢放可以更加清楚地了解机械-热耦合滥用下电池热失控的喷射总过程是如何产生和发展的[3,4]。

3. 其他辅助设备

为了得到热失控火焰的温度场随时间的变化规律，使用高速红外摄像机对热失控产生的火焰进行拍摄，红外图像可与同角度拍摄的高速录影进行对比。拍摄红外录像需要尽量消除环境中的反射源，以防止反射的红外线被红外摄影机采集到污染原始图像，因此需要一个可消除反光的背景[5]。为保证热失控产生的高温火焰、高温喷射固体物质、有毒烟气不会对人身造成伤害和污染环境，需要将电池热失控控制在一个安全区域内。

本节设计制作了同时具备风道、保护装置、黑化背景等功能的风道实验箱，将其放置在电子万能试验机的实验空间中，火焰产生的红外辐射无法穿透玻璃，因此实验箱的正面为镂空设计，以方便对火焰温度进行拍摄。为防止热失控过程中产生的烟气污染实验环境和危害实验人员健康，本实验箱的两端开有风管接口，使用两台涵道风机进行抽风，保持实验箱内为负压，及时将热失控产生的烟气抽离实验区域，并输送到净化处理设备中进行处理。箱体由不锈钢制成，顶部开有镂空窗口并安装高透光钢化玻璃，使箱内有足够亮度方便摄影机拍摄，内部使用 3000 目的砂纸进行黑化处理，以消除由不锈钢表面放射的红外光对红外摄像机画面的污染。箱体的顶部和底部开有可供万能力学试验机压盘运动的开口，方便安装电池和清理电池热失控之后的残留物。

在电-热耦合滥用实验条件下，电池的热失控强度可能会明显高于单因素引发的电池热失控，因此热失控产生的火焰面积和速度都要比热滥用情况下更大，而电子万能试验机实验空间的宽度有限，热失控导致的火焰可能会直接喷射到电子万能试验机的立柱上，对其造成损坏。根据以往的软包电池热失控研究，软包电池在热失控过程中火焰一般从头部或者尾部喷出，且多数情况下会从头部即引出正负极极片的一面喷出[4]。为防止火焰损伤电子万能试验机，尽量拍摄到火焰的整体形态，以及保证实验人员的安全，需保证软包电池热失控时的火焰尽量处于实验箱内，因此电池的长轴与实验箱的长轴平行放置，以使热失控火焰喷出后有较长的距离可以扩展，不锈钢实验箱的尺寸为 30cm×30cm×100cm，实验箱的实物如图 4.11 所示。

图 4.11　风道实验箱(内部经过黑化处理)

使用电子天平(Lichen JT1003D，最大称量 100g，实际分度值 1mg)对电池残骸进行称重，实物如图 4.12 所示。

4.1.3　实验方案

为全面研究实际中可能出现的各种机械-热耦合滥用情况对锂离子电池热失控的影响及热失控过程，也为了控制实验复杂度和重复度，本节通过分析各种使用情况下电池的运行环境，选出三种非均匀机械挤压-热耦合滥用形式。

图 4.12　Lichen JT1003D 电子天平实物

第一种是目前研究较多的球头挤压，球头挤压属于局部挤压，整个电池只有一部分受到挤压，且在挤压区域内挤压程度是不同的。此外，球头挤压并未直接使电池发生内短路，但它对电池内部造成了强烈的局部应力集中，这种应力集中在电池温度升高之后是否会触发电池的内短路、这种内短路的发生和发展过程、这种内短路是否会直接引发热失控等均无法确定。这种滥用形式被考虑是因为电动汽车作为车辆行驶在复杂的路况下，且电池组作为汽车底盘可能会与各种物体发生磕碰和刮擦，且电动汽车的电池组十分笨重，电动汽车的自重一般高于同规格的传统燃油车，这使底盘在发生刮擦和其他意外撞击时可能会产生变形，这种局部变形可以简化为球头挤压，因此研究球头挤压下的机-热耦合滥用对理解电池组受撞击损伤后的使用安全性有一定的现实意义。

第二种是使用小面积的平面压头挤压电池局部（横向局部挤压和圆柱局部挤压），这是为了模拟电池在受到钝物撞击后的状态，以研究在极端局部机械撞击之后电池的使用安全性。电动汽车的实际使用环境十分复杂，提出这种局部挤压形式是为了尽量覆盖使用过程中可能出现的各种事故现象。将平面挤压和球头挤压进行直接对比，以比较各种机械滥用形式之间的差别和联系，这种极端局部挤压分为多种情况，以更加全面地理解机械-热耦合滥用下电池的热失控过程。在机械滥用情况下，电池的热失控触发极有可能从挤压部位或挤压边缘部分率先开始，即电池的热失控在电池内部并不是均匀开始的，而是有一个扩张过程。在非挤压约束下，软包电池内部的热失控扩张没有阻隔，最后电池各个部位的热失控程度是类似的。而圆柱形电池不同，圆柱形电池的外壳强度较高，可以起到一定的约束作用，且电池热失控过程中会产生大量气体，使电池内部气相空间急剧增加，这种内压通过顶部泄压口释放时会在电池内部形成强涡流，这种强涡流会强烈破坏电池的内部结构，使高温下的卷绕结构破碎并随气流喷出，因此电池残骸的断层扫描结构显得十分杂乱。而在软包电池中，挤压状态下的电池内部热失控扩张过程和喷射行为目前鲜有人研究，本节为方便进行这部分的研究设计了独特的挤压形式。

电池的卷绕结构使电池具有方向性，热失控过程中产生的气体会顺着卷绕结构的开口处逸出或喷出，因此不同的挤压状态下对电池卷绕结构开口的阻隔状态会明显影响电池热失控过程中的内部气体流动，进而可能影响电池的热失控过程和残骸结构。本节设计的三种极端局部挤压形式，具体施加方式如图4.13所示。

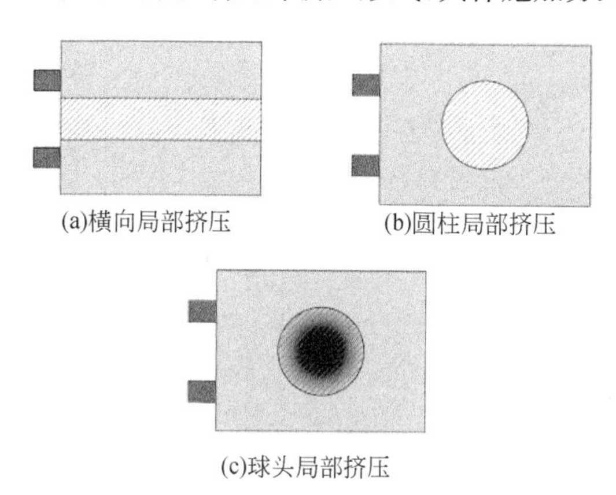

图4.13 非均匀挤压机械挤压电池受压示意图

在横向局部挤压情况下，局部挤压会使电池的卷绕结构开口处无强机械作用力，但会阻碍热失控在轴向的自由传播。圆柱局部挤压情况是为了与球头局部挤压情况进行对比而设计的，以探究凸出冲头挤压与局部平面挤压对电池在热失控过程中影响的异同。

具体的实验过程如下：

(1)将电池在充放电设备上以0.5C倍率循环3次以使电池稳定，再将电池充电至100% SOC。

(2)将电池、加热板安装在电子万能试验机上下压盘之间并做好隔热，先启动电子万能试验机对电池进行机械挤压载荷加载，压盘运动的速度为电子万能试验机能够控制的最小运行速度0.2mm/min，当压力达到设定值时，控制电子万能试验机保持恒定压力挤压电池，静置5min，使电池内部应力达到平衡。

(3)启动加热装置，以恒定升温速率对电池进行加热，直至电池热失控。

(4)对电池热失控残留物进行清理并称重。

(5)等待加热板和压盘温度降低到30℃以下，更换电池，更改挤压压力，重复实验。

(6)更换压头类型,重复步骤(2)～(5),直至所有机械挤压类型的实验结束。

实验中采集电池表面温度、电池电压、电池内阻、厚度等物理量随时间的变化,实验过程中采集热失控喷射流、喷射火、红外火焰、喷射口慢动作等视频数据。

在实验过程中,涵道风机在电池热失控之前以较小的转速运行,保持实验箱内微负压,但不至于因空气流速太大而使电池降温,在电池热失控之后增加风机的转速,将热失控产生的大量烟气通过抽吸输送到净化装置中,以保持实验环境的洁净和保证实验人员的安全,之所以不在热失控之前提高风机转速,是为了防止空气对流影响电池热失控的火焰长度和范围。

实验中对电池施加的压力分别为 1000N、3000N、5000N、10000N,以评估电池在不同机械压力载荷下同时经受热滥用导致热失控的过程和烈度,实验中用到的挤压压头实物如图 4.14 所示。

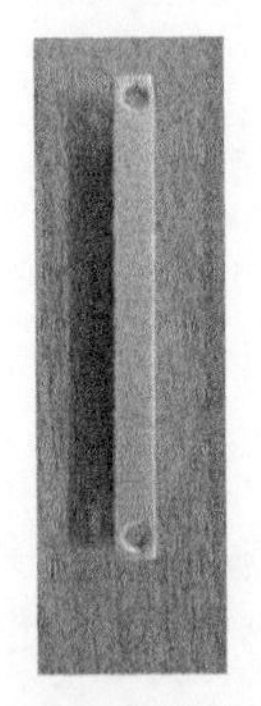

(a)横向局部挤压压头

(b)圆柱局部挤压压头

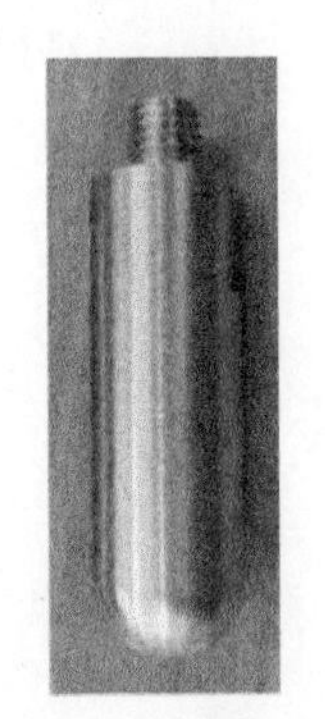

(c)球头局部挤压压头

图 4.14　实验中使用的挤压压头实物

4.2　均匀挤压-热滥用联合下锂离子电池热失控

平面挤压是最普遍的机械滥用形式,但对于平面挤压下的锂离子电池热失控研究甚少,一方面是因为圆柱形电池作为最先在电动汽车上广泛使用的电池基本不会经受理想的平面挤压工况,另一方面是因为目前的热失控研究在考虑外部环境条件时选择性忽略日常使用中的机械挤压。国内的电池制造商和汽车厂商在过去大力扩展了大单体电池的设计、制造、成组,以及与此相适应的整套温控、电控系统,一方面是因为大单体可以更快、更方便地成组和设计控制系统,另一方面是因为大单体的制造速度更快。同样容量的电池组,使用大单体成组需要的单体电池数量将显著低于小型圆柱电池，因此其系统复杂度会大幅下降，这对于系统设计水平较低的国内厂商是优势。但大单体的充放电胀缩问题也更加明显，电池外壳的跨度大、面积大，电芯的膨胀收缩会更加明显，因此在成组时必然要施加外部约束，这些外部约束和电芯本身的充放电过程中的胀缩共同形成持续性的平面机械挤压。

4.2.1　平面挤压-热滥用联合下热失控过程

不同压力挤压状态下电池热失控典型过程组合图如图 4.15 所示。由图 4.15 可知，挤压状态下电池热失控行为可分为以下四个阶段。

(1)阶段Ⅰ：电池短暂产烟期。

(2)阶段Ⅱ：电池发生剧烈喷射，大量熔融金属液滴、可燃性烟气和内部高温固体物质被喷出。

(3)阶段Ⅲ：喷射出的烟气与空气混合后被点燃形成高温喷射火，由于喷射速度过快，可燃性烟气会发生高频闪燃现象，随着喷射强度降低，转变为稳定喷射火。

(4)阶段Ⅳ：喷射结束，转变为稳定火焰后逐渐熄灭。

根据图中火星的轨迹长度和每帧曝光时间计算，这些高温喷射物和射流火焰的速度可达 24m/s。

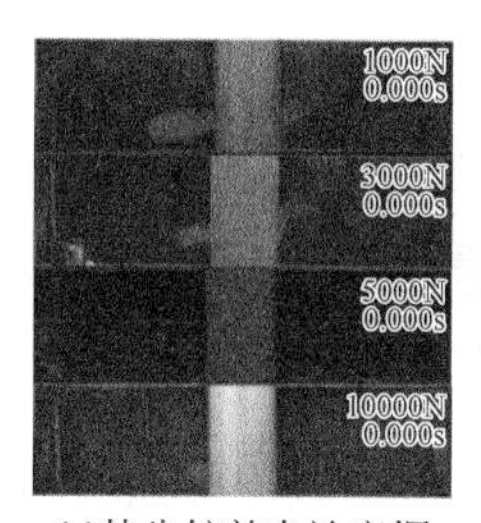

(a)热失控前电池产烟

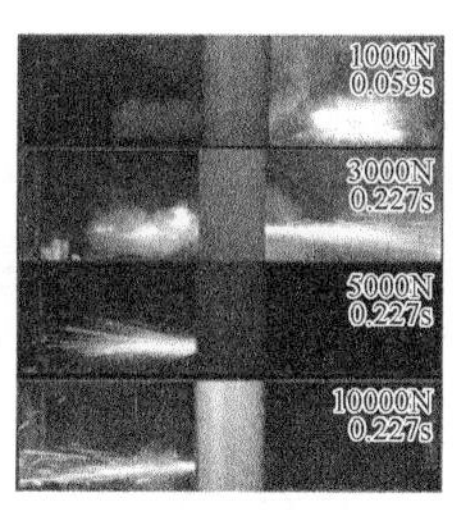

(b)喷射高温熔融固体

(c)喷射火

(d)稳定火焰

图 4.15　不同压力挤压状态下电池热失控典型过程组合图

电池热失控产烟期随挤压力的增加而缩短，喷射烟气与热失控火焰时间间隔缩短，且产烟量并不多，没有剧烈产烟阶段，并伴随着剧烈的喷射高温熔融物现象，意味着通过检测电池组内气体成分来预测电池热失控会更加困难和失去时效性。

电池在平面机械挤压滥用情况下热失控过程中出现的喷射现象，归根结底是因为电池层状结构之间发生的反应过于剧烈，使层状结构之间的压力在短时间内急剧增加，从而将反应生成的气体和电池内部因温度过高熔化的金属铝以及其他固体物质喷出，喷出的气体多为可燃性气体，与空气混合后形成可燃性气体混合物,被熔融的金属铝引燃发生喷射火焰[6]。火焰喷射的速度过高,甚至会出现喘息火焰,即火焰燃烧速度低于喷射的气体速度,导致已经引燃的火焰被高速气流吹熄,这种现象可以通过火焰的最高温度曲线看出,即火焰的最高温度曲线先是出现多个波峰,紧接着波峰快速消失,直到喷射速度下降到不足以吹熄火焰,进入射流火焰阶段。以往这种先进行高温固体喷射再出现喷射火的规律仅在大型方形电池的热失控过程中出现过[7]。

在这个喷射过程的前期,高温熔融铝滴的喷射并不是完全连续的,而是出现多次断续,这说明喷射过程中电池内部的热失控反应非常迅速,短时间内形成的高压使熔融液滴喷出,但此时热失控的整体反应区域还在蔓延[8]。局部形成的高压通过喷射得到消除后,其余部分继续形成的高压引起的喷射与这次喷射会有一个延迟,这个延迟很短,大概在 0.01s 以内,之后热失控的范围变大,喷射行为开始连续。

电池在挤压状态下层状结构之间产生的气体无法将电芯的层状紧密卷绕结构撑开,因此会发生剧烈的喷射现象和射流火,电池内部的热失控反应与内短路比非挤压状态下要严重。这会导致两个后果,一个是电池内部的产气反应速度会更快,另一个是产生的烟气与电池外部的通路会更加狭窄,且外力会使正负极在内短路时更加紧密地接触,进而使内短路产生的热量更多且在层状结构之间传导更快。Finegan 等[9]使用 X 射线对热失控过程中的电池进行高速断层扫描,并记录电池内部结构变化规律。结果表明,电池内部的热失控存在一种传播效应,即内短路在某一层状结构发生之后,产生的热量会迅速加热周边的结构,使热失控在电池内部传播。在平面挤压状态下,这种热量的传播会更加迅速,因此单位时间内为热失控提供能量的物质的量会更大,使单位时间内能量释放更加迅速,因此热失控就表现得更加剧烈。

在多种因素作用下,平面挤压状态下的电池热失控会出现猛烈的喷射行为,并且会出现射流火焰,电池内部热失控的传播速度过快和单位时间内释放热量巨大,因此剧烈产气的同时电池层状结构内的压力急剧增加,电池内部的铝箔集流体因高温熔化。从视频中可以看到,这些熔化的铝滴和可燃性气体一起被喷出来,但是在靠近电池的位置可燃性气体并没有和空气混合形成可燃性混合气体,因此这些气体并不会被立即点燃,而是在与空气卷吸之后在远离喷射点的位置被点燃。喷射行为存在间断,且前期喷射速度过快,因此这个火焰并不会持续,而是瞬燃后熄灭,这个过程多次发生。喷射前期会形成喘息火焰,直至喷射速度变缓使火焰不会被吹熄,进入稳定喷射火阶段[10]。这就是圆柱形电池的热失控火焰往往比软包电池更加剧烈的原因。

圆柱形电池的电芯是圆柱形卷绕,电池层状结构之间产生的气体无法将紧密卷绕的电芯撑开，因此电芯层状结构之间的间隙有限，热失控在层状结构之间的传播也就更快，热失控时单位时间内反应的物质量更多，圆柱形电池的热失控更加剧烈[11]。以往认为，圆柱形电池外壳机械刚度过高及密封性更强导致热失控前圆柱形电池内部积聚的压力更大，因此发生喷射火，但圆柱形电池热失控时的喷射火持续时间较长，只可能是边产气边喷射才会产生速度过快的喷射火[12]。实验中发生热失控的电池均为软包电池，软包电池的包装材料机械强度小，因此并不具备积聚内压的条件，但是电池依然发生了剧烈的喷射现象，这意味着需要对电池内部进行详细分析才能正确解释电池热失控过程中的喷射行为。在对电池发生的热失控进行分析时，必须考虑电芯的受限情况，因为软包电池的产气必然伴随着电芯的膨胀，圆柱形电池产气必然伴随着电芯层状结构应力分布不均的情况，这种应力在某些情况下甚至可以使圆柱形电池的电芯发生脆性断裂。平面挤压状态下的软包电池的热失控过程与圆柱形电池的热失控过程类似，因此可以推测，正是电池层状结构被挤压才导致喷射现象的出现。

4.2.2　均匀挤压-热滥用联合下热失控特征参数

不同压力挤压状态下电池热失控电压、表面温度、形变量曲线如图 4.16 所示。由图 4.16 可知，挤压状态下电池的形变量随着加热温度的升高而缓慢升高，这意味着电池内部结构在挤压状态下随温度升高逐渐被破坏。热失控使电池迅速损坏，因此热失控开始时电池厚度也开始骤降。1000～4000N 挤压状态下的电池电压在热失控前产生剧烈波动，并快速降低到接近 0V，直至电池热失控发生时归零。电压波动幅度随着压力的增加而降低，持续时间也缩短。这种电压波动的原因与前文提到的间歇内短路的原因不同，间歇内短路是软短路，不会使电池的电压降低幅度过大。

在压力小于 5000N 时，平面挤压力均匀地作用于电池表面，内部非卷曲部分的应力分布同样均匀。但极耳与集流体的焊接区域因为极耳的自身厚度存在应力集中，随着温度的升高，这些位置的隔膜会首先被损坏，导致电池的正负极极耳之间通过集流体最先发生短路。压力越大，贴合越紧密，此处的隔膜收缩越困难，发

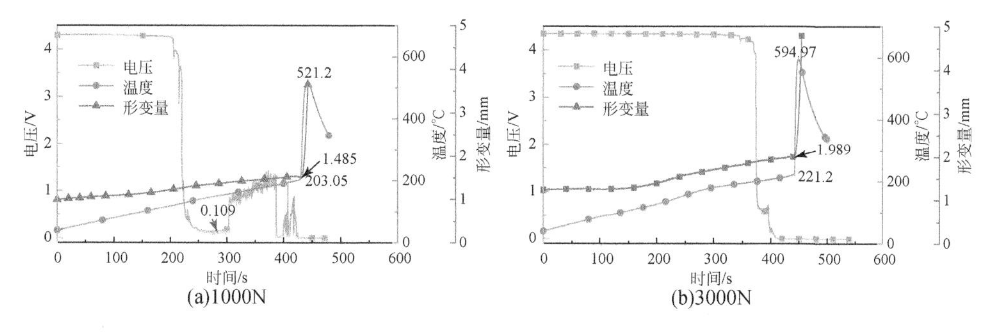

(a)1000N　(b)3000N

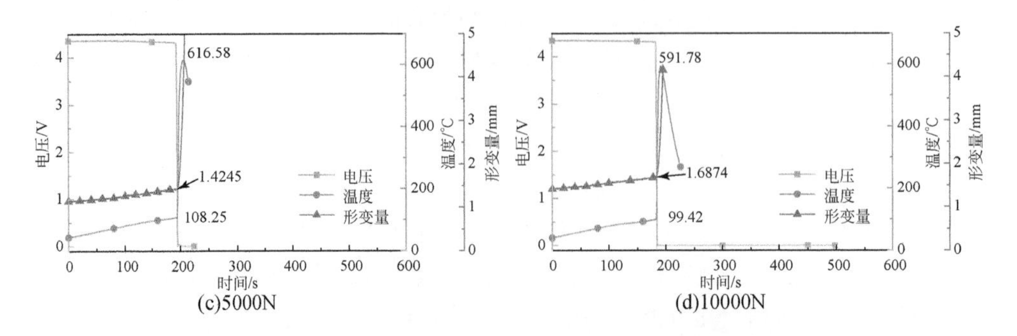

图 4.16　不同压力挤压状态下电池热失控电压、表面温度、形变量曲线

生短路的难度越大。这种短路是极耳与相反极性集流体之间的短路，这个部位没有活性物质，是四种内短路中危险性最小的一种，产生的热量不足以触发热失控[13-15]。因此，在挤压力小于 5000N 时，会出现电压下降与电池热失控开始时间不一致的现象。

由图 4.17 和图 4.18 可知，挤压状态下，当挤压力小于等于 3000N 时，电池热失控触发温度没有明显偏移(稳定在 220℃左右)，比单独热滥用热失控触发温度略高，因为挤压状态下电池内部层状结构内的电解液被挤出，副反应难度增加，此时热失控依然是由加热触发的。而当挤压力达到 5000N 后，热失控起始温度就降低到 100℃左右，并随着挤压力的进一步增大缓慢下降。这是因为电池厚度在高强度机械挤压下随温度升高下降得更多，在较低温度下内部形变就达到引发内短路的程度。层状结构突然断裂引发内短路和热失控，因此电池电压的下降与热失控的发生是同步的。此时体系温度不足以引发显著的副反应放热，电池的热失控触发的主要原因是机械挤压而不是受热。

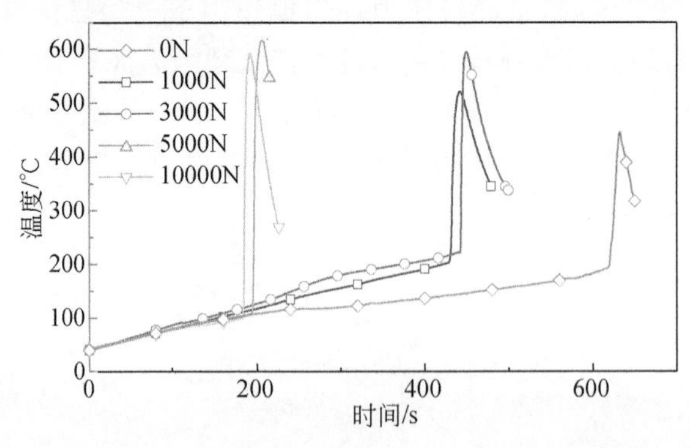

图 4.17　不同压力挤压状态下电池热失控温度曲线

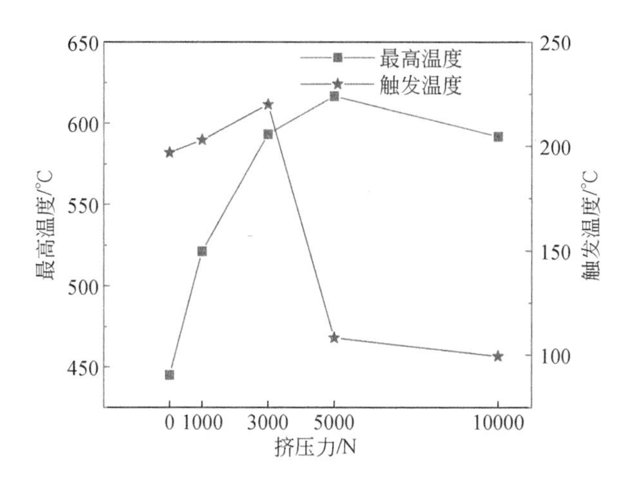

图 4.18　不同压力挤压状态下电池热失控触发温度和表面最高温度曲线

由于内短路发生的速度过快，电压在热失控发生前并未出现显著波动，意味着这种热失控的引发极为迅速。换句话说，通过监控电池电压和电池组内温度来预测热失控的发生会更加困难，时效性更低。在单体电池热失控机理研究中发现，电池自产热起始温度在 90～120℃[16-18]。强挤压状态下的电池热失控触发温度降低到与正常电池自产热起始温度附近，意味着电池安全使用温度边界大幅降低，电池潜在危险性更大，热失控风险值更高[19,20]。将挤压力进一步加大到 10000N 和 15000N，得到的热失控电压曲线和温度曲线与 5000N 类似，意味着挤压力达到 5000N 之后，均为机械挤压触发热失控。

由图 4.17 可知，与仅热滥用相比，挤压状态下电池从开始加热到热失控所需时间明显变短，并随着挤压力的增加热失控起始时间逐渐提前。当挤压力小于 5000N 时，电池热失控触发温度无明显变化，这意味着电池在上述范围内仅仅是由挤压导致传热速度加快促使热失控提前；当挤压力大于 5000N 时，热失控起始点进一步提前并趋于稳定，这主要是因为热失控起始温度的下降。

由图 4.18 可知，与加热触发的热失控相比，挤压状态下锂离子电池热失控后表面最高温度由 440℃增加到 600℃左右，在 2000N 挤压状态下电池表面最高温度达到最高，之后随着挤压力的增加缓慢下降。在 5000N 时温度达到最高，因为电池的热失控触发机制开始从加热转变为机械挤压，电池内部的高温在强挤压下更容易传导到表面。压力继续升高后，由于注入强度增加，向外界环境释放的能量增加，电池表面温度开始下降。由图 4.16 可知，只有在挤压状态下电池才会出现猛烈喷射和喷射火，且喷射行为总时长随挤压力的增加而减小。挤压力越大，电池层状结构越紧密，反应速度越快，单位时间内气体产物越多，喷射越猛烈，剧烈的放热反应使电池在挤压状态下热失控温度更高。又由于电池内部的能量和可反应物质有限，加上激烈喷射会使电池内部物质被快速喷出，喷射阶段持续时间会随着反应速度和抛射物量的增加而减少[21]。因此，随着挤压力的继续增加，电池本身被加热时间缩短，电池表面的最高温度开始下降。

电池在均匀机械挤压状态下的热失控现象与非挤压状态下相比表现得极为不同，热失控强度急剧增加，虽然热失控的火焰持续总时长随着挤压力的增加而逐渐下降，但当挤压力达到 5000N 及以上时，电池的热失控起始温度下降到不足 100℃，这意味着高挤压力下电池的热失控触发更加容易，因此在挤压状态下电池的使用安全性下降。

当挤压力未超过 5000N 时，挤压会加速电池与加热板之间的传热。同样的加热条件，挤压状态下的电池达到热失控温度的速度更快，机械挤压与热滥用耦合作用在电池上时，会加大热滥用的危险性，且电池内部结构随着温度的升高机械强度会逐渐下降，因此在热滥用条件下电池会对机械滥用更加敏感，机械挤压与热滥用共同起作用使电池的热失控烈度更大，起始温度下降。

4.2.3 均匀机械挤压-热滥用联合下电池热失控火焰特征

由图 4.19 可知，与加热触发的热失控相比，挤压状态下锂离子电池热失控喷射阶段早期温度曲线波动更剧烈，这些波动是由间歇喷射导致的。当挤压力未超过 5000N 时，电池热失控喷射火阶段火焰温度曲线呈现缓慢下降的趋势，火焰温度波动相对平稳。当挤压力超过 5000N 时，喷射火温度曲线波动开始增大。这是因为电芯在热失控时机械强度降低，更大的挤压力对电芯造成更迅速的破坏，使热失控喷射固体物和喷射火表现得更不规律。

由图 4.19 还可知，挤压状态下电池的喷射物温度最高可达 1000℃，在稳定燃烧阶段，高压力挤压状态下的热失控火焰温度可以达到 800℃，且火焰面积更大。相比于仅加热，挤压状态下电池热失控后表面最高温度大幅增加。电池在挤压状态下发生的喷射行为可能在电池的极耳位置或者背对极耳位置出现，也可能在两端同时出现，若喷射行为在两侧同时出现，则电池的喷射火焰总体积会更大，对周边环境的加热面积也会更大。挤压状态下电池热失控的危害还体现为其独特的喷射现象，高温喷射物和喷射火的速度可达 24m/s。

由图 4.19(b)可知，随着挤压力的增加，电池热失控火焰高温(300℃以上)区域面积变大，火焰整体范围增大。挤压状态下，热失控之前电池产烟量小，因此内部的电解液分解和蒸发量少，可供燃烧的物质量多，电池热失控火焰面积和温度明显增加。图中，橙色部分为小尺寸火焰燃烧阶段，浅紫色部分为剧烈喷射阶段，红色部分为稳定喷射火阶段。

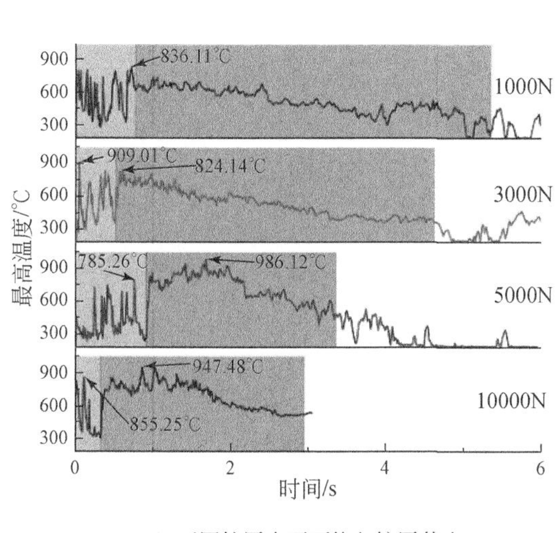

(a)不同挤压力平面均匀挤压状态下电池热失控火焰最高温度

(b)不同挤压力平面均匀挤压状态下电池热失控稳定喷射火火焰红外温度

图 4.19　火焰最高温度曲线和火焰红外温度

在喷射火阶段结束后，挤压状态下的电池还会保持一定时间的燃烧，这种燃烧火焰的持续时间与对电池施加的挤压力大小未呈现出正相关性，这种燃烧仅仅是因为喷射和喷射火阶段电池反应过于迅速，以至于在这个阶段结束后未反应完全的活性物质缓慢反应生成的可燃性气体在缓慢燃烧，因此燃烧时间先随着挤压力的增大而延长，然后又随着挤压力的继续增大而缩短。缩短的原因可能是当电池上施加的挤压力继续增大时，电池内部的反应导致压力增加，使活性物质被大量抛出，剩余的未反应完全的活性物质减少。当电池上施加的挤压力大于 5000N 时，燃烧的持续时间急剧缩短。

对于电动汽车，高温固体喷射物、喷射火和电池表面的高温，都会导致电池组内出现热失控传播现象。喷射出的熔化铝滴凝结在电池周围的电路上，可能会使周边的电路发生短路，高温喷射物还可能会点燃周围的可燃物，进而导致一些次生灾害。

4.2.4　均匀机械挤压-热滥用联合下电池热失控残骸

由图 4.20 可知，随着挤压力升高，电池热失控后损坏程度明显增加。图 4.21 展示了挤压状态下，电池在热失控过程中的破坏过程。与非挤压状态相比，挤压状态下电池在热失控过程中内部会形成明显的喷射通道。当挤压力小于 5000N 时，电池残骸会出现局部疏松的现象，这种疏松部位是热失控时喷射内部物质的通路。当挤压力超过 5000N 时，通道周围的机械强度较低，在强力挤压下电池顺着通道分裂，因此电池残骸破碎程度增加。在挤压力超过 5000N 后，电池热失控后电芯层状结构随着挤压力的增大逐渐消失，所有残余物在压力和高温下被压合为坚硬的板结物。电池残骸是否有明显的通道结构以及呈现板结结构，可以作为热失控事故后判断电池在热失控时是否处于强力挤压状态的依据。

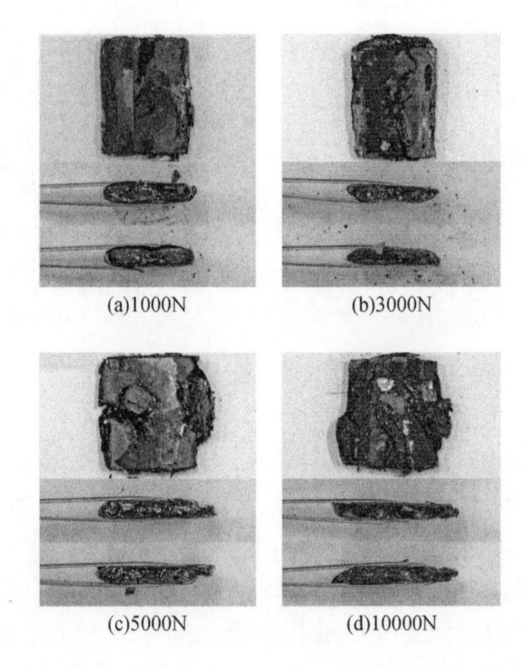

图 4.20　不同压力平面均匀挤压状态下电池热失控后残骸组合图

由图 4.22 可知，相比于非挤压状态，挤压状态下电池热失控后残骸厚度和质量均明显下降，这意味着其厚度下降的原因不仅与由挤压导致的变形有关，还与电池因喷射行为损失的质量有关。挤压力越大，喷射越猛烈，更多的固体物质可被喷射出电池，因此电池在热失控后剩余质量减小。挤压力越大，电池内部物质被挤压得越紧密，被喷出的难度越高，当挤压力达到 4000N 时，电池残骸质量和表面最高温度下降速度变缓。

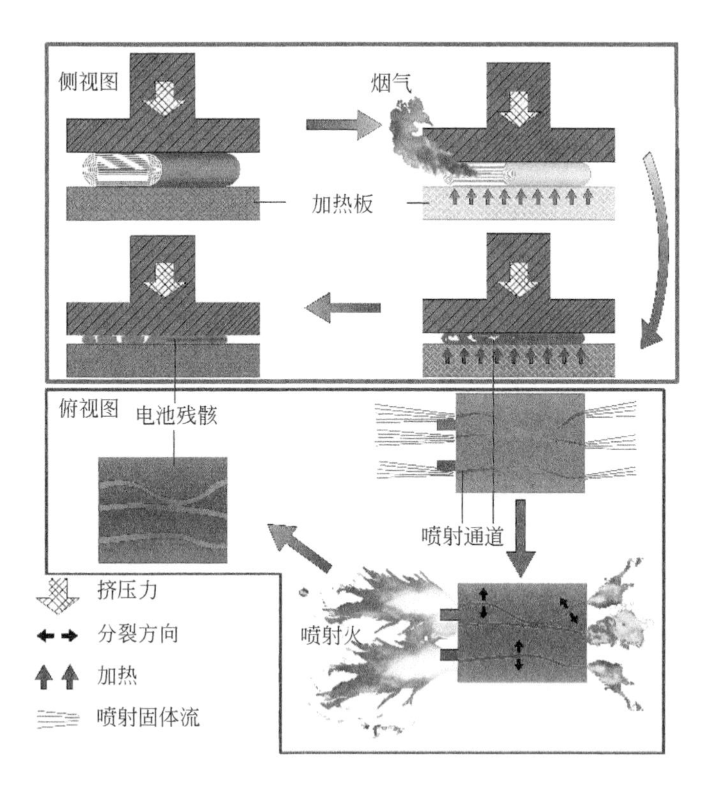

图 4.21　平面均匀挤压状态下电池热失控阶段电芯破坏过程

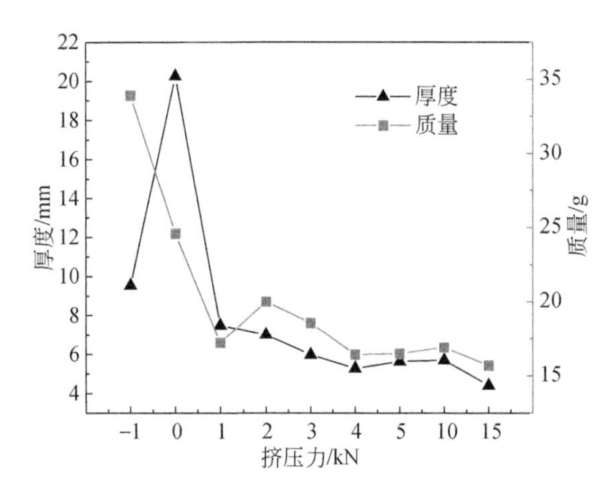

图 4.22　不同压力挤压状态下电池热失控残骸厚度和质量曲线

4.3 横向非均匀挤压-热滥用联合下锂离子电池热失控

4.3.1 横向非均匀挤压-热滥用联合下锂离子电池热失控过程

由图 4.23 可知，横向非均匀挤压下电池的热失控表现与平面挤压下的热失控类似，可分为四个阶段：①热失控前的产烟阶段；②突然剧烈喷射大量烟气和高温固体颗粒，且可燃性气体出现高频闪燃现象；③转变为稳定喷射火；④转变为小范围稳定火焰，并逐渐熄灭。但在 10000N 挤压力、横向非均匀挤压下，电池并未出现明火，而是出现两次剧烈喷射浓烟的现象。

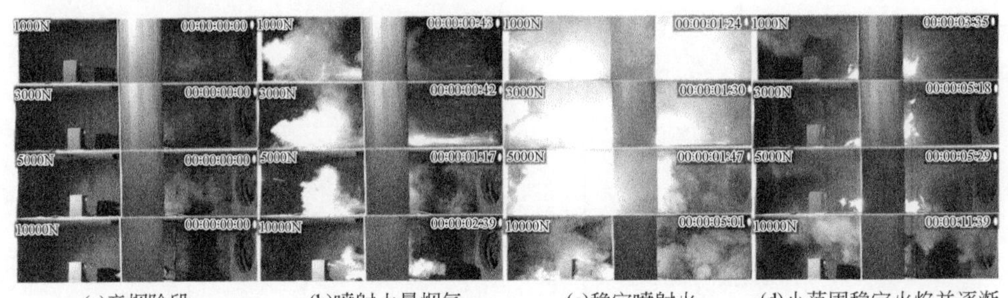

(a)产烟阶段　(b)喷射大量烟气　(c)稳定喷射火　(d)小范围稳定火焰并逐渐熄灭

图 4.23　横向非均匀挤压-热滥用联合下热失控阶段

在横向非均匀挤压下，电池热失控的产烟期和热失控前产烟量随挤压力的升高并未出现明显差异，这意味着横向非均匀挤压下电池热失控的过程是高度类似的。当挤压力达到 10000N 时，电池不再出现剧烈喷射现象，电池热失控前的行为类似于热滥用下的电池热失控，并且电池的热失控并未出现明火。

这里出现的剧烈喷射行为与平面挤压下的喷射行为原理类似。挤压冲头直接作用在电池的中心长轴上，电池在受热过程中无法发生自由膨胀，且随着温度升高，电池的机械强度逐渐下降，因此挤压冲头会将电池受压部位进一步压缩，而非受压部位由于面积较小且受到受压部位的拉力，其也无法发生明显膨胀。在受热发生膨胀的内源应力与受到挤压部位拉扯的外源应力共同作用下，非挤压部位的电芯依然处于一种受压状态。因此，横向非均匀挤压状态下，不仅受压部位的电芯内部应力大于非挤压状态下的电池电芯，非均匀挤压状态下电池上非受压部分的内部应力也会大于非挤压状态下的电池电芯。电池在非均匀挤压状态下会出现剧烈的喷射现象，这依然是电池层状结构之间的内部应力过高，热失控开始时产生的大量烟气和热量在紧密的层状结构中必然导致强喷射行为，并且强气流会裹挟由于热失控产生的高温而熔化的液态铝粉和脱落的正负极活性材料[22]。同样，喷射的前期不会直接形成明火，原因依然是喷射速度过快，一方面前期的烟气被快速稀释后无法燃烧，另一方面喷射速度大于火焰燃烧速度，因此前期只会出现多次的非连续高温固体颗粒物喷射行为。这些高温活性材料被喷出后会点燃同时被喷出的可燃性烟气与空气混合形成的可燃气云，导致局部爆燃，随着喷射后喷射通道的扩张，喷射强度下降，进而演变为稳定喷射火。

在横向非均匀挤压状态下，应力的大小与受挤压力的大小并非线性关系。由图 4.24 可以看出，在 1000N、3000N、5000N 挤压力下，电池的热失控现象并无太大差异，这也证明了非均匀挤压状态下的电池热失控剧烈程度与挤压力关系不大。而 10000N 横向非均匀挤压状态下电池热失控的特殊现象，需要结合侧面录像进行分析。

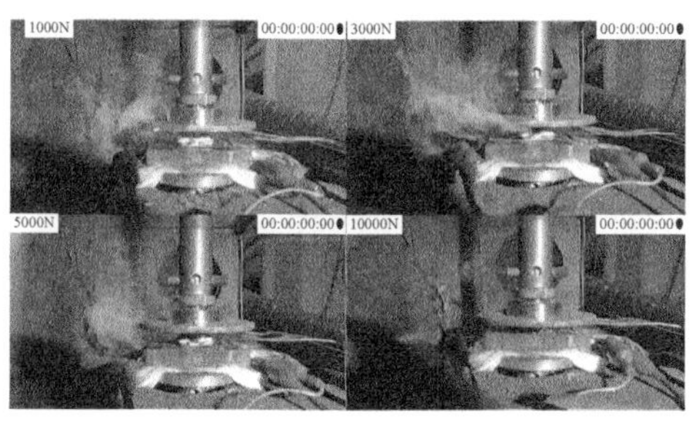

(a)横向非均匀挤压-热耦合热失控产烟

(b)横向非均匀挤压-热耦合热失控喷烟

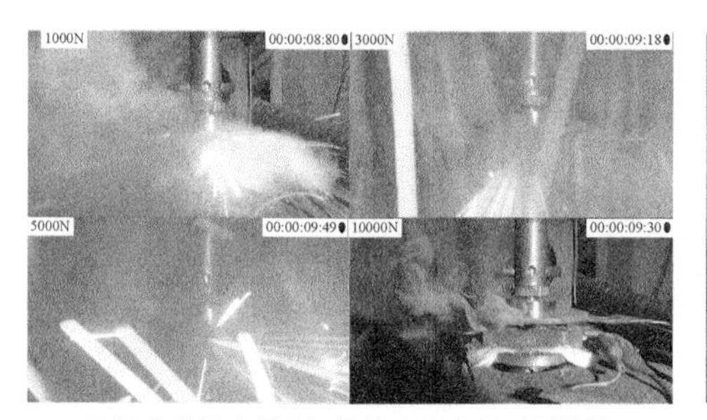

(c)横向非均匀挤压-热耦合热失控喷射烟气

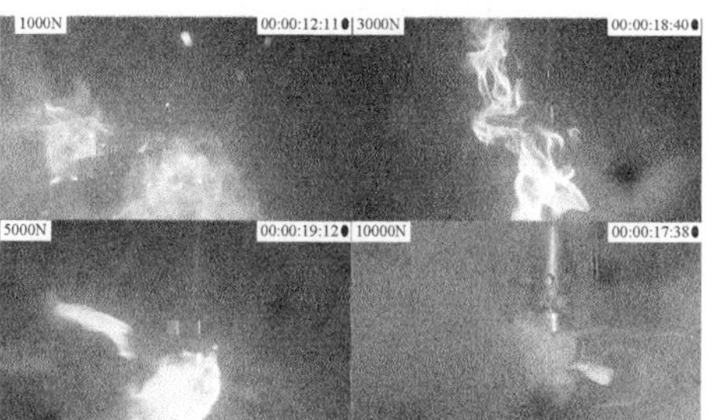

(d)横向非均匀挤压-热耦合热失控喷射火

图 4.24　横向非均匀挤压-热耦合下热失控侧面录像截图

由图 4.24(a)可见，电池在热失控之前，铝塑薄膜包装就已经在高温和内部压力的作用下出现破口，电解液因受压而被挤出，与加热板接触后生成持续的小范围烟气。由于电池的内部结构强度随温度的升高而降低，以及电解液被挤出，电池的厚度随时间缓慢下降,直至热失控,从电池首尾两侧出现激烈喷射现象。

由图 4.24(b)可知,喷射的最初点并非电池受挤压的位置,而是在电池非挤压部位与受挤压部位的交界处,之后热失控导致的高温沿着电池进行扩展,使整个电池开始热失控,并伴随着激烈喷射行为。因此,热失控从非挤压部位与挤压部位的交界处率先开始,这意味着:①电池的受压部位内部难以发生剧烈放热反应;②边界处的热量积聚比其他部位更加集中。

热失控前电池已经开始大量产烟,烟气并非从电池的受压部位喷出,而是从非受压部位逸出。这是由于电池受压部位被压缩,并随着温度不断升高变形量增大,电解液因挤压力被挤出后一部分因外包装破裂流失,一部分被周围非受压部分吸收。虽然前文提及的非受压部位因内外部因素也处于受压状态,但这种压力不足以完全阻止电芯的局部膨胀,因此这些部位会略微吸收被挤出的电解液,当然,吸收的量会随着挤压部分被施加挤压力的增加而减少。受挤压部位的电解液被挤出,因此需要电解液参加的放热副反应就难以发生,而边缘部分的电解液量较为充足,放热副反应会集中在这些部位发生。而在受压和非受压部位的边界处,正负极集流体之间的间隙更小,且同时存在电解液,热失控就会在这些部位率先发生并沿着电芯扩展,且电解液集中在电池的下半部分,因此热失控的起始点应该在交界处偏下的部位,之后的残骸结构分析也可以验证这一结论。

在 10000N 挤压力下,横向非均匀挤压并未使电池发生剧烈热失控,由侧面录影可见,10000N 挤压力下电池在热失控之前被挤压冲头切为两半,左边的一半率先出现剧烈放热反应并释放大量烟气,电芯因剧烈放热而呈现红热状态。电芯仅喷射出少量的高温红热颗粒物,在可燃烟气与空气充分混合之前这些颗粒物就停止了喷射,因此可燃性烟气混合物因缺乏点火源并未生成火焰。在左边电芯热失控之后,由于中间金属挤压冲头的阻隔隔热,热量并未快速传导至右边电芯,加之左边电芯未出现明火,没有足够的辐射热量来加热右边电芯,直到右边电芯因加热板主动加热到更高温度,才出现热失控现象。因此,右边电芯热失控出现了延后,且右边电芯同样未能引发明火。

这种电芯先发生机械断裂,再发生热失控的现象可以由侧面录像下的电池行为解释。电池的机械强度随着温度的升高而逐渐降低,10000N 下的挤压冲头在电池温度较低时就已经把电池分为了两部分,由于挤压冲头的边缘较为尖锐,在电池分裂过程中电池的层状结构表现为滑动开裂,并未出现正负极集流体直接接触导致内短路的现象,因此这种挤压并不能直接引发电池的热失控。电池被压头分割为两部分后,加热板继续将电池加热到热失控起始温度,此时电池的左半部分率先开始热失控,之后右半部分也被加热到热失控温度,因此出现两次喷烟现象,这种热失控的不一致可能是由电解液在左右两部分半电芯中含量不同导致的。横向非均匀挤压下电池热失控典型过程如图 4.25 所示。

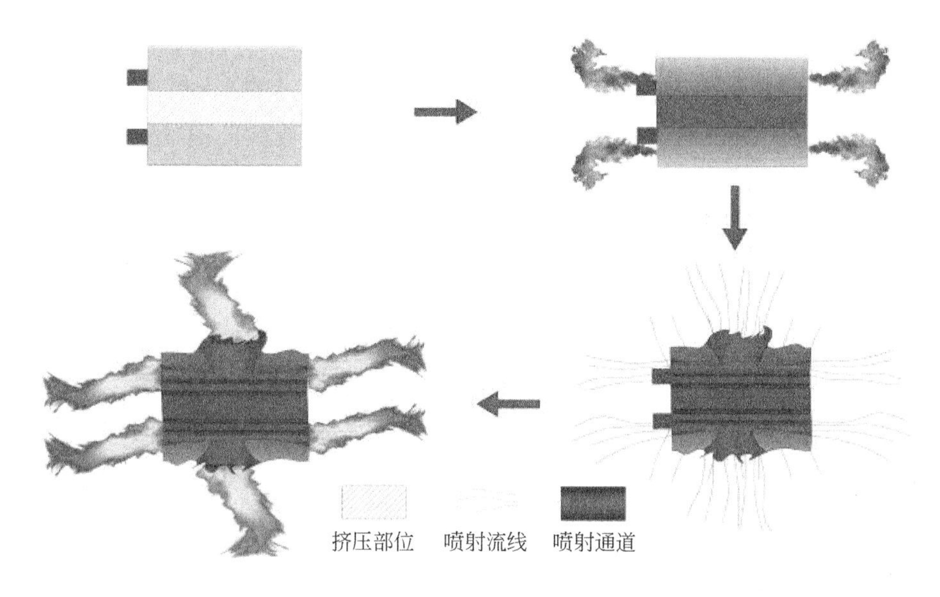

图 4.25　横向非均匀挤压下电池热失控典型过程

4.3.2　横向非均匀挤压-热滥用联合下热失控特征参数

由图 4.26 和图 4.27 可知，与平面挤压类似，横向非均匀挤压-热耦合滥用下电池的形变量随着温度的升高缓慢增加，除 10000N 挤压力之外，电池的形变量突增与电池的热失控是同时发生的。当挤压力未超过 5000N 时，电池的电压在热失控之前就已经归零，且电压的突降与热失控之间的间隔随着挤压力的增大而增大，间歇期的电压波动程度随着挤压力的增大而降低。电压在热失控之前归零的原因有两方面，一方面是因为在 150℃左右电池内隔膜会发生收缩，另一方面是因为电池的卷绕结构中心部位的集流体并非全涂敷。

由图 4.26 热失控过程电池特征参数可知，电池电压在热失控之前会出现小范围的下降和波动，这种波动从电池表面温度达到 150℃左右开始，但此时电池并未发生热失控。这种波动是因为电池的隔膜发生收缩，进而在电池的卷绕结构边缘导致间歇内短路。但在挤压状态下，这种间歇内短路无法体现出来，因为电池中心部位的集流体并未涂敷活性物质，当隔膜局部收缩时，这些部位的正负极集流体接触后不会产生大电流。不会出现大电流的原因是电解液的外泄，这使电池内部的锂离子传输较为困难，其次在活性材料表面因高温出现了大量的副反应产物沉积，这也会降低界面处离子的传输能力。集流体接触部位不会出现温度剧烈升高，因

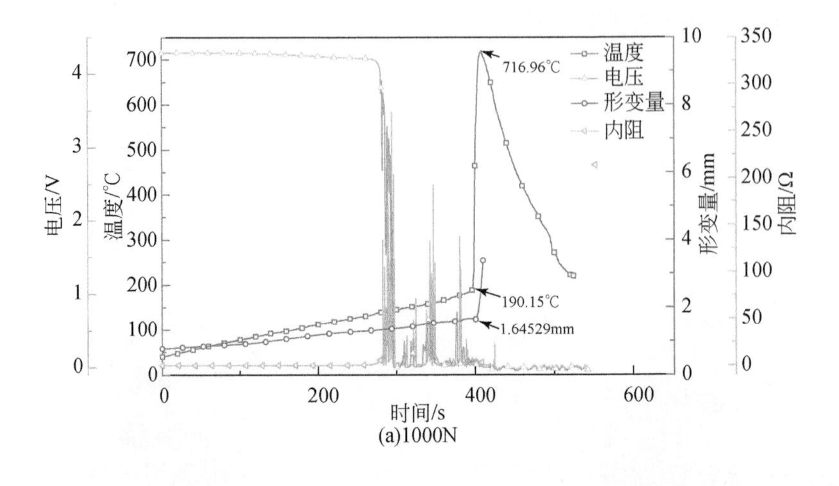

(a)1000N

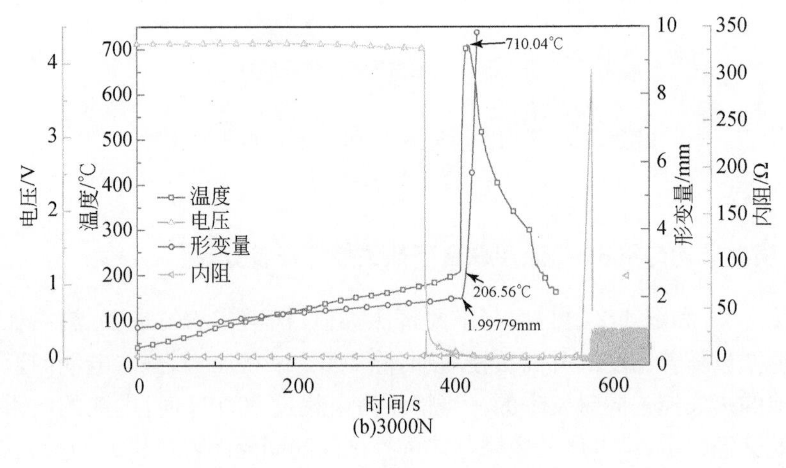

(b)3000N

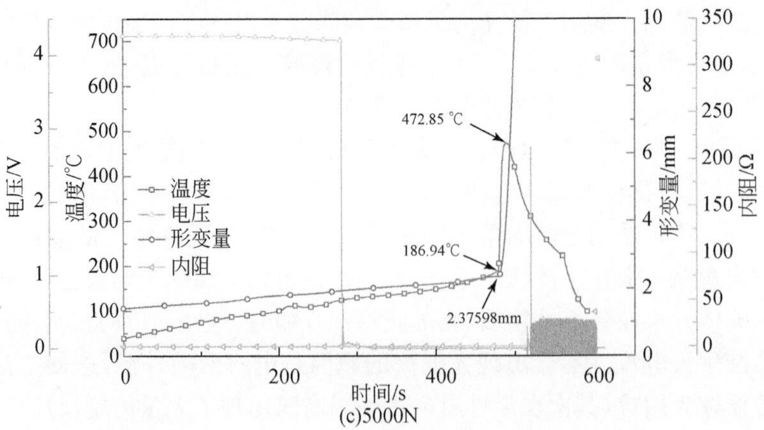

(c)5000N

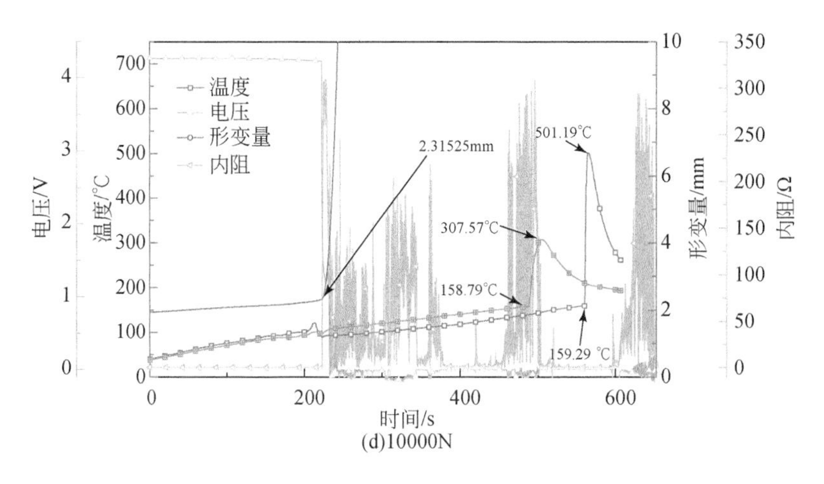

图 4.26　横向非均匀挤压-热耦合滥用下热失控特征参数

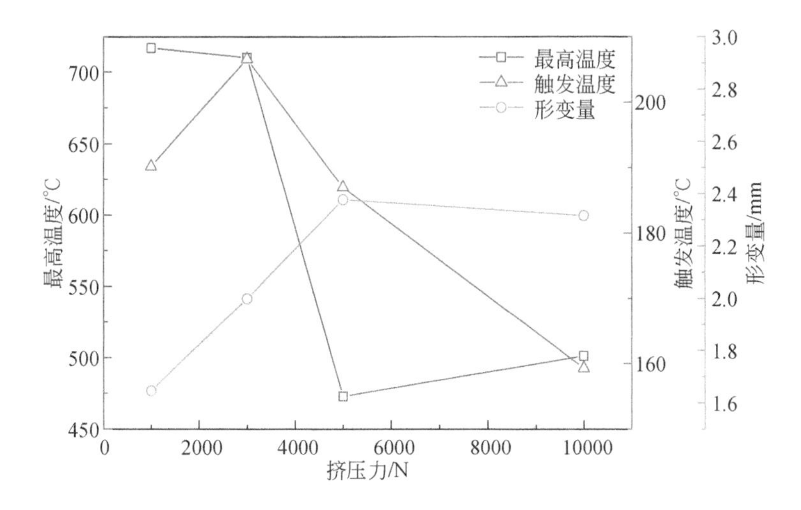

图 4.27　各挤压力下横向非均匀挤压-热耦合滥用下热失控参数

此电池内部出现危险性最低的内短路，使电池的电压近乎归零。但电池温度因加热持续升高，电池内部结构不断变形，因此电池内阻发生不规则的波动[23]。

在挤压力为 10000N 时，由于挤压力过大，挤压冲头在电池热失控之前就已经使电池开裂为两部分，电池的电压下降与电池的形变量增大同时发生意味着电池的电压下降是由于电池碎裂导致的断路，这种断裂同样未导致危险内短路。此时，电池开裂为两半，不处于受压状态，电池的热失控触发是由加热引起的副反应放热导致的，左右两边的电池虽然热失控触发温度仅在 160℃左右，但此时加热板的温度已经达到 210℃,这里的温度偏低是由电池开裂后热电偶与电池接触不良导致的[24]。

当挤压力未超过 5000N 时,电池的热失控触发温度依然没有明显偏移,3000N 下甚至比单独热滥用下的电池热失控触发温度略高,这意味着电池的热失控主要是由加热触发的,机械挤压对电池的影响主要体现在电压的提前归零和热失控喷射行为上。在挤压力超过 3000N 后,电池的表面最高温度下降,下降的原因是设置在电池上的热电偶因电池在热失控过程中快速开裂导致接触不良,随着挤压力的增大,电池的开裂程度增大,热失控过程中热电偶与电池的接触程度变差,电池的最高表面温度下降。当挤压力为 10000N 时,电池热失控并未引发明火,因此电池的表面最高温度是最低的,后面的红外火焰温度分析部分也可以验证这一结论。

由图 4.27 可知,横向非均匀挤压下电池热失控的触发温度只在 10000N 时与热滥用下热失控的触发温度有较大偏移,前文已经提及,这种偏移是由接触不良导致的,加热板的温度已经达到 210℃。因此,横向非均匀挤压下电池热失控触发温度与挤压力关系不大,均是因为温度达到副反应加速反应临界点,导致电池发生剧烈热失控。横向机械挤压更多影响的是电池热失控行为,导致电池电压和内阻的剧烈波动。

4.3.3 横向非均匀挤压-热滥用联合下电池热失控火焰特征

由图 4.28 可知,横向非均匀挤压-热滥用联合下电池热失控火焰的表现十分类似,火焰温度随时间变化的规律也类似。与通过正面录像和侧面录像对热失控过程分析类似,电池在横向非均匀挤压-热滥用联合下热失控时发生的喷射行为的起始点在挤压部位和非挤压部位的交界处,且率先从非挤压部位开始喷射,非挤压部位的内部应力积聚主要受电池形变量的影响。在挤压力不大于 5000N 时,热失控之前电池的形变量不大,因此在各挤压力下非挤压部位中的应力大小相差不大。当热失控发生时,其喷射行为十分类似,喷射持续时间和喷射火持续时间也十分类似。

横向非均匀挤压-热滥用联合下电池热失控火焰的最高温度可接近 1000℃,这个温度与平面挤压下电池喷射火的最高温度接近,意味着两种挤压状态下的电池喷射火并没有本质上的不同。但横向非均匀挤压-热滥用联合下电池热失控火焰的持续时间稳定在 5s 左右,不随挤压力的增大而发生变化,这同样意味着横向非均匀挤压-热滥用联合下电池热失控的过程是高度类似的。

4.3.4 横向非均匀挤压-热滥用联合下电池热失控残骸

由图 4.29 和图 4.30 可知,当挤压力不大于 5000N 时,非均匀挤压下电池的破

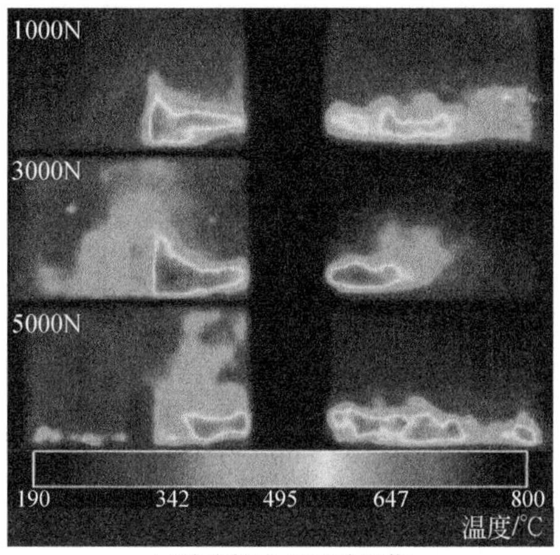

(a)热失控火焰红外图像

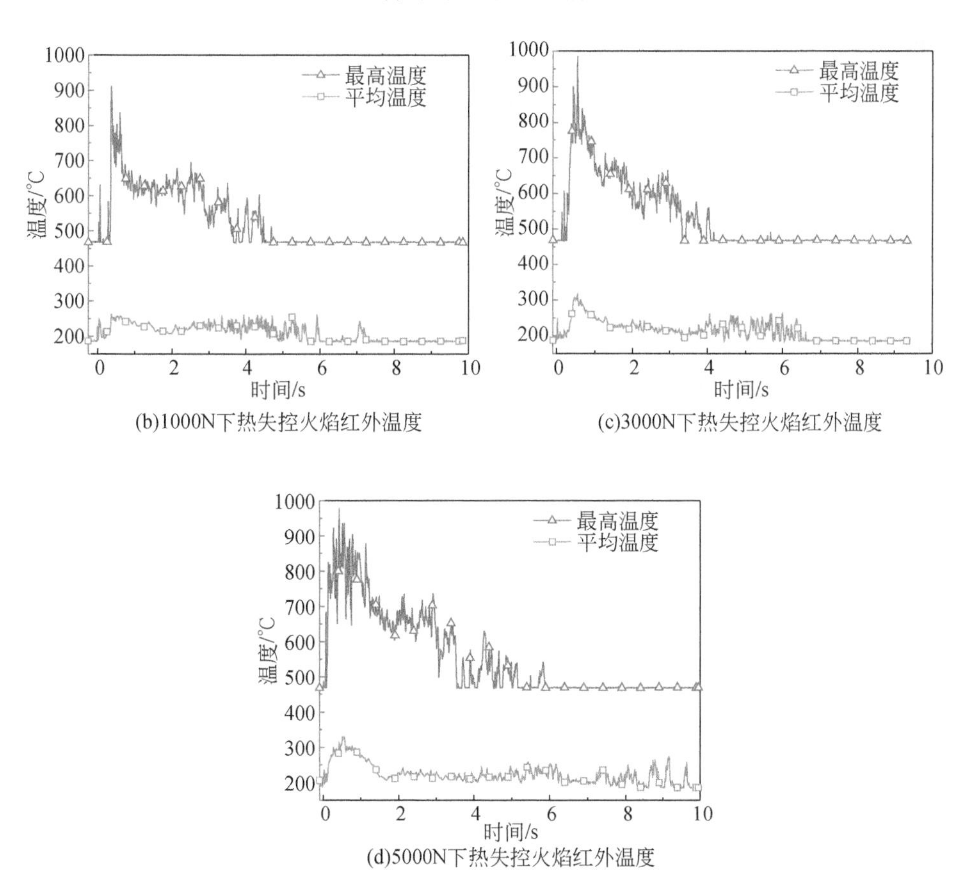

(b)1000N下热失控火焰红外温度

(c)3000N下热失控火焰红外温度

(d)5000N下热失控火焰红外温度

图 4.28 横向非均匀挤压-热滥用联合下热失控火焰红外图像和温度

碎程度与受力情况有关，在热失控温度未大幅下降的情况下，电池热失控喷射行为更加剧烈，这会使电池的内部结构破坏更严重，但当挤压力过大导致电池在较低温度下发生开裂时，由于此时电池的温度较低，内短路的能量不足以直接引发电池热失控，电解液流出和蒸发会减少电池热失控时反应物的量，且分裂后的电池未受到约束不会发生喷射行为，最终电池的残骸会表现为分裂的两部分，且卷绕结构膨胀严重。当挤压力较小时，挤压冲头无法在电池热失控时使电池发生断裂，电池残骸依然是一个整体，在挤压部位厚度减小，非挤压部位出现膨胀，但这种膨胀因中心部位组织的拉扯而受到限制，各挤压力下电池非受压部位的膨胀程度类似，因此各挤压力下电池的喷射行为和喷射火现象表现也类似[25]。电池残骸的侧面均出现破口，这是因为热失控初始点是在受压边缘位置，热失控产生的气体喷射方向正对侧面，内部压力过大，在侧面发生喷射，使电池侧面出现破裂出口。但压力同时也沿着层状结构的缝隙寻找喷射出口，因此在电池的卷绕结构首尾两端也发生了喷射行为。电池在非受压部位层状结构发生纵向的断裂，这是因为强力的喷射使层状结构破裂后形成喷射通道。

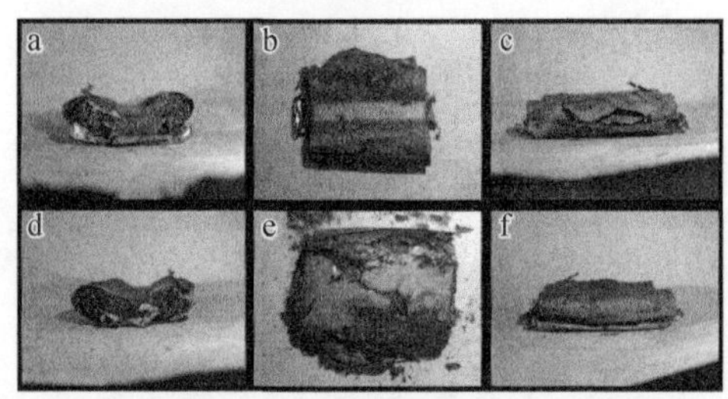

(a)1000N横向非均匀挤压-热滥用联合下电池热失控残骸

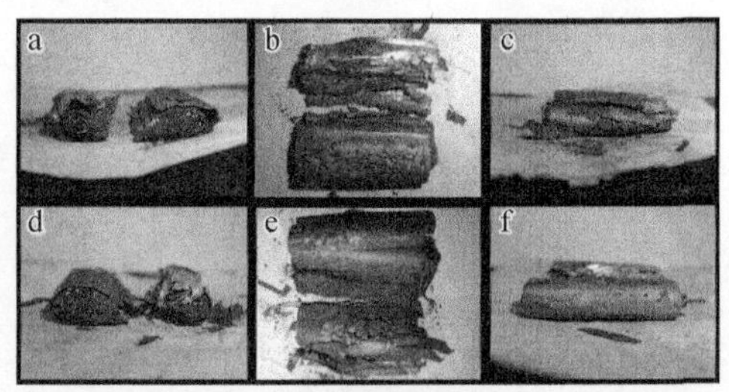

(b)3000N横向非均匀挤压-热滥用联合下电池热失控残骸

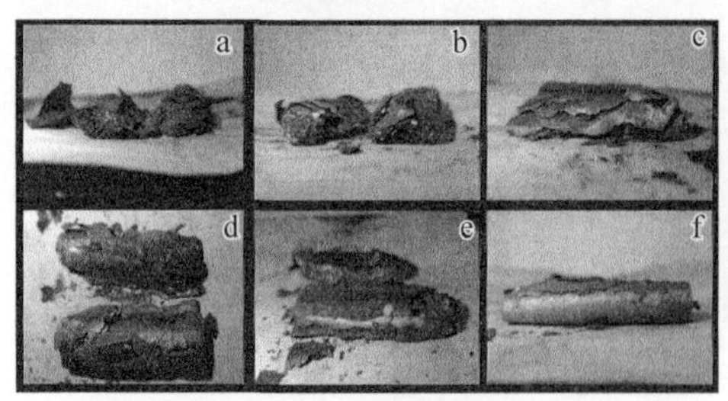

(c)5000N横向非均匀挤压-热滥用联合下电池热失控残骸

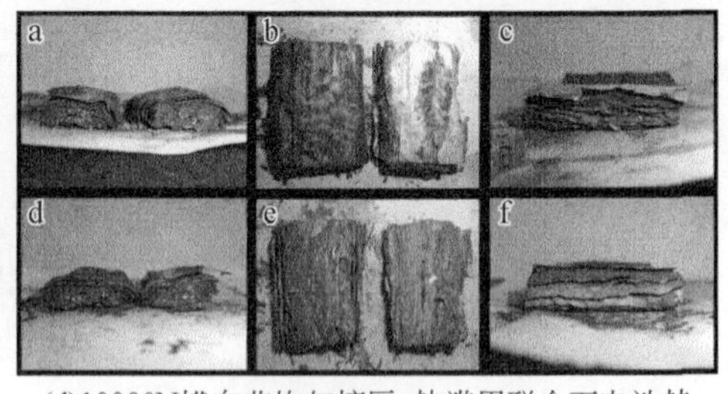

(d)10000N横向非均匀挤压-热滥用联合下电池热失控残骸

图 4.29　横向非均匀挤压-热滥用联合下电池热失控残骸

a-极耳端视图；b-顶部视图；c-左侧侧视图；d-尾端视图；e-底部视图；f-右侧侧视图

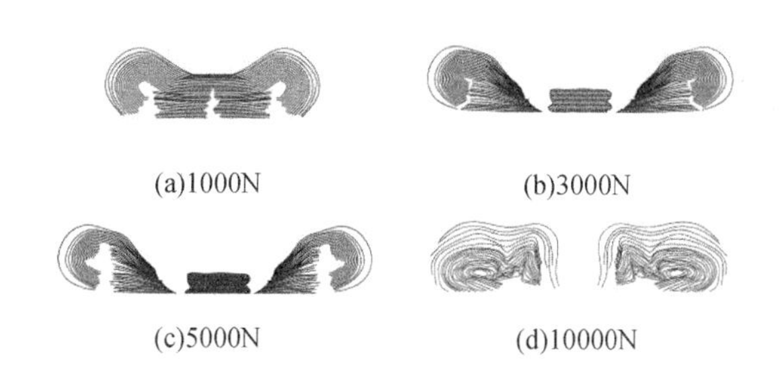

图 4.30　各挤压力下横向非均匀挤压-热滥用联合下电池热失控截面示意图

当挤压力为 1000N 时，残骸中电池的卷绕层状结构得到保持，且受压部位和非受压部位并未发生断裂。当挤压力为 3000N 和 5000N 时，受压部位和非受压部位呈分离状态。在受压部位、受压部位与非受压部位的交界处，热失控之后电池残骸的层状结构消失，所有的电池残余物质在高温下被压合为紧密的板结物，这种结构在平面挤压需要 10000N 以上才能出现。这种板结物的形成意味着局部应力集中，由于受压面较小，非横向非均匀挤压-热滥用联合下只需要较小的力就能形成这种残骸结构。

在 10000N 挤压力下，电池热失控过程中并未发生喷射行为和喷射火，因此电池侧面无喷射破口，且电池在热失控前已经被分割为两半，在热失控时电池的卷绕结构的膨胀是无束缚的，因此热失控后电池的卷绕层状结构完全打开为平面层状结构。热失控主要由加热板加热触发，因此热失控的起始位置为电池与加热板的接触面，层状结构从底部开始率先膨胀，直至将卷绕结构完全展开为平面。由于并未发生喷射行为，热失控过程中产生的熔融金属铝依然存在于层状结构内和层状结构边缘。在 10000N 挤压力下，电池残骸并未出现无层状结构的板结结构，这意味着电池在断裂时从挤压冲头下方滑出，发生的是滑动断裂。

4.4　圆柱非均匀挤压-热滥用联合下锂离子电池热失控

4.4.1　圆柱非均匀挤压-热滥用联合下锂离子电池热失控过程

由图 4.31 可知，圆柱非均匀挤压-热滥用联合下热失控的过程可为四个阶段：①热失控前缓慢产烟；②热失控过程中先喷射大量烟气和大量高温固体混合物，产烟主要从电池头部产生，而固体混合物先从电池尾部喷出；③高温固体喷射物快速点燃喷出的烟气与空气形成的可燃性气云，在电池头尾均产生喷射火；④喷射火逐渐收缩为稳定火焰，并逐渐熄灭。喷射过程中存在闪燃现象，这意味着圆柱形挤压状态下电池的热失控喷射速度依然很快。当挤压力达到 10000N 时，电池的喷射行为和喷射火的烈度大幅下降，在喷射发生之前电池出现局部火焰，局部火焰并未立即导致大范围喷射火，而是稳定燃烧一段时间后使电池发生小范围燃烧火焰，且整个过程中电池并未出现强烈喷烟行为。

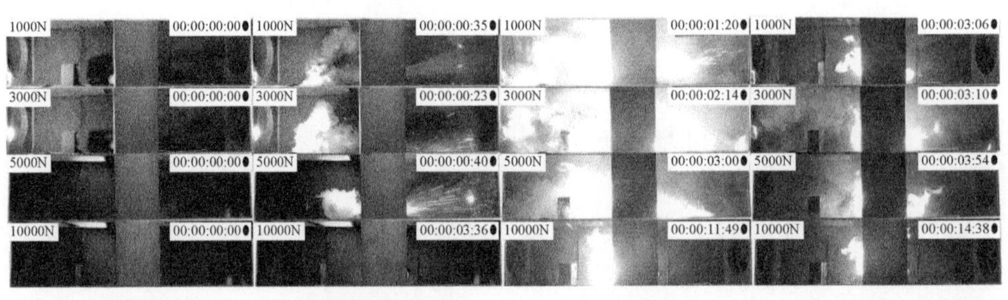

(a)缓慢产烟　(b)喷射大量烟气和固体混合物　(c)产生喷射火　(d)稳定火焰并逐渐熄灭

图 4.31　圆柱非均匀挤压-热滥用联合下热失控阶段

同样，在挤压力未超过 5000N 时，电池的热失控过程是类似的，其喷烟和喷射火持续时间并未有明显差异。当挤压力达到 10000N 时，电池不再出现喷射现象，其热失控火焰面积大幅缩小，意味着电池的结构破坏形式会显著影响其热失控表现。

当圆柱挤压冲头作用于电池的中心部位时，电池的大部分面积因受到挤压无法发生膨胀，仅电池首尾两侧的局部可以发生膨胀，电池受挤压部位依然随着温度的升高而逐渐被压缩变薄，这使电池的首尾两侧可发生膨胀的区域因为受到大面积挤压部位的牵扯膨胀程度十分有限。电池的喷射火面积较大，这主要是因为当电池发生热失控时中心受挤压部位会被快速压缩，周围非受压部位会被中心部位的大变形撑开，热失控的喷射口面积会增大，而中心受挤压部位发生的热失控会将大量烟气和高温固体混合物通过喷射口快速喷出。与纵向非均匀挤压的区别主要在火焰的面积上，纵向挤压下的电池首尾两端的开口较小，因此形成的喷射火面积较小。喷射原理与平面挤压下的热失控喷射行为类似，电池中心部位的热失控在平面压头的作用下形成局部高压，这种局部高压通过电池首尾两端的卷绕结构开口泄放，形成猛烈喷射行为。当挤压力达到 5000N 时，电池的喷射火也分为两个阶段，先从电池尾部剧烈喷射，当尾部喷射接近结束时，才从电池头部喷射。在此之前，电池头部仅快速产烟，这可能是因为电池尾部发生热失控后，压头的快速下降阻碍了热量的传导和喷射火的传播，使电池头部的热失控出现延后。当挤压力达到 10000N 时，电池在强挤压下为何不再出现喷射现象，需要结合侧面录像截图进行分析，如图 4.32 所示。

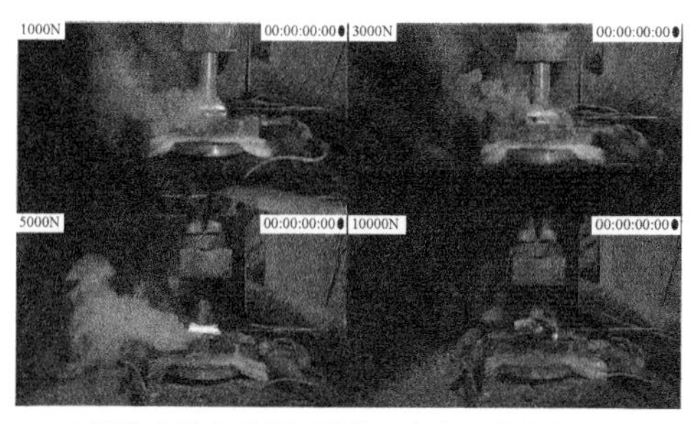

(a)圆柱非均匀挤压-热滥用联合下热失控产烟

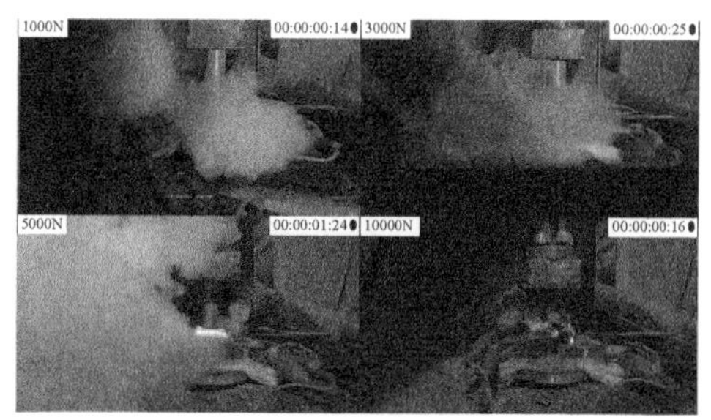

(b)圆柱非均匀挤压-热滥用联合下热失控喷烟

(c)圆柱非均匀挤压-热滥用联合下热失控喷射高温固体

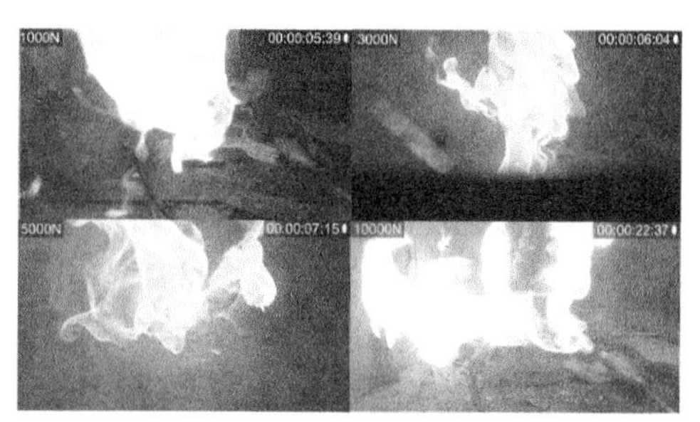

(d)圆柱非均匀挤压-热滥用联合下热失控喷射火

图 4.32　圆柱非均匀挤压-热滥用联合下热失控侧面录像截图

由图 4.32 侧面录像截图可知，电池均在热失控之前发生破口，电解液流出后与加热板接触生成烟气，这与其他挤压状态下保持一致。在圆柱形冲头挤压下，电池的热失控初始点依然为电池受压部位的边缘位置，挤压冲头距离电池的侧面边缘较近，因此热失控时产生的局部高压会冲破电池侧面的卷绕部位的多层结构，从破口处喷出，电池的喷射口不仅是电池的前后部位，也包含侧面破口处。这使喷射火的初始作用范围更大，后期由于中心部位的活性物质消耗殆尽，热失控传播到电池首尾部分，喷射火主要从电池首尾部分进行喷射。

当挤压力达到 10000N 时，电池在热失控之前就已经因强挤压力而发生碎裂，电池被分为前后两部分，之后随着温度的升高，挥发的电解液烟气因内短路导致局部火花点燃形成局部火焰，这些局部火焰在加热电芯一段时间后引发电芯的全面热失控。此时电池并未受到外来压头的挤压，热失控并未形成喷射行为，热失控火焰的面积和持续时间有所延长。这也意味着电池断裂并未形成足以引发热失控的内短路，而仅仅触发了局部内短路，这种内短路形成的局部高温只能引燃电解液挥发分解生成的可燃性烟气。圆柱非均匀挤压下电池热失控典型过程如图 4.33 所示。

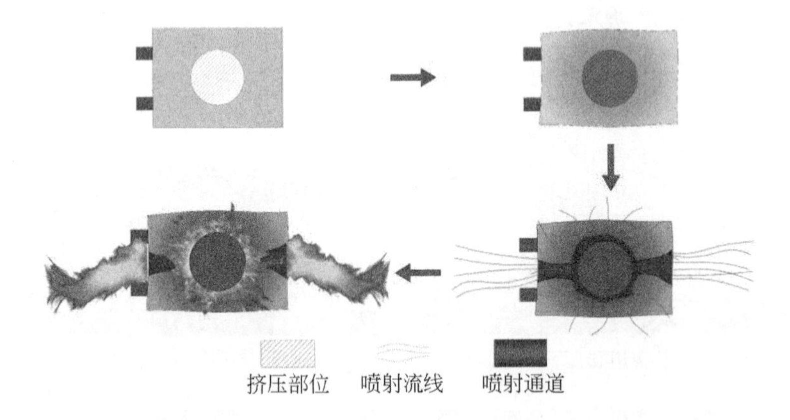

图 4.33　圆柱非均匀挤压下电池热失控典型过程

4.4.2　圆柱非均匀挤压-热滥用联合下热失控特征参数

由图 4.34 和图 4.35 可知，圆柱非均匀挤压-热滥用联合下电池的形变量随着温度的升高缓慢增加，在 1000N、3000N、5000N 挤压力下电池的形变量突增和电池的热失控保持时间上的一致，但在挤压力为 10000N 时，电池的形变量突增发生在电池热失控之前。由侧面录像可知，这是因为电池在热失控之前就因强挤压而发生滑动开裂。滑动开裂的原因是在较低温度下电池机械强度已不足以承受 10000N 的圆柱冲头挤压。

在 1000N 挤压力下，电池电压在热失控发生前发生较为剧烈的抖动，且持续时间较长，电压在热失控之前就已经归零，意味着这种归零是由电池内部断路导致的而非内短路。电池内阻的波动与这种电压的波动在时间上一致，意味着断路的过程伴随着层状结构的损坏，这也意味着电池内部存在滑动断裂，但这种滑动断裂

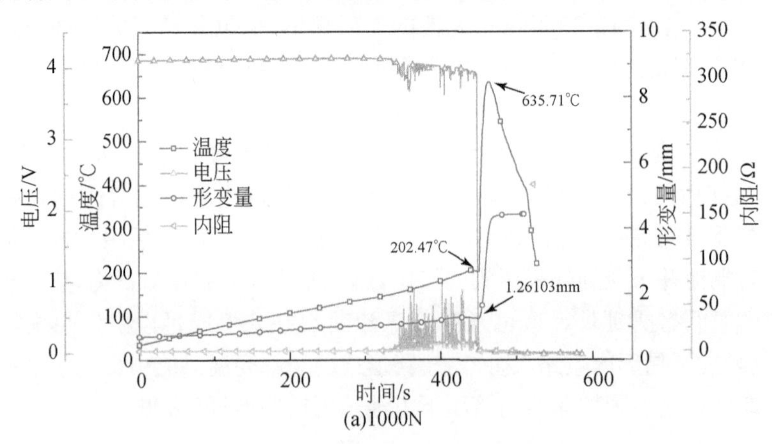

(a)1000N

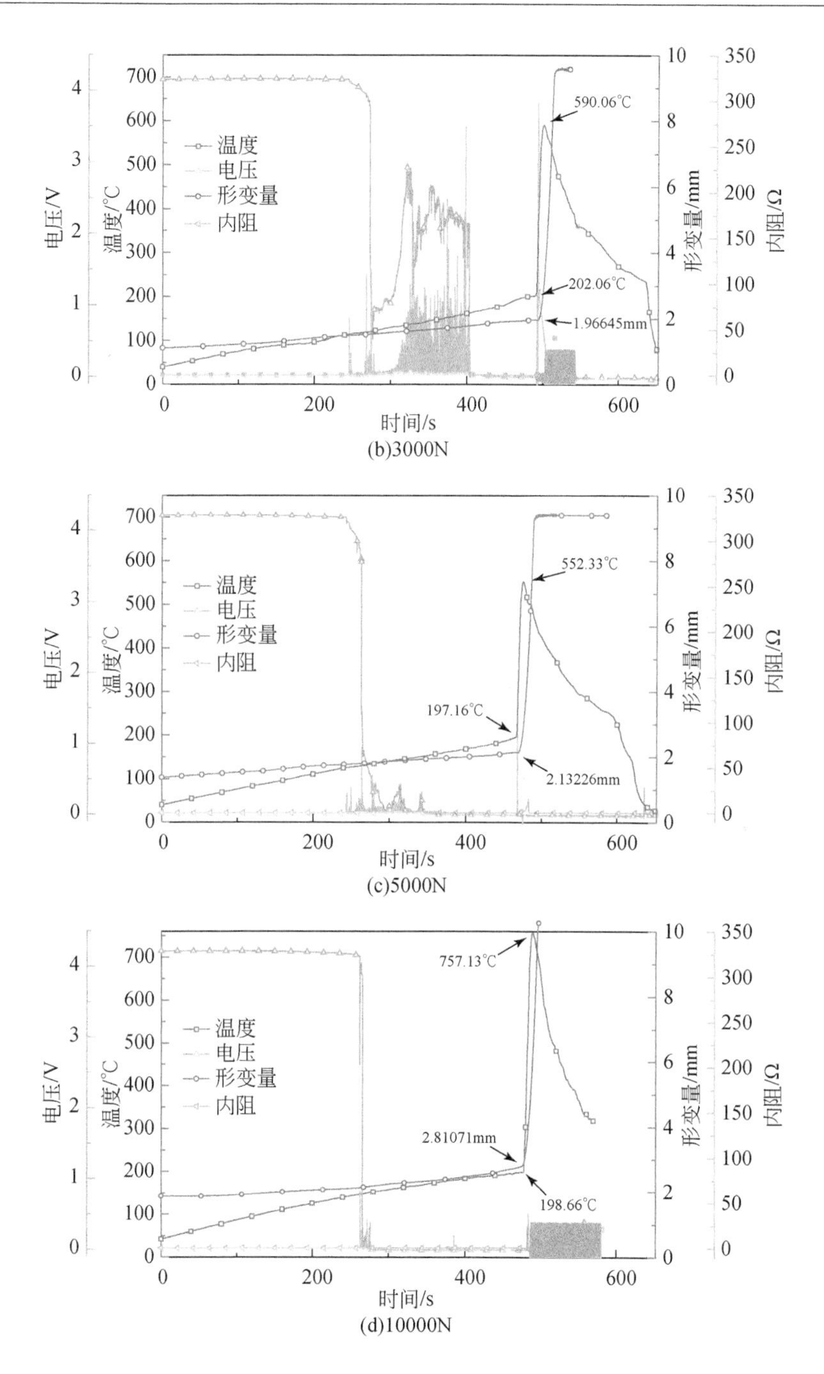

图 4.34　圆柱非均匀挤压-热滥用联合下热失控特征参数

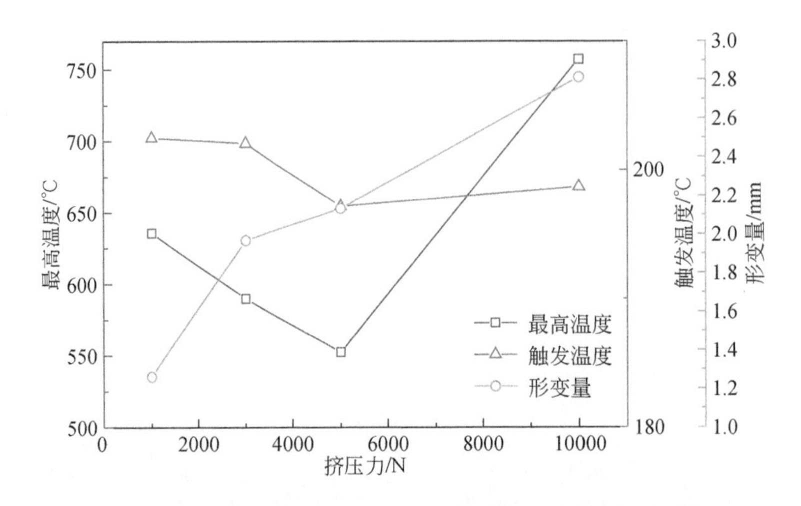

图 4.35　圆柱非均匀挤压-热滥用联合下热失控温度参数

难以直接引发内短路并最终导致热失控。

在 1000N、3000N、5000N 挤压力下，电池的热失控起始温度并未发生太大的变化，热失控时电池表面最高温度同样没有发生太大的变化，说明在这些情况下电池的热失控过程是近似的，同样是由于电池体系温度达到电池内部快速放热反应的临界点进而引发热失控。当挤压力为 10000N 时，电池的热失控临界温度下降至 130℃左右，此时电池体系温度不足以引发快速放热反应。这种临界温度的下降是由于电池开裂后，电解液分解挥发产生的局部烟气被内短路火花点燃引发局部稳定火焰，这种局部稳定火焰使电池与火焰接触的部分迅速升温至热失控温度，进而引发热失控的产生，因此电池开裂后的一系列连锁事件触发了电池的热失控，130℃并非电池的热失控临界温度，而是电池的开裂温度。热失控电池的最高表面温度亦非真实的电池体系最高温度，而是电池开裂后热失控导致的火焰直接接触测温热电偶，此时的温度为火焰温度，另一个并未与火焰接触的热电偶测得的表面最高温度与其他挤压力下的表面最高温度基本一致。

由图 4.35 可知，电池的热失控起始温度随着挤压力的增加略微下降，但仍稳定在 200℃左右，与热滥用下电池的热失控温度差异不大，意味着圆柱非均匀挤压下电池的热失控原因依然是温度过高引发的放热反应。在较高挤压力下电压提前归零，温度并未随着电压的归零发生突变，这种现象意味着电池内部出现了断路，使电池的外电路电压归零，但内部并未发生严重内短路。

4.4.3　圆柱非均匀挤压-热滥用联合下电池热失控火焰特征

由图 4.36 可知，在 1000N 和 3000N 挤压力下，圆柱非均匀挤压-热滥用联合导致的热失控火焰温度随挤压力的增加而升高；在 3000N 挤压力下，电池的初始阶段喷射较为迅猛，这使电池在初期的烟气燃烧较为充分，火焰温度比在 1000N 挤压力下更高。喷射较为迅猛的原因是电池中心部位受到的挤压力较高，电池热失控初期电池受压区域边缘的活性材料在挤压作用下与电解液的反应更加迅速，短时间内能量释放更快。而在 5000N 挤压力下，电池被快速分割为两部分，中间的挤压冲头阻碍了热失控从初始位置向电池极耳端传播，因此单位时间内的热失控反应消耗活性物质的量较少，使热失控的火焰温度偏低。当挤压力达到 10000N 时，电池的火焰最高温波峰延后，火焰面积缩小，这是因为前期的火焰并非热失控喷射火，而是稳定的局部火焰，局部火焰引发电池大范围热失控后才导致大范围火焰，因此火焰初期温度较低，而后出现较长时间的高温段。

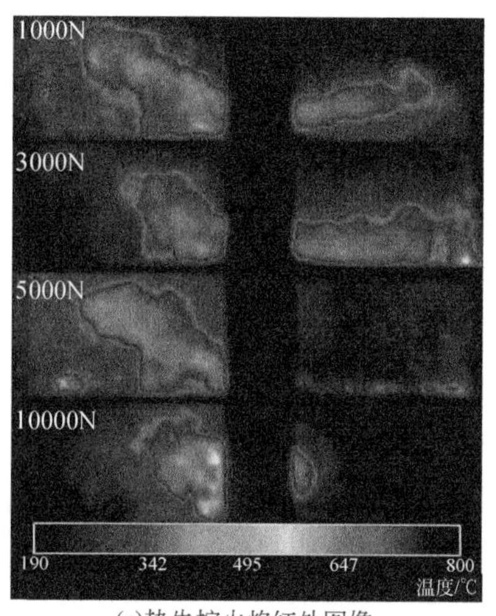

(a)热失控火焰红外图像

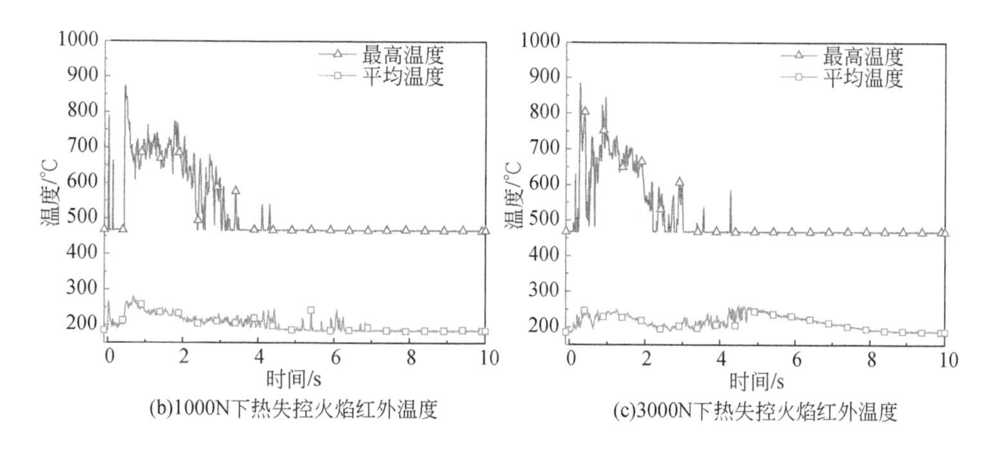

(b)1000N下热失控火焰红外温度

(c)3000N下热失控火焰红外温度

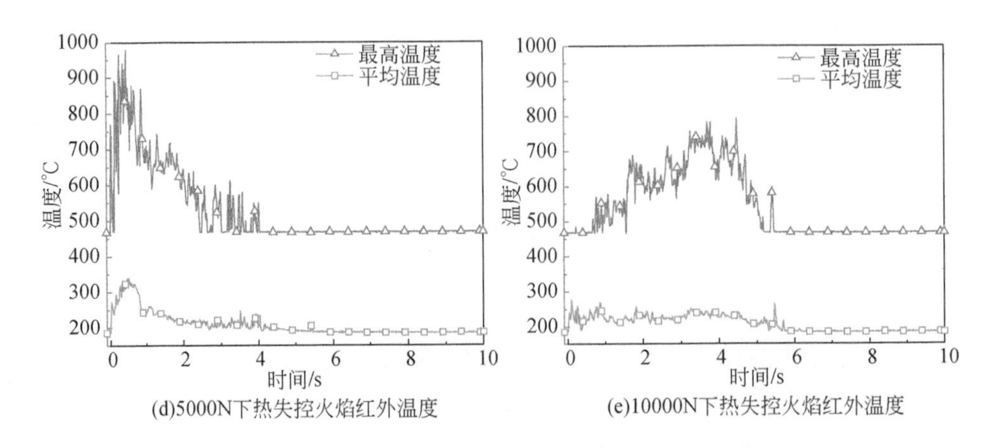

(d)5000N下热失控火焰红外温度　　(e)10000N下热失控火焰红外温度

图 4.36　圆柱非均匀挤压-热滥用联合下热失控火焰红外图像和温度

4.4.4　圆柱非均匀挤压-热滥用联合下电池热失控残骸

由图 4.37 和图 4.38 可知，圆柱非均匀挤压-热滥用联合下电池热失控残骸的破碎程度在 3000N 挤压力下最严重，当挤压力为 10000N 时电池的热失控过程与其他情况不同，因此先分析其他挤压力下电池的残骸结构。3000N 挤压力下电池残骸最为破碎是因为 3000N 挤压力下电池的热失控喷射烈度最高，喷射时的强气流将电池层状结构破坏，使残骸较为破碎。其次，根据 1000N、3000N、5000N 挤压力下电池残骸的侧面图，电池卷绕结构的中心处集流体均不同程度地被喷出电池外，同样是 3000N 挤压力下这种结构最为明显。当挤压力为 1000N 时，由于挤压力较小，电池的中心受压部位并未被压为板结结构，这与横向和纵向非均匀挤压-热滥用联合下电池热失控残骸的规律一致。在 3000N 和 5000N 挤压力下，其中心受压部位和受压部位边缘出现板结结构，这种结构的生成在前文已介绍，这里不再赘述。

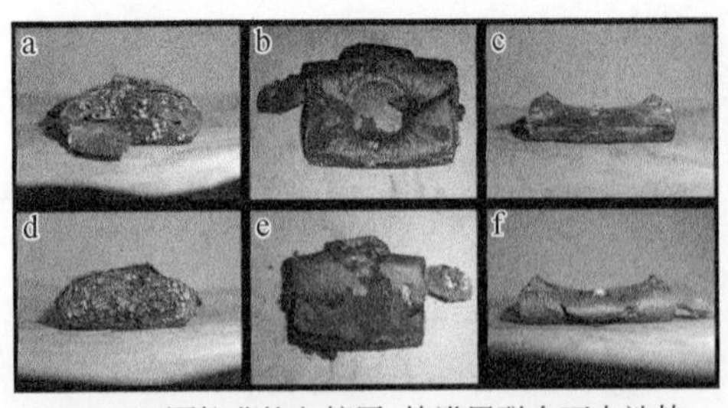

(a)1000N圆柱非均匀挤压-热滥用联合下电池热失控残骸

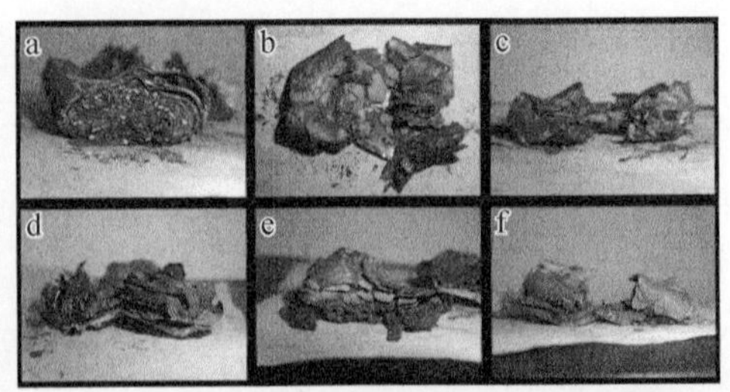

(b)3000N圆柱非均匀挤压-热滥用联合下电池热失控残骸

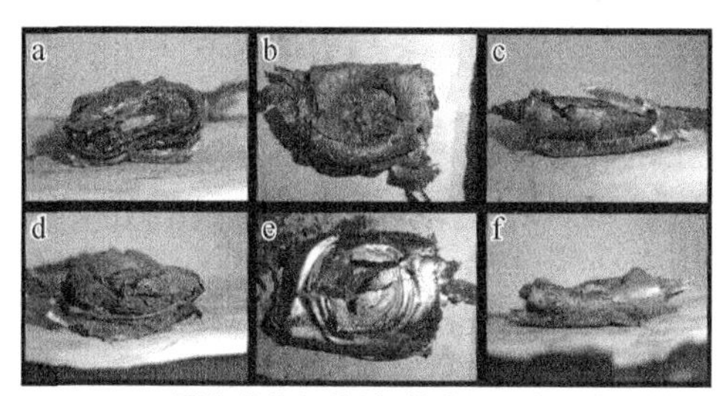

(c)5000N圆柱非均匀挤压-热滥用联合下电池热失控残骸

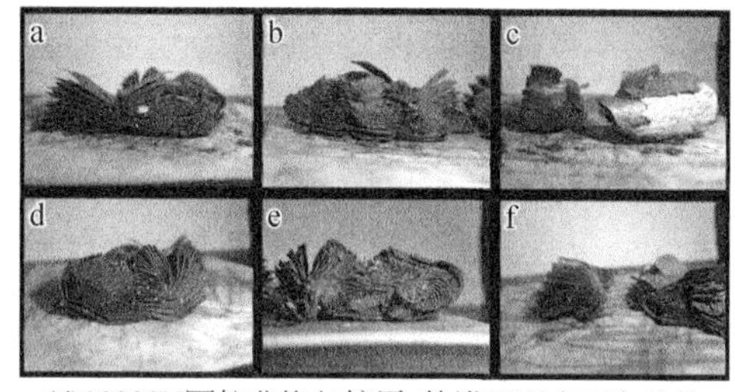

(d)10000N圆柱非均匀挤压-热滥用联合下电池热失控残骸

图 4.37　圆柱非均匀挤压-热滥用联合下电池热失控残骸

a-极耳端视图；b-顶部视图；c-左侧侧视图；d-尾端视图；e-底部视图；f-右侧侧视图

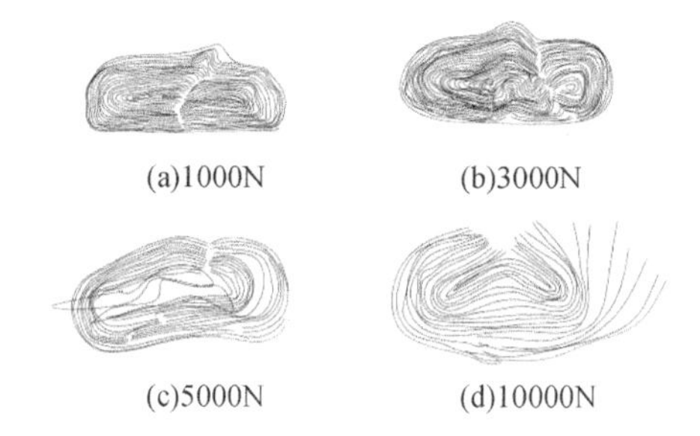

(a)1000N　(b)3000N

(c)5000N　(d)10000N

图 4.38　各挤压力下圆柱非均匀挤压-热滥用联合下电池热失控截面示意图

由电池首尾两侧侧视图可见，在 1000N、3000N、5000N 挤压力下，电池残骸的层状结构出现向中心塌缩断裂，这种断裂是在热失控过程中形成的。非受压部位在热失控过程中有膨胀趋势，但中心挤压部位的向下挤压阻碍这种膨胀的正常进行，热失控产生的高温使层状结构的机械强度骤降，因此膨胀应力将层状结构割裂，使电池表面出现断裂环，电池沿着断裂部位膨胀，且断裂环也作为喷射通道的一部分。在挤压力为 3000N 时，由于喷射强度过大，电芯残骸沿着断裂口开裂，挤压力为 5000N 时也出现了类似的状态。

由侧面截图可见，在 1000N、3000N、5000N 挤压力下电池侧面均有破口，且挤压力为 3000N 时破口较大，残骸破碎程度高，电池残骸被分为两部分。这种侧面破口是因为电池在热失控初期的起始点距离电池侧面较近，高温使侧面的机械强度降低，内部产生的局部高压冲破侧面卷绕层使电池从侧面发生喷射行为。电池的侧面截图中均未出现大范围铝滴，这是喷射强度足够高将内部熔融金属铝大量喷出的表现。

当挤压力为 10000N 时，电池的开裂与热失控的发生并不同步，电池先被挤压冲头撕裂，然后被局部火焰加热引发热失控，因此电池残骸的层状结构保存完好，且电池热失控前层状结构已经开裂。热失控时层状结构膨胀，使卷绕结构部分完全打开，铝箔集流体熔化后层状结构间缺乏挤压应力，因此并未被大范围挤压到层状结构边缘。电池在被挤压冲头割裂过程中发生滑动断裂，断裂后挤压冲头下方缺乏电芯材料，因此电池残骸中没有板结结构。

4.5 球头非均匀挤压-热滥用联合下锂离子电池热失控

4.5.1 球头非均匀挤压-热滥用联合下锂离子电池热失控过程

由图 4.39 可知，球头非均匀挤压-热滥用联合下热失控的过程为：在 1000N 和 3000N 挤压力下电池在热失控之前出现短暂产烟过程，之后迅速喷射浓厚烟气和部分高温固体，但高温固体并未点燃混合烟气，因此未出现闪燃现象，这是因为喷射持续时间较短，且喷射力度较小。电池并未生成猛烈的喷射火，烟气被点燃后生成大面积的火焰，但持续时间较短，之后迅速转变为小范围稳定火焰，因此持续时间较短的大面积火焰是前期被喷出的大量烟气燃烧导致的，强喷射行为并不持续，这种大范围火焰也无法持续。

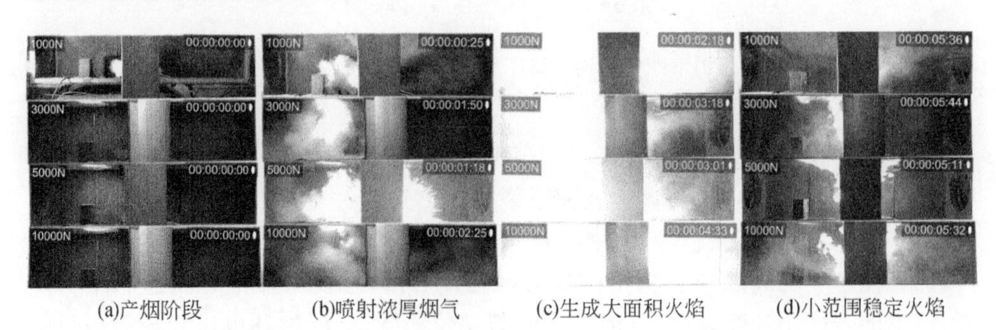

(a)产烟阶段 (b)喷射浓厚烟气 (c)生成大面积火焰 (d)小范围稳定火焰

图 4.39 球头非均匀挤压-热滥用联合下热失控阶段

在 5000N 和 10000N 挤压力下，电池在热失控之前没有任何产烟，电池在瞬间开始猛烈喷射烟气，并伴随高温固体喷射，仅在 5000N 挤压力下出现一次闪燃，之后出现瞬时大面积火焰，这意味着高挤压力下热失控的喷射行为依然不能持续，之后转变为小范围稳定火焰。

球头非均匀挤压-热滥用联合下锂离子电池在各挤压力下的热失控火焰扩展过程基本上是一致的，包括剧烈喷射产烟、瞬时大面积火焰、小范围稳定火焰，这意味着热失控在电池内部的触发和发展过程是类似的。由图 4.40 可知，在 1000N 和 3000N 挤压力下，电池热失控之前发生膨胀，电池包装破裂使电解液泄漏，与加热板接触后蒸发形成烟气，热失控时电池先从球头挤压冲头边缘喷射高温固体，之后从电池侧面喷射高温固体，电池靠近极耳的一侧仅喷射高温烟气，并未喷射高温固体。随后电池电芯因热失控放热反应逐渐变成红热态，电池的喷射强度降低，最后由高温电芯点燃烟气。

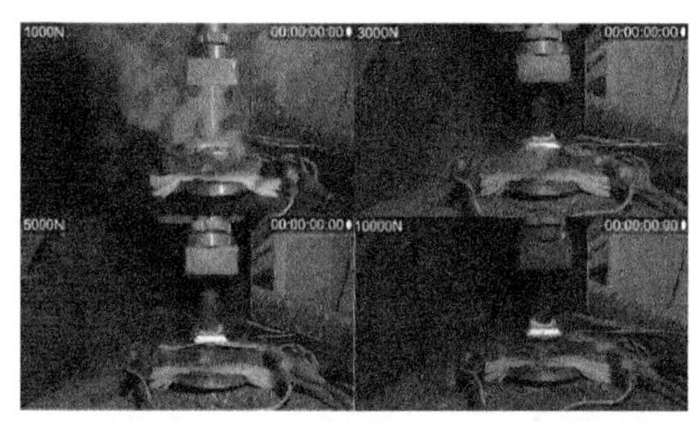

(a)球头非均匀挤压-热滥用联合下热失控产烟

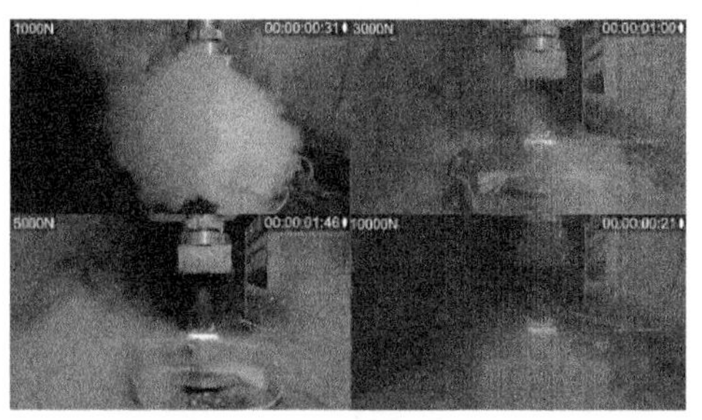

(b)球头非均匀挤压-热滥用联合下热失控喷烟

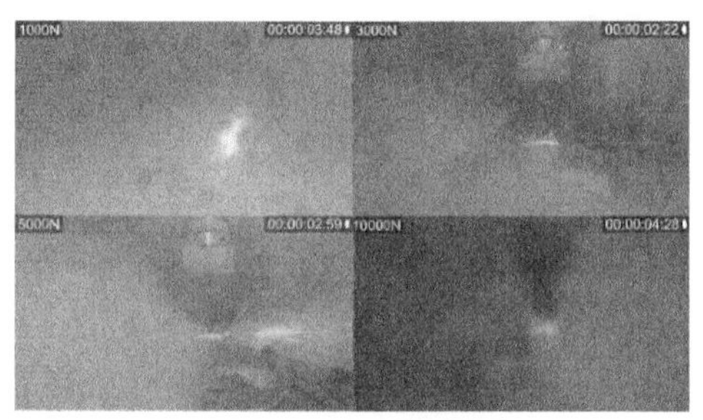

(c)球头非均匀挤压-热滥用联合下热失控喷射高温固体

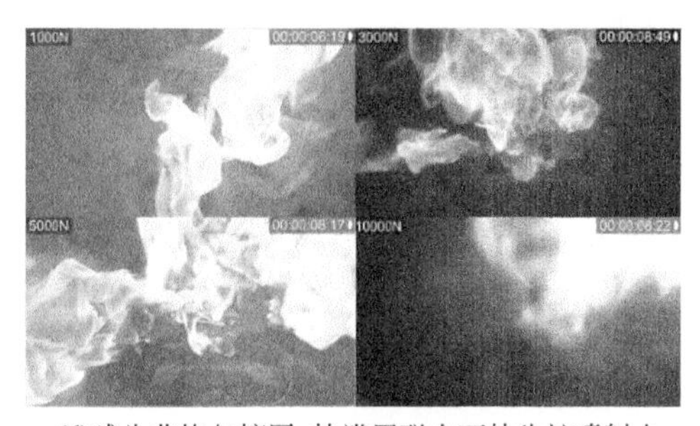

(d)球头非均匀挤压-热滥用联合下热失控喷射火

图 4.40 球头非均匀挤压-热滥用联合下热失控侧面录像截图

球头挤压冲头作用于电池上时，电池的机械强度随着温度的升高不断下降，因此电池的受压面积随着温度的升高不断增大。球头冲头与电池的接触面是球面，电池上受压部位各点的内部应力是不同的，因此球头冲头会使电池内部发生非均匀形变，这种缓慢过渡的形变在球头与电池挤压交界处最大，因此热失控的初始点是球头挤压冲头与电池挤压交界部位[26,27]。中心部位热失控产生的烟气沿着层状结构喷出，形成烟气喷射行为，而后电池热失控产生的热量传导至非挤压部位，这些部位因升温发生膨胀，喷射通道总面积增加，电池不再出现剧烈喷射。由于卷绕结构膨胀，电池热失控的能量释放速率下降，混合烟气由高温电芯直接引燃，之前形成的大面积可燃性混合气体短时间内燃烧完全后，喷射消失，火焰只能在电芯周围持续。

由图 4.40 可知,高温固体在球形挤压冲头边缘率先喷射,可以说明热失控在球头挤压冲头下靠近电池上表面的位置开始,之后向周围扩张,由于电池侧面距离挤压部位较近,热失控产生的热量使电池侧面升温后机械强度骤降,产生的高温固体先从挤压冲头周围呈辐射状喷射,随后从电池侧面喷出。

当挤压力为 5000N、10000N 时,电池在热失控之前并未发生任何膨胀,包装也没有破损,热失控时电池内部气压迅速升高,将铝塑包装薄膜冲破,由于此时电池的温度较低,产生的烟气会混合液体电解液喷出。此时的电池热失控是由电池内部的强内短路引发的,球头挤压下电池层状结构的断裂是不均匀的,因此会发生正负极集流体直接接触的硬内短路[28]。这种内短路发生在距离电池上表面较近的层状结构之间,产生的热量会迅速使电池上部的层状结构机械强度骤降,进而被副反应产生的烟气冲破,这与挤压力为 1000N 和 3000N 时是一致的。因此,高温固体颗粒物的喷射规律和挤压力为 1000N、3000N 时类似,主要从侧面喷射,电池热失控火焰的扩展规律也类似。球头非均匀挤压下电池热失控典型过程如图 4.41 所示。

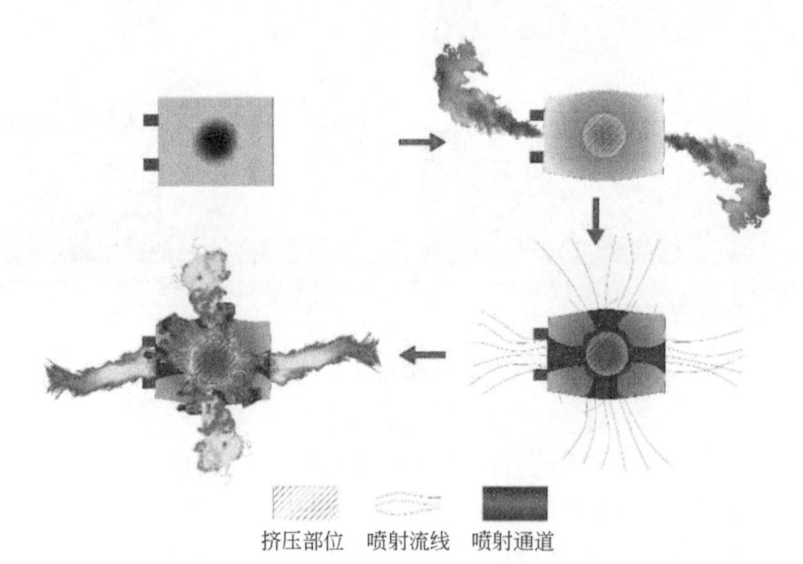

图 4.41 球头非均匀挤压下电池热失控典型过程

4.5.2 球头非均匀挤压-热滥用联合下热失控特征参数

由图 4.42 和图 4.43 可知,球头非均匀挤压-热滥用联合下电池的形变量随着温度的升高而增大,在各挤压力下电池的形变量突增都与电池热失控开始是同步的。球头的挤压面积随着电池形变量的增大而增大，因此电池的形变量曲线并非平直的。在挤压力为5000N和10000N时，越靠近电池热失控，电池的溃缩越迅速，这是由于随着温度的升高，电池的机械强度会降低，球头挤压的应力较为集中，

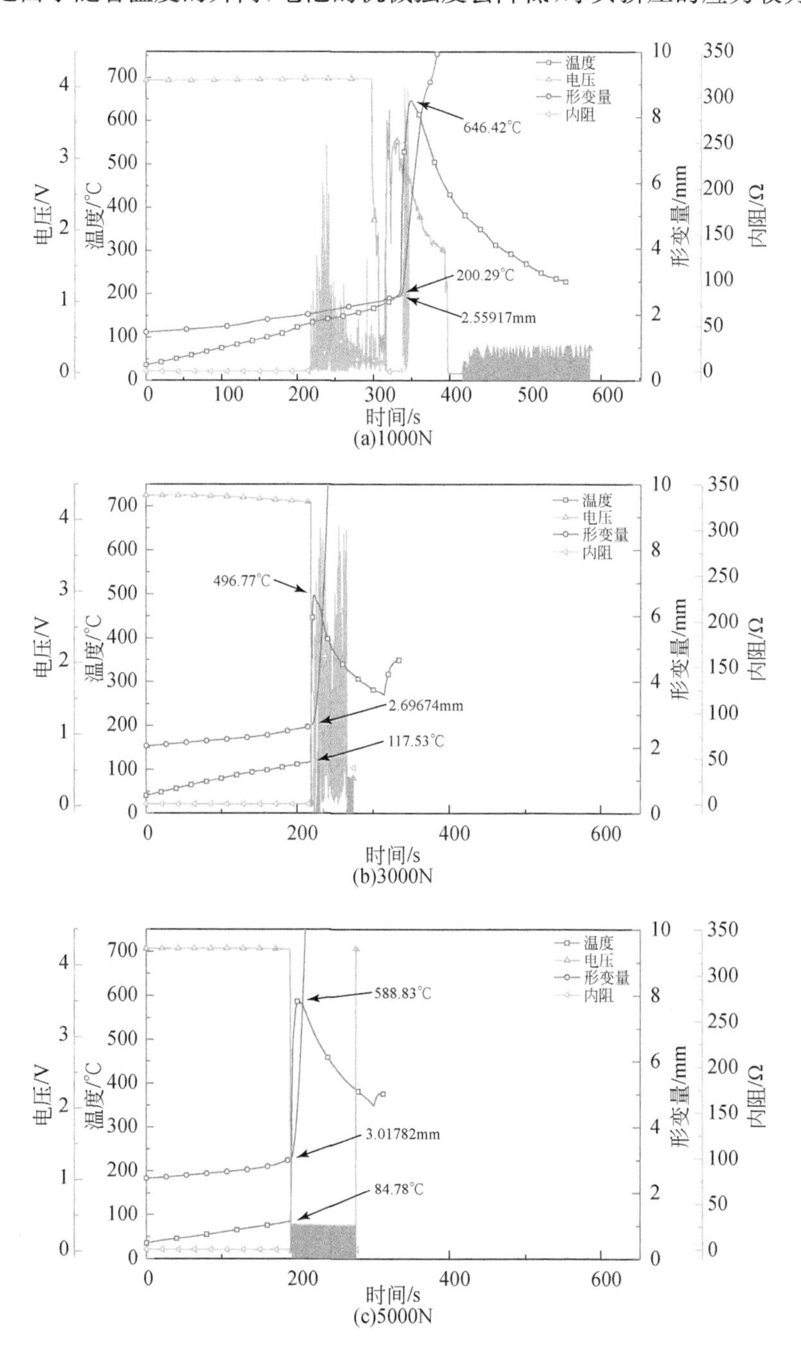

(a)1000N

(b)3000N

(c)5000N

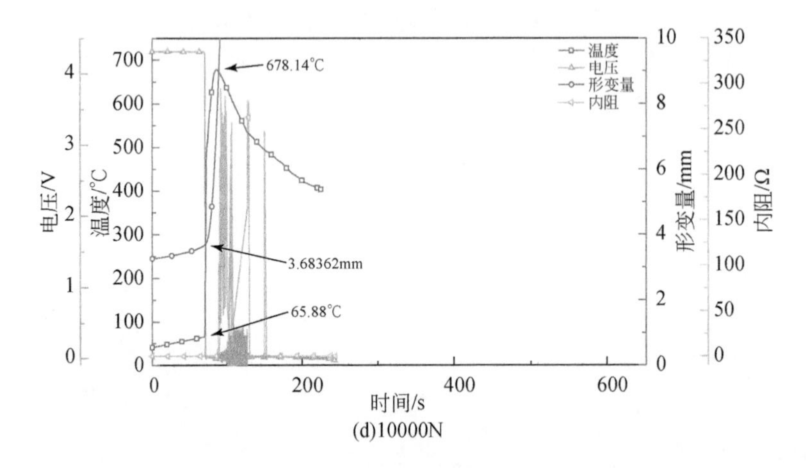

(d)10000N

图 4.42　球头非均匀挤压-热滥用联合下热失控特征参数

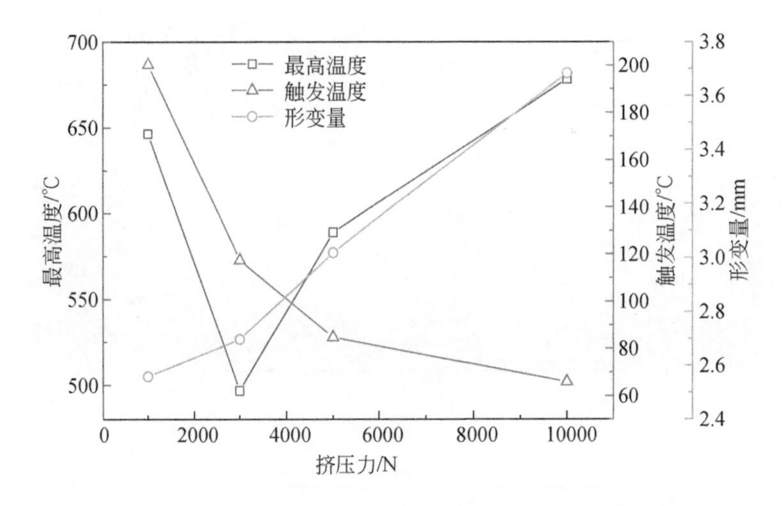

图 4.43　球头非均匀挤压-热滥用联合下热失控温度参数

这种应力引发的电池变形也就越明显。

在 1000N 和 3000N 挤压力下，电池的电压突降和热失控的开始并不一致，且电池电压在热失控前出现大范围波动，波动持续时间随挤压力的增大而缩短，电池电压在热失控发生前就已归零，这意味着低挤压力下电池热失控之前内部就出现了断裂，导致电池正负极耳之间出现断路。在 5000N 和 10000N 挤压力下，电池的电压突降归零与电池热失控同步，电池的形变量较大，这意味着此时的电池热失控是由内部严重短路引发的。

在 1000N 挤压力下，电池的热失控起始温度与单独热滥用引发热失控相比并未发生太大的偏移，这意味着此时电池的热失控是由快速放热反应引发的。在 3000N 挤压力下，电池的热失控起始温度降低至 160℃左右，此时还不足以发生剧烈的放热反应，因此电池的热失控是由内部短路引发的。电池电压波动在热失控开始时消失并归零，意味着内部层状结构之间的断裂过程最终形成内短路，引发电池热失控。当挤压力为 5000N 时，电池的热失控起始温度仅有 60℃左右；当挤压力为 10000N 时，热失控起始温度进一步降低至 40℃，这意味着在强挤压力下，球形挤压冲头在较低温度时即可使电池内部层状结构正负极集流体出现断裂和接触引发内短路。40～60℃尚属电池的正常工作范围，因此球形冲头挤压这种机械滥用形式比其他滥用形式危险性更高。

由图 4.42 可知，在球头挤压下，挤压力达到 3000N 时热失控触发温度已经降低至 117.53℃，明显低于热滥用下热失控触发温度，且电池的电压归零、形变量突增、温度骤升、内阻波动在时间上同步，这意味着电池内部结构的突变引发的内短路是高挤压力下电池热失控的主要原因。这是因为球头的形状是凸出且连续的，电池内部卷绕结构在被挤压的过程中可以较为自由地在挤压边缘形成褶皱，这种褶皱会增加正负极直接接触的概率，且挤压边缘的电解液较为充分，内短路后可以很快形成热点，引发内部快速放热反应，使热失控快速发生。随着挤压力的增大，电池热失控起始温度不断下降，在 10000N 时下降到 65.88℃，此时电池内部还没有发生放热反应，这意味着电池内部的卷绕结构抗挤压程度即使在较低温度下也会随着温度的升高而下降。而实验也说明，凸出形状的压头会更容易引发电池的严重内短路，进而导致热失控。

4.5.3　球头非均匀挤压-热滥用联合下电池热失控火焰特征

由图 4.44 可知，1000N 和 3000N 挤压力下电池的火焰温度均未超过 800℃，且火焰的持续时间明显短于其他非均匀挤压形式，这是由于前期的喷烟期未出现高频闪燃现象，电池的火焰持续时间较短，最高温度较低。没有持续喷射行为是因为电池的受压面积较小且受压部位是平滑过渡到非挤压部位的，发生热失控时产生的局部高压通过多种通道迅速消散，这意味着挤压状态的持续喷射需要一些条件，球头挤压时电池热失控过程中受压面较小，无法提供稳定的喷射源。在 5000N 挤压力下，电池火焰的初期温度明显高于其他挤压力，这是因为只有在 5000N 挤压力下电池热失控出现了剧烈闪燃，稳定火焰阶段的温度与其他挤压力无明显区别。结合其他非均匀挤压状态下电池的热失控火焰温度特征，可以确定电池温度的高温段是由闪燃产生的。在 10000N 挤压力下，电池的热失控火焰最高温降低和持续时间缩短，持续时间缩短是由于热失控开始时电池的体系温度过低，初始的

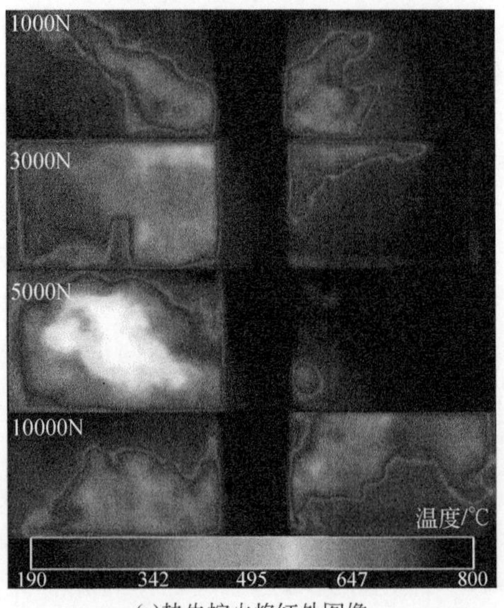

(a)热失控火焰红外图像

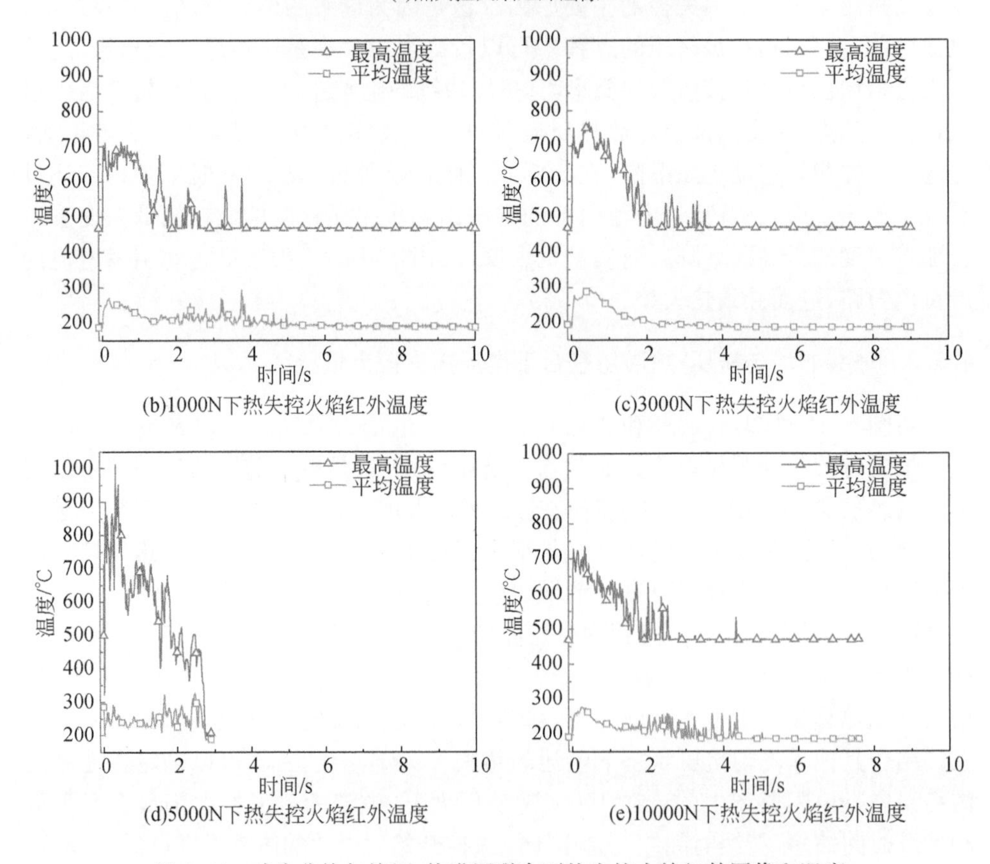

(b)1000N下热失控火焰红外温度

(c)3000N下热失控火焰红外温度

(d)5000N下热失控火焰红外温度

(e)10000N下热失控火焰红外温度

图 4.44　球头非均匀挤压-热滥用联合下热失控火焰红外图像和温度

喷射烟气没有被引燃，最高温相比于 5000N 下降低是因为电池热失控火焰是被高温电芯直接引燃的，未发生闪燃和喷射火。各个挤压力下热失控喷射火焰均表现出偏移水平线的趋势，呈现出 V 形火焰，这是由于电池在中心受压的情况下两端膨胀并倾斜向上使喷射口呈现 V 形。

4.5.4　球头非均匀挤压-热滥用联合下电池热失控残骸

由图 4.45 和图 4.46 可知，各挤压力下圆柱非均匀挤压-热滥用联合下热失控残骸均保持较高的整体性，电池中心受压部位出现坑洞，坑洞处及周围的电池残骸破碎程度随着挤压力的升高而增加，无论在多大的挤压力下，电池中心处都出现了破洞，破洞大小逐渐增大[29]。这是因为随着挤压力的增大，球形冲头挤压下冲头边缘的电池结构发生碎裂，破碎的结构被热失控产生的气体卷席喷射出去，这从侧面录像的截图中可以看到。各挤压力下电池顶部均沿长轴中轴线发生开裂，层状结构沿中轴线膨胀分裂展开。

电池在热失控过程中，球形冲头的向下挤压量会明显大于其他挤压形式，电池首尾两端在这种中心极端变形下也会发生较大的膨胀，加上热失控高温导致的电芯自身膨胀趋势，因此上层的层状结构被撕裂，形成独特的分裂形态。在 1000N、3000N、5000N 挤压力下，这种电池首尾端的开裂程度逐渐增加。仅在 5000N 挤压力下电芯中心部位的卷绕结构有较大缺失，这是激烈喷射导致的，与仅在 5000N 挤压力下出现闪燃相一致。各挤压力下电池中心受挤压部位均未出现板结结构，这是因为球形挤压冲头是平滑过渡的，挤压中被挤压部位的物质可以被气流喷出或发生滑动，高温电芯不会处于高压状态，也就不会形成板结结构。在 10000N 挤压力下，电池的首尾两端层状结构虽也发生断裂和膨胀，但其严重度下降。这是因为此时电池的热失控由内短路引发，热失控初始阶段电池温度较低，将电池体系温度加温到全面热失控需要时间，烟气喷射时电池首尾部温度较低，结构强度较高，气流难以破坏其结构，仅能将顶部靠近热失控起始点的层状结构掀起。大量的电解液被喷出和蒸发，电池头尾部发生热失控时可反应电解液量较少，因此其自身膨胀较小，且喷射烟气过程中烟气向多个方向喷射，导致喷射气流不大，这些都导致电池首尾两侧的结构保存较为完整。

由侧面截图可见，在 1000N、3000N、5000N 挤压力下电池侧面均有破损，随着挤压力的增大破损程度增加，破损的原因有两个：①热失控初期的喷射行为部分从侧面进行；②侧面距离热失控初始点较近，温度会迅速升高导致机械强度下降，结构出现膨胀疏松，在两者共同作用下电池侧面出现破损。在 10000N 挤压力下，电池侧面未发生明显的破损，这与其首尾两端的层状结构保持较为完整的原因是一致的，依然是热失控初期电池体系温度较低，机械强度较高，初始形成

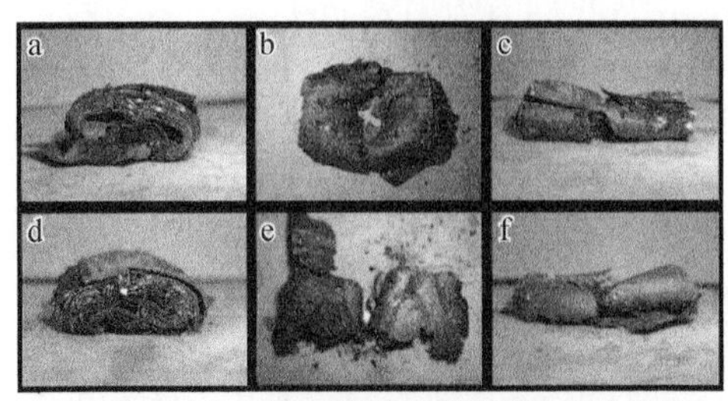

(a)1000N球头非均匀挤压-热滥用联合下电池热失控残骸

(b)3000N球头非均匀挤压-热滥用联合下电池热失控残骸

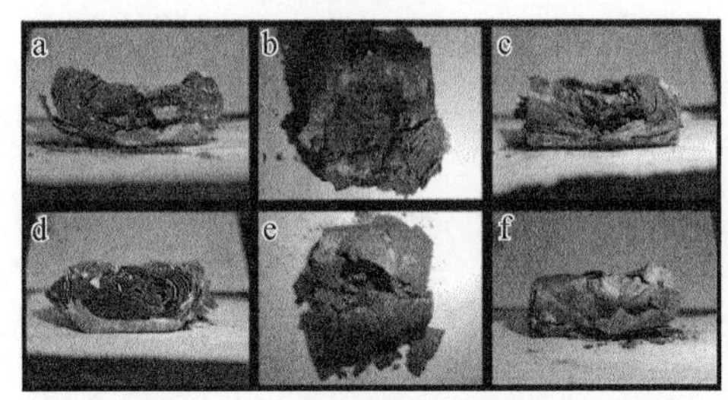

(c)5000N球头非均匀挤压-热滥用联合下电池热失控残骸

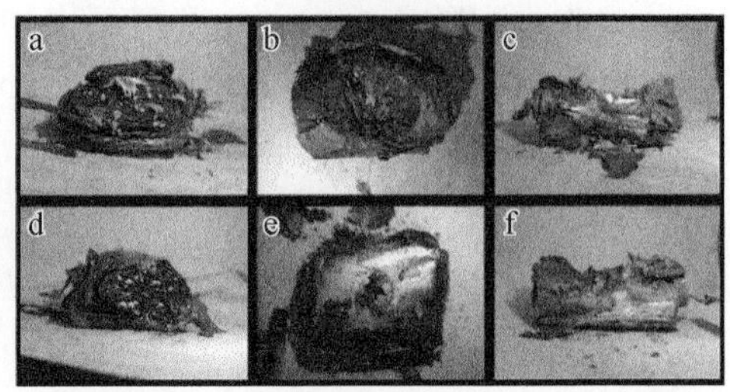

(d)10000N球头非均匀挤压-热滥用联合下电池热失控残骸

图 4.45　球头非均匀挤压-热滥用联合下电池热失控残骸

a-极耳端视图；b-顶部视图；c-左侧侧视图；d-尾端视图；e-底部视图；f-右侧侧视图

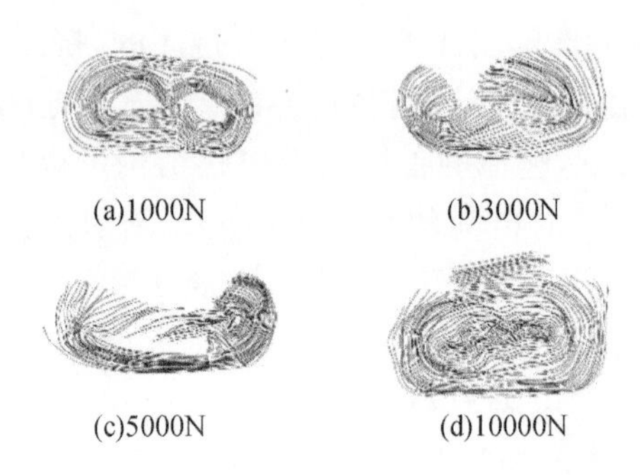

(a)1000N　(b)3000N　(c)5000N　(d)10000N

图 4.46　各挤压力下球头非均匀挤压-热滥用联合下电池热失控截面示意图

的喷射气流难以破坏电池层状结构，且由于热失控初始点接近电池顶面，气流从顶部电池破口大量分流，也降低了气流对侧面的冲击作用。

除了 5000N 挤压力，其他各挤压力下电池的截面均残留大量凝固铝滴，这同样可以证明在 5000N 挤压力下电池的喷射行为是最猛烈的，在 10000N 挤压力下凝固铝滴的数量更多，尺寸更大，说明在热失控全面发生后，电池首尾两端几乎未发生喷射，铝滴是被层状结构内部的挤压应力挤出电池的。

4.6　非均匀挤压-热滥用联合下热失控残骸特征参数

由图 4.47 可知，非均匀挤压-热滥用联合下电池的残骸质量随着挤压力的增大先下降后升高，残骸质量在挤压力为 5000N 时最低。由前文分析可知，挤压力在 5000N 以下时，随着挤压力的增大，电池残骸破碎程度增加，结合热失控录像截图，质量下降有两方面原因：一方面是在受挤压情况下，电池发生的喷射行为将电池内部的卷绕集流体和部分正负极材料喷出；另一方面是局部挤压过于极端，电池在热失控过程中发生破碎，这些破碎处也是电池喷射的出口处，因此随着挤压力的增加，更多的电池固体会被卷席气流喷出。但当挤压力为 10000N 时，电池在热失控之前就已经分裂，当电池热失控时其没有受压部位，因此未发生猛烈喷射，电池内部的固体活性物质和集流体未出现大量损失，因此残骸质量回升。

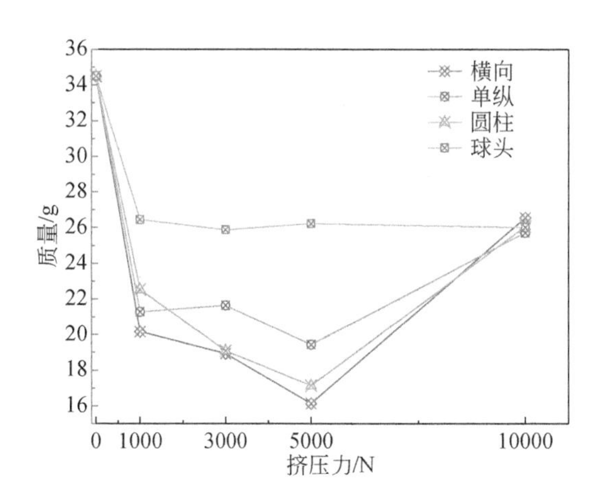

图 4.47　不同挤压形式非均匀挤压-热滥用联合下电池残骸质量

4.7　本 章 小 结

本章在不同挤压力均匀挤压状态下加热电池引发热失控，使用高速红外摄像机和高清摄像机对其热失控过程进行了记录，对电池残骸进行了收集和拍摄，分析了挤压力对电池热失控行为的影响和挤压状态下电池热失控行为的特点，并与加热引发的电池热失控进行了比较，结论如下。

(1)挤压状态下电池厚度随着电池温度升高而缓慢减小，在电池热失控开始后其厚度骤降，且电池残骸厚度随挤压力的增大而减小。

(2)挤压使电池热失控反应速度更快，热失控产烟期缩短，喷射固体物和喷射火更加剧烈，火焰面积随挤压力的增大而增大。喷射火持续时间随挤压力的增大而减小，电池表面最高温度随挤压力的增大先增大后减小。

(3)挤压使电池在热失控过程中形成喷射通道，在挤压力达到 5000N 及以上时，电池在挤压作用下会沿喷射通道分裂，进而更加碎裂，且电池残骸在高温下被挤压为紧密的块状结构，这种特殊的残骸结构可以作为判断电池在热失控过程中是否经受过强力挤压的依据。

(4)挤压力在 4000N 及以下时，热失控触发温度无明显偏移，电池电压突降点提前于热失控触发，热失控前电压波动加剧，热失控触发的主要原因是温度过高导致副反应加速进行；挤压力达到 5000N 后，热失控起始温度降低至 100℃左右，电压突降与热失控触发同步，热失控前电压波动消失，热失控触发原因主要是挤压导致的机械破坏。挤压力达到 5000N 之后热失控起始温度的大幅降低和电压波动消失，意味着通过温度和电压来监测电池的热失控会失去时效性，需要针对性开发新的监测手段。

(5)与仅对电池加热相比，挤压状态下加热电池达到热失控所需时间减少，且挤压力越大，所需时间越短，在挤压力达到 5000N 之后，所需时间进一步骤降。

多种非均匀挤压形式下，使用不同挤压力挤压电池并加热电池直至电池热失控，使用高速红外摄像机和高清摄像机对其热失控过程进行了记录，对电池残骸进行了收集和拍摄，分析了非均匀挤压状态下，挤压形式和挤压力对电池热失控行为的影响和各非均匀挤压状态下电池热失控行为的特点，结论如下。

(1)各非均匀挤压状态和挤压力下，电池形变量均随着电池温度的升高而增大，当挤压力不超过 5000N 时，横向、圆柱、球头非均匀挤压状态下电池的热失控与形变量的突增是同时的；在挤压力为 10000N 横向非均匀挤压下，电池形变量与热失控起始不再同步，这是因为电池在热失控之前发生了开裂。

(2)电池在非均匀挤压-热滥用联合下热失控前会发生喷射烟气，并从多个角度发生喷射高温固体喷射火的行为，电池的喷射火方向与挤压形式有关。在圆柱和球头挤压下，喷射火呈现 V 字形，球头挤压下最为明显。喷射火火焰面积与挤压力的大小关系不大，从圆柱至球头，喷射火面积逐渐增大。在 10000N 挤压力下，横向非均匀挤压下电池未发生喷射火现象，仅喷出大量烟气。

(3)不同非均匀挤压形式下，喷射通道主要分布在电池受挤压部位的边缘和非受压部位，仅在低挤压力挤压下分布在受压部位。这是由于热失控起始位置主要在挤压部位周围，而非受压部位更容易膨胀和开裂，出现较多的喷射路径。

（4）横向挤压下电池的热失控触发温度与热滥用下无明显差异，电池热失控触发原理是温度达到副反应加速反应临界点，横向机械挤压更多影响电池热失控行为，导致电池电压和内阻的剧烈波动；圆柱非均匀挤压下电池的热失控起始温度随挤压力的增大略微下降，但仍稳定在 200℃左右，与热滥用下电池的热失控温度差异不大，意味着圆柱非均匀挤压下电池的热失控原因依然是温度过高引发的放热反应加速；球头挤压下，挤压力达到 3000N 时热失控触发温度已经降低至 117.53℃，明显低于热滥用下热失控触发温度，且电池的电压归零、形变量突增、温度骤升、内阻波动在时间上同步，意味着电池内部结构的突变引发的内短路是高挤压力下电池热失控的主要原因。

参考文献

[1] Feng X N, Ouyang M G, Liu X, et al. Thermal runaway mechanism of lithium ion battery for electric vehicles: A review[J]. Energy Storage Materials, 2018, 10: 246-267.

[2] Zhao G, Wang X L, Negnevitsky M, et al. A review of air-cooling battery thermal management systems for electric and hybrid electric vehicles[J]. Journal of Power Sources, 2021, 501: 230001.

[3] Jia Y K, Uddin M, Li Y X, et al. Thermal runaway propagation behavior within 18650 lithium-ion battery packs: A modeling study[J]. Journal of Energy Storage, 2020, 31: 101668.

[4] Xu C S, Zhang F S, Feng X N, et al. Experimental study on thermal runaway propagation of lithium-ion battery modules with different parallel-series hybrid connections[J]. Journal of Cleaner Production, 2021, 284: 124749.

[5] Bai J L, Wang Z R, Gao T F, et al. Effect of mechanical extrusion force on thermal runaway of lithium-ion batteries caused by flat heating[J]. Journal of Power Sources, 2021, 507: 230305.

[6] Chen S C, Wang Z R, Yan W. Identification and characteristic analysis of powder ejected from a lithium ion battery during thermal runaway at elevated temperatures[J]. Journal of Hazardous Materials, 2020, 400: 123169.

[7] Chen H D, Buston J E H, Gill J, et al. An experimental study on thermal runaway characteristics of lithium-ion batteries with high specific energy and prediction of heat release rate[J]. Journal of Power Sources, 2020, 472: 228585.

[8] Finegan D P, Scheel M, Robinson J B, et al. In-operando high-speed tomography of lithium-ion batteries during thermal runaway[J]. Nature Communications, 2015, 6(1): 1-10.

[9] Finegan D P, Tjaden B, Heenan T M M, et al. Tracking internal temperature and structural dynamics during nail penetration of lithium-ion cells[J]. Journal of the Electrochemical Society, 2017, 164(13): A3285-A3291.

[10] Zou K Y, Chen X, Ding Z W, et al. Jet behavior of prismatic lithium-ion batteries during thermal runaway[J]. Applied Thermal Engineering, 2020, 179: 115745.

[11] Wang Z, Ouyang D X, Chen M Y, et al. Fire behavior of lithium-ion battery with different states of charge induced by high incident heat fluxes[J]. Journal of Thermal Analysis and Calorimetry, 2019, 136(6): 2239-2247.

[12] Wang Z, Yang H, Li Y, et al. Thermal runaway and fire behaviors of large-scale lithium ion batteries with different heating methods [J]. Journal of Hazardous Materials, 2019, 379: 120730.

[13] Kim J, Mallarapu A, Santhanagopalan S. Transport processes in a Li-ion cell during an internal short-circuit[J]. Journal of the Electrochemical Society, 2020, 167(9): 090554.

[14] Zhang M X, Du J Y, Liu L S, et al. Internal short circuit trigger method for lithium-ion battery based on shape memory alloy[J]. Journal of the Electrochemical Society, 2017, 164 (13): A3038-A3044.

[15] Fang W F, Ramadass P, Zhang Z M. Study of internal short in a Li-ion cell-II. Numerical investigation using a 3D electrochemical-thermal model[J]. Journal of Power Sources, 2014, 248: 1090-1098.

[16] Maleki H, Deng G P, Anani A, et al. Thermal stability studies of Li-ion cells and components [J]. Journal of the Electrochemical Society, 1999, 146(9): 3224-3229.

[17] Yamaki J I, Takatsuji H, Kawamura T, et al. Thermal stability of graphite anode with electrolyte in lithium-ion cells[J]. Solid State Ionics, 2002, 148(3/4): 241-245.

[18] Zhang J B, Su L S, Li Z, et al. The evolution of lithium-ion cell thermal safety with aging examined in a battery testing calorimeter[J]. Batteries, 2016, 2(2): 12.

[19] Mao B B, Huang P F, Chen H D, et al. Self-heating reaction and thermal runaway criticality of the lithium ion battery[J]. International Journal of Heat and Mass Transfer, 2020, 149: 119178.

[20] Jhu C Y, Wang Y W, Wen C Y, et al. Thermal runaway potential of $LiCoO_2$ and $Li(Ni_{1/3}Co_{1/3}Mn_{1/3})O_2$ batteries determined with adiabatic calorimetry methodology[J]. Applied Energy, 2012, 100: 127-131.

[21] Wang Z, Ning X Y, Zhu K, et al. Evaluating the thermal failure risk of large-format lithium-ion batteries using a cone calorimeter[J]. Journal of Fire Sciences, 2019, 37(1): 81-95.

[22] Pham M T M, Darst J J, Finegan D P, et al. Correlative acoustic time-of-flight spectroscopy and X-ray imaging to investigate gas-induced delamination in lithium-ion pouch cells during thermal runaway[J]. Journal of Power Sources, 2020, 470: 228039.

[23] Volck T, Sinz W, Gstrein G, et al. Method for determination of the internal short resistance and heat evolution at different mechanical loads of a lithium ion battery cell based on dummy pouch cells[J]. Batteries, 2016, 2(2): 8.

[24] Parhizi M, Ahmed M B, Jain A. Determination of the core temperature of a Li-ion cell during thermal runaway[J]. Journal of Power Sources, 2017, 370: 27-35.

[25] Greve L, Fehrenbach C. Mechanical testing and macro-mechanical finite element simulation of the deformation, fracture, and short circuit initiation of cylindrical Lithium ion battery cells[J].

Journal of Power Sources, 2012, 214: 377-385.

[26] Luo H L, Xia Y, Zhou Q. Mechanical damage in a lithium-ion pouch cell under indentation loads[J]. Journal of Power Sources, 2017, 357: 61-70.

[27] Ren F, Cox T, Wang H. Thermal runaway risk evaluation of Li-ion cells using a pinch-torsion test[J]. Journal of Power Sources, 2014, 249: 156-162.

[28] Sahraei E, Bosco E, Dixon B, et al. Microscale failure mechanisms leading to internal short circuit in Li-ion batteries under complex loading scenarios[J]. Journal of Power Sources, 2016, 319: 56-65.

[29] Zhang C, Santhanagopalan S, Sprague M A, et al. A representative-sandwich model for simultaneously coupled mechanical-electrical-thermal simulation of a lithium-ion cell under quasi-static indentation tests[J]. Journal of Power Sources, 2015, 298: 309-321.

第 5 章　电池老化对其性能及热失控的影响

随着锂离子电池的广泛使用，越来越多的电池面临着老化退役的问题。通常，电池老化对其电化学和安全性能均有显著影响。本章在前人研究的基础上，设计了锂离子电池在高温、低温下的老化实验，模拟电池在设定环境温度下进行老化。随后，对老化后的电池进行电化学性能测试，分析在老化过程中电池容量和内阻的变化。除此之外，本章还对老化后的电池开展绝热热失控实验，以分析高/低温老化后电池热失控的行为规律。最后，对老化后的电池材料进行微观测试，探究老化后电池电性能和热失控行为变化的内在机理。

5.1　实验装置与方法

5.1.1　实验对象

本节采用三元软包锂离子电池(图 5.1)，高度为 45mm，宽度为 33mm，厚度为 9.8mm。电池额定容量为 1800mAh，额定电压为 3.7V，充放电截止电压分别为 4.2V 和 2.75V。电池使用铝塑复合膜外壳，可以对内部物质起到较好的保护，而且能够防止电池出现漏液、短路等意外情况。电池正极材料为三元材料与锰酸锂的混合物($Li(NiCoMn)O_2+LiMn_2O_4$)，集流体为铝箔，富锂态与贫锂态均为黑

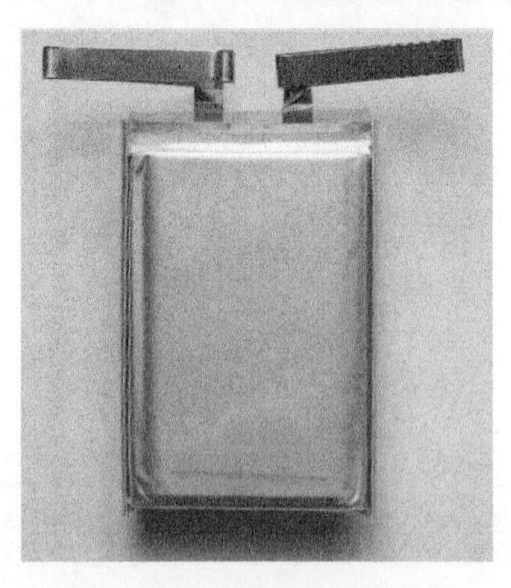

图 5.1　锂离子电池实物图

色。负极材料为石墨，集流体为铜箔，富锂态为金色，贫锂态为黑色至深蓝色。电解液为六氟磷酸锂（$LiPF_6$）的碳酸酯类溶剂。

5.1.2 实验装置

1. 高低温老化装置

锂离子电池高低温老化实验所用到的装置主要包括蓝电电池测试系统和高低温恒温恒湿实验箱。

1）蓝电电池测试系统

蓝电电池测试系统（CT2001B）可以在对电池进行不同倍率充放电的同时监测电池的电压、电流变化，并生成电压、电流曲线。该装置具有 8 个通道，每个通道可以独立地以任意充放电模式进行充放电（静置、恒流充电、恒压充电、恒功率放电、恒流放电等），其实物如图 5.2 所示，相关详细技术参数如表 5.1 所示。

图 5.2 蓝电电池测试系统

表 5.1 蓝电电池测试系统技术参数

技术指标	参数
电压量程	0～5V
电流量程	0～10A
输入阻抗	≥1MΩ
电压分辨率	可保留 5 位有效数字
电流分辨率	可保留 5 位有效数字
工作电源	AC 220V50Hz/110V60Hz

2)高低温恒温恒湿实验箱

本实验使用的高低温老化设备为昆山鹭工精密仪器有限公司生产的高低温恒温恒湿实验箱,内箱尺寸为350mm×400mm×350mm,温度范围为−60~150℃,温度偏差±2℃,其实物如图5.3所示。

图5.3 高低温恒温恒湿实验箱

2. 热失控触发装置

本实验采用Thermal Hazard Technology(THT)公司生产的绝热加速量热仪(accelerating rate calorimeter,ARC)作为热失控的触发装置。绝热加速量热仪的特点是可以提供一个近似绝热的环境来测试放热行为。在高温条件下,锂离子电池内部会发生多个副反应,从而导致热失控的发生。随着温度的升高,这些反应先后被触发,并释放出一定的热量来加速其内部的化学反应速率,这一过程称为“自加速”过程[1]。绝热加速量热仪通过测量电池温度,并加热储存电池的腔体,使电池所处的环境温度与电池温度始终保持一致,从而达到绝热的目的,阻断电池与外界环境的热交换,保证电池从“自加速”反应开始到热失控过程中所需的能量均来自于电池本身,从而准确分析锂离子电池热失控过程中的反应机制。本实验选用的绝热加速量热仪实物如图5.4所示。

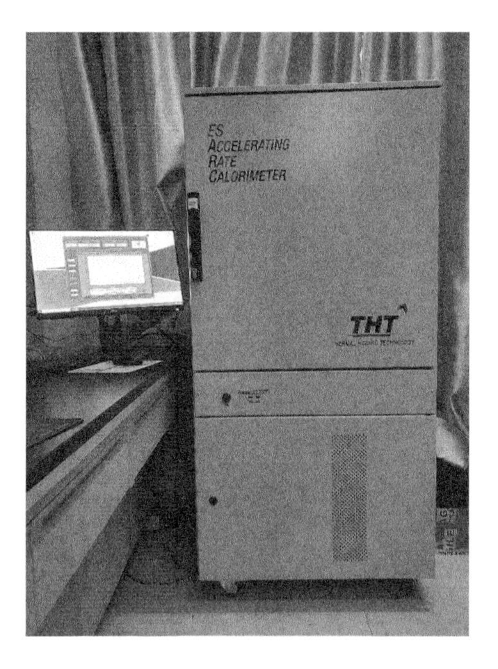

图 5.4　绝热加速量热仪实物

3. 电池材料分析设备

电池材料分析设备包括手套箱、扫描电子显微镜和 X 射线衍射(X-ray diffraction,XRD)仪等,如图 5.5 所示。

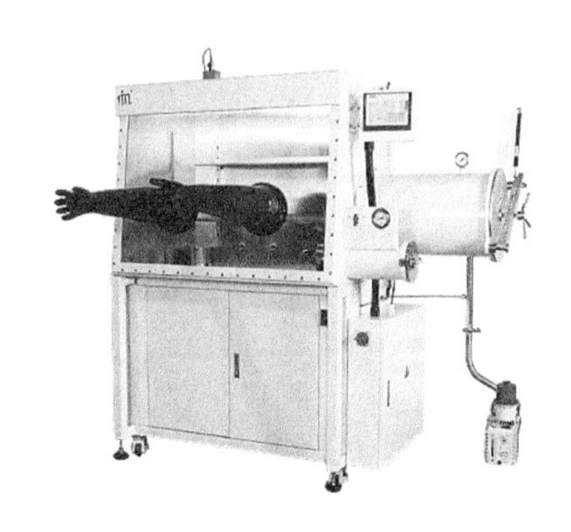

(a)JMS-1X型真空手套箱

(b)JSM-6510型扫描电子显微镜

(c)Rigaku Smartlab X射线衍射仪

图 5.5　电池材料分析设备

1)手套箱

本节使用南京九门自控技术有限公司生产的 JMS-1X 型真空手套箱,其由手套箱箱体、真空加热大过渡舱、小过渡舱、气体循环净化系统、控制系统、显示系统、水氧分析仪、有机溶剂吸附器和真空系统组成。手套箱内充入氩气作为惰性气体。其正常运行时,能够保持箱内水氧含量均为 0.1ppm,泄漏率小于 0.001%(体积分数)/h。手套箱用于拆解老化后的锂离子电池以做进一步的分析。在实验过程中,将放完电的锂离子电池先放入小过渡舱内,经过三次洗气后转移至箱体内部,使用小刀、镊子等工具将电池拆解。

2)扫描电子显微镜

本节使用日本电子株式会社(JEOL)生产的 JSM-6510 型扫描电子显微镜。该扫描电子显微镜集成了能谱仪(energy dispersive spectrometer,EDS),能够对各种固体表面进行高分辨率形貌观察,可以很方便地研究氧化物表面,以及晶体的生长或腐蚀缺陷。JSM-6510 型扫描电子显微镜的放大倍率为 5～300000 倍,加速电压为 0.5～30kV,可对样品的表面、切面和断面进行分析。

3)X 射线衍射仪

本节使用 Rigaku Smartlab X 射线衍射仪。X 射线的波长和晶体内部原子面之间的距离相近,晶体可以作为 X 射线的空间衍射光栅,即一束 X 射线照射到物体上时,受到物体中原子的散射,每个原子都产生散射波,这些散射波互相干涉,结果产生衍射。衍射波叠加的结果使射线的强度在某些方向上加强,在其他方向上减弱。分析衍射结果,即可获得晶体结构。

4. 其他辅助设备和工具

1)点焊机与镀镍钢带

本节使用 JST-4 动力电池点焊机,在电池的正负极极耳处焊接镀镍钢带,以方便为电池充放电。

2)喷金仪

当使用扫描电子显微镜对样品进行微观形貌观测时,大部分情况下无须对样品进行处理即可获得样品的微观信息。但电池的隔膜导电性较差,为了获得高质量扫描电子显微镜图像,必须结合喷金仪使用。本节使用 JEOL JFC-1600 喷金仪对样品进行喷金处理。

3)高温胶带

本节使用高温胶带固定电池和热电偶,以防止电池和热电偶脱落。

4)导电胶带

本节使用导电胶带制备扫描电子显微镜样品。

5.1.3　实验方案

1. 电池循环老化及电性能测试

1)电池预处理

将全新的电池在常温(高低温实验箱设置为 25℃)下进行 3 次正常的循环充放电,循环结束后进行容量增量分析(incremental capacity analysis,ICA)法测试和混合脉冲功率表征法(hybrid pulse power characteristic,HPPC)内阻测试,随后放电至 2.75V。循环充放电步骤如表 5.2 所示。

表 5.2　预处理循环充放电步骤

工步序号	工步名称	工步参数	截止参数	备注
1	静置	—	10min	
2	恒流放电	0.5C	2.75V	
3	静置	—	30min	
4	恒流充电	0.5C	4.2V	容量增量分析法测试
5	恒压充电	4.2V	0.02C	
6	静置	—	30min	
7	恒流放电	0.5C	2.75V	

续表

工步序号	工步名称	工步参数	截止参数	备注
8	静置	—	30min	
9	循环	工步 4～8	3 次	
10	恒流充电	0.05C	4.2V	容量增量分析法测试
11	恒流放电	0.05C	2.75V	
12	静置	—	30min	
13	HPPC 内阻测试	0.1C	—	

2)高温和低温环境下电池老化实验

将电池置于高低温恒温恒湿实验箱内，在设定的温度下进行循环充放电实验。实验温度分别设置为－40℃、－20℃、0℃、25℃(常温，对照组)、40℃、60℃、80℃，充放电步骤如表 5.3 所示。循环结束后以 0.5C 充电至 50% SOC，并进行 HPPC 内阻测试。

表 5.3　高温和低温环境下老化实验充放电步骤

工步序号	工步名称	工步参数	截止参数
1	恒流充电	0.5C	4.2V
2	恒压充电	4.2V	0.02C
3	静置	—	5min
4	恒流放电	0.5C	2.75V
5	静置	—	5min
6	循环	工步 1～5	100 次
7	恒流充电	0.05C	4.2V
8	恒流放电	0.05C	2.75V
9	静置	—	30min
10	HPPC 内阻测试	0.1C	—

根据实验结果，计算电池在不同环境温度下老化后电池内阻、容量保持率、库仑效率等参数的变化。

2. 老化电池加热诱发热失控实验

1)校准测试

高温胶带等辅助用品在高温下会吸收或放出热量，首次进行实验前，需要对绝热加速量热仪进行校准，以获得所测电池在绝热条件下准确的升温速率 dT_S/dt。本实验采用“等热容物代替”校准法进行校准，选用质量和形状均与实验所用电池一致的 6061T 铝合金块，6061T 铝合金块与电池的比热容 C_p 相似，因此可以近似地认为 6061T 铝合金块是一块惰性电池。使用该铝合金块进行校准，可以尽可能地模拟绝热加速量热仪量热腔中的温度分布情况，以获得准确的校准曲线。“等热容物代替”校准法与校准曲线如图 5.6 所示。

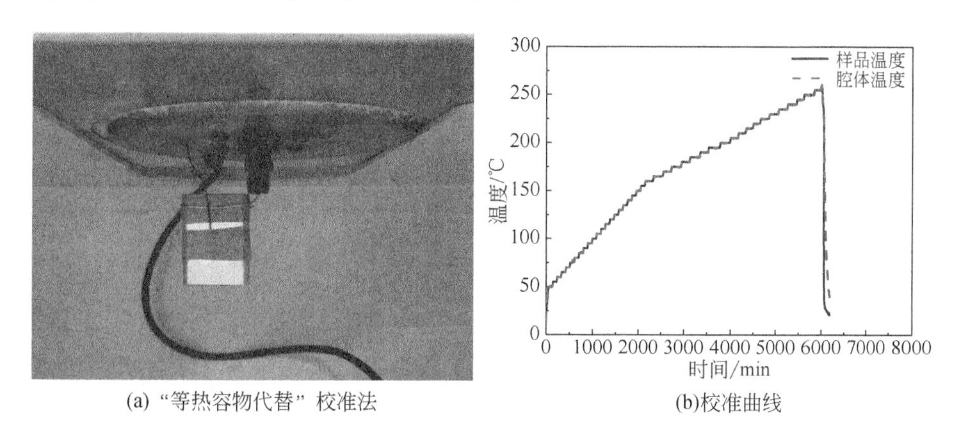

(a) “等热容物代替” 校准法　　(b)校准曲线

图 5.6　“等热容物代替”校准法与校准曲线

2)漂移测试

在进行热失控实验之前，需要先对绝热加速量热仪进行漂移测试，以确保在等待和搜寻阶段，胶带、热电偶等辅助工具的吸热和放热反应不会影响温度曲线的变化，从而确保实验的有效性。漂移测试的参数设置与热失控测试相同，不同的是漂移测试使用的样品为校准测试中使用的 6061T 铝合金块。漂移测试参数设置如表 5.4 所示，漂移测试曲线如图 5.7 所示。

表 5.4　漂移测试参数设置

参数名称	参数设置
起始温度/℃	50
结束温度/℃	260
温度台阶/℃	5
等待时间/min	20
灵敏度/(℃/min)	0.02

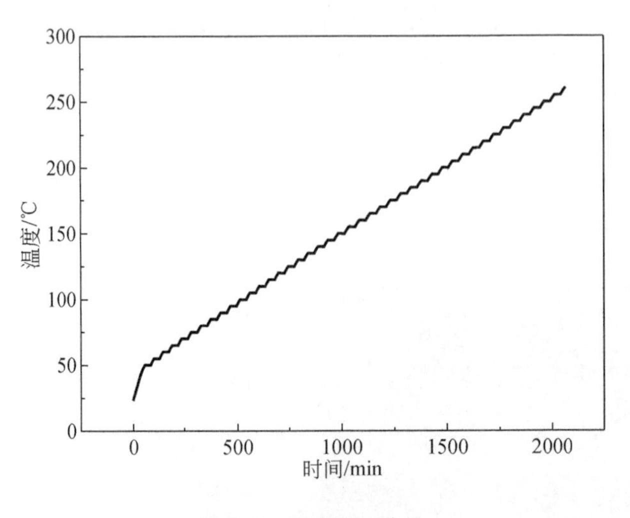

图 5.7 漂移测试曲线

漂移测试中，在每个温度台阶下样品表面温度均未发生明显的上升或下降，说明校准结果符合热失控实验的要求，因此可以进行后续的热失控测试。

3)比热容测试

为了计算电池在热失控过程中的总放热量，需要对电池的比热容进行测试。将绝热加速量热仪设置为绝热模式，使用功率约为 1W 的加热片对电池进行加热，利用公式 $Pt=C_p m\Delta T$ 计算加热过程中电池的比热容 C_p。实验中使用的加热片实测电压为 5.09V，电流为 183.7mA，功率为 0.935W。比热容测试曲线如图 5.8 所示。

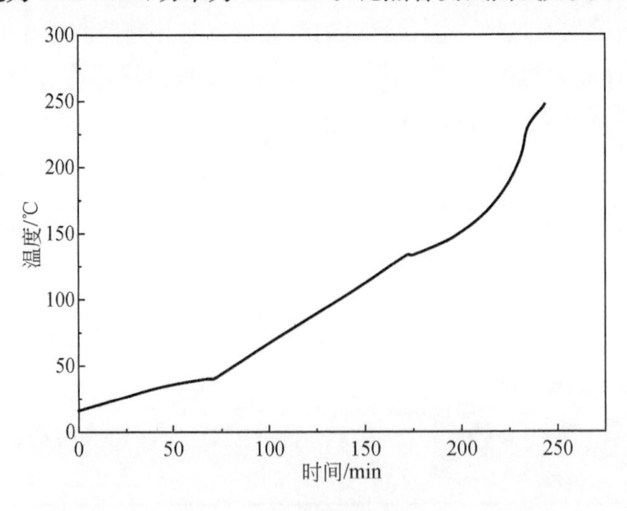

图 5.8 比热容测试曲线

在电池温度达到135℃后，电池内部开始自反应，此时电池温度的升高是由加热片加热和自加热共同导致的。因此，在比热容测试曲线中，仅选取线性部分来计算电池的比热容。经计算，电池的比热容为0.888J/(g·℃)。

4)热失控测试

将老化后的电池充电至100% SOC，放入绝热加速量热仪中，以热滥用的方式触发热失控。记录自放热起始温度T_0、热失控起始温度T_c、热失控最高温度T_{max}、热失控时间Δt，利用公式$Q_{TR}=C_p m(T_{max}-T_c)$计算热失控过程中电池的放热量。将上述参数与常温环境下充放电循环后的电池进行对比。

3. 电池材料分析实验

100% SOC的电池负极极片暴露于空气中会迅速发生氧化反应甚至燃烧，因此形貌及元素种类分析实验和晶体结构分析实验均使用0% SOC电池的电极。

1)形貌及元素种类分析实验

将不同环境温度下老化后的电池放电至0% SOC后使用小刀、镊子等工具进行拆解，分离电池的正极、负极和隔膜。将正极、负极和隔膜分别切成5mm×5mm的方形片状样品，并放入扫描电子显微镜中，观察样品的表面形貌并分析元素种类和含量。将正极、负极放入液氮中冷却至−196℃，使用镊子迅速掰断，以获得电池极片的断面样品，放入扫描电子显微镜中，观察样品的断面形貌。

2)晶体结构分析实验

将拆解后的0% SOC电池正极和负极分别切成20mm×20mm的方形片状样品，放入XRD仪中进行晶体结构分析。XRD仪设置的扫描起止角度为5°～100°，扫描速度为15°/min。

5.1.4 实验方法

1)准备工作及电池的预处理

(1)检查电池的外表面，观察是否有挤压损坏的痕迹。

(2)在电池正负极极耳处分别焊接两片8cm长的镍片，以便对电池进行充放电。

(3)利用蓝电电池测试系统对电池进行预处理实验。

(4)根据预处理实验中最后一个循环的充入容量，筛选出容量在1750～1850mAh的电池作为合格电池进行后续实验。

2)高低温循环老化实验

(1)将筛选合格的电池放入高低温恒温恒湿实验箱中，通过实验箱的走线孔连接至蓝电电池测试系统。

(2)将高低温恒温恒湿实验箱设定至实验温度,并保持 30min 以上,以确保电池表面和内部温度均一。

(3)启动蓝电电池测试系统,根据设置好的工步对电池进行循环老化。

3)热失控实验

(1)将循环老化后的电池充电至 100% SOC。

(2)将电池表面依次缠绕高温胶带和铁丝,以确保电池与铁丝固定牢固,不会脱落。

(3)将铁丝穿过绝热加速量热仪的穿线孔,使电池挂于绝热加速量热仪腔体中间。

(4)将绝热加速量热仪的热电偶放置在电池表面中部,用高温胶带将其固定。

(5)关闭绝热加速量热仪的防爆门,进行热失控实验。

4)形貌及元素种类分析实验

(1)将制备好的电池极片表面和断面样品使用导电胶带粘贴于扫描电子显微镜的样品台上。

(2)将样品台与样品放置于喷金仪内喷金,以提高样品的导电性。

(3)将样品台与样品放置于扫描电子显微镜中进行形貌及元素种类分析实验。

5)晶体结构分析实验

(1)将制备好的电池极片样品使用双面胶粘贴于载玻片上。

(2)将载玻片和样品放置于 X 射线衍射仪内进行晶体结构分析实验。

5.2　高低温老化对锂离子电池性能的影响

5.2.1　高低温老化对电池容量的影响

锂离子电池在使用过程中,随着循环次数的增加会出现一定的容量衰减。这种容量衰减往往是非线性的,并且具有一定的随机性。充电容量与放电容量的衰减趋势是一致的,随着循环次数的增加,容量衰减的速度逐渐加快。目前,国内外学者将锂离子电池循环过程中容量衰减的主要原因归结为负极析锂、SEI 膜增厚、正极/负极活性材料的损失等[2]。在电池的使用过程中,环境温度、充放电倍率等因素均会影响电池的容量衰减。通常,使用健康状态(state of health,SOH)来衡量电池的容量衰减程度。SOH 定义为电池在满电状态下以一定倍率放电至截止电压所放出的容量与其初始状态下容量的比值[3]:

$$\mathrm{SOH}=\frac{C_n}{C_0}\times 100\% \tag{5.1}$$

式中,C_n为电池在进行充放电循环后的最大可用容量;C_0为电池的初始容量。

本节使用的锂离子电池在常温下进行循环充放电时，100次循环后SOH约为93%。常温(25℃)下锂离子电池循环充放电100次的容量衰减如图5.9所示。

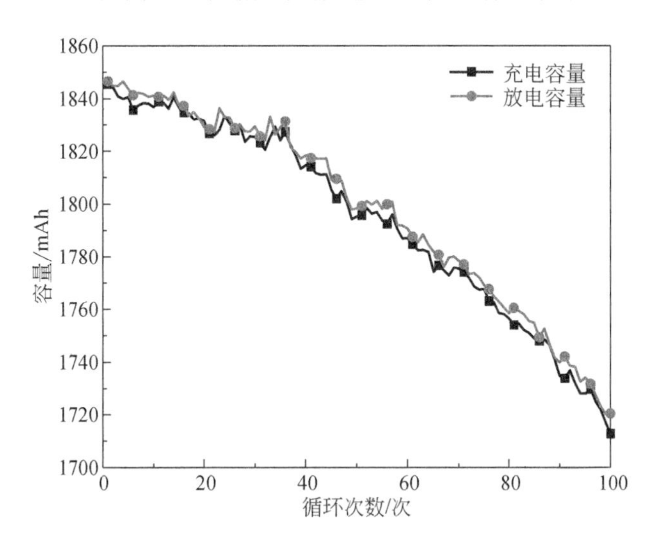

图5.9　常温(25℃)下锂离子电池循环充放电100次的容量衰减

1. 高温老化对电池容量的影响

将恒温恒湿实验箱温度分别设置为40℃、60℃、80℃后进行老化实验，以探究高温老化对电池容量的影响，老化过程中电池的充放电容量变化如图5.10所示。

40℃下，锂离子电池的老化过程呈现出与25℃相同的趋势，容量衰减速度稍快于25℃。在100次循环后，SOH为89%，且电池厚度没有明显增加。60℃下，电池在第25次循环之后，容量衰减速度开始明显加快；在80次循环后，容量衰减

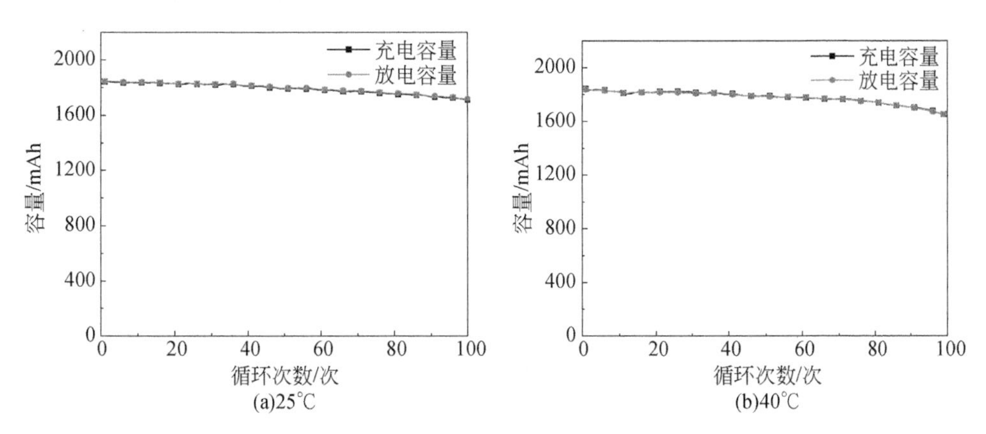

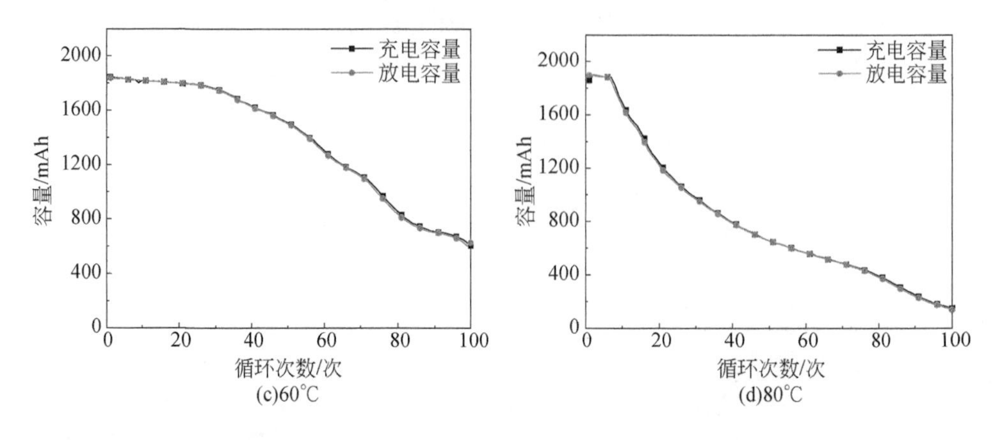

(c)60℃　(d)80℃

图 5.10　高温老化容量衰减曲线

速度减慢；100 次循环后，SOH 为 33%，并且电池出现明显的鼓包，电池内部有气体生成。80℃下，电池在前 5 次循环过程中，充放电容量有所上升，上升幅度约为 2.7%(50mAh)，但从第 7 次循环开始，容量就出现断崖式的衰减，容量衰减速度逐渐减小。100 次循环后，SOH 仅为 8%，并且电池出现明显的鼓包。与 60℃循环不同的是，80℃循环后，电池厚度虽然增大，但其内部并无压力，且恒温恒湿实验箱内有明显的电解液味道。这是由于电池在 80℃老化的过程中，内部产生的气体量比 60℃更多，产生的气体使电池内部压强增大，最终导致电池铝塑膜密封处破裂，气体和电解液泄漏。

锂离子电池制备完成后的首次充电过程中，电解液能在负极表面有限还原分解并生成一层 SEI 膜[4]。SEI 膜能够抑制电解液在电极上的持续分解，保持电极材料的结构[5,6]。SEI 膜的分解一般认为是锂离子电池自放热反应的开始。在电池内部温度升高到一定值后，SEI 膜开始发生分解，生成 C_2H_4、CO_2、O_2 等气体。通常认为，SEI 膜分解的起始温度为 90～120℃[7,8]。当电池在高温下进行充放电时，高温使 SEI 膜发生分解，同时由于充放电的进行，SEI 膜又在不断生成。SEI 膜的不断分解与生成，一方面使电池内部产生并积聚气体，进而使电池发生鼓包；另一方面使电池内部的活性物质不断被消耗，进而导致电池容量衰减。SEI 膜的分解是一个放热过程，但是该反应放出的热量较少，并且实验过程中电池周围的环境温度始终保持不变，因此放出的热量可以迅速地被释放到环境中，而不会使电池发生自加热导致热失控。

随着老化的进行，电池容量不断减小。以 80℃的老化实验为例，当老化至第 32 次循环时，电池容量从 1858mAh 衰减至 938mAh，SOH 约为 50%。而此时充放电的恒流过程还是以额定容量 1800mAh 的 0.5C(900mA)，也即老化后的 1C 进行。而当老化至第 73 次循环时，电池容量衰减至 463mAh，SOH 约为 25%，此时的充放电倍率变为实际容量的 2C。随着老化过程的继续，充电倍率相对于电池的实际容量不断增大。当电池以较高倍率进行充电时，负极界面上的锂离子得电子的速率较快，而电解液内部锂离子的运动速度较慢，无法及时补充到负极界面附近，使充电过程的浓差极化变大；同时，生成的单质锂无法及时扩散到石墨负极内部，堆积在负极表面产生锂沉积，甚至生成枝晶锂对电池的安全性能造成影响。

锂离子电池热失控反应的热量来源中，一大部分来自于正负极活性物质之间发生化学反应生成的热量。从电池容量的角度来看，容量的衰减反映了电池内部活性物质的减少，而活性物质越少，热失控反应放出的热量就越少。因此推测，老化后的电池热失控放出的热量与其老化过程的环境温度呈负相关。

2. 低温老化对电池容量的影响

在低温环境下，锂离子电池的容量变化与高温环境下大不相同。首先，电池首次循环的容量小于额定容量，并且随着温度的降低，首次循环的容量也在降低。在 0℃和－20℃下，首次循环的充电容量分别为 1557mAh 和 627mAh。当环境温度为－40℃时，恒流充电开始，电压从 3.3V 直接跳至 5V，超过了蓝电电池测试系统的电压量程，因此在此温度下，电池不具备充放电的能力。其次，随着循环次数的增加，容量的衰减速度并没有增大，而是几乎呈线性衰减。在 100 次循环后，0℃下与－20℃下老化的电池 SOH 分别为 64%和 23%，分别剩余 1144mAh 和 415mAh。若以首次循环的容量作为电池的初始容量，则 0℃和－20℃下 100 次循环后的容量保持率分别为 73%和 66%。低温老化容量衰减曲线如图 5.11 所示。

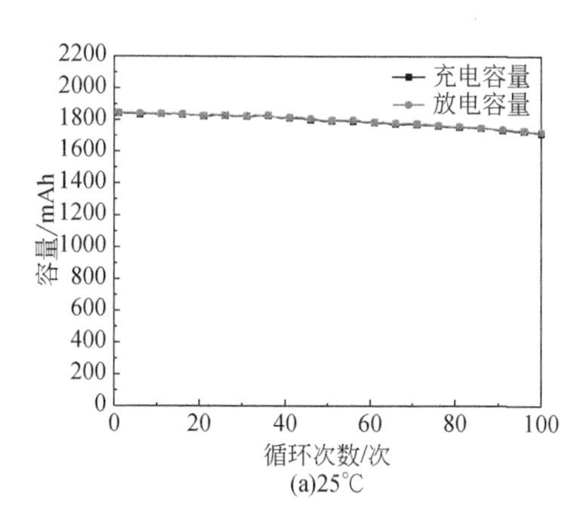

(a)25℃

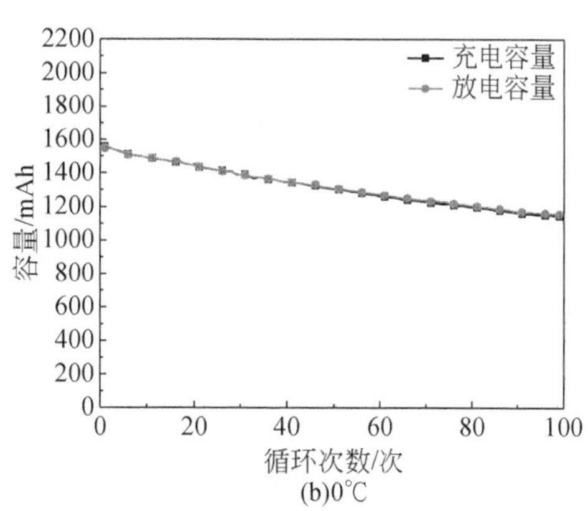

(b)0℃

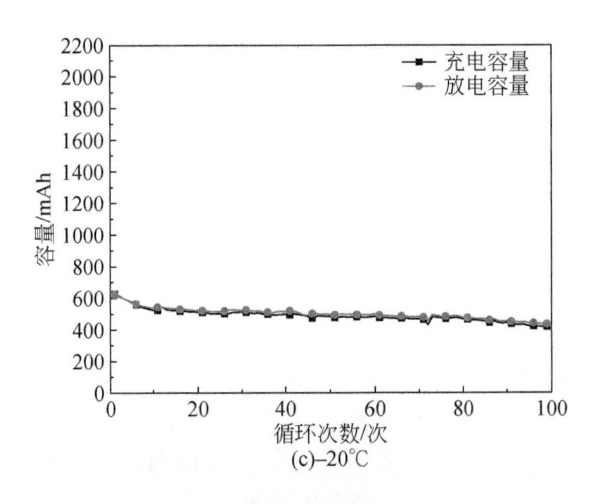

图 5.11　低温老化容量衰减曲线

在低温下,锂离子电池的容量衰减主要来自于充电阶段。当环境温度较低时,锂离子在电极材料内部的扩散速率降低,充电初期,嵌入负极的锂离子只能嵌入到负极较浅的部分,而无法向负极的深层部分移动。随着充电过程的进行,后续到达负极的锂离子得到电子后只能沉积在负极表面,而逐渐生成锂枝晶。随着锂枝晶的生长,较大的锂枝晶会从负极根部脱落,从而脱离负极表面,造成活性锂的损失。一方面,锂枝晶脱落形成"死锂"造成了锂离子电池容量的衰减;另一方面,锂枝晶容易刺穿隔膜,诱发电池内短路,极大地降低了电池的自放热起始温度。

5.2.2　高低温老化后电池容量增量分析

容量增量分析法是研究锂离子电池容量衰减和内阻变化机理的分析方法。该方法能够将电压曲线中不易看出的平缓变化平台转化为容量增量曲线中的峰值,通过分析各个峰值的变化来反映电池内部化学变化的特征。当电池以 0.05C 倍率进行充放电时,由于该微小电流下电池内部的极化效应非常小,可以近似地认为在该倍率下充放电过程中的电压曲线就是各 SOC 下电池的开路电压(open circuit voltage,OCV)曲线,进而可以建立 OCV 与 SOC 之间的对应关系。

图 5.12 为尚未进行老化的新电池以 0.05C 倍率充电的容量增量曲线,图中的四个峰分别表示不同物质的相变过程。$LiMn_2O_4$ 的相变过程发生在 3.75～4.2V,$LiNi_{1/3}Co_{1/3}Mn_{1/3}O_2$ 的相变过程发生在 3.7V 左右。因此,峰①、峰②和峰③表示 $LiMn_2O_4$ 的相变过程,而峰④表示 $LiNi_{1/3}Co_{1/3}Mn_{1/3}O_2$ 的相变过程[9]。通过对比老化前后的容量增量曲线,即可定性探究老化前后电池内部材料的损失。

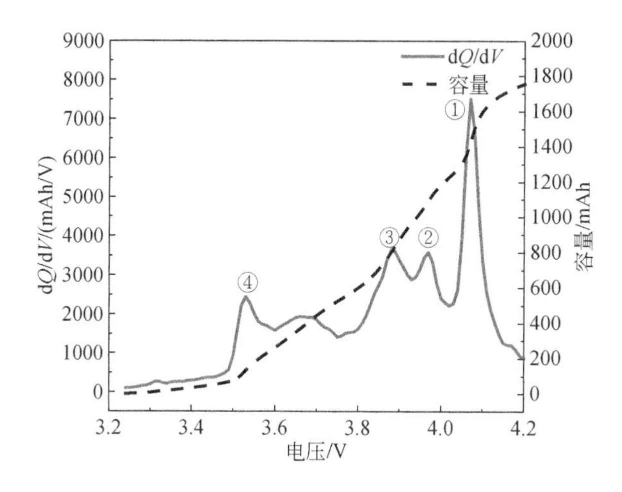

图5.12　新电池容量增量曲线

1. 高温老化后电池容量增量分析

图5.13为高温老化后锂离子电池容量增量曲线。与常温(25℃)相比，40℃老化后的电池在峰③和峰④处没有明显变化，而峰①和峰②出现了明显的降低。显然，40℃的老化过程主要体现为 $LiMn_2O_4$ 的损失。60℃和80℃老化后的电池峰①仅表现为峰值降低，而峰的位置没有发生变化；峰②消失；峰③和峰④的峰值降低，并向高电压处偏移。因此，60℃和80℃老化的电池 $LiMn_2O_4$ 和 $LiNi_{1/3}Co_{1/3}Mn_{1/3}O_2$ 均出现了不同程度的损失，峰向高电压处偏移说明电池的阻抗增大。

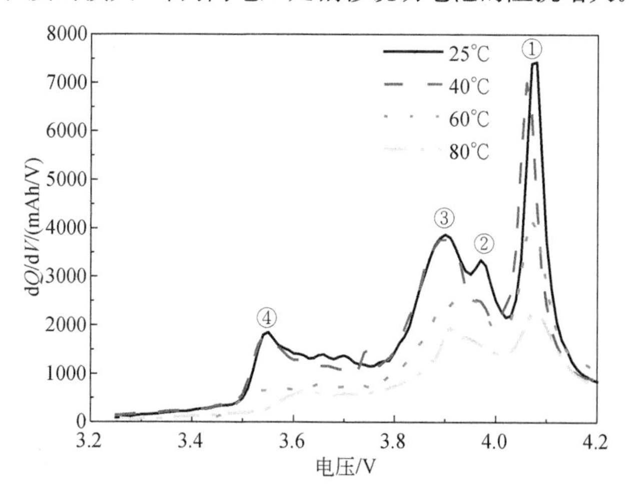

图5.13　高温老化后锂离子电池容量增量曲线

在恒流恒压(CC-CV)充电过程中，极化内阻增大，会导致电池在恒流充电阶段电压快速升高，并过早地进入恒压充电模式。常温(25℃)老化过程中，恒流充电占CC-CV充电的比例能够始终保持在80%左右。随着温度的升高，首次循环的恒流比例不断提高，这是电池内部活性物质的活性随着温度升高而增大的结果。40℃下，100次循环中恒流比例能够保持相对稳定，但较常温老化有所降低，同时电压曲线的升高并不明显。60℃下，前40个循环中恒流比例能够保持相对稳定，但从第60个循环开始，恒流比例逐渐降低，同时电压曲线出现明显的上升。80℃下，从首次循环开始恒流比例就出现了明显的降低，电压曲线也呈现出明显的上升趋势。

恒流比例的降低和电压曲线的升高一方面是由极化内阻增大引起的，另一方面是由活性材料$LiMn_2O_4$和$LiNi_{1/3}Co_{1/3}Mn_{1/3}O_2$的损失引起的。以充电为例，活性材料的损失导致电池容量减小，使实际充电倍率高于额定容量的0.5C，较高的充电电流使电极界面上的化学反应速率加快，而锂离子的数量无法满足化学反应平衡的需求，导致正电荷在正极累积，负电荷在负极累积，使电压增大，同时使充电提前达到恒压阶段。在高温条件下，CC-CV循环过程中的恒压充电阶段老化速度远远大于恒流充电阶段，这是高温条件下锂离子电池失效的主要原因[10]。恒流比例的不断降低导致电池在充电过程中需长时间保持在恒压充电模式，这种恶性循环使电池的老化速度不断加快。高温老化过程的充电曲线如图5.14所示。

2. 低温老化后电池容量增量分析

图5.15为低温老化后锂离子电池容量增量曲线。低温环境下，代表三元材料NCM充放电过程的峰④消失，且峰②与峰③合并。随着温度的降低，峰②和峰③合并峰的高度与峰①的高度均逐渐降低，说明三元材料$LiNi_{1/3}Co_{1/3}Mn_{1/3}O_2$对低温的敏感程度要高于$LiMn_2O_4$。同时，容量增量曲线整体急剧向高电压方向偏移，说明低温条件下锂离子电池的阻抗急剧增大。

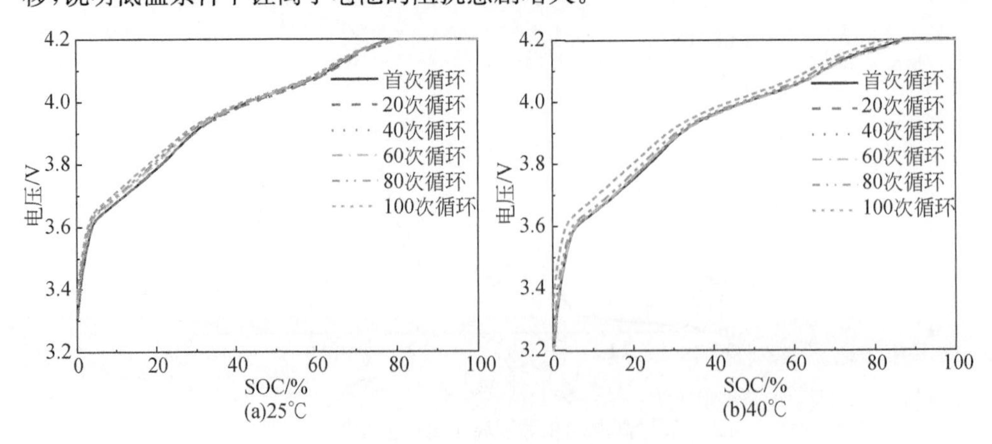

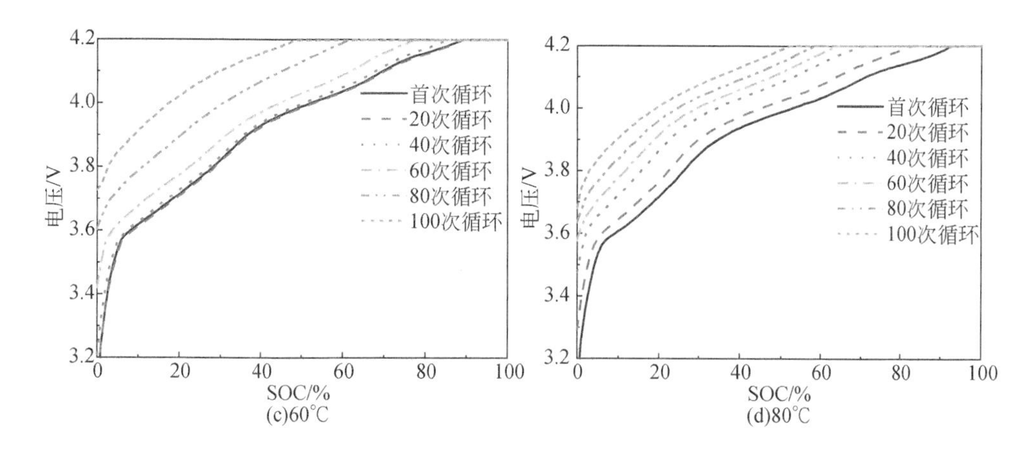

图 5.14　高温老化过程的充电曲线

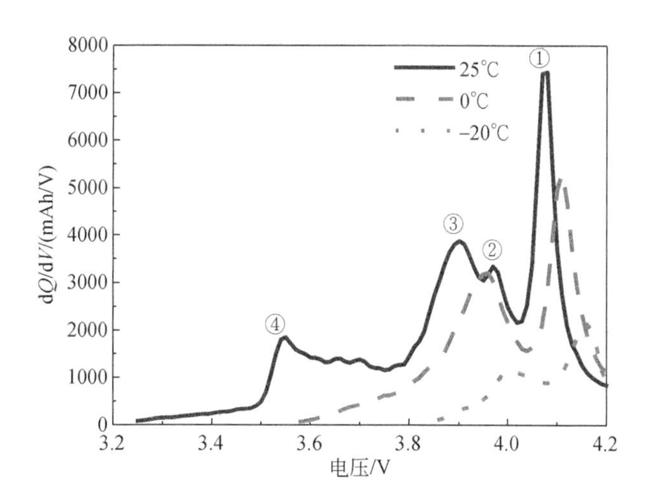

图 5.15　低温老化后锂离子电池容量增量曲线

由于电解液的离子电导率低、电极材料电子电导率低、电解液/电极表面的离子电导率低、锂离子在电极材料内部的扩散率低等，低温充电过程中的极化作用明显增大。恒流充电起始时刻的电压随着温度的降低明显上升，同时充电过程中恒流充电的比例随温度的降低显著降低，在−20℃下，恒流充电比例仅剩不到5%，电池的绝大部分电量都是在恒压阶段充入的。随着循环次数的增加，0℃老化过程中恒流阶段的比例逐渐降低，但充电的起始电压上升不明显；而−20℃老化过程中恒流阶段的比例和充电起始电压均未发生明显的改变。将低温下老化后的电池放置在常温中再进行一次 CC-CV 充电，0℃和－20℃下老化的电池充入的电量分别为 1318mAh 和 1690mAh。同时，100 次循环后，0℃下老化的电池平均厚度从 9.47mm增加到 11.53mm，而－20℃下老化的电池平均厚度仅从 9.52mm 增加到 9.82mm。

以上现象说明，在低温循环过程中电池容量和性能都随着环境温度的降低而显著降低，但容量的衰减并非完全不可逆，而是部分不可逆。当电池回归到常温环境中时，电池容量可恢复一定的水平。电池实际可用容量的衰减并非随着温度的降低而增大，而是呈现先增大后减小的趋势。低温下锂离子电池的失效主要是由恒流充电阶段引起的，当环境温度在 0℃左右时，锂离子在电极材料内部的扩散率降低，同时恒流充电所占的比例较大，因此电池更容易失效。而当温度再降低时，锂离子在电极材料内部的扩散率降低，但由于极化增大，恒流充电阶段所占的比例减小，电池的实际老化程度也逐渐降低。低温老化过程的充电曲线如图 5.16 所示。

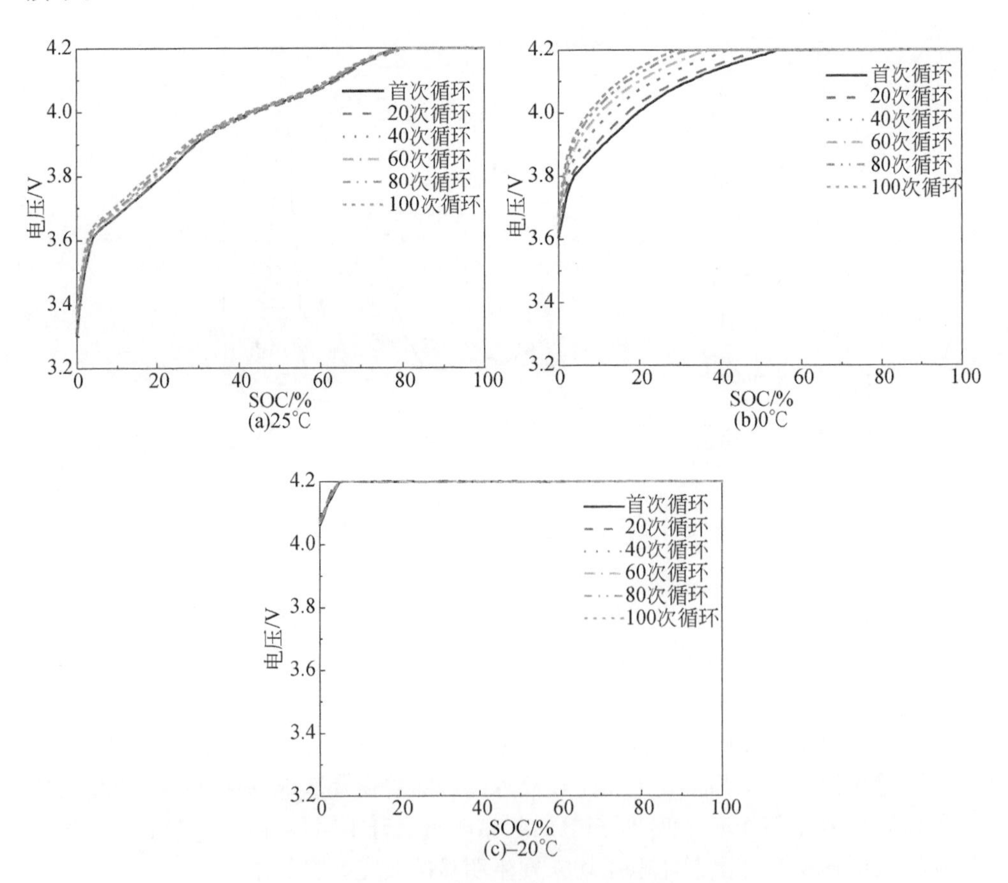

图 5.16　低温老化过程的充电曲线

5.2.3 高低温老化对电池内阻的影响

锂离子电池的内阻主要包括极化内阻和欧姆内阻。欧姆内阻由电极材料、电解液、隔膜电阻，以及各部分零件的接触电阻组成；极化内阻是指当电池在进行充放电时，由于电化学极化和浓差极化产生的内阻。极化内阻和欧姆内阻共同组成了电池的总内阻。总内阻、极化内阻和欧姆内阻可以用HPPC测量。在HPPC测试中，需要对充满电的电池进行一系列脉冲序列测试，如图5.17所示。脉冲序列包含三个步骤：①2C放电30s；②静置40s；③1.5C充电10s。分别用式(5.2)～式(5.4)计算总内阻R_T、欧姆内阻R_O和极化内阻R_P[11]：

$$R_T=(V_{t3}-V_{t1})/(I_{t3}-I_{t1}) \tag{5.2}$$

$$R_O=(V_{t2}-V_{t1})/(I_{t2}-I_{t1}) \tag{5.3}$$

$$R_P=R_T-R_O \tag{5.4}$$

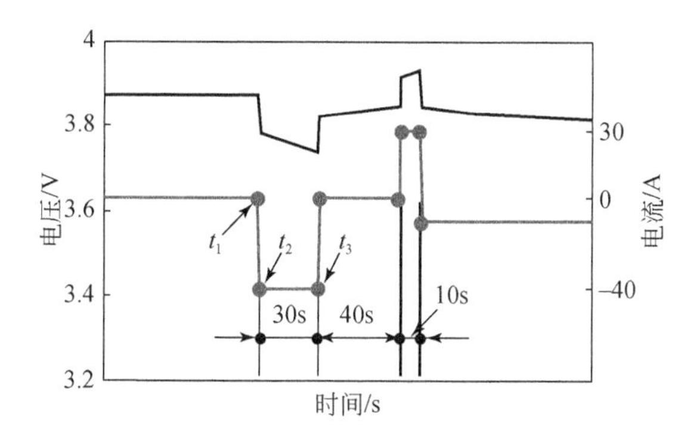

图5.17　HPPC内阻计算方法[10]

1. 高温老化对电池内阻的影响

随着老化温度的升高，总内阻和欧姆内阻均呈现先减小后增大的趋势，而极化内阻随着老化温度的升高而增大。当老化温度为80℃时，高温使电池内部材料破坏严重，无法完成HPPC内阻测试。当老化温度为40℃时，电池内部还没有副反应发生，因此欧姆内阻的变化仅与电池内部各部分材料本身的性质有关。欧姆内阻中起决定性作用的是电解液的电阻，当温度升高时，电解液中离子的运动速度增大，因此离子电导率增大，欧姆内阻减小。而当老化温度升高至60℃时，由于电解液与电极产生副反应，部分电解液分解产生气体。一方面，生成的气体破坏了电池内部原有的结构，使原本接触紧密的各部分产生空隙；另一方面，由于电解液溶剂的消耗，剩余电解液的浓度增大，离子间距离减小，相互作用增强，阻碍了离子的运动，使电解液的欧姆内阻增大。高温老化 HPPC 曲线如图 5.18 所示。

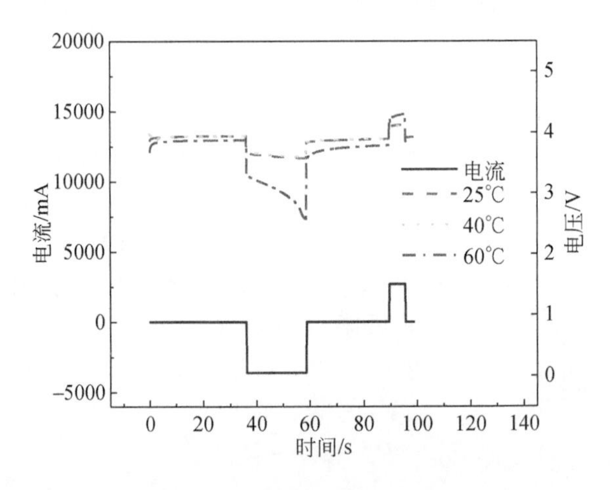

图 5.18 高温老化 HPPC 曲线

电极过程包括五个基本步骤，即液相传质、前置转化、电子转移、随后转化，以及新相生成。由于 HPPC 内阻测试中使用的电流很大，液相传质步骤成为电化学反应的控制步骤，因此该过程中的极化主要是浓差极化[12]。以 Li^+ 在负极表面的电化学反应为例：

$$Li^+ + e^- \rightleftharpoons Li \tag{5.5}$$

当电极上有电流通过时，电极电位可表示为

$$\varphi = \varphi^0 + \frac{RT}{nF}\ln\gamma_{Li^+} + c_{Li^+}^S \tag{5.6}$$

通电前的平衡电位可表示为

$$\varphi_1 = \varphi^0 + \frac{RT}{nF}\ln\gamma_{Li^+} + c_{Li^+}^0 \tag{5.7}$$

式中，$c_{Li^+}^S$ 为电极表面附近液层的 Li^+ 浓度；$c_{Li^+}^0$ 为电解液中的 Li^+ 浓度。二者有如下关系：

$$c_{Li^+}^S = c_{Li^+}^0\left(1 - \frac{j}{j_d}\right) \tag{5.8}$$

浓差极化的极化值可表示为

$$\Delta\varphi = \varphi - \varphi_1 = \frac{RT}{nF}\left(1 - \frac{j}{j_d}\right) \tag{5.9}$$

当老化温度在 25～40℃时，电池老化后的容量衰减较小，SOH 均大于 80%，因此 $j \ll j_d$，极化值较小，极化内阻也就较小。而当老化温度高于 40℃时，电池老化后的容量衰减非常大，一方面极限扩散电流密度 j_d 减小，另一方面电极上可用活性物质所占的面积减小，电流密度 j 增大，因此极化值 $\Delta\varphi$ 大大升高，极化内阻也就升高。高温老化后电池的内阻如表 5.5 所示。

表 5.5　高温老化后电池的内阻

老化温度/℃	总内阻 R_T/mΩ	欧姆内阻 R_O/mΩ	极化内阻 R_P/mΩ
25	104.7	79.4	25.3
40	98.2	71.1	27.1
60	377.0	161.1	215.9

2. 低温老化对电池内阻的影响

电池经过低温老化后，其极化内阻和欧姆内阻均随着老化温度的降低而增大。对于欧姆内阻，随着温度的降低，电解液中离子的运动速度减慢，同时电解液的黏度增大，使离子的运动阻力增大，因此欧姆内阻呈现上升的趋势。对于极化内阻，与 40℃以上的高温老化类似，当老化温度降低时，电池的剩余容量急剧减小，极限扩散电流密度 j_d 减小，而电流密度 j 增大，因此极化内阻明显增大。低温老化 HPPC 曲线如图 5.19 所示。低温老化后电池的内阻如表 5.6 所示。

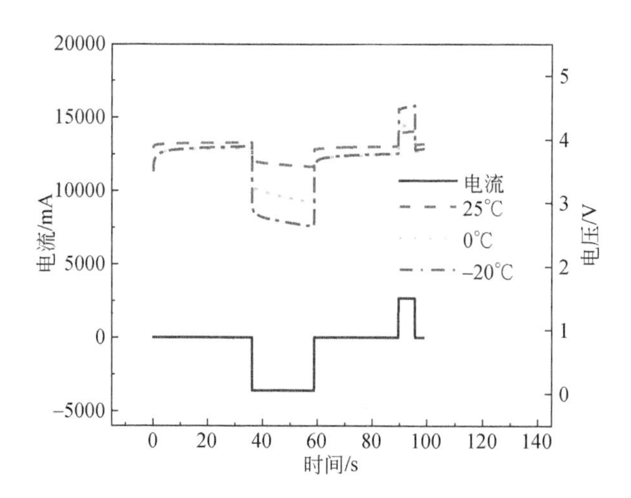

图 5.19　低温老化 HPPC 曲线

表 5.6　低温老化后电池的内阻

老化温度/℃	总内阻 R_T/mΩ	欧姆内阻 R_O/mΩ	极化内阻 R_P/mΩ
25	104.7	79.4	25.3

续表

老化温度/℃	总内阻 R_T/mΩ	欧姆内阻 R_O/mΩ	极化内阻 R_P/mΩ
0	239.1	174.5	64.6
−20	352.6	274.0	78.6

3. 内阻与高低温老化的量化关系

通过内阻变化的理论分析，结合实验数据，可以粗略地认为当老化温度在25℃以下时，极化内阻与老化温度均呈现负相关的线性关系；而当老化温度高于25℃时，极化内阻与老化温度呈现指数函数关系。当老化温度低于40℃时，欧姆内阻与老化温度呈现负相关的线性关系；而当老化温度高于40℃时，欧姆内阻与老化温度呈现正相关的线性关系。基于以上分析，可对内阻与高低温老化进行函数拟合，以预测锂离子电池在不同温度下老化后的内阻变化。内阻拟合曲线如图5.20所示。拟合公式如下：

$$R_O = 174.5 - 4.88213x + 0.02093x^2 + 8.4696\times10^{-4}x^3 + 1.6396\times10^{-6}x^4 \tag{5.10}$$

$$R_P = 57.19625 - 1.27585x,\quad -20 \leqslant x < 25 \tag{5.11}$$

$$R_P = 25.2692 + 6.0303\times10^{-5}e^{0.24944x},\quad 25 \leqslant x \leqslant 60$$

$$R_T = R_P + R_O \tag{5.12}$$

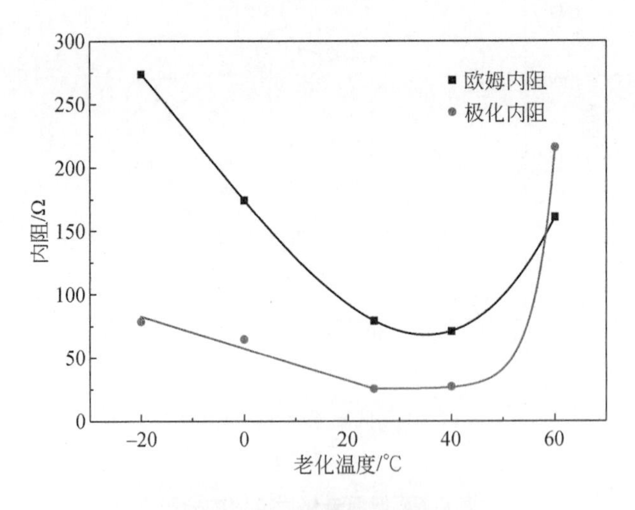

图5.20 内阻拟合曲线

5.3　高低温老化对锂离子电池热失控的影响研究

5.3.1　热失控特征温度

无论热失控事故以何种方式触发,热滥用都是锂离子电池发生热失控事故的直接原因,而温度的变化就是热滥用的直接体现。因此,监测温度变化是对锂离子电池热失控事故进行预警最直接有效且最简单易行的方式。本节使用绝热加速量热仪作为热失控的引发装置,在绝热环境中使电池利用“自加速”反应达到热失控。以本节中用到的热失控特征温度为例,热失控的温度特征点包括以下三个。

(1)T_0:自放热起始温度,即电池在没有外部热源加热的条件下,靠自身内部的反应就能使电池温度不断升高的温度,一般认为当升温速率超过 0.02℃/min 时,对应的温度为自放热起始温度。

(2)T_c:热失控起始温度,当电池的升温速率超过 1℃/min 时,认为电池已经开始发生热失控,此时的温度为热失控起始温度。

(3)T_{max}:热失控最高温度,即热失控反应过程中能够达到的最高温度。

从开始发生自放热到热失控的时间称为热失控时间 Δt。在衡量电池热稳定性的过程中,为了避免电池破损造成热稳定性变化,本节的热失控相关温度参数均为表面温度,用表面温度来表示电池热失控过程中的平均温度。

图 5.21 为常温(25℃)下老化电池的热失控温度曲线。在 0～230min,绝热加速量热仪处于“加热—等待—搜寻”阶段[13]。从初始温度开始,对样品设置一个温度加热台阶,绝热加速量热仪会将样品以设定的温度台阶进行加热。在达到一个温度台阶后,进入等待阶段,使样品温度达到平衡。然后进入搜寻阶段,绝热加速量热仪根据电池温度 T_S以及电池升温速率 dT_S/dt 来判断电池是否开始发生“自加热”反应。若电池的升温速率达到设定的灵敏度(0.02℃/min),则判定样品开始“自加热”。随后绝热加速量热仪进入绝热模式,在此模式中,绝热加速量热仪控制量热腔的温度 T_H始终等于电池温度 T_S,则电池与周围环境不存在热交换,自身产生的热量全部用于加热电池本身,即创造了近似的绝热环境。当电池温度达到75℃时,绝热加速量热仪探测到“自加热”反应开始发生,并进入绝热模式。随着时间的推移,电池内部的“自加热”反应进行,电池温度不断升高。同时,又由于电池温度的升高,电池内部“自加热”反应逐渐加剧,升温速率曲线整体呈上升趋势,电池温度近似以指数函数形式上升。当电池温度达到 130℃左右时,隔膜熔化吸收部分热量,导致升温速率曲线减缓[14]。随着温度的继续上升,当温度达到 159℃时,升温速率达到 1℃/min,电池剧烈反应,发生热失控,电池剧烈燃烧并释放出有

刺激性气味的气体。数秒内，电池温度从 159℃上升至最高温度 613℃。将电池从绝热加速量热仪中取出后发现，卷绕的电芯夹层中有大量铝珠，由此可以推断正极集流体铝箔在热失控的过程中发生了熔化，热失控过程中的局部温度超过了铝的熔点 660℃。25℃老化电池热失控残骸如图 5.22 所示。

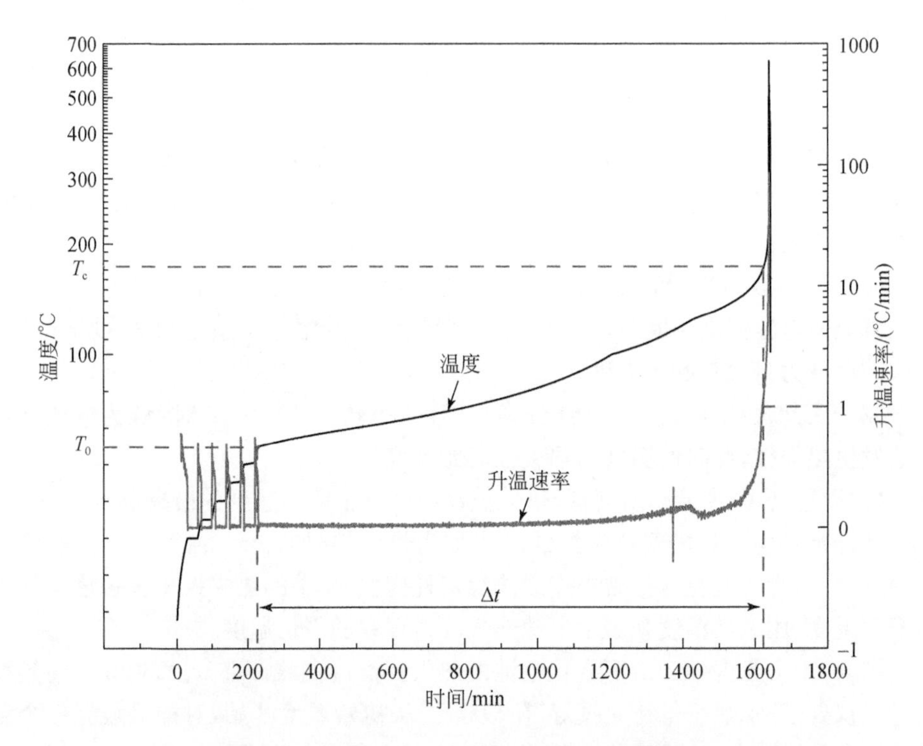

图 5.21　常温(25℃)下老化电池热失控温度曲线

图 5.22　25℃老化电池热失控残骸

5.3.2 高低温老化对热失控特征温度的影响

1. 高温老化对热失控特征温度的影响

将高温下老化后的电池分别放入绝热加速量热仪中进行热失控实验，以探究高温老化对电池热失控特性的影响。图 5.23 为高温老化后锂离子电池的热失控温度曲线。高温老化主要影响电池热失控过程中的自放热起始温度 T_0、热失控最高温度 T_{max}和热失控时间 Δt。T_0随着老化温度的升高而升高，常温老化后电池的 T_0为 75℃，40℃和 60℃老化后电池的 T_0均为 80℃，而 80℃老化后电池的 T_0显著升高，达到 105℃。T_0的升高标志着电池热稳定性的提高，这是由负极 SEI 膜增厚和负极活性物质损失导致的。随着老化环境温度的升高，T_{max}呈现下降的趋势。25℃、40℃、60℃和 80℃下老化的电池 T_{max}分别为 627℃、501℃、457℃和 442℃。T_{max}的降低标志着热失控热释放量的减少，这主要是由电解液和活性物质损耗导致的。25℃、40℃和 60℃下老化的电池热失控时间随着老化温度的升高而缩短，这可能是由负极的析锂导致的，而 80℃老化的电池热失控时间显著增加，可能是由于该温度下老化的电池在老化过程中电池材料被大量消耗，剩余的活性材料太少，限制了热失控的连锁反应，进而导致自放热减少。

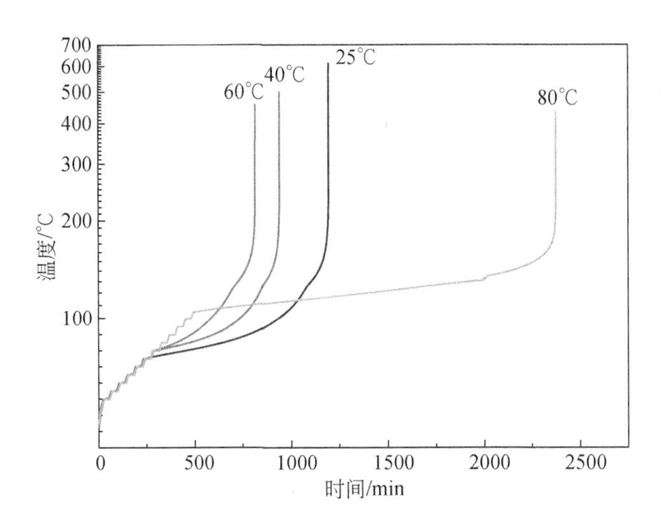

图 5.23 高温老化后锂离子电池的热失控温度曲线

从 T_0的角度来看，老化温度越高，锂离子电池的热稳定性越高；从 T_{max}的角度来看，老化温度越高，热失控释放的总能量越少；从 Δt 的角度来看，当老化温度在 60℃以下时，锂离子电池的热稳定性随着温度的升高而降低，但当温度高于 60℃

时,热稳定性又可以显著提高。显然,锂离子电池的热稳定性不是单一因素决定的,而是多个参数共同作用的结果。因此,在进行事故预警和事故后果预测时应综合考虑各个因素的影响。高温老化后锂离子电池的热失控特征温度与失控时间如表 5.7 所示。

表 5.7　高温老化后锂离子电池的热失控特征温度与失控时间

老化环境温度 T_E/℃	自放热起始温度 T_0/℃	热失控起始温度 T_c/℃	热失控最高温度 T_{max}/℃	热失控时间 Δt/min
25	75	159	613	935
40	80	155	501	628
60	80	160	457	509
80	105	181	437	1911

40℃老化的电池热失控后的电芯夹层中仍有大量铝珠,60℃老化的电池热失控后电芯夹层中的铝珠明显减少,但仍能够说明 40℃和 60℃老化后的电池热失控过程中电池内部的局部温度超过了 660℃。80℃老化的电池热失控后电芯夹层中已经没有铝珠,并且电池的正极极片保存较为完好,没有出现破损。高温老化电池热失控残骸如图 5.24 所示。

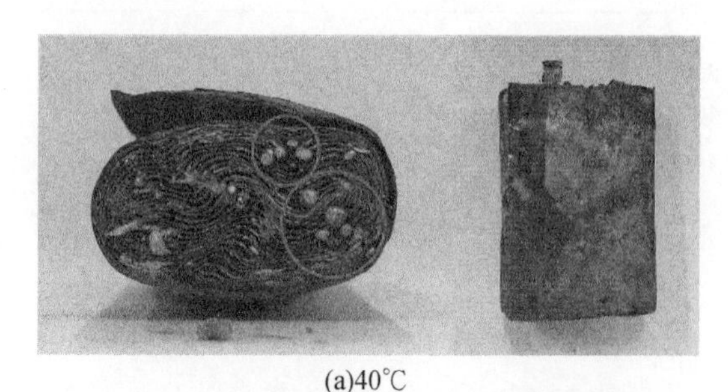

(a)40℃

(b)60℃

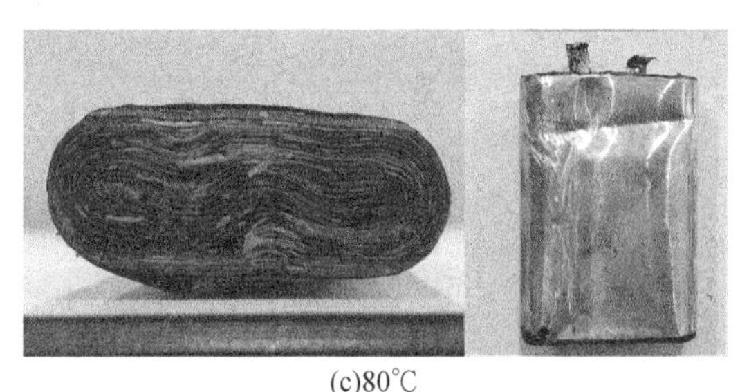

(c)80℃

图 5.24　高温老化电池热失控残骸

锂离子电池在热失控过程中会释放出大量的能量，同时伴随着质量损失。在绝热环境中，自放热过程和热失控过程释放出的能量几乎全部转化为热能，用于加热电池本身，因此可以通过式(5.13)计算热失控放热量：

$$Q_{TR} = C_p m (T_{max} - T_0) \tag{5.13}$$

式中，Q_{TR}为热失控放热量；C_p 为电池的比热容；m 为电池质量。本节测量的电池温度均为表面温度，而不是电池的平均温度，但该部分中计算放热量的目的是比较各温度下老化电池放热量的变化，而非绝对定量地研究热失控放出了多少热量，因此本节不涉及该部分误差。

锂离子电池的充电过程是将电能转化为化学能储存于电池中，充入的电能可利用式(5.14)计算：

$$Q_E = I_{cc}\int_0^{t_1} U_{cc}\,dt + U_{cv}\int_{t_1}^{t_2} I_{cv}\,dt \tag{5.14}$$

式中，Q_E为充入的电能；I_{cc}为恒流阶段电流；U_{cc}为恒流阶段电压；I_{cv}为恒压阶段电流；U_{cv}为恒压阶段电压；t_1为恒流阶段持续时间；t_2为总充电时间。

引入两个无量纲数 n_1、n_2，其中 n_1用于计算热失控放热量与充入能量的关系，n_2用于计算质量损失率与热失控放热量的关系。n_1、n_2的计算公式如式(5.15)和式(5.16)所示：

$$n_1 = Q_{TR}/Q_E \tag{5.15}$$

$$n_2 = Q_{TR}/(10^5 k) \tag{5.16}$$

在进行热失控实验后，对绝热加速量热仪的量热腔进行清理，收集所有固体物质并进行称重，则热失控前后的质量差即为热失控过程电池损失的总质量。高温老化后锂离子电池热失控的质量损失及放热量如表 5.8 所示。

随着老化温度的提高，质量损失率、充入能量和热失控放热量均有不同程度的减小，但是 n_1呈现逐渐增加的趋势，n_2几乎不变。充入能量减少对应电池中活性物质的减少，但这并不代表电极材料消失，而是电极材料失去充放电的能力，无法再进行嵌锂和脱锂。电极材料失去了充放电的能力,但是当温度升高时,其仍可以与电池中的各部分发生放热反应,因此 n_1 呈现增大的趋势,而 n_2 始终保持不变,说明热失控的放热量与质量损失的相关性非常大。根据质量守恒定律,在可接受的误差范围之内,电池的质量损失大部分是由热失控过程中的产气反应导致的,因此可以推测,热失控放热量的减少主要是由与产气相关的反应减少导致的,产气量减少的原因将在 5.4 节进行解释。

表 5.8　高温老化后锂离子电池热失控的质量损失及放热量

老化温度 T_E/℃	初始质量 m_0/g	质量损失 m_{loss}/g	质量损失率 k/%	充入能量 Q_E/J	热失控放热量 Q_{TR}/J	n_1	n_2
25	32.632	9.279	28.43	25769	15151	0.587	0.533
40	32.266	7.326	22.71	23835	12062	0.506	0.531
60	31.781	6.366	20.03	14104	10639	0.754	0.531
80	32.226	5.872	18.22	9184	9644	1.050	0.529

2. 低温老化对热失控特征温度的影响

图 5.25 为低温老化后锂离子电池的热失控温度曲线。与常温下老化的电池相比,−20℃老化后的电池 T_0、T_c 和 Δt 几乎都没有改变,分别为 75℃、159℃和

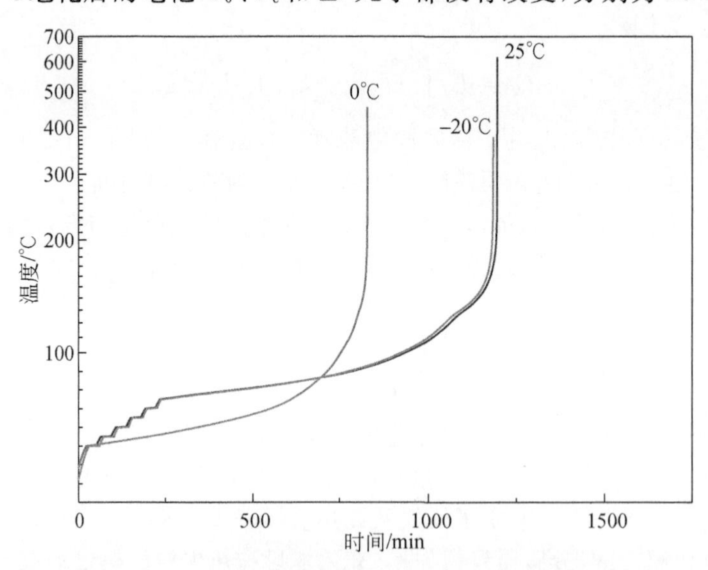

图 5.25　低温老化后锂离子电池的热失控温度曲线

930min,区别仅在于−20℃老化后的 T_{max} 从 613℃降低至 375℃,这是由低温下的容量损失引起的。但 0℃下老化后的电池不仅 T_{max} 降低至 450℃,而且 T_0、T_c 和 Δt 均出现了急剧减小,分别为 50℃、135℃和 853min。出现这种现象可能的原因是 0℃下负极的析锂最严重,负极附近的锂枝晶较多,更容易刺穿隔膜导致内短路的发生,进而使热失控提前。由此可以推测,5.2 节中低温老化后电池增厚的一个原因可能是负极析出锂枝晶,锂枝晶的生成量与电池厚度的增加呈正相关。因此,可以通过低温老化后锂离子电池厚度的增加程度,粗略地判断电池的热稳定性。从电池残骸来看,−20℃和 0℃老化的电池热失控后均产生了少量铝珠,因此可以判断二者热失控过程中内部局部温度均超过了 660℃。低温老化后锂离子电池的热失控特征温度与失控时间如表 5.9 所示,低温老化电池热失控残骸如图 5.26 所示。

表 5.9　低温老化后锂离子电池的热失控特征温度与失控时间

老化温度 T_E/℃	自放热起始温度 T_0/℃	热失控起始温度 T_c/℃	热失控最高温度 T_{max}/℃	热失控时间 Δt/min
25	75	159	613	935
0	50	135	450	853
−20	75	159	375	921

(a)0℃

(b)−20℃

图 5.26　低温老化电池热失控残骸

随着老化温度的降低，质量损失率、充入能量和热失控放热量同样出现了不同程度的减小，且与高温下的老化相似，n_1呈现逐渐增大的趋势。但在0℃下老化的电池热失控过程中n_2出现了一定程度的减小，说明低温老化后负极表面析出的锂枝晶同样参与了热失控过程，并释放出了一定的热量。低温老化后锂离子电池热失控的质量损失及放热量如表5.10所示。

表5.10 低温老化后锂离子电池热失控的质量损失及放热量

老化温度 T_E/℃	初始质量 m_0/g	质量损失 m_{loss}/g	质量损失率 k/%	充入能量 Q_E/J	热失控放热量 Q_{TR}/J	n_1	n_2
25	32.632	9.279	28.43	25769	15151	0.587	0.533
0	31.899	7.026	22.03	15480	11331	0.732	0.514
−20	32.104	5.201	16.20	9850	8553	0.868	0.528

5.3.3 高低温老化后电池热失控反应动力学分析

为了研究老化后的锂离子电池在热失控过程中的行为，需要对自放热过程进行反应动力学分析。对于自放热反应中温度呈指数上升的部分，通过阿伦尼乌斯定律可以粗略地计算出电池在自放热过程中的反应动力学参数。绝热条件下锂离子电池的升温速率可以表示为

$$\frac{\mathrm{d}T}{\mathrm{d}t}=A\times\Delta T_{\mathrm{ad}}\times\exp\left(\frac{-E_{\mathrm{a}}}{k_{\mathrm{b}}T}\right)\times(1-x)^{n} \tag{5.17}$$

式中，A为指前因子；ΔT_{ad}为绝热温升；E_{a}为反应的活化能；k_{b}为玻尔兹曼常数；x为反应度；n为反应级数。

通过对式(5.17)取自然对数并进行近似处理，可得到式(5.18)[15]：

$$\ln\frac{\mathrm{d}T}{\mathrm{d}t}\approx\ln(A\times\Delta T_{\mathrm{ad}})-\frac{E_{\mathrm{a}}}{k_{\mathrm{b}}T} \tag{5.18}$$

通过绘制$\ln(\mathrm{d}T/\mathrm{d}t)$与$1/T$的关系图并拟合曲线，可根据图中的斜率和截距获得活化能E_{a}和指前因子A。

1. 高温老化后电池热失控反应动力学分析

对于40℃和60℃下的老化电池，热失控反应的活化能与常温下的老化电池活化能近似，可以认为热失控的难易程度几乎没有发生变化，从热失控参数来看，25～60℃下老化的电池热失控起始温度均在150～160℃。80℃下的老化电池活化能明显增大，可见该温度下老化的电池热稳定性更佳，要使电池发生热失控，就需要更高的温度，因此80℃老化后的电池热失控起始温度提高至181℃。活性物

质的减少，参与放热的反应物不足，导致反应速率减缓，单位时间内释放出的热量减少，具体的原因将在 5.4 节中进行分析。高温老化后的反应动力学拟合如图 5.27 所示。高温老化后的热失控反应动力学参数如表 5.11 所示。

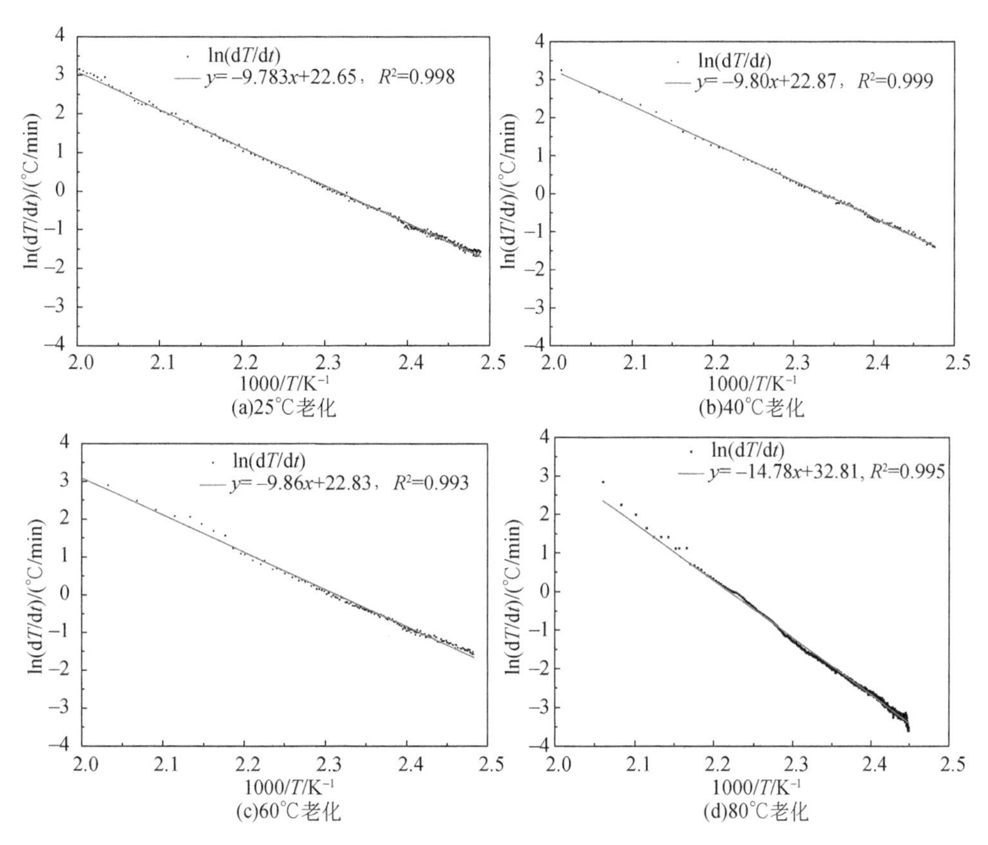

图 5.27　高温老化后的反应动力学拟合

表 5.11　高温老化后的热失控反应动力学参数

老化温度 T_E/℃	绝热温升 ΔT_{ad}/℃	活化能 E_a/eV	指前因子 A/min^{-1}
25	552	0.856	2.27×10^7
40	421	0.845	1.715×10^7
60	377	0.850	1.349×10^7
80	332	1.274	5.347×10^{11}

2. 低温老化后电池热失控反应动力学分析

经过低温老化后的电池热失控活化能并非随着老化温度的降低呈现单调变

化。0℃下老化的电池热失控活化能发生略微的下降，而－20℃下老化的电池热失控活化能与25℃下几乎相同。因此，从热失控参数来看，0℃老化后的电池热失控起始温度显著下降，为135℃，而－20℃和25℃下老化的电池热失控起始温度均为159℃。低温老化后的反应动力学拟合如图5.28所示。低温老化后的热失控反应动力学参数如表5.12所示。

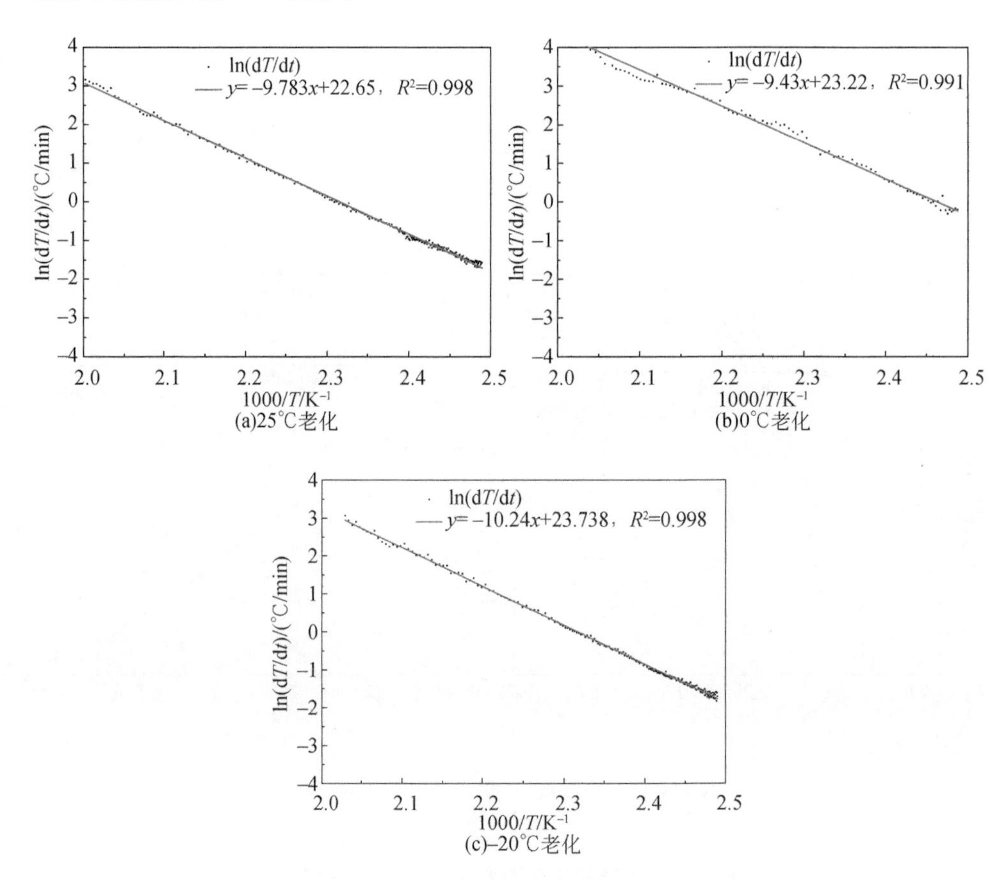

图5.28　低温老化后的反应动力学拟合

表5.12　低温老化后的热失控反应动力学参数

老化温度 T_E/℃	绝热温升 ΔT_{ad}/℃	活化能 E_a/eV	指前因子 A/min^{-1}
25	552	0.856	2.27×10^7
0	400	0.813	3.04×10^7
−20	300	0.860	8.40×10^7

5.4　高低温老化后锂离子电池材料的变化研究

为了进一步探究高低温老化后锂离子电池热失控特性变化的原因，需要对电池材料进行分析，从而揭示热失控特性的变化机理。

在电池首次充电的过程中，电子可以到达负极界面使电解液发生还原分解，形成 SEI 膜，其主要成分为 LiF、Li_2CO_3、RCO_2Li 等[16]。SEI 膜的主要作用是组织电解液嵌入石墨负极内部，保护负极结构和防止电子穿越，避免锂沉积[10]。而在高温下，SEI 膜往往会发生增厚和分解的现象[17]。低温下，锂离子容易在负极表面发生还原反应生成锂沉积[18-21]。随着负极表面沉积的锂不断增多，逐渐形成锂枝晶。当较大的锂枝晶从根部脱落而脱离负极表面时，无法再参与充放电循环而形成死锂[22]。锂枝晶的形成不仅会造成电池容量的损失，还可能刺穿隔膜而发生内短路，对电池的安全性能造成破坏。

本节分别讨论高温和低温老化后锂离子电池的正负极极片表面形态、微观形貌、元素种类和含量、晶体结构和吸放热峰的变化，以及隔膜的表面形态和微观形貌变化。

常温和低温老化后的电池在拆解过程中，能够清晰地看到隔膜与极片之间吸附着足量的电解液，当极片暴露在空气中时，电解液迅速挥发。极片与隔膜之间容易分离，没有粘连。40℃老化后的电池在电解液量、分离难易度上与常温老化的电池几乎没有区别。60℃老化后的电池在拆解过程中能够明显看出电解液的减少，但极片与隔膜的分离仍较为容易。80℃老化后的电池电解液已经完全分解，负极极片与隔膜分离困难，甚至有些粘连。由于电解液在老化过程中已经发生了分解，经过 80℃高温老化后的电池在热失控的自放热阶段中，无法进行负极与电解液的反应。连锁反应中单个环节的缺失，导致自放热阶段释放出的热量难以继续加热电池。因此在 5.3 节的热失控曲线中，80℃老化电池的升温速率缓慢，且热失控时间被大大延长。

5.4.1　电池正极材料的变化

1. 高温老化后电池正极材料的变化

如图 5.29～图 5.32 所示，0% SOC 和 100% SOC 时，25℃及 40℃老化后的电池正极极片均呈现黑色，颜色分布十分均匀，且极片柔软。扫描电子显微镜测试显示该温度（25℃和 40℃）老化后的电池正极表面颗粒分布均匀且完整，几乎没有破碎现象，同时正极断面能够看到大量球状的活性物质颗粒，颗粒大小均一，分布均匀且没有明显的破碎。60℃和80℃老化后的电池由于电解液减少，正极极片表面干枯，出现了不同程度的褶皱，极片表面活性物质脱落，集流体铝箔外露。80℃老化的正极极片的褶皱程度、活性物质脱落量均比60℃更严重。扫描电子显微镜测试显示80℃老化后的电池正极表面附着少量杂质，正极断面球状的活性材料颗粒几乎全部破碎，且活性材料层从中间断裂，有明显的断痕。对表面杂质和断面进行进一步放大，发现表面杂质的形貌与断面形貌十分相似，因此可以判断杂质为正极的活性物质破碎，并附着在正极表面。从正极材料的元素组成来看，25～80℃循环后正极材料所含有的主要元素均为C、O、Ni、Co、Mn、Al，且Ni、Co、Mn元素的比例均保持在4∶1∶25左右。

(a)25℃正极

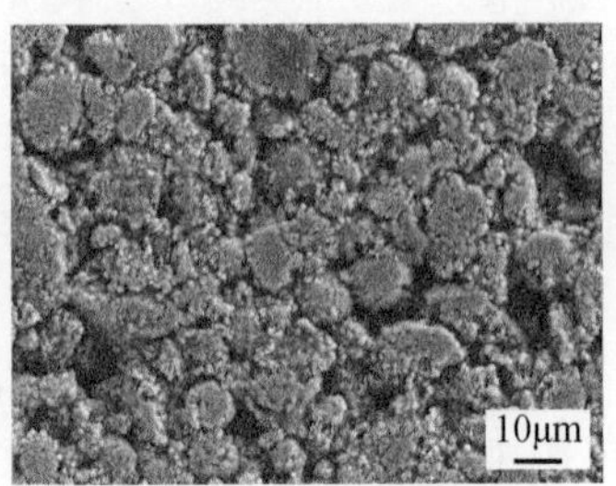

(b)40℃正极

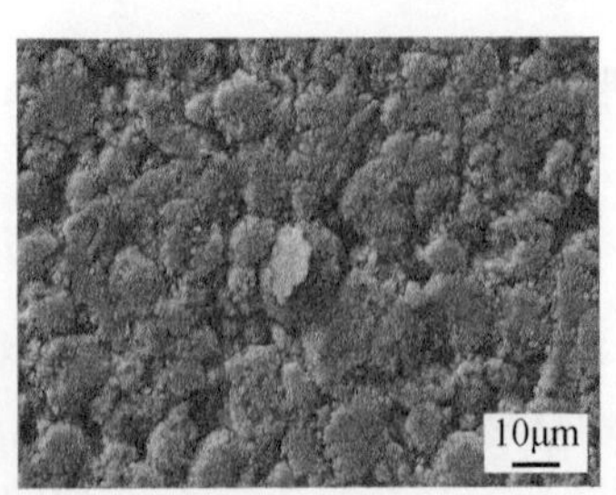

(c)60℃正极

(d)80℃正极

图 5.29 高温老化后的正极表面形态及微观形貌

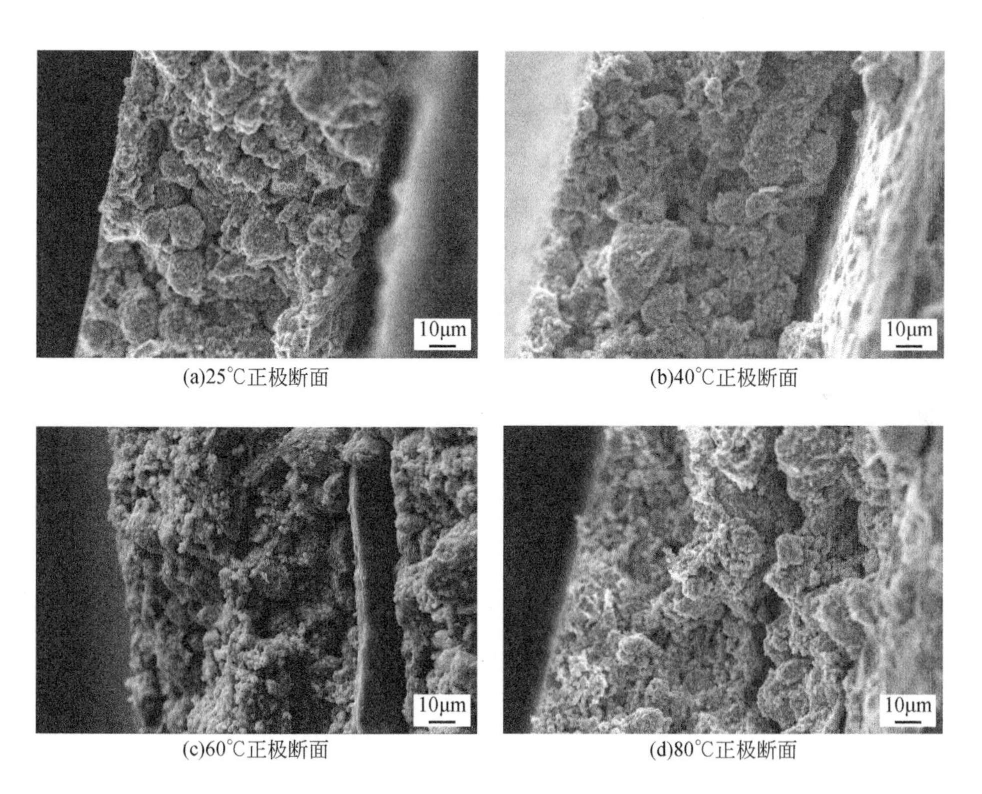

(a)25℃正极断面 (b)40℃正极断面

(c)60℃正极断面 (d)80℃正极断面

图 5.30 高温老化后的正极断面形貌

图 5.31　80℃老化正极表面杂质

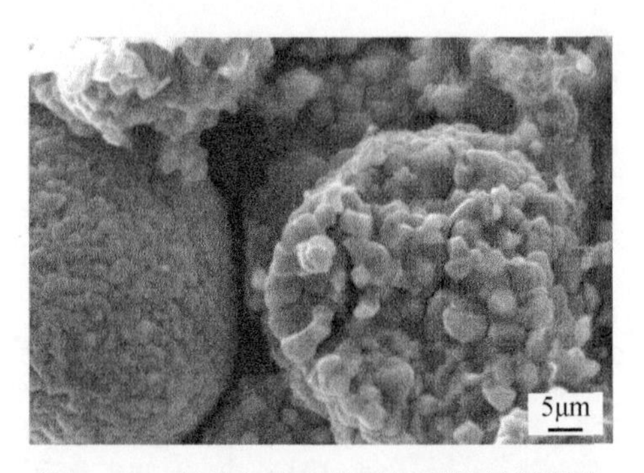

图 5.32　完整和破碎的正极活性材料颗粒

从图 5.33 和表 5.13 的 XRD 测试结果来看，正极材料的结构在高温老化后发生了一些变化。主要表现在 003 峰的位置向 2θ 偏小的方向移动，I_{003}/I_{104} 减小以及结晶度的下降，80℃老化的电池出现新的杂峰。这表明在高温老化的过程中，正极的结构遭到了破坏，随着老化温度的升高，正极中阳离子的混排程度也呈现升高的趋势，80℃老化后的电池有新的晶结构杂质生成。

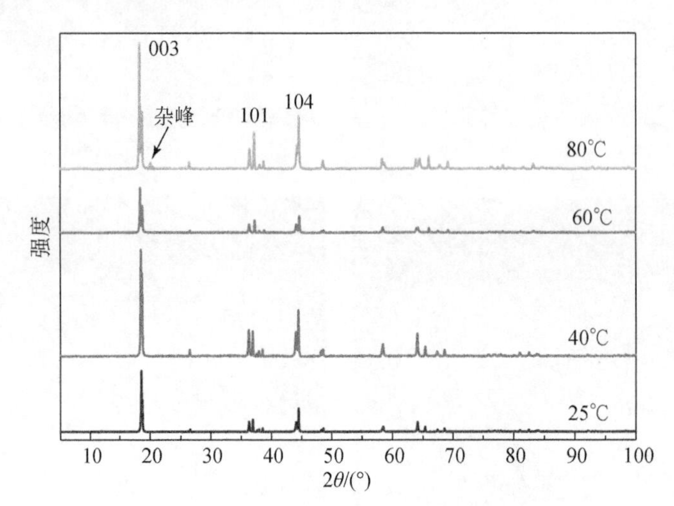

图 5.33　高温老化后电池正极材料的 XRD 结果图

表 5.13　高温老化后电池正极材料 XRD 结果表

老化温度/℃	$2\theta_{003}$/(°)	$2\theta_{104}$/(°)	I_{003}/I_{104}	结晶度	c/a
25	18.60	44.52	3.52	77.86	5.03
40	18.54	44.50	2.44	78.98	5.03

续表

老化温度/℃	$2\theta_{003}$/(°)	$2\theta_{104}$/(°)	I_{003}/I_{104}	结晶度	c/a
60	18.44	44.68	1.60	73.36	5.05
80	18.32	44.60	1.50	70.03	5.04

2. 低温老化后电池正极材料的变化

从正极的表面形态和微观表面形貌来看(图 5.34 和图 5.35),经过低温老化后,电池的正极材料与常温下老化的电池正极材料几乎完全相同,既没有出现明显的颗粒破碎,也没有杂质的沉积,同时元素组成也与常温老化后的电池几乎相同,Ni、Co、Mn 的比例仍保持在 4∶1∶25 左右。但是,−20℃老化后的电池正极断面的球状颗粒被有规则形状的物质覆盖,经局部放大后发现,这些物质的表面形貌与上文中提到的破碎的正极球状颗粒十分相似。从图 5.36 和表 5.14 的 XRD 测试结果来看,随着老化温度的降低,003 峰的位置略微向 2θ 减小的方向移动,而 104 峰的位置略微向 2θ 增大的方向移动,I_{003}/I_{104} 和结晶度均出现了小幅度的降低,没有出现新的特征峰。这说明低温老化对正极材料的影响不大,随着老化温度的降低,正极的晶体结构发生轻微的破坏,但是并不会生成新的晶体结构。

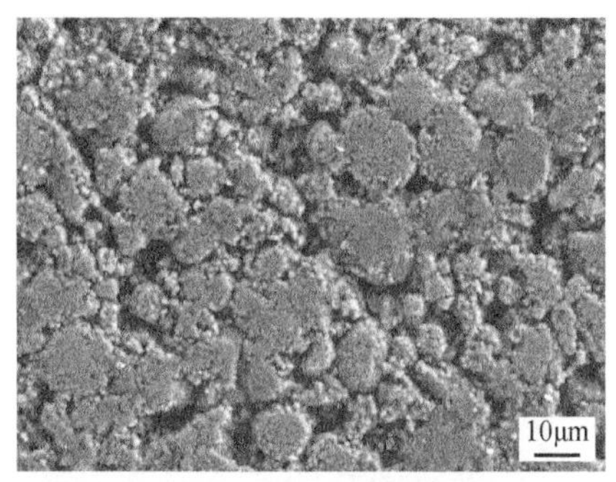

(a)25℃正极

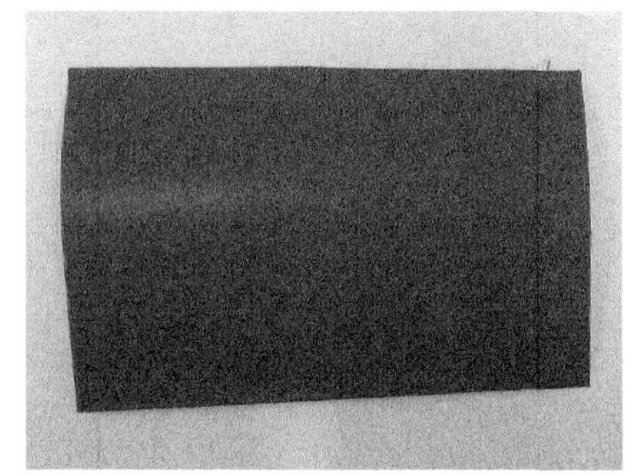

(b)0℃正极

(c)–20℃正极

图 5.34　低温老化后的正极表面形态及微观形貌

(a)25℃正极断面　(b)0℃正极断面

(c)–20℃正极断面　(d)–20℃正极断面局部放大

图 5.35　低温老化后的正极断面形貌

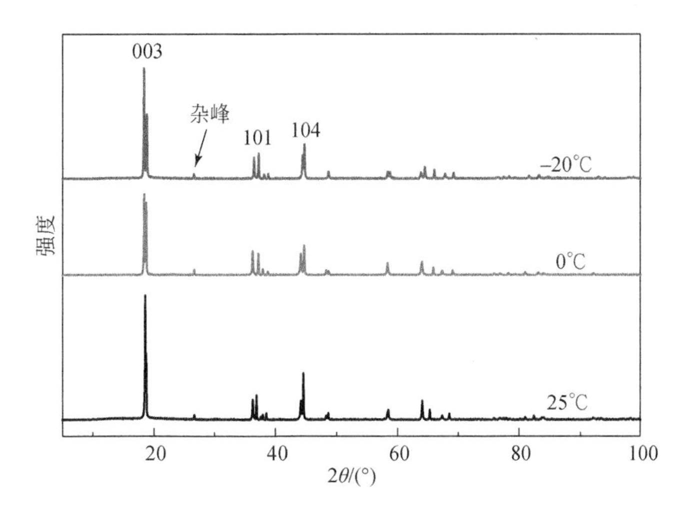

图5.36　低温老化后电池正极材料的XRD结果图

表5.14　低温老化后电池正极材料XRD结果表

老化温度/℃	$2\theta_{003}$/(°)	$2\theta_{104}$/(°)	I_{003}/I_{104}	结晶度	c/a
25	18.60	44.52	3.52	77.86	5.03
0	18.44	44.66	3.18	77.76	5.11
−20	18.40	44.72	2.92	73.49	5.06

5.4.2　电池负极材料的变化

1. 高温老化后电池负极材料的变化

如图5.37～图5.39所示，25℃和40℃老化后的电池负极极片在0% SOC下均呈现金色至深蓝色，而在100% SOC下呈现金黄色，颜色分布均匀。无论是0% SOC还是100% SOC，极片上的活性物质均不易发生脱落。SEM显示，25℃老化后的电池负极表面光滑，没有杂质，能够清晰地观察到负极的层状结构。40℃老化后的电池负极表面出现少量杂质颗粒。随着温度的升高，杂质颗粒逐渐增多。60℃老化后的电池负极极片在0% SOC下呈现棕褐色与深蓝色相间，在100% SOC下呈现金黄色与棕褐色相间，极片上能够看到明显的白色和灰色副反应产物，活性物质容易脱落，脱落后负极集流体铜箔暴露。80℃老化后的电池负极极片颜色分布更加不均匀，副反应产物明显增多，且极片极脆，活性物质极易脱落。由于80℃老化后的电池内部几乎没有剩余的电解液，负极极片与隔膜发生粘连，极片上有部分隔膜碎片残留。60℃老化后的电池负极表面片状结构的边界变模糊，这是由 SEI 膜增厚导致的[23]。在 80℃下，负极表面部分位置出现活性物质断裂现象，同时由于 SEI 膜在此温度下不断生成与分解，片状结构的边界清晰可见，大量杂质颗粒覆盖在负极表面，杂质颗粒可能是 SEI 膜的不断分解和电解液分解后产生的 CO_2 与负极活性物质反应生成的 Li_2CO_3，以及负极活性物质与电解液溶质 $LiPF_6$ 反应生成的含氟杂质[10,24,25]。25℃下，负极断面的层状紧密，随着老化温度的升高，层状结构逐渐变得疏松，并且产生裂纹。

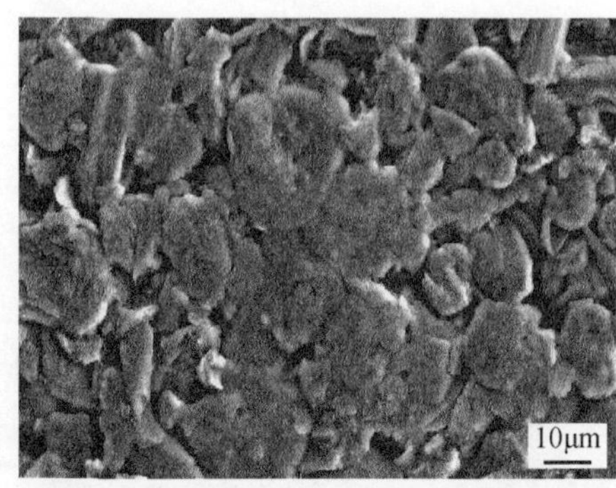

(a)25℃负极

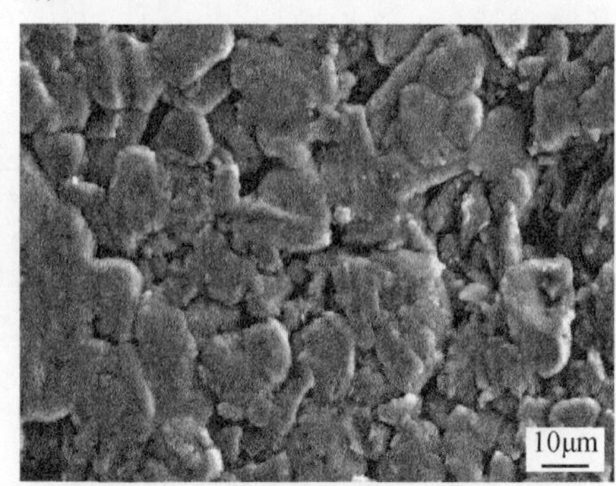

(b)40℃负极

(c)60℃负极

(d)80℃负极

图 5.37　高温老化后的负极表面形态及微观形貌

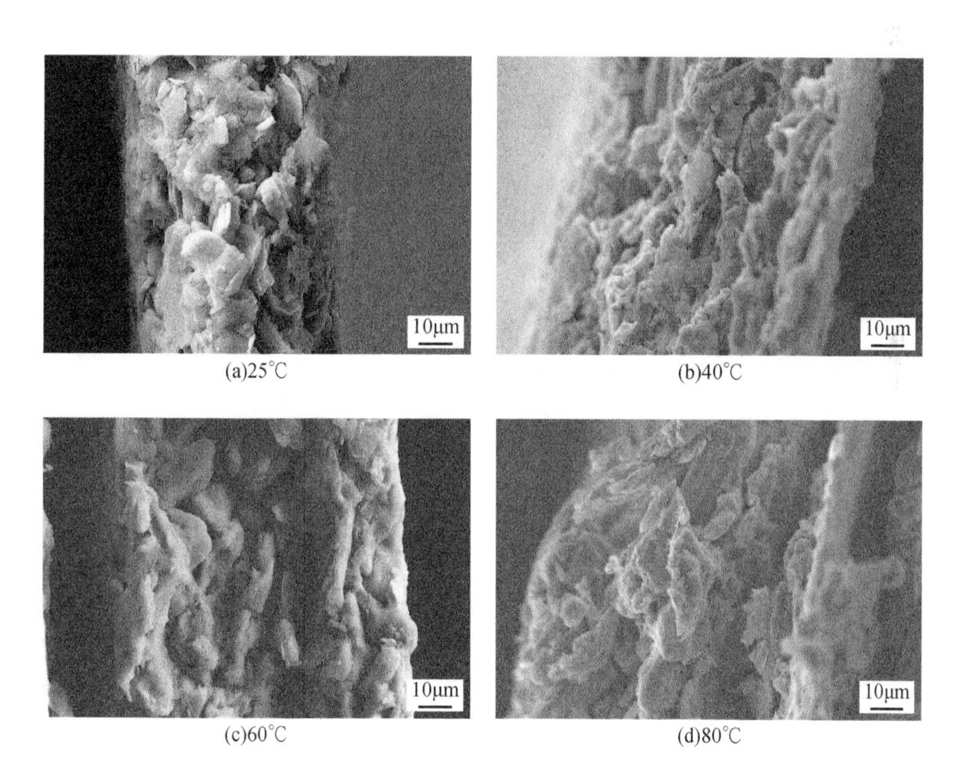

(a)25℃　(b)40℃

(c)60℃　(d)80℃

图 5.38　高温老化后的负极断面形貌

图 5.39　负极表面杂质与裂纹

经过高温老化后,电池负极中的氧元素所占比例明显增大,而碳元素所占比例明显减少,同时还检测到了微量的锰元素。氧元素的增多表示负极的活性物质与电解液发生反应,生成了大量含氧化合物,而锰元素出现表示高温使正极活性物质发生了分解,游离的含锰元素离子在充放电的过程中经过隔膜到达并在负极表面发生了反应。

经过高温老化后,负极的晶体结构与 25℃老化没有明显区别,各衍射峰的位置没有发生改变,也未出现新的衍射峰,负极的石墨化程度维持在 100%左右。由此可以推测,高温老化几乎不会破坏负极石墨原有的晶体结构,副反应在负极生成的杂质全部为非晶体。高温老化后电池负极材料的 XRD 结果如图 5.40 所示。

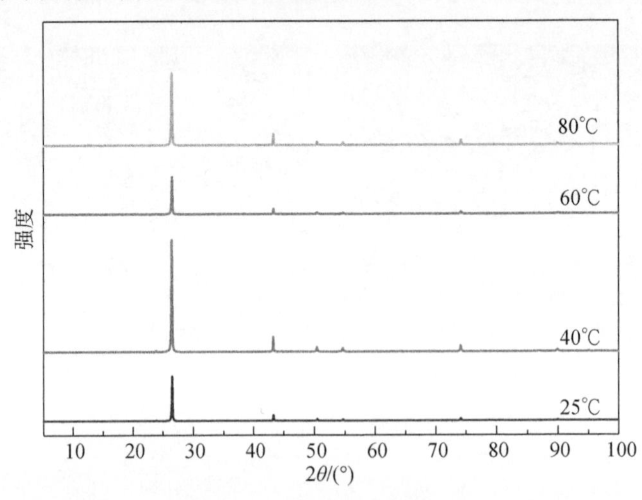

图 5.40　高温老化后电池负极材料的 XRD 结果图

2. 低温老化后电池负极材料的变化

如图 5.41～图 5.44 所示，电池在 0℃下老化后，大量灰色与黑色的物质覆盖在负极表面，负极与隔膜极易分离。SEM 结果显示，负极表面几乎全部被沉积的锂覆盖，已经无法观测到原有的石墨结构。部分位置出现较大、较厚且表面平坦的锂沉积，可能是由于充电时生成的锂难以嵌入负极表面，在该位置发生了堆积，形成锂枝晶，不断生长的锂枝晶逐渐从负极表面抵达隔膜表面，被隔膜阻挡后变得表面平坦。从负极断面的 SEM 结果可以清晰地看出负极活性物质增厚，且变得疏松，活性物质的厚度从 25℃老化的约 65μm 增加到 0℃老化的约 95μm，活性物质的外侧有较大且边缘尖锐的锂枝晶。然而，在－20℃老化后，负极表面几乎看不到锂的沉积，而是有一层物质均匀地覆盖在负极表面，同时有大量裂纹和少量孔洞，原有的石墨颗粒已经完全不可见。负极断面的活性物质同样增厚且变得疏松，活性物质的厚度约为 85μm，但活性物质外侧的锂枝晶比 0℃老化后的锂枝晶小、薄且没有锋利的边缘。负极锂枝晶的出现会严重影响锂离子电池的热稳定性，主要体现在自加热起始温度的显著降低。当负极表面生成大量锂枝晶时，容易刺穿隔膜造成电池内短路，使电池发生“自加热”反应，进而造成热失控事故。

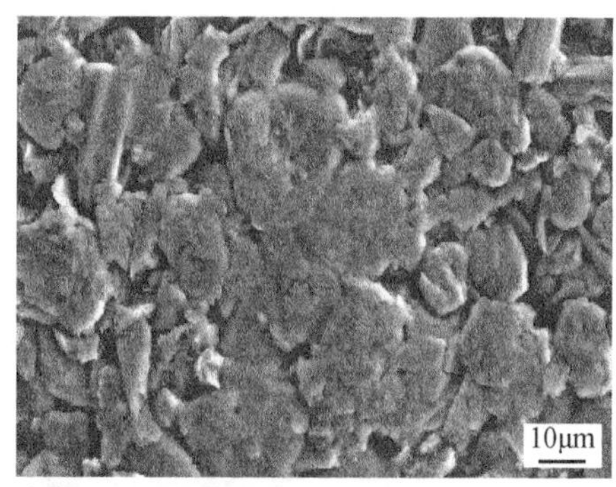

(a)25℃负极

(b)0℃负极

(c)–20℃负极

图 5.41 低温老化后的负极表面形态及微观形貌

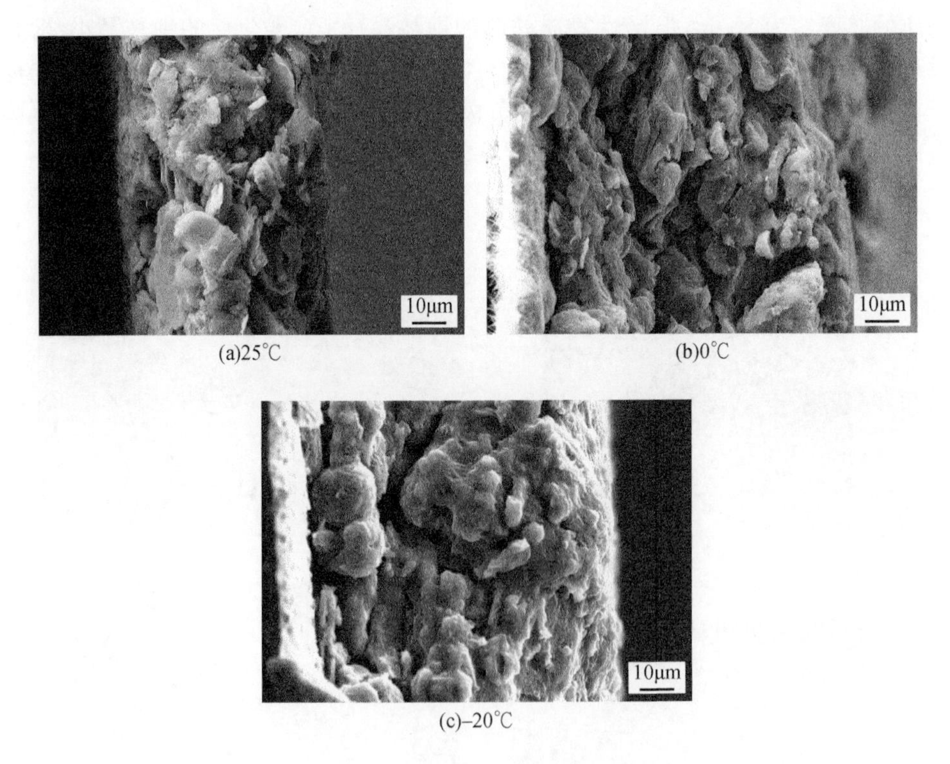

(a)25℃ (b)0℃ (c)–20℃

图 5.42 低温老化后的负极断面形貌

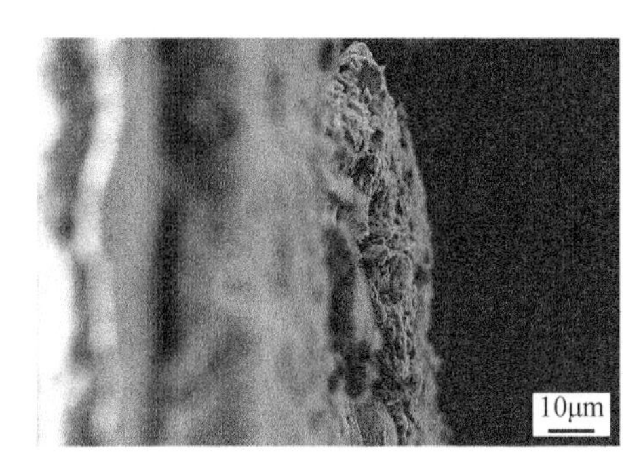

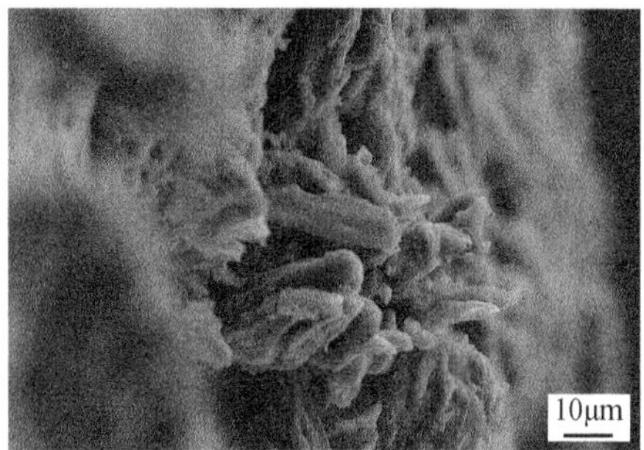

图 5.43　0℃负极断面锂沉积

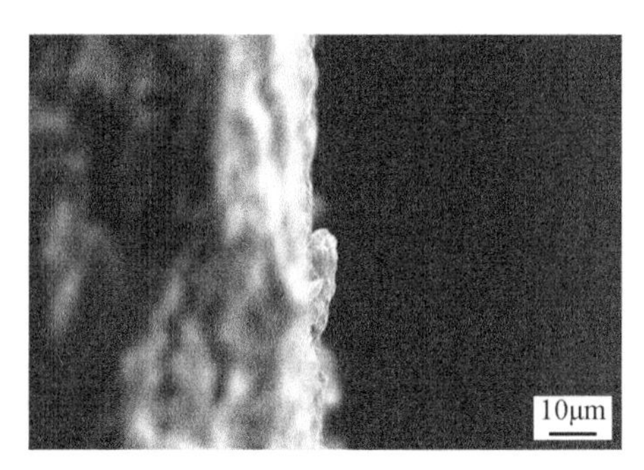

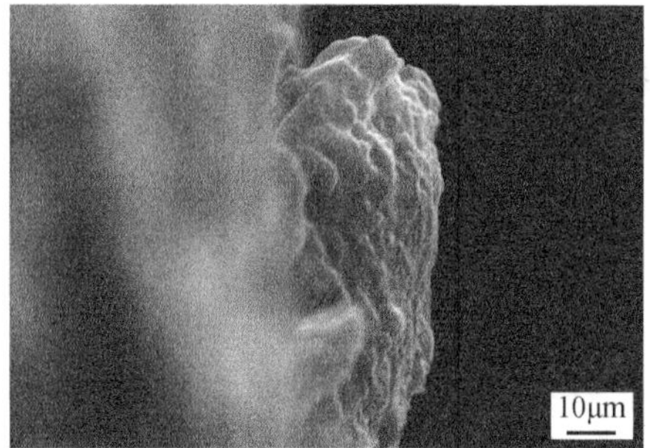

图 5.44　－20℃负极断面锂沉积

经过低温老化后，负极的碳氧元素比变化明显。25℃老化后的碳氧元素比为 1.53，而 0℃和－20℃老化后的碳氧元素比分别为 0.50 和 0.79。氧元素的增多是因为拆解电池时，负极暴露于空气后锂与空气中的氧气发生反应。从碳氧元素比也可以看出，0℃老化产生的锂沉积比－20℃老化更多。这是由于 0℃老化时，电池经历了更多的恒流充电过程，在恒流充电过程中，由于电流较大，负极界面上的电化学反应速度更快，单位时间内有更多的锂离子被还原为锂单质，但是低温下锂离子难以扩散至层状石墨的内部进行反应，因此只能堆积在负极表面，造成锂单质的沉积。沉积的锂单质累积到一定程度后便无法再参与循环，变为死锂。而－20℃老化时，电池大多时间都在经历恒压充电过程，锂离子在层状石墨中的扩散速度较慢，负极界面上的电化学反应速率也较慢，锂单质相对难以沉积在负极表面。

从 XRD 结果来看，0℃老化后的电池负极材料既没有生成新的衍射峰，原有的衍射峰也没有发生位置偏移，而－20℃老化后的电池石墨的 002 特征峰发生了向

2θ偏小方向的严重偏移，并且有新的杂峰生成。表明在－20℃老化时，负极的结构遭到了破坏，且生成了新的晶体结构。低温老化后电池负极材料的 XRD 结果如图 5.45 所示。

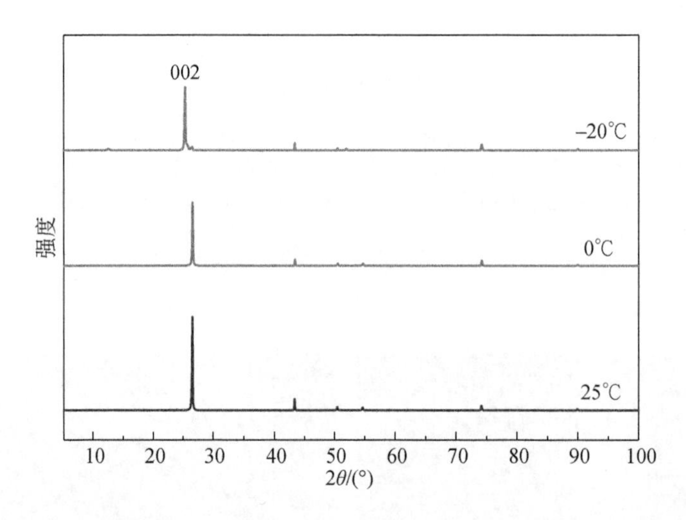

图 5.45　低温老化后电池负极材料的 XRD 结果

5.4.3　电池隔膜的变化

1. 高温老化后电池隔膜的变化

25℃老化后的电池隔膜呈白色，表面没有褶皱。40℃老化后的电池隔膜呈现均匀的黄色，表面同样没有褶皱。在老化温度高于 60℃后，隔膜颜色不再均匀地变黄，而是出现随机的棕褐色斑点，这些棕褐色斑点是凹陷的，且与负极极片表面上的副产物位置对应。80℃老化后的电池隔膜出现了由于高温而产生的皱缩褶皱，且有部分负极的活性物质粘连在隔膜表面。

SEM 结果显示(图 5.46～图 5.48)，25℃下老化的电池隔膜表面光滑，在 5000 倍的放大倍率下，能够清晰地看到网状的纤维结构，且隔膜表面几乎没有任何杂质。而在 40℃下，隔膜表面开始出现极少量微小的层状片状杂质，但隔膜整体仍较为干净。当老化温度处于 80℃时，隔膜表面已经几乎全部被颗粒覆盖，这些颗粒的形态和大小与负极表面出现的颗粒极为相似。放大后发现，部分颗粒出现破损，颗粒为空心的泡状结构。隔膜上网状结构的孔洞被颗粒覆盖，锂离子和电解液难以在隔膜之间穿梭，这是高温老化时电池内阻增大的一个原因。同时，隔膜上出现较大且较厚的层状片状杂质，放大后发现，杂质的形态与负极的锂沉积十分相似，因此可以推测，当锂离子电池在高温下长期循环时同样可以产生锂沉积，从而对电池的热稳定性造成破坏，这也验证了前文中的猜测。

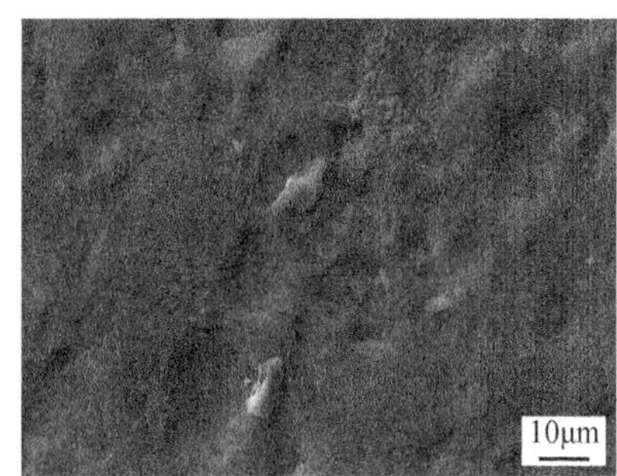

(a)25℃隔膜

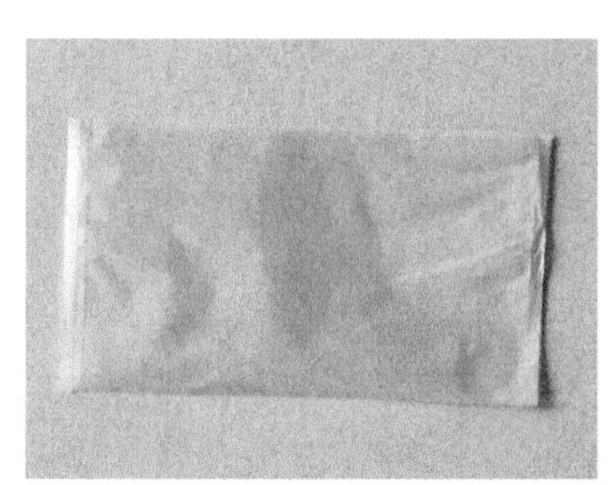
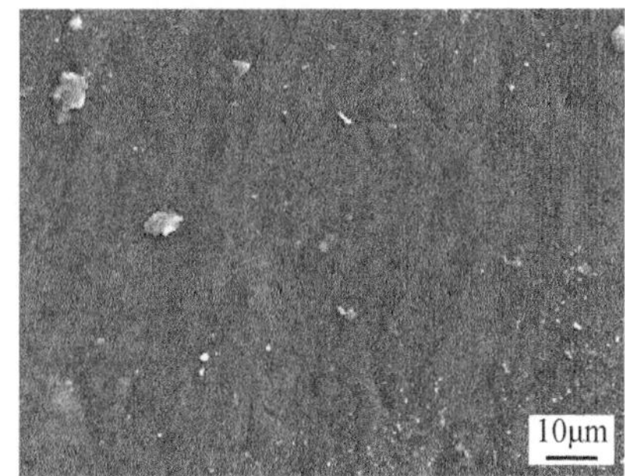

(b)40℃隔膜

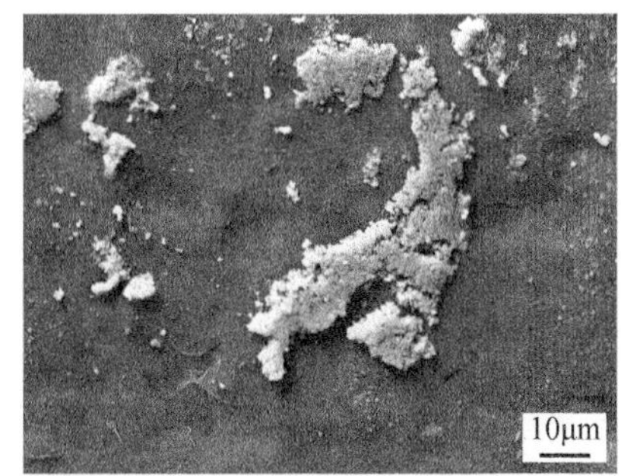

(c)60℃隔膜

(d)80℃隔膜

图 5.46　高温老化后的隔膜表面形态及微观形貌

图 5.47　隔膜原本的网状结构

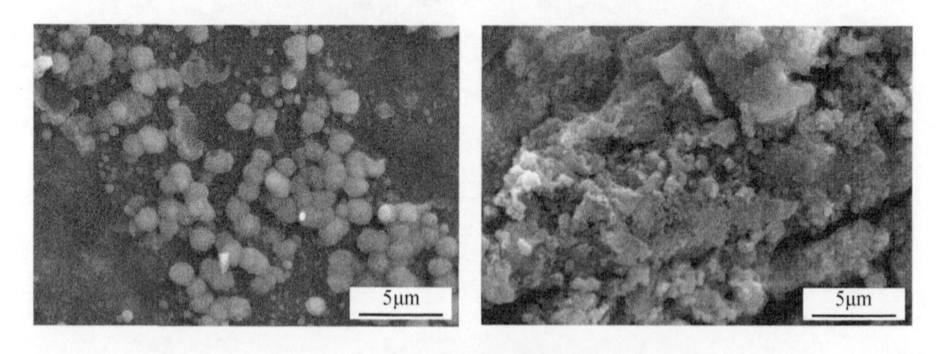

图 5.48　80℃老化隔膜两种杂质局部放大图

在有大量泡状杂质的位置，隔膜中氟元素的含量明显增加，而氧元素的含量明显减少。氟元素聚集的位置与泡状杂质所在的位置有明显的重合，因此可以推测泡状杂质可能是电解液的分解或负极与电解液反应生成的 LiF。而在较厚的片状杂质出现的位置，氧元素的含量明显增多，且出现了少量的铝元素。氧元素和铝元素聚集的位置与片状杂质的位置有明显的重合，因此验证了片状杂质是锂沉积的推测，并且电池出现了轻微的过充现象，正极的集流体铝箔发生了溶解，并在隔膜上沉积。高温老化后隔膜的元素组成如表 5.15 所示。泡状杂质与氟元素分布图如图 5.49 所示。片状杂质与氧、铝元素分布图如图 5.50 所示。

表 5.15　高温老化后隔膜的元素组成

老化温度/℃	C 含量/%	O 含量/%	F 含量/%	Al 含量/%
25	60.88	19.98	18.00	—
40	65.18	16.91	17.92	—
60	65.00	12.72	20.35	—
80	60.49	10.57	28.94	—
60(片状杂质位置)	55.87	21.28	18.02	3.50

注：部分元素未列出。

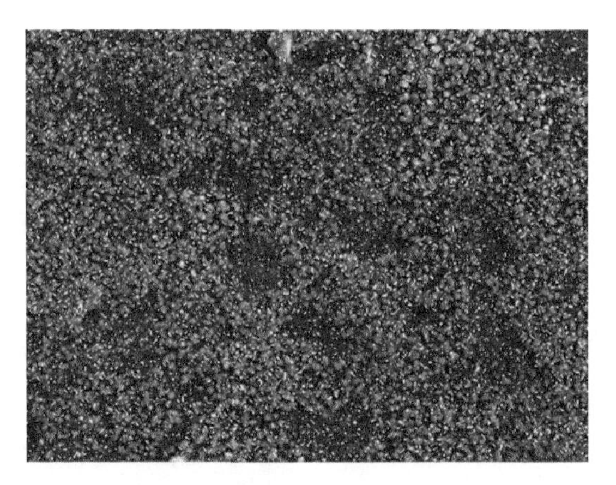

图 5.49　泡状杂质与氟元素分布图

2. 低温老化后电池隔膜的变化

0℃下老化后的电池隔膜上有大量黑色的斑点杂质，这些杂质较多地分布在隔膜的中心位置，而在边缘及电芯的卷绕处分布较少。SEM 结果显示，这些黑色斑点杂质与负极表面的锂沉积相似，同时在斑点杂质处有明显的氧元素堆积，可以推断是由于负极生成的锂沉积不断增厚，最终沉积在了隔膜表面。而在−20℃下老

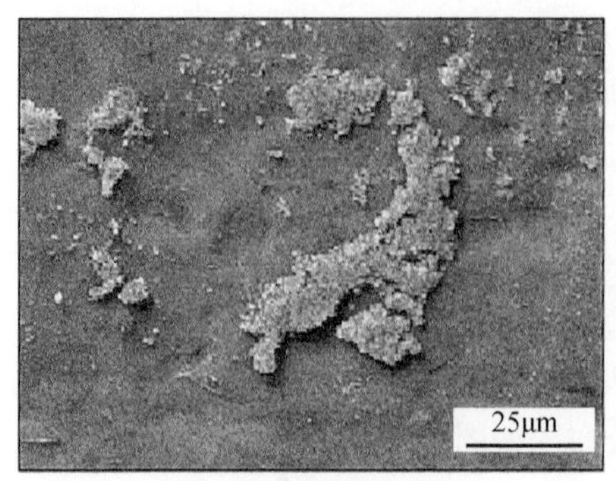

(a)O元素

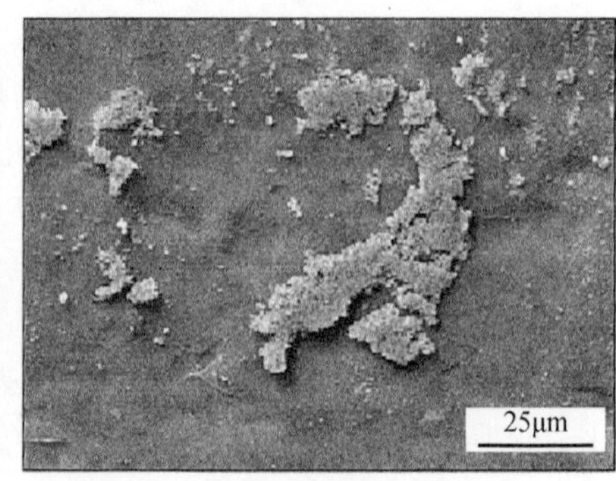

(b)Al元素

图 5.50　片状杂质与氧、铝元素分布图

化后的电池隔膜表面仅有少量的黑色斑点杂质，在杂质处不仅检测到了氧元素的堆积，同时还检测到了少量的铝元素堆积。这说明－20℃下负极的锂沉积对隔膜表面的影响较小，但电池出现了过充现象，正极集流体溶解并镶嵌在了隔膜表面。低温老化后的隔膜表面形态及微观形貌如图 5.51 所示。低温老化后隔膜的元素组成如表 5.16 所示。0°C 老化杂质的氧元素分布图如图 5.52 所示。－20°C 老化杂质的氧、铝元素分布图如图 5.53 所示。

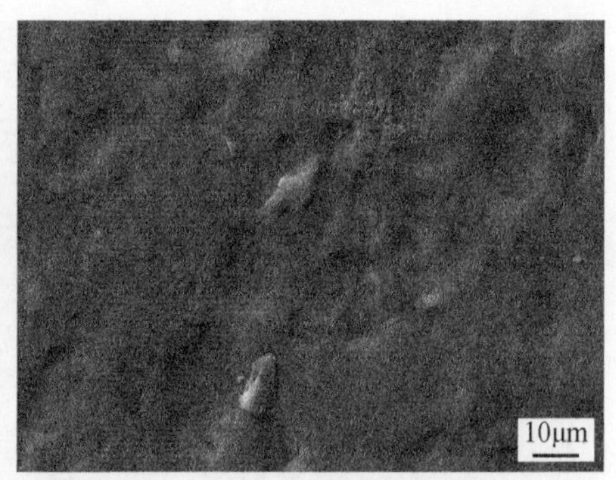

(a)25°C隔膜

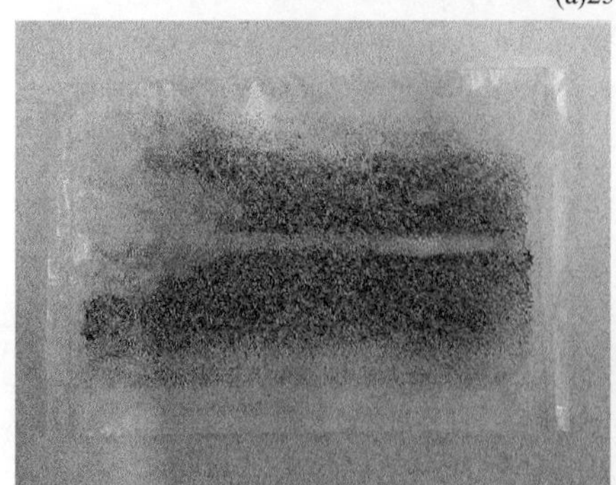

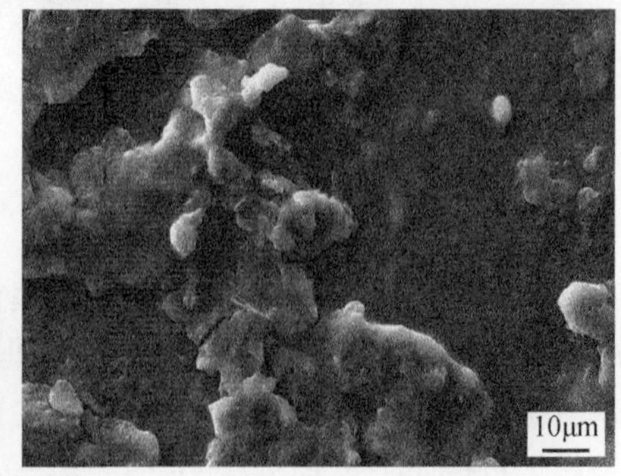

(b)0°C隔膜

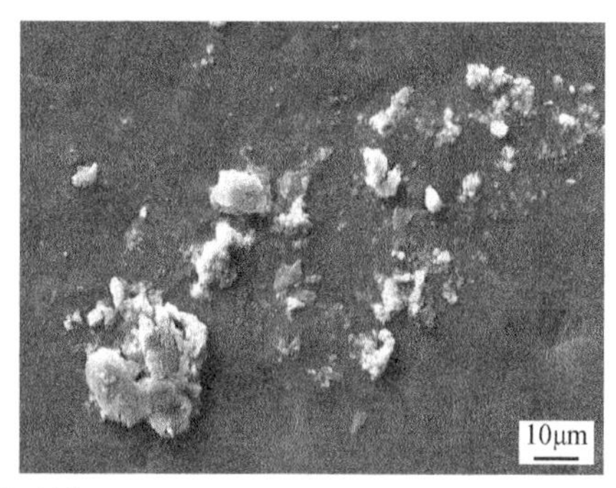

(c)–20℃隔膜

图 5.51　低温老化后的隔膜表面形态及微观形貌

表 5.16　低温老化后隔膜的元素组成

老化温度/℃	C 含量/%	O 含量/%	F 含量/%	Al 含量/%
25	60.88	19.98	18.00	—
0	38.10	41.41	20.49	—
−20	56.63	24.83	15.49	2.04

注：部分元素未列出。

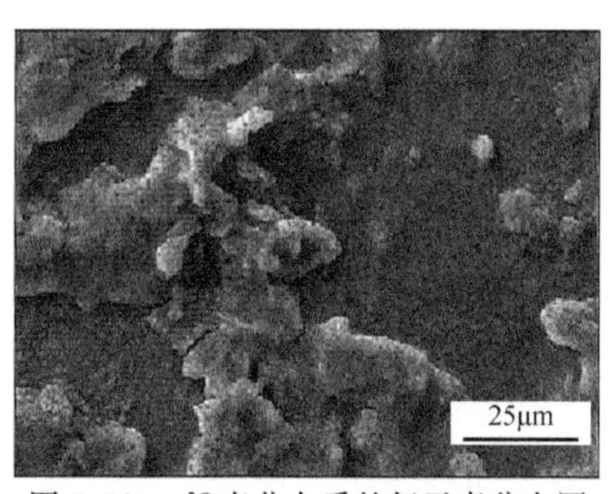

图 5.52　0℃老化杂质的氧元素分布图

(a)O元素

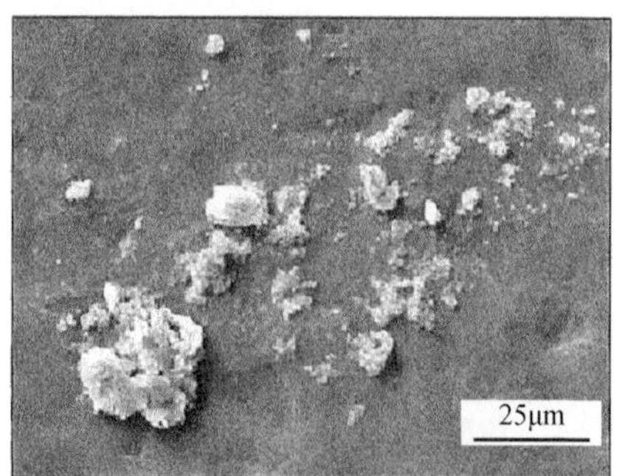

(b)Al元素

图 5.53　−20℃老化杂质的氧、铝元素分布图

5.5 本章小结

本章以三元镍钴锰软包锂离子电池为研究对象,针对电池在高温和低温环境下老化后的电池性能、电极材料和结构变化,以及热失控行为进行实验研究和理论分析,旨在探究高温和低温老化对锂离子电池热安全性的影响及其内在机理。本章的目的是研究在高温和低温环境下老化后的电池的电性能变化、在绝热环境中的热行为和电池老化机理,分析热失控行为规律,为电池失效检测和预防提供一定的理论基础,具体结论如下。

1)高低温老化对锂离子电池性能的影响

(1)锂离子电池高温老化后,其容量和内阻均会出现不同程度的不可逆衰减。随着老化温度的升高,容量和内阻的衰减程度均不断增大。在低温老化后,电池容量和内阻会出现部分可逆的衰减。将低温下老化后的电池放置在室温下,电池容量会出现一定程度的回升。低温对锂离子电池容量的影响主要是由恒流阶段引起的,因此0℃下电池容量的衰减比−20℃更严重。

(2)低温下的内阻增大主要是由欧姆内阻增大引起的。随着温度的降低,锂离子在电解液中的运动阻力增大,导致欧姆内阻升高。电池容量减小,实际充放电倍率增大,导致极化内阻升高。

2)高低温老化对锂离子电池热失控的影响

(1)高温老化的电池,随着老化温度的升高,热失控能够达到的最高温度 T_{max} 逐渐降低。低温老化的电池,随着老化温度的降低,T_{max} 也不断降低。

(2)80℃老化后的电池,由于电解液损耗严重,自加热阶段的升温速率显著降低,热失控时间 Δt 显著增大,同时活化能也显著增大。经过高温老化后,电池热失控的质量损失与热失控放热量的比值几乎保持不变。

(3)0℃下老化的电池自放热起始温度 T_0、热失控起始温度 T_c 和活化能较25℃老化的电池均显著降低,而−20℃老化的电池以上参数与常温老化的电池相似。负极表面生成锂枝晶,是低温老化后锂离子电池热稳定性降低的主要原因。

3)高低温老化对锂离子电池材料的影响

(1)高温老化使正极的活性材料颗粒破碎,并且会生成新的晶体结构杂质。当老化温度为80℃时,SEI膜不断生成和分解,导致负极表面和隔膜表面覆盖有大量的泡状含氟杂质。杂质的产生消耗了负极的活性物质,造成了容量衰减,同时堵塞了隔膜上的网状结构,造成内阻增大。

(2)高温下电解液会与负极材料发生反应产生气体。产生的气体破坏了电池内部原有的结构,使原本紧密接触的各部分产生空隙;电解液溶剂的消耗导致电解液浓度升高，阻碍了锂离子的运动，造成电解液的欧姆内阻增大，导致 T_{max} 降低。Mn 元素从正极溶解，随着充放电过程的进行，经过隔膜并到达负极表面发生了副反应。

(3)低温老化使负极产生大量锂沉积，形成死锂，是电池容量衰减的一个重要原因，同时也是低温老化后 T_0 显著下降的主要原因。负极的锂枝晶参与了热失控反应，并放出了热量。低温老化对正极材料的破坏不大。

参考文献

[1] Wang Q S, Ping P, Zhao X J, et al. Thermal runaway caused fire and explosion of lithium-ion battery[J]. Journal of Power Sources, 2012, 208: 210-224.

[2] Marques P, Garcia R, Kulay L, et al. Comparative life cycle assessment of lithium-ion batteries for electric vehicles addressing capacity fade[J]. Journal of Cleaner Production, 2019, 229: 787-794.

[3] 李琳. 锂离子电池荷电状态及健康状态估计研究[D]. 北京：北京林业大学，2020.

[4] 林乙龙，肖敏，韩东梅，等. 锂离子电池化成技术研究进展[J]. 储能科学与技术，2021, 10(1): 50-58.

[5] Xu K. Electrolytes and interphases in Li-ion batteries and beyond[J]. Chemical Reviews, 2014, 114(23): 11503-11618.

[6] Xu M Q, Zhou L, Dong Y N, et al. Improving the performance of graphite/$LiNi_{0.5}Mn_{1.5}O_4$ cells at high voltage and elevated temperature with added lithium bis (oxalato) borate (LiBOB)[J]. Journal of the Electrochemical Society, 2013, 160(11): A2005-A2013.

[7] Yang X G, Leng Y J, Zhang G S, et al. Modeling of lithium plating induced aging of lithium-ion batteries: Transition from linear to nonlinear aging[J]. Journal of Power Sources, 2017, 360: 28-40.

[8] Aurbach D, Zaban A, Ein-Eli Y, et al. Recent studies on the correlation between surface chemistry, morphology, three-dimensional structures and performance of Li and Li-C intercalation anodes in several important electrolyte systems[J]. Journal of Power Sources, 1997, 68(1): 91-98.

[9] Dubarry M, Truchot C, Cugnet M, et al. Evaluation of commercial lithium-ion cells based on composite positive electrode for plug-in hybrid electric vehicle applications. Part I: Initial characterizations[J]. Journal of Power Sources, 2011, 196(23): 10328-10335.

[10] 李懿洋. 锂离子电池低温充放电循环与高温浮充下的失效机理研究[D]. 北京：清华大学，2017.

[11] Ouyang M G, Ren D S, Lu L G, et al. Overcharge-induced capacity fading analysis for large format lithium-ion batteries with $LiyNi_{1/3}Co_{1/3}Mn_{1/3}O_2$ + $Li_yMn_2O_4$ composite cathode[J]. Journal of Power Sources, 2015, 279: 626-635.

[12] 李荻. 电化学原理[M]. 3 版. 北京：北京航空航天大学出版社，2008.

[13] 冯旭宁. 车用锂离子动力电池热失控诱发与扩展机理、建模与防控[D]. 北京：清华大学，2016.

[14] Arora P, Zhang Z J. Battery separators[J]. Chemical Reviews, 2004, 104(10): 4419-4462.

[15] 李煌. 三元锂离子电池热失控传播及阻隔机制研究[D]. 合肥：中国科学技术大学，2020.

[16] Verma P, Maire P, Novák P. A review of the features and analyses of the solid electrolyte interphase in Li-ion batteries[J]. Electrochimica Acta, 2010, 55(22): 6332-6341.

[17] Börner M, Friesen A, Grützke M, et al. Correlation of aging and thermal stability of commercial 18650-type lithium ion batteries[J]. Journal of Power Sources, 2017, 342: 382-392.

[18] Agubra V, Fergus J. Lithium ion battery anode aging mechanisms[J]. Materials, 2013, 6(4): 1310-1325.

[19] Gunawardhana N, Dimov N, Sasidharan M, et al. Suppression of lithium deposition at subzero temperatures on graphite by surface modification[J]. Electrochemistry Communications, 2011, 13(10): 1116-1118.

[20] Smart M C, Ratnakumar B V. Effects of electrolyte composition on lithium plating in lithium-ion cells[J]. Journal of the Electrochemical Society, 2011, 158(4): A379-A389.

[21] Birkenmaier C, Bitzer B, Harzheim M, et al. Lithium plating on graphite negative electrodes: Innovative qualitative and quantitative investigation methods[J]. Journal of the Electrochemical Society, 2015, 162(14): A2646-A2650.

[22] Li Z, Huang J, Yann Liaw B, et al. A review of lithium deposition in lithium-ion and lithium metal secondary batteries[J]. Journal of Power Sources, 2014, 254: 168-182.

[23] Guan T, Sun S, Gao Y Z, et al. The effect of elevated temperature on the accelerated aging of $LiCoO_2$/mesocarbon microbeads batteries[J]. Applied Energy, 2016, 177: 1-10.

[24] Ren D S, Hsu H, Li R H, et al. A comparative investigation of aging effects on thermal runaway behavior of lithium-ion batteries[J]. eTransportation, 2019, 2: 100034.

[25] Genieser R, Loveridge M, Bhagat R. Practical high temperature (80℃) storage study of industrially manufactured Li-ion batteries with varying electrolytes[J]. Journal of Power Sources, 2018, 386: 85-95.

第6章 电池热失控传播特性及影响因素

近年来，锂离子电池因其优异的性能被广泛应用于电子产品、电动汽车、储能系统等领域，在给人们生活带来便利的同时，其自身的热安全性会严重影响使用设备的寿命与安全性能。在过充、热滥用、机械破坏等极端条件下，锂离子电池会发生燃烧、爆炸、释放大量有毒气体等热失控行为，电池间的热失控传播往往会加剧和放大热失控事故后果，尤其是在受限空间等封闭条件下。电池组中一个单体电池在特定条件下发生热失控时，可能会因热失控的传播而导致整个电池组的热失控，从而造成更严重的事故灾害。本章主要介绍电池热失控传播特性及影响因素，并探究不同受限条件下电池热失控传播的相关规律。

6.1 实验装置及材料

6.1.1 实验装置

为了研究锂离子电池组热失控传播的相关规律和机理，探究电池组热失控传播行为特性和影响机制，本节模拟高温环境条件下电池组热失控传播特性，在原有实验基础上进行了调整，搭建了实验装置，其示意图如图6.1所示。实验系统装置主要可分为锂离子电池(组)固定封闭装置、电池预处理装置、加热保温装置、数据采集装置(包含电信号采集装置、温度信号采集装置和图像采集装置)四大部分。

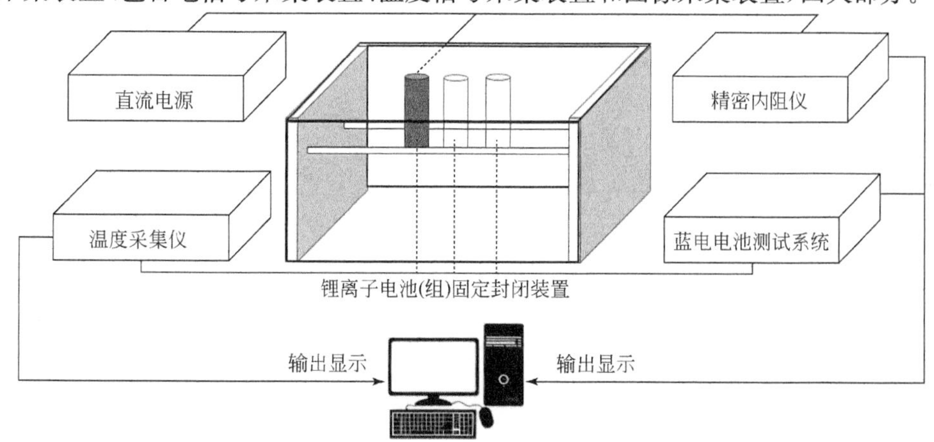

图6.1 实验系统组成示意图

1. 锂离子电池(组)固定封闭装置

为了模拟电池在实际使用过程中的排列固定方式,同时为了保证实验测试过程中的稳定性和规律性,本节借鉴前人研究经验[1],加工了一套电池固定支架,以保证电池在实验过程中能保持稳定。如图 6.2(a)所示,该固定支架由两块铝合金板、数根全螺纹杆、对应尺寸螺母以及电池卡扣组成,铝合金板上预留了对应螺纹杆外径的槽,可将螺纹杆穿入并用螺母固定,电池卡扣穿在螺纹杆上,结合螺母可固定电池。铝合金板预留槽可允许螺纹杆上下调节,以满足不同的垂直间距,电池卡扣可左右水平调节,可满足不同的水平间距。

(a)电池固定装置实物

(b)固定电池组

(c)聚四氟乙烯板

图 6.2 电池固定装置

为研究封闭环境下电池热失控传播规律和相关影响因素,本节采用聚四氟乙烯板和钢化玻璃作为营造封闭环境的材料,将适宜尺寸的板材固定在电池支架的前后和上方三个面上,可将电池喷溅物约束在封闭空间内。

2. 电池预处理装置

实验过程中需要监测电池电压、电阻等电学性能参数的变化,但受限于电池几何结构,需要采用点焊焊接线引出,以便测量。具体操作是在电池的正负极上点焊导电性能良好的镍带,镍带上可连接电池测量导线。焊接电池组采用的焊材为镍带,规格为 0.1mm×4mm×100mm,利用焊材和点焊机,将电池进行电气连接,形成电池组,焊接而成的电池组连接牢固,不易脱离。电池预处理装置实物图如图 6.3 所示。

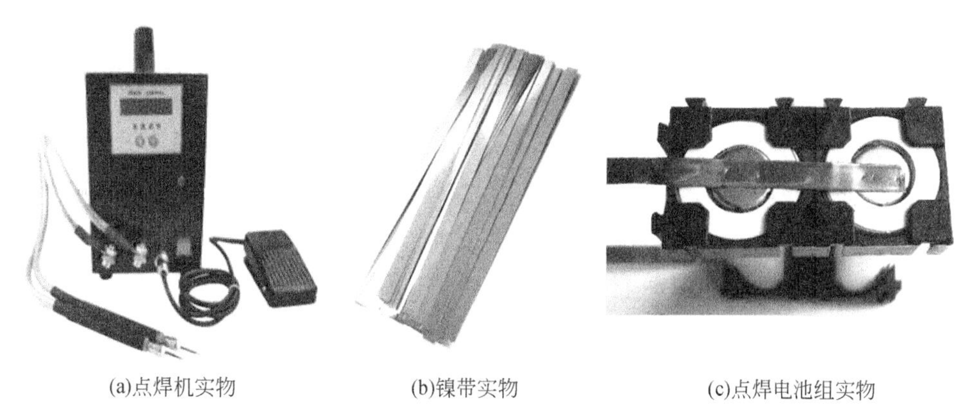

(a)点焊机实物　(b)镍带实物　(c)点焊电池组实物

图 6.3　电池预处理装置实物图

3. 加热保温装置

本节采用热滥用的方式引发电池的热失控，方法为在电池外部缠绕电阻丝。电阻丝接入直流电，通过调节电源电流电压调节加热功率，使电阻丝发热，从而加热电池。采用的电阻丝直径为 0.4mm，材质为 $Cr_{20}Ni_{80}$，电阻值约为 8Ω。直流稳压电源的实物如图 6.4(a)所示，技术参数如表 6.1 所示。

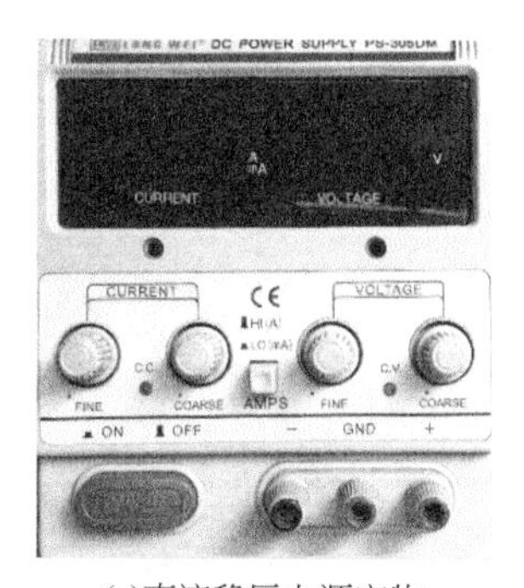

(a)直流稳压电源实物　(b)$Cr_{20}Ni_{80}$电阻丝实物

图 6.4　电加热装置实物图

表 6.1　直流稳压电源技术参数

技术指标	参数
型号	WYJ-5A30V 型
电压可调范围	0～30V
电流可调范围	0～5A
输入电压	AC 220V

本节采用的保温棉为硅酸铝陶瓷纤维棉，其具有隔热性能好、绝缘性好、化学稳定性强等优点，用于减少电池热量散失，确保电池发生热失控。硅酸铝陶瓷纤维棉实物如图 6.5 所示。

图 6.5　硅酸铝陶瓷纤维棉实物

4. 数据采集装置

本节实验过程中采集的数据包括温度、电压、电阻。其中，温度的采集采用热电偶，电压和电阻的采集采用蓝电电池测试系统和内阻仪。以下是相关设备的具体参数。

1)温度采集装置

(1)热电偶。

本实验选用的是 OMEGA 铠装 K 型热电偶(型号为 TJ36-CAXL-116U-2)，该热电偶的规格为 ϕ1.6mm×300mm，可任意弯曲，不易损坏、折断，耐高温，测量范围为－50～1200℃，响应时间短。因此，该型号热电偶适用于电池的温度测量，其实物如图 6.6(a)所示。

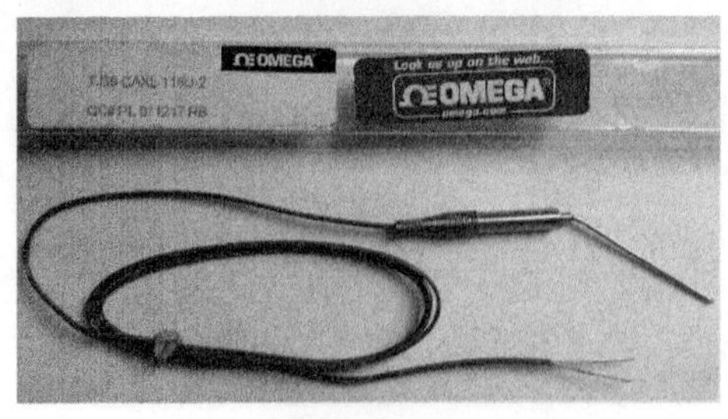

(a)热电偶实物

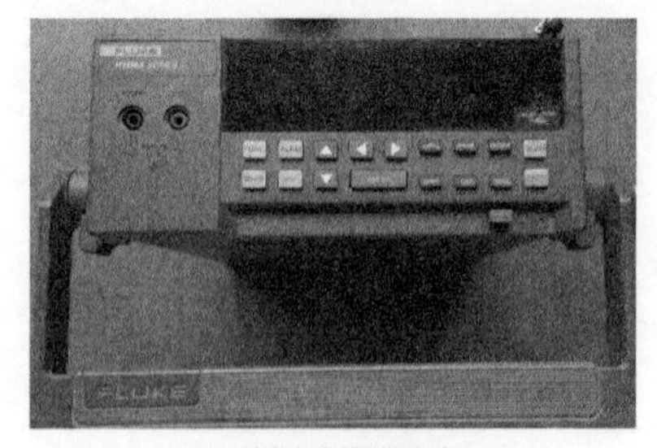

(b)数据采集器实物

图 6.6　温度采集装置

(2)数据采集器。

本实验选用 Fluke Hydra 2620A 型数据采集器，该型号数据采集器有 21 个通道，可测量采集多种物理参数，同时配套有专用的数据采集软件。本实验利用其温度采集模块，将热电偶与数据采集器连接，设定相关通道采集物理参数，进行相关调试，其实物如图 6.6(b)所示。

2)电信号采集装置

本节为了实时监控电池电压的变化，借鉴前期研究方法[2]，利用蓝电电池测试系统中的静置功能，可实时记录电压变化。同时，该装置还可以进行充放电过程中电池电学参数的记录，以及自动的电池充放电循环，该装置实物如图 6.7 所示。该设备具有相互独立的 8 个通道，每个通道可以单独设置相关的工作模式(静置、恒流充电、恒压充电、恒功率放电、恒流放电等)，相关详细技术参数如表 6.2 所示。

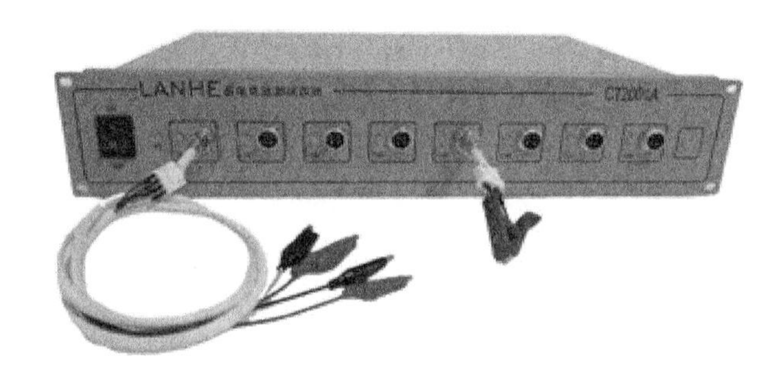

图 6.7　蓝电电池测试系统实物图

表 6.2　蓝电电池测试系统技术参数

技术指标	参数
电压量程	0～5V
电流量程	0～20A
工作电源	AC 220V 50Hz/110V 60Hz

同时，为了测量电池在达到失控的过程中其内阻的变化情况，本实验使用精密电池内阻测试仪测定电池内阻的变化。该设备电阻基本准确度为 0.3%，提供 0.1～3.1kΩ 测试范围，其实物如图 6.8 所示。

3)图像采集装置

为了捕捉电池失控时的外在表征，本实验引入高速摄像仪，通过拍摄电池在失效时的火焰形态及喷溅过程，判定电池在失控过程中的失效特征。高速摄像仪实物图如图 6.9 所示。

图 6.8　高精度电池内阻测量仪

图 6.9　高速摄像仪实物图

5. 其他辅助设备及材料

实验涉及的其他辅助设备和材料包括电子天平、耐高温绝缘胶带、铁丝、铜丝，以及扳手、钳子等工具。

6.1.2　实验材料

本节实验对象为 18650 型锂离子电池（型号为 SAMSUNG/ICR18650-26HM），电池额定容量为 2600mAh，额定电压为 3.6V，电池的质量约为 44g，电池的正极材料为三元材料（含镍钴锰），负极材料为石墨；电解液的组成为六氟磷酸锂溶于碳酸乙烯酯和碳酸二乙酯溶剂中。此外，该电池所采用的隔膜为聚丙烯和聚乙烯隔膜。图 6.10 为电池实物图及拆解图，从图中可以明显看出电池内部的层状卷绕结构。

(a)电池外观

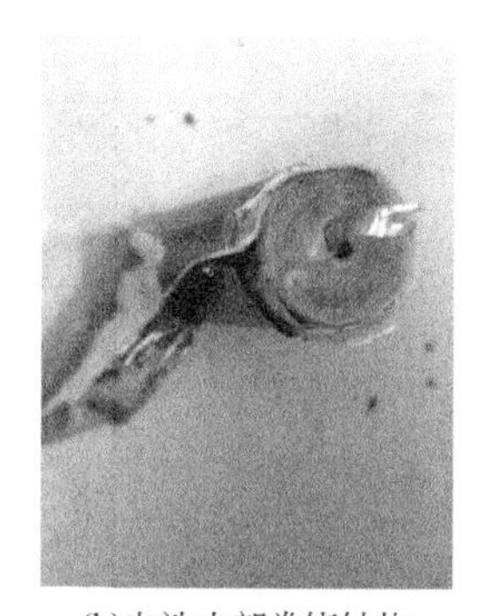

(b)电池内部卷绕结构

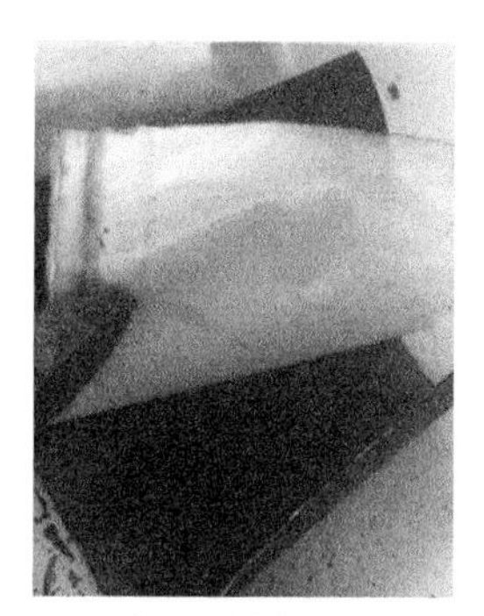

(c)电池层状卷绕结构

图 6.10　实验材料实物图

6.2　电池组热失控传播过程特性

6.2.1　现象特征

根据电池表面温度及实验现象变化，将热失控过程分为以下四个阶段。

(1)阶段Ⅰ：热量累积阶段。此阶段内，安全阀未打开，未发生喷溅，电池温度未发生较大的变化，随着热量的累积，电池温度缓慢上升。

(2)阶段Ⅱ：安全阀打开，产生气体。在此阶段内，电池内部产气压力达到预设值，安全阀破裂，内部气体释放，电池温度持续缓慢上升。

(3)阶段Ⅲ：电池内部反应剧烈，大量产热。在此阶段内，电池产生大量气体，发生剧烈喷溅现象，喷出高温物质，并伴随一定的火焰，电池温度急剧上升。

(4)阶段Ⅳ：热失控结束，温度降低。在此阶段内，电池的能量以各种方式被释放，电池自然散热，温度逐渐降低。

此外，图 6.11 所示的电池剧烈热失控阶段存在如下显著特征：

(1)安全阀打开后，缓慢释放气体，随着温度的升高，产气量逐渐增多。

(2)在出现剧烈的喷溅现象之前，产气量达到最大值，出现大量浓烟。

(3)剧烈的喷溅发生于电池正极盖处的泄压孔处，但容量较低时不会喷溅，会继续释放大量的气体，并伴有清脆气体泄放的嘶鸣声。

当能量不足以引起电池热失控时，会在正极泄压孔处产生少量气体，并伴有绿色固体物质堆积。这是因为安全阀打开之后，内部的温度处于 120℃以上，接近或超过了电池聚烯烃隔膜材料(PE-PP)的熔点，熔化的隔膜伴随着释放的气流被携带到电池外部，遇冷凝结，在电池正极口处形成了绿色的固体物质，如图 6.12

所示。

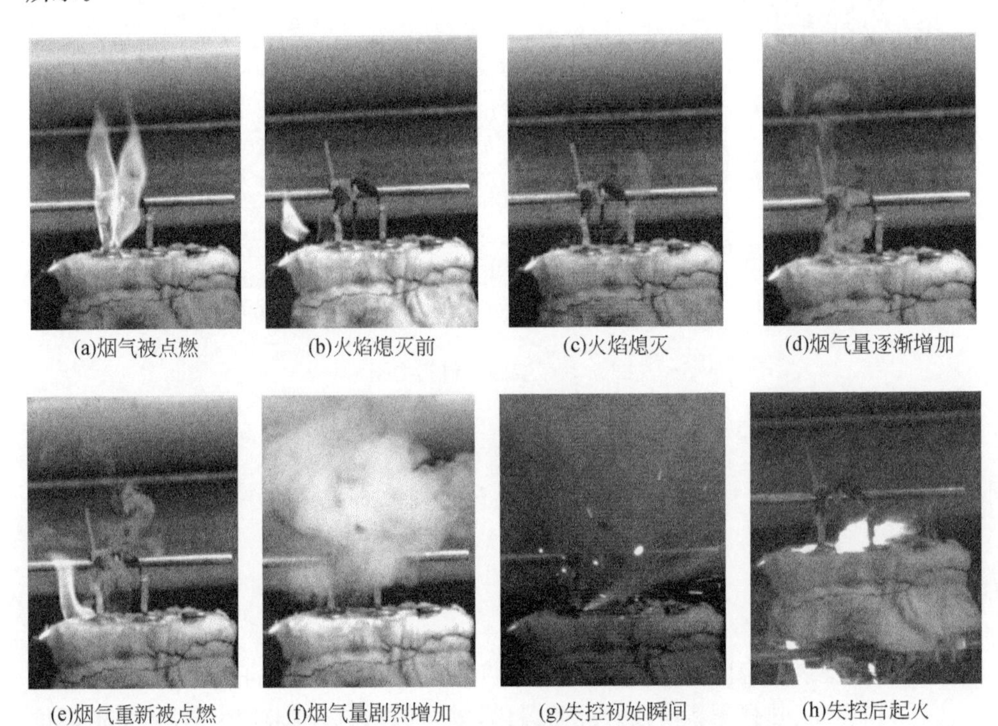

(a)烟气被点燃　(b)火焰熄灭前　(c)火焰熄灭　(d)烟气量逐渐增加

(e)烟气重新被点燃　(f)烟气量剧烈增加　(g)失控初始瞬间　(h)失控后起火

图 6.11　电池热失控过程

图 6.12　电池内部携带出的固体物质

6.2.2　温度变化特性

电池热失控过程中的温度变化如图 6.13 所示。电阻丝均匀缠绕在电池表面进行加热，电池开阀温度在 105～150℃，电池喷溅温度在 159～218℃；而受热失控电池影响导致失控的电池的开阀温度在 148～200℃，电池喷溅的温度在 224～264℃。对比分析可以看出，热失控传播导致的电池开阀及喷溅的温度明显比初始电阻丝加热引发失控的温度高，且开阀温度越高，喷溅的温度越高。

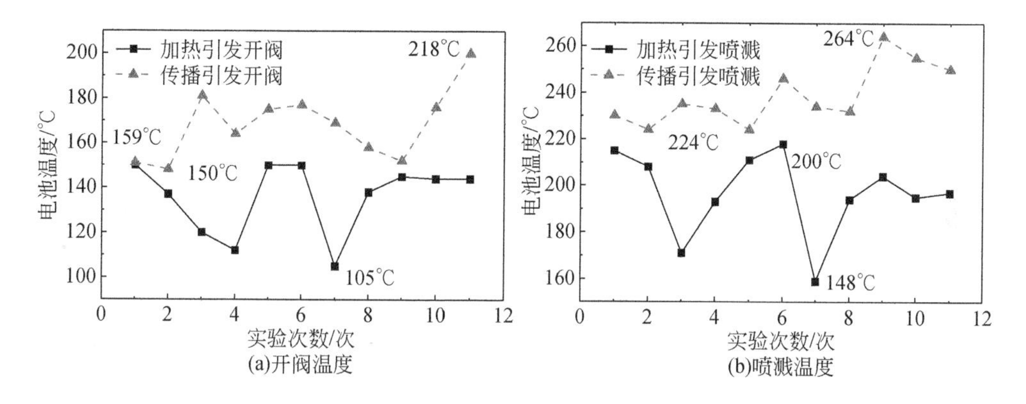

图 6.13　电阻丝加热导致与热失控传播导致电池失控温度对比

产生上述差异的主要原因可能是：

(1)电阻丝均匀缠绕在电池表面，内部材料受热均匀，同一化程度高，反应程度较快。

(2)受热失控影响的电池主要是从失控电池的相邻面和正负极接受热量，并非均匀加热，存在一个热量平衡的过程，导致内部反应进程不一致，接收到的一部分热量用于在电池内部径向上的传导，因电池内部导热性较差[3]，将消耗较多的热量，“温和”地加热电池，适当提高电池的耐热性，从而使电池开阀及喷溅的温度有所提高。

由图 6.14 可以看出，在电池发生热失控后，整个电池被加热到红热的状态，参考相关资料，此时电池最高温度接近 1000℃，但是未失控的电池仅与失控电池相邻面接收到来自失控电池的热量，接收到的热量在电池内部热传导，加热自身。

由图 6.15(a)可以看出，第一个电池发生热失控时，第二个电池两侧的温差达到 62℃，在失控喷溅结束之后，温差达到 146℃。而第二个电池热失控导致第三个电池左右两侧的温差基本控制在 60℃左右。说明在 0mm 间距下电阻丝加热引发电池热失控对相邻电池有一定的影响，电池径向上的热传导效率较低，电池热失控之后整体温度会逐渐趋于一致。由图 6.15(b)可以看出，第一个电池热失控时，靠近热失控电池侧电池的温度能够迅速上升约 149℃。

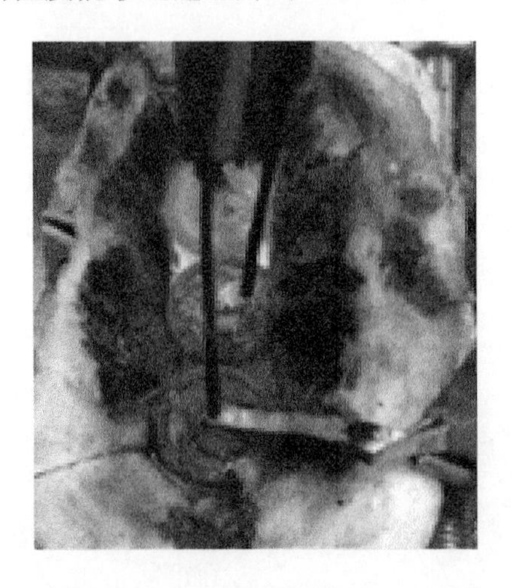

图 6.14　0mm 间距下失控后电池形态

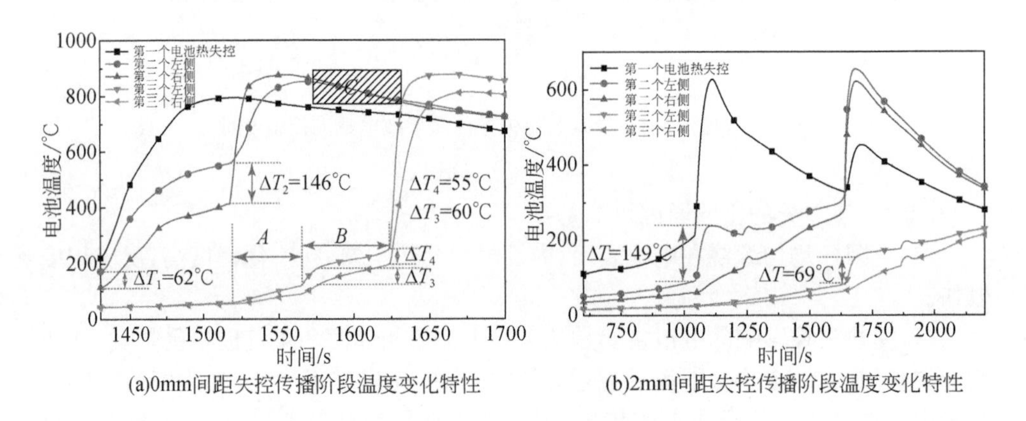

图 6.15　热失控传播过程相邻电池温度变化

在第一个电池热失控至第二个电池发生热失控之前，第二个电池表面温度出现了一次波动，同样的现象在第二个电池导致第三个电池热失控时也发生了(如图 6.16 中A、B 区域所示)。结合电池整个过程温度数据进行分析，发现电池右侧温度波动的峰值刚好为电池安全阀开启的温度，因此可以说明电池在安全阀打开前约 22s 内温度会加速上升(如图 6.16(a)、(b)中 Δt_1、Δt_2 所示)，升温速率从 0.33℃/s 上升到 1.45℃/s，超过了临界升温速率 0.36℃/s，但持续时间较短，并未发生热失控。随后出现温度下降，升温速率恢复到 0.33℃/s 左右。

出现此现象的主要原因如下：

(1)本实验中,电池表面温度加速上升约为 130℃,接近负极材料与电解液反应的温度[4],该反应放热速率快,短时间内释放大量的热量,提高了升温速率。尽管升温速率超过了临界值,但因高升温速率持续时间较短,热量累积程度不高,并未直接导致在该温度下发生热失控。

(2)安全阀打开之后,所释放的气体温度约为 70℃,可推断该气体在电池内部时的温度更高。因此,从电池内部释放的气体会带出一部分热量,导致电池升温速率降低。

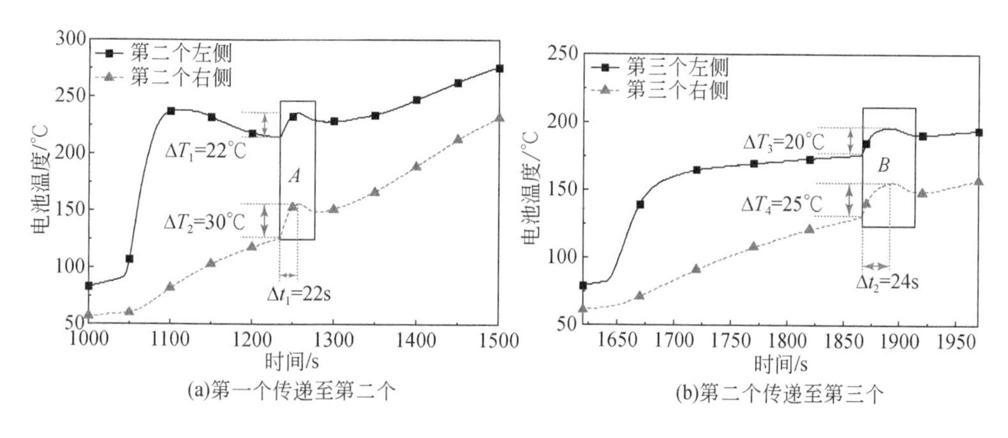

图 6.16　2mm 间距传播失控前温度波动特征

结合前人研究提出以电池热模型为基础[5],通过电池表面温度来预测核心温度的方法,用于监测电池的运行状态。可以在电池组中电池的不同侧设置不同的温度监控装置,当采集到电池两侧温度差异超过 55℃(图 6.15(a))时,即可设定采取系统报警。同时,达到该温差时电池温度为 150℃左右,资料表明在 150℃前通过热量的散失可避免严重热失控事故的发生[6]。因此,在工程应用中,在关键阶段前采取紧急控制措施,能够避免电池继续发生热失控。

6.2.3　电压变化特性

蓝电电池测试系统采用静置的工作模式(工步:静置;记录条件:1s)对电池组中各个电池进行监控,观察电池组中电池的电压变化情况。由实验结果可以发现,电池组中电池出现了下列四种不同情形的电压变化情况,如图 6.17 所示。

由图 6.17 可以看出,在情形一～情形三电压变化趋势中,最终的电压都降至 0V,由此可以判断电池已经失效,不具备电学性能;情形四中电池电压在测试过程中一直保持波动,最终电池电压仍然在 4.0V 以上,说明电池未失效,保持了电学性能,但具体安全性能需要进一步研究。

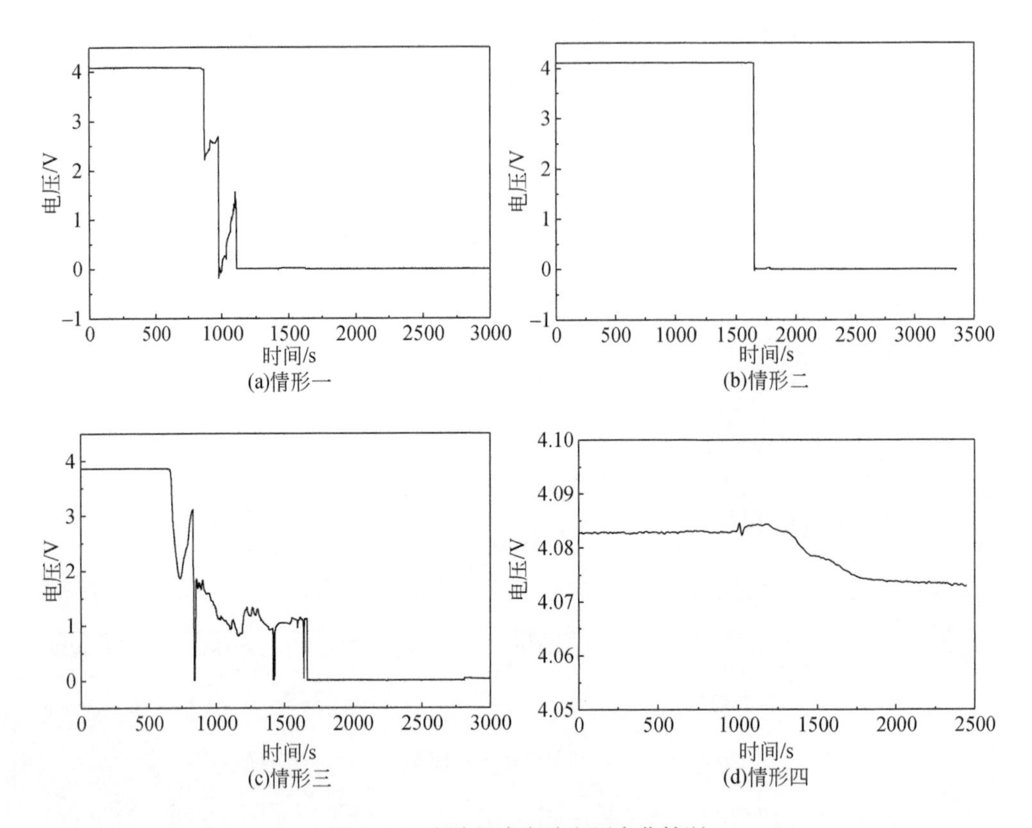

图 6.17　电池组中电池电压变化情况

图 6.17(a)中，随着电池 SEI 膜分解与再生，电压出现小幅度波动，当生成速率小于分解速率时，电压就会降低。随着电池内部温度的升高，隔膜崩溃，发生严重的内短路，电池电压降至 0V。随着温度升高，电池内部发生较多化学反应，产生更多气体，在达到安全阀设定的压力时，安全阀破裂，排除内部气体释放压力。同时，电池失效，内部安全保护元件动作，电压降至 0V。图 6.17(b)和(c)中的类似结果可以参照图 6.17(a)的变化进行说明，产生差异的主要原因是电荷注入器件(charge injection device，CID)的动作差异，内部的压力差导致 CID 弹起的幅度有差异，进而导致电压的骤降或者波动。根据相关研究，在电池加热初期，电池内部温度比外部温度低，内部化学反应不明显，内部温度升高主要依靠外部的输送。在 130℃以下时，外部温度比内部温度略高[7]，之后随着温度上升，内部化学反应增强，内部温度超过表面温度，直至发生热失控。图 6.17(d)中电池电压未经历较为明显的波动，在受到外界热量及自身产热的影响下，电池电压仅在 4.075～4.085V 波动，这主要是因为在较高温度的工作环境下，电池内部材料性能受到影

响，进行了相关化学反应[5,6]。电池内部温度约从 50℃开始，负极表面 SEI 膜开始分解，此时负极表面失去 SEI 膜的保护，存在于负极内的嵌锂直接与电解液接触反应，放热生成新的 SEI 膜，致使负极嵌锂量减少，引起负极电压升高。此外，高温环境下正极材料内部金属离子会溶解在电解液中，导致电压降低，外在表现为电池的电压降低[7]，但整个电池还在安全可控的范围之内。

在电池组中，电池热失控的传播过程会使事故后果不断地加重，因此在发生电池热失控后，如何确定失控电池热量传播至下一个电池，引发相邻电池失控的间隔时间对于事故控制显得相当重要。

在 2mm 间隔实验中，前两节电池电压骤降的间隔最短时间为 576s，而同一组实验中，第二个电池与第三个电池电压骤降的间隔时间仅为 132s；此外，前两节电池开阀间隔时间最短为 371s，同组实验内第二个电池与第三个电池开阀间隔时间为 178s。同时，随着电池间距和其他因素的影响，电池失控导致相邻电池失控的间隔时间将会越来越短。在本实验中，在 0mm 间距的开放环境下，开阀间隔时间缩短至 85s，电压骤降的间隔缩短至 123s。也就是说，如果后续电池继续发生失控，由于热量的累积，那么相邻电池发生失控的间隔时间还将会缩短。

通常，电压骤降一段时间后电池才会发生开阀及失控现象，因此在实际的电池监控过程中，电压变化的监控比电池温度的监控更具有实用意义，能够尽早发现电池组存在的问题。如图 6.18(a)和(b)所示，在热失控传播过程中，受到已经发生热失控的电池的影响，相邻电池电压下降时的电池表面温度分别约为 127℃和 125℃，从时间间隔上看，电压下降到安全阀打开的间隔时间约为 50s。也就是说，电池电压在安全阀打开之前会出现电压骤降。对于升温速率较快的初始失控电池，其电压骤降时的表面温度更低，约 90℃，相应的间隔时间适当延长。但电池开

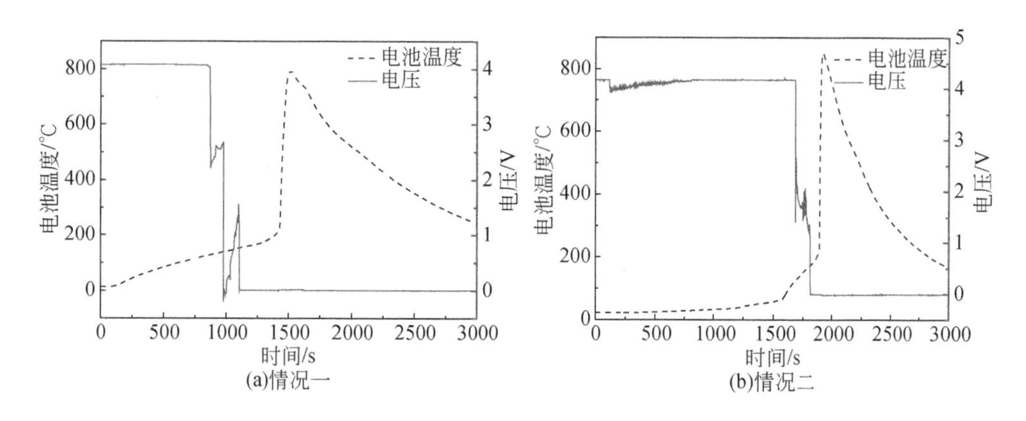

图 6.18　热失控电池温度-电压曲线

阀后现象的差异性，导致部分电池在开阀之后发生剧烈的喷溅，因此为了保证操作的安全性，应在电池出现电压下降的 50s 内采取相应的冷却隔断措施，以保证电池组的安全性。在实际电池监控过程中，当电池电压骤降时，应注意电池是否存在故障或者热量的集聚，以便提前及时排除险情，避免事故的发生。

6.2.4　电阻变化特性

内阻仪可对电池热失控过程中的电压和电阻进行实时监控，由监测结果发现，电阻主要表现出下列两种不同的变化情况，如图 6.19 所示。

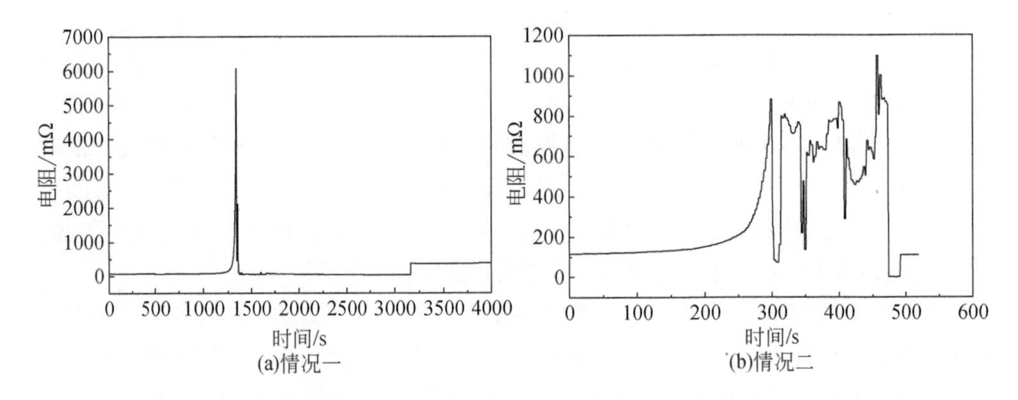

图 6.19　电池组中电池电阻变化情况

全新 18650 型锂离子电池的内阻一般在 50mΩ 左右，电池内部有正温度系数(positive temperature coefficient，PTC)热敏电阻，当温度达到预设值时，其电阻会突然增大，使电芯停止工作。当外界输入给电池较多热量时，PTC 元件也会因温度达到预设值，导致电池内阻突增。此外，当电池升温到 160℃以上时，隔膜微孔闭合，正负极被物理隔离，内阻增大。电池在较高温度下进行充放电时，电池内阻较大，根据焦耳定律 $Q=I^2Rt$，将产生大量热。在温度较低时，电阻保持恒定。随着对电池的不断加热，电池内部温度升高，存在一小段时间内电池内阻以二次方速率上升，随后内阻突然增大超过量程范围，电池失效。电池热失控结束后，电阻基本接近一个定值，但是此时电池的电压降为 0V。因此，此时的电阻表示电池失效后的等效电阻。据此，在工程中可以设定单个电池电阻变化范围，当超出设定值时，应采取相关缓解措施。

总之，在锂离子电池组中，存在多种影响电池热失控的因素，但是对传播过程来说，主要依靠失控电池产生的能量对整个体系的热量作用。受失控电池的影响，相邻电池要吸收热量才能达到热失控的临界状态。所以，影响单体电池热失控的各种因素对电池组失控传播过程的影响效果有限，比较有效的手段是在最优结构的情况下，采用合适的电池排列方式及排列间距，减小失控电池对体系的热传递效率，并采用合理可行的冷却方式和热管理系统，才能有效避免电池组发生热失控传播。

6.3　不同约束环境下锂离子电池热失控蔓延特性

6.3.1　不同约束部位条件下锂离子电池热失控蔓延过程

实验组由三个单体电池 A、B、C 组成，呈 0mm 间距紧密排列，电量均为 100% SOC，通过加热棒触发组内电池 A 发生热失控，电池 A 热失控产生的能量通过电池壳体间和吸附在相邻电池 B 上的高温喷溅物的热传导，以及热失控火焰的热辐射传递至相邻电池 B，使电池 B 达到临界状态，进而发生热失控，电池 C 在受到电池 A 和电池 B 发生热失控高温加热后也随即发生了热失控。

电池热失控过程如图 6.20(b)所示。在无约束环境下的电池 A 受到加热棒的持续加热作用，温度逐渐上升，初期加热阶段电池 B 的温度由于电池 A 的热传导作用缓慢上升，电池 C 的温度也出现上升的趋势，但升温速率小于电池 B。电池 A 在 802s 时表面温度达到 120.7℃开阀，7s 后电压发生骤降，随后产生白色烟气，在 1358s，表面温度达到 170℃，开始出现大量产气行为，随即发生喷溅及燃烧，此时电池 B 升温速率明显增大，电池 C 升温速率未见明显变化，约 89s 后电池 B 温度达到 220℃发生热失控，随即电池 C 升温速率开始增大，约 117s 后电池 C 在经历开阀、泄气等一系列热失控前期动作后，在 1567s 温度到达 261℃时发生热失控，从第一个电池 A 发生热失控到整个实验组都发生热失控的时间间隔为 206s。

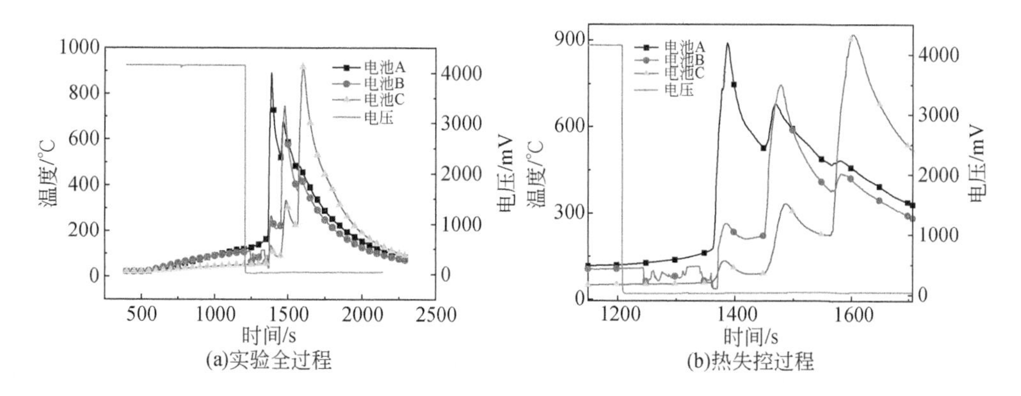

图 6.20　四周和正极顶部均未被约束环境下锂离子电池温度及电压曲线

在四周被约束和正极顶部被约束两种条件下的实验中,组内三个电池均依次经过了开阀、产气、燃烧及喷溅等热失控的全部过程。在这两组实验中,电池 A、B、C 发生热失控传播现象时,第一个发生热失控和最后一个发生热失控的电池的时间间隔小于无约束环境下的实验组。尤其四周被约束的实验组中,电池 B 和电池 C 间的热失控传播时间间隔明显小于无约束环境,如图 6.21 和图 6.22 所示。

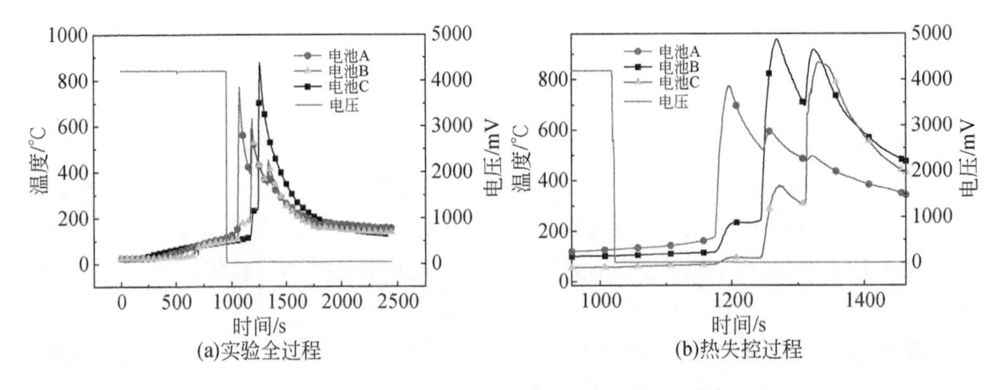

图 6.21　四周被约束环境下锂离子电池温度及电压曲线

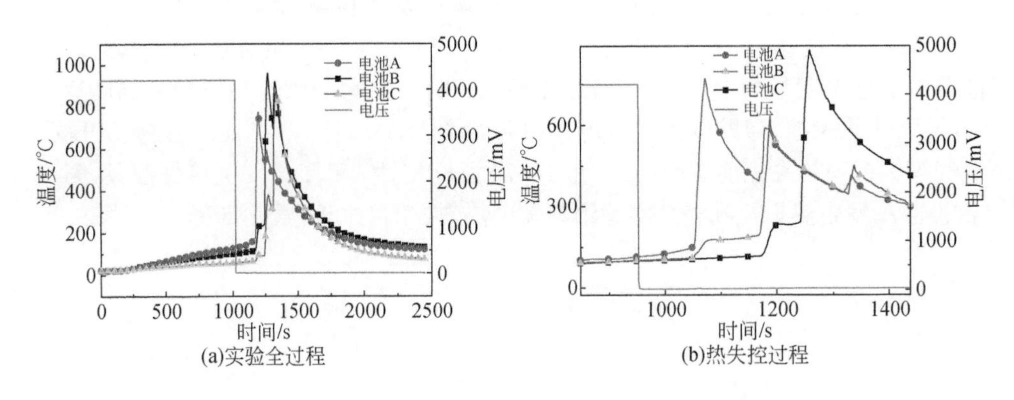

图 6.22　正极顶部被约束环境下锂离子电池温度及电压曲线

6.3.2　不同开口面积盖板条件下锂离子电池热失控蔓延过程

在四周被约束的条件下,改变正极顶部盖板的面积大小,研究不同开口面积对锂离子电池热失控蔓延过程的影响。实验组由 A、B、C 三个电池采用水平 0mm 间距紧密排列组成,加热棒与电池 A 通过支架固定紧密布置,对电池 A 进行局部加热,直至电池 A 发生热失控。正极顶部盖板的规格分别为 1/4 封闭、1/2 封闭、3/4

封闭和全封闭四种。四种盖板实验条件下,实验组内的单体电池均依次发生了热失控,温度及电压变化曲线如图 6.23～图 6.26 所示。

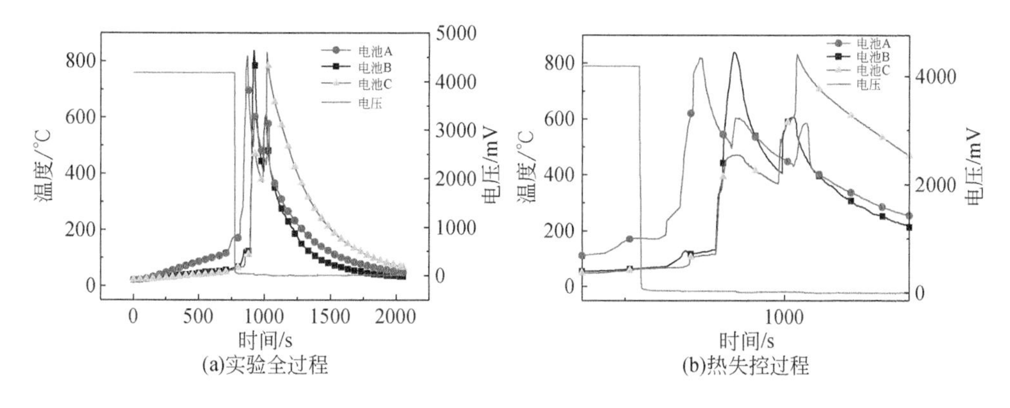

图 6.23　1/4 封闭盖板锂离子电池温度及电压曲线

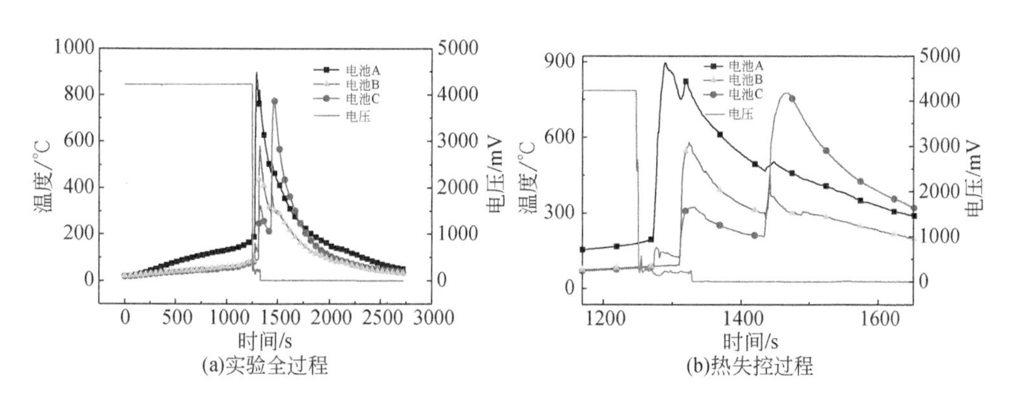

图 6.24　1/2 封闭盖板锂离子电池温度及电压曲线

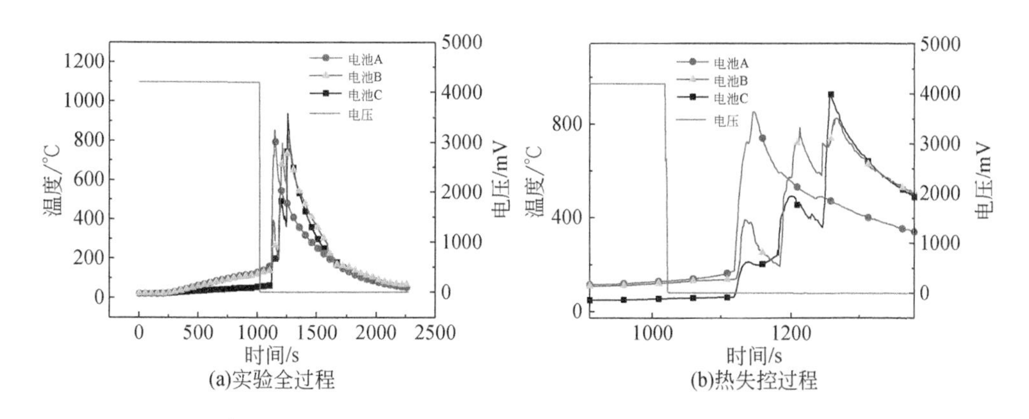

图 6.25　3/4 封闭盖板锂离子电池温度及电压曲线

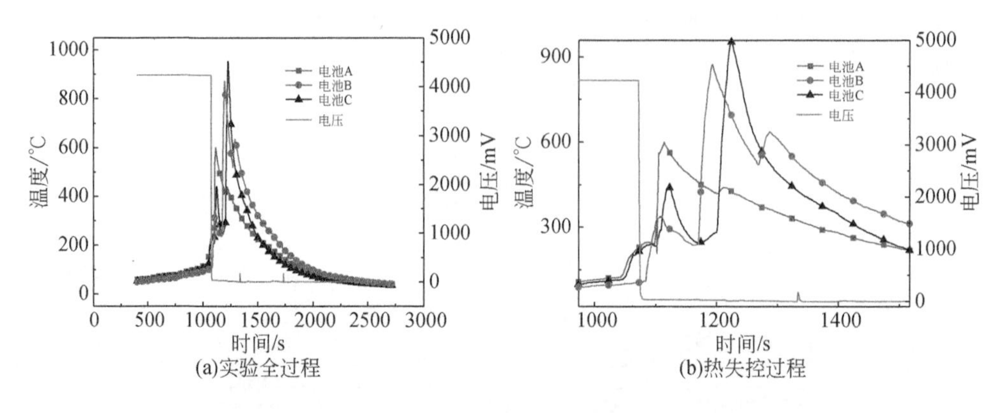

图 6.26　全封闭盖板锂离子电池温度及电压曲线

图 6.23～图 6.26 表示四种不同面积的正极顶部盖板的温度与电压曲线。三个单体电池在发生热失控过程中的温度曲线，坐标轴间会形成一个明显的山丘状区域，该区域形状由热失控起始温度 T_c、热失控最高温度 T_{max} 和热失控终止温度 T_{end} 决定。实验过程中 T_{end} 基本一致，锂离子电池热失控蔓延过程中对温度曲线的形状和面积影响占据主导位置的是 T_c 和 T_{max}。由多组反复实验得到的参数曲线可以发现，当实验条件靠近全封闭的环境时，电池相继发生热失控的时间间隔存在明显减小的趋势。这意味着在受限空间中一旦某个单体电池发生热失控，锂离子电池所处的空间越密闭，从单体电池热失控演变成整个实验组热失控的时间间隔越短，管理人员采取相关应急措施的时间越少，从而更容易造成较大的事故。

6.3.3　约束环境对锂离子电池热失控蔓延过程的影响

在不同的特定约束环境下，实验组中单体电池间均发生了热失控蔓延，但不同实验条件下热失控蔓延的各项参数存在差异，并存在一定规律性的变化。不同约束环境下锂离子电池热失控蔓延参数如表 6.3 所示。

表 6.3　不同约束环境下锂离子电池热失控蔓延参数

约束环境	各电池热失控起始温度/℃	锂离子电池热失控最高温度/℃	热失控第一次传播间隔时间/s	热失控第二次传播间隔时间/s	电池 A 发生热失控至整个实验组发生热失控间隔时间/s
四周和正极顶部均未被约束	A:170 B:220 C:261	A:891 B:745 C:920	89	117	206

续表

约束环境	各电池热失控起始温度/℃	锂离子电池热失控最高温度/℃	热失控第一次传播间隔时间/s	热失控第二次传播间隔时间/s	电池 A 发生热失控至整个实验组发生热失控间隔时间/s
仅四周被约束	A:156 B:197 C:239	A:771 B:632 C:877	117	70	187
仅正极顶部被约束	A:179 B:241 C:302	A:775 B:958 C:868	69	66	135
四周被约束，正极顶部 1/4 封闭	A:186 B:325 C:369	A:820 B:606 C:832	83	93	174
四周被约束，正极顶部 1/2 封闭	A:197 B:208 C:207	A:896 B:581 C:776	39	123	162
四周被约束，正极顶部 3/4 封闭	A:174 B:194 C:360	A:854 B:607 C:1100	62	66	128
四周被约束，正极顶部全封闭	A:136 B:239 C:281	A:600 B:873 C:955	24	30	54

结合表 6.3 中的参数及实验结果可以发现，整个过程中电池 A 热失控的临界温度明显低于电池 B 和电池 C。这是因为电池 A 通过外部热源加热直至热失控，而电池 B 和电池 C 是被已经热失控的相邻电池在短时间内升高至临界温度，热电偶布置于电池表面，所以电池 B 和电池 C 在相邻已热失控电池的高温加热下，表面温度迅速上升，而内部温度因为需要经过一个短暂的热传导过程，所以内部温度要低于外部温度。当电池内部达到 SEI 膜溶解等反应临界温度时，电池表面温度要比该临界温度高，且电池 B 表面温度在电池 A 热失控升温阶段(该阶段产生火焰、高温烟气及高温喷溅物)会迅速上升，电池 A 热失控行为结束后电池 B 表面温度会短暂下降，在该阶段电池 B 内部存在自加热过程，相比于电池 A，电池 B 在发生热失控的温度骤升行为前，进行了更长时间的加热，因此电池 B 的热失控临界温度明显高于电池 A。同理，电池 C 的热失控临界温度也明显高于电池 A。

四周被约束、正极顶部全封闭条件下的锂离子电池热失控两次传播的时间间隔明显小于四周和正极顶部均未被约束环境下实验组，即实验组内单个电池热失控到整个实验组热失控的阶段时间较短，从单体电池热失控的较小危害发展至较大危害的时间较短。

锂离子电池组的热失控往往都是由单体电池首先失控引起的，单体电池在热失控的整个过程中释放的能量[8]为

$$\Delta H_{\mathrm{M}} = C_p m (T_{\max} - T_0) \tag{6.1}$$

相邻电池 B 主要以热传导和热辐射两种能量形式接收该热失控的单体电池 A 的热量，所以本实验中从电池 A 到电池 B 的热失控蔓延过程能量传递主要有热传导热量H_{T}、热辐射热量H_{R}和环境交换热量H_{E}，表达式为

$$\Delta H_{\mathrm{M(A)}} = H_{\mathrm{T(A)}} + H_{\mathrm{R(A)}} + H_{\mathrm{E(A)}} \tag{6.2}$$

电池 B 通过壳体接收电池 A 热失控的能量，传递到电池 B 内部，一旦达到临界量，电池 B 产生自加热过程进而发生热失控。电池 B 热失控过程中对外界产生的能量为

$$\Delta H_{\mathrm{M(B)}} = C_p m (T_{\max} - T_0) + \alpha H_{\mathrm{T(A)}} + \beta H_{\mathrm{R(A)}} \tag{6.3}$$

式中，$\alpha H_{\mathrm{T(A)}}$和$\beta H_{\mathrm{R(A)}}$为电池 B 接收的电池 A 热失控能量除去壳体传热等消耗的能量后剩余能量。同样，电池 C 可以接收到电池 B 热失控热传导和热辐射的热能量，并在电池 A 发生热失控时接收到电池 A 的一部分热辐射能量，电池 C 接收到的热量$H_{\mathrm{AC(C)}}$应该为

$$H_{\mathrm{AC(C)}} = \gamma \Delta H_{\mathrm{M(B)}} + \delta H_{\mathrm{R(A)}} \tag{6.4}$$

式中，γ为电池 B 热失控过程向电池 C 传热的系数；δ为电池 A 热失控中热辐射能量向电池 C 传递时的传热系数。

约束环境逐渐向全封闭靠近，在无约束环境下，首先失控的单体电池 A 在热失控时释放的高温气体及喷溅物直接释放于外界环境中，同时带走了电池热失控的一部分热量，即式(6.2)中的$H_{\mathrm{E(A)}}$增大，所以电池 B 接受电池 A 传递的能量相对降低。当约束环境接近全封闭时，电池热失控产生的高温气体及喷溅物被局限在一定空间内。当这一空间被大量高温气体和喷溅物充满时，整个空间在热失控蔓延阶段温度都大幅上升，对尚未热失控的电池存在一定的加热作用，所以接近全封闭环境的实验组第二次热失控蔓延时电池 C 的升温速率要明显高于无约束环境，在相同加热功率下全封闭受限条件下的组内全部发生热失控的时间明显小于较少约束的受限空间下的实验组。对比四周被约束和正极被约束环境下的实验组，发现正极约束情况下锂离子电池热失控蔓延的响应时间相对较短，因为实验组热失控蔓延发生时，热失控电池的高温喷溅物及火焰均是从正极爆发的，在正极被约束的条件下，火焰和高温喷溅物因为受到约束的作用对未失控电池进行加热，未失控

电池受到的热辐射能量增大，热失控蔓延响应加快。

6.4　不同环境条件下锂离子电池热失控蔓延特性

6.4.1　不同约束环境下锂离子电池热失控蔓延过程特性

在不同约束环境下，所有电池均发生热失控，但不同约束环境下锂离子电池在发生热失控蔓延时表现出了不同的行为特性。在四周被约束的条件下，电池 A 发生热失控过程中产生大量高温烟气，烟气首先在受限空间内流动，在蔓延至整个受限空间后，开始从未受约束的正极开口处向外蔓延至外部环境中，随后电池 B 和电池 C 相继发生热失控。在正极开口处被约束的实验条件下，电池 A 发生热失控过程中产生的烟气沿着正极处被遮挡的开口向四周扩散，直接蔓延至外部环境中。在四周被约束、正极顶部开口面积不同的情况下，随着开口面积的增大，从热失控前期刚产生高温烟气到高温烟气扩散蔓延至外部环境的时间间隔也增加。当约束环境逐渐接近全封闭受限空间时，电池 A 热失控后同一时间空间内聚集的烟气及电解液蒸汽浓度增大，气体爆燃集中于容器内部，爆燃面积相对有减小的趋势。不同约束环境下锂离子电池第一次热失控蔓延现象对比如图 6.27 所示。

(a)四周被约束

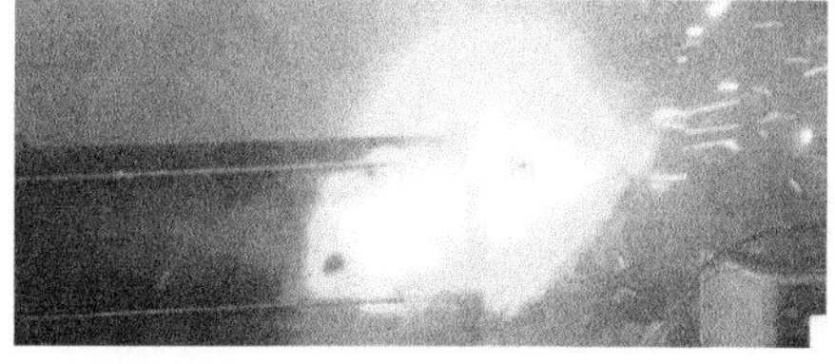

(b)正极顶部被约束

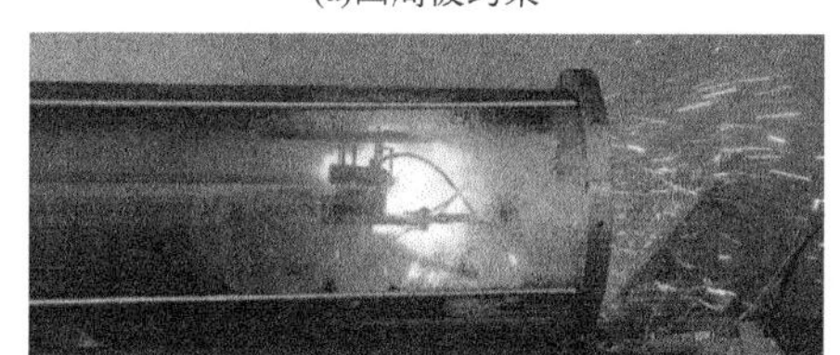

(c)四周被约束，正极顶部1/4封闭

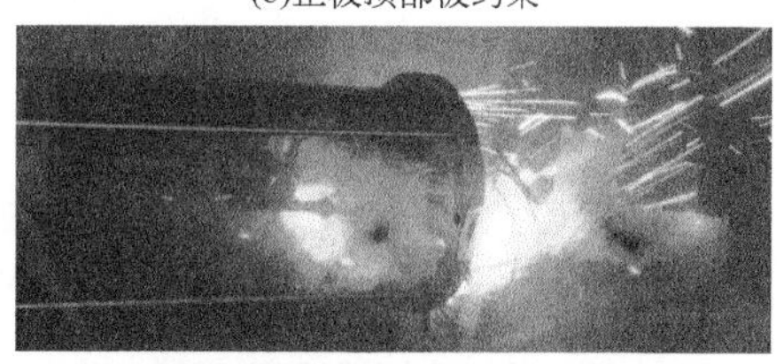

(d)四周被约束，正极顶部1/2封闭

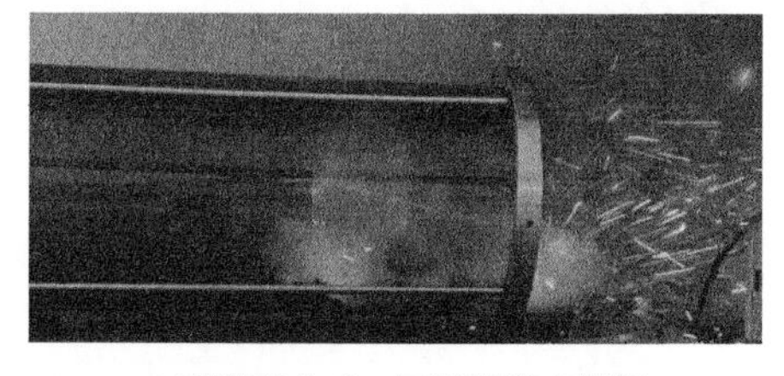

(e)四周被约束，正极顶部3/4封闭

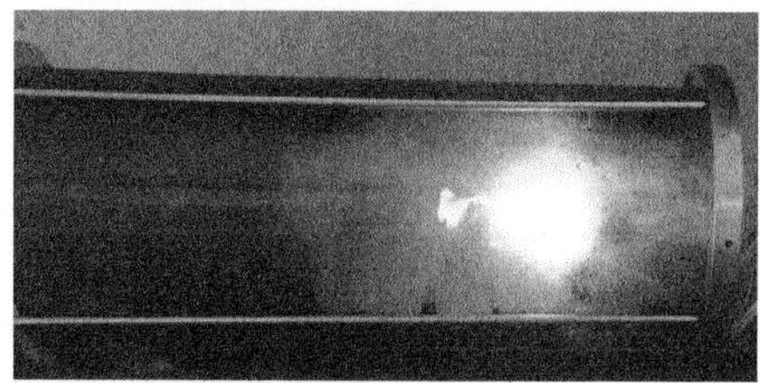

(f)四周被约束，正极顶部全封闭

图 6.27　不同约束环境下锂离子电池第一次热失控蔓延现象对比

如图 6.28 所示，在不同约束环境下，单体电池 A、B、C 热失控蔓延的整个过程中表面温度与电压的变化特性具有一定的规律性。以四周和正极顶部均被完全约束环境下实验组为例，电池 A 的温度曲线在整个热失控过程中存在两个明显的峰值，第一个峰值为自身发生热失控时达到的最高温度峰值，第二个峰值为电池 B 发生热失控加热电池 A 温度小幅上升的温度峰值，且第二个峰值明显低于第一个峰值，电池 C 热失控阶段电池 A 的温度仅小幅上升，这是因为电池 B 热失控时传递到电池 A 的热量包括直接接触的热传导热量和热辐射热量，而电池 C 热失控时电池 A 接收到的热量为经过电池 B 传递后的热传导热量和电池 C 热失控产生热辐射热量。电池 B 温度曲线存在三个明显的峰值，第一个峰值为电池 A 热失控时受到瞬间上升的高温影响增加的温度，在电池 A 热失控升温过程结束后开始下降。第二个峰值是电池 B 自身发生热失控时瞬间升温以及后续逐渐降温造成的，该峰在电池 B 三个峰中峰值最高。第三个峰为电池 C 热失控阶段，电池 B 受到其热失控瞬间升温的热传导及火焰热辐射影响温度再次短暂升高产生的峰。电池 C 的温度曲线也存在三个明显的峰值，三个峰值逐渐升高。第一个峰受电池 A 热失控产生的热量影响而形成；第二个峰受电池 B 热失控产生的热量影响而形成；第三个峰因自身热失控而形成，三个波峰中由自身热失控造成的波峰峰值最高。

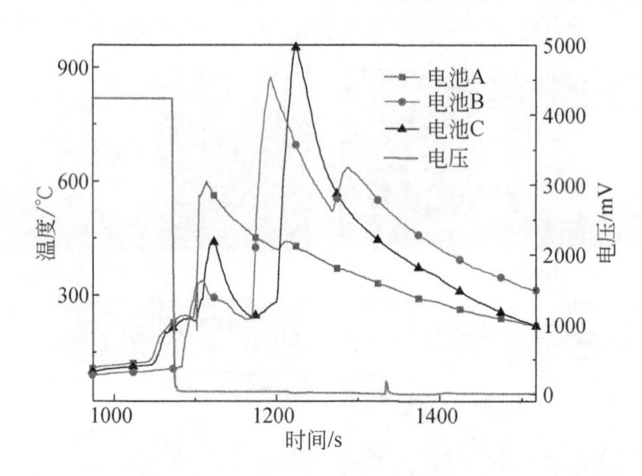

图 6.28　四周和正极顶部均被完全约束下锂离子电池热失控温度曲线

通过对比电压和温度曲线可以发现，单体电池在达到温度曲线中热失控的临界温度前，电压曲线会骤降，由 4.2V 瞬间降低至 0V。该现象的出现是因为电池受到异常外部热源加热后电池负极表面 SEI 膜首先发生分解，并放出热量，电池内部的自加热过程开始作用，随着内部温度的升高，隔膜因吸收热量熔化崩溃造成电池内部发生大规模短路，电压在极短时间内骤降至 0V，并同时放出大量的热量。

图 6.29 为实验组在热失控蔓延发生及其前后六个时间点的三个单体电池表面温度。在 1050～1300s 每隔 50s 取一个单体电池表面温度，电池 A、B、C 热失控全过程达到最高温度的时间点均在 1050～1300s。1050～1150℃，电池 A 始终为三个电池中温度最高的单体电池，且此阶段为电池 A 处于即将热失控至热失控第一次蔓延初期，该阶段结束时电池 B 表面温度已达到 247℃，已经达到电池 B 内部自加热反应的临界值。由 1150s 和 1200s 曲线可以看出，此阶段电池 B 的温度发生了大幅跃升，温度已达到 800℃左右，该时期为热失控第一次蔓延的中后期阶段，电池 A 在内部大量高温气体及组分喷出并发生爆燃后，表面温度开始以较快速度下降。此时电池 B 已开始发生热失控，处于实验组内热失控的第二次蔓延初期。在 1250s，电池 C 已接收到部分第二次热失控蔓延热量，表面温度发生了大幅跃升，而在 1300s 电池 C 的温度低于 1250s，表明电池 C 在 1200～1300s 达到热失控最高温度及第二次热失控蔓延主要发生时间为 1200～1300s。

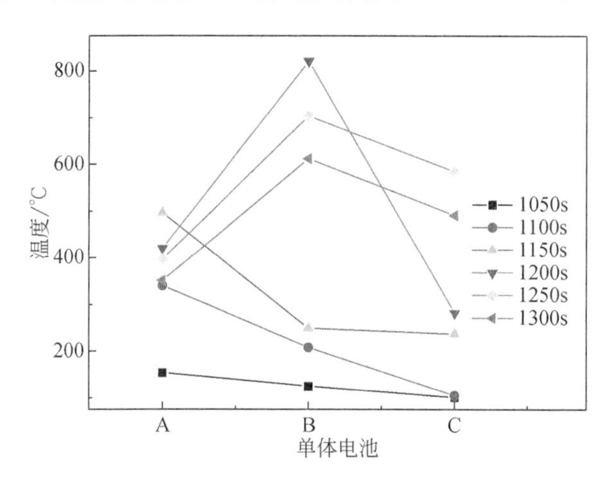

图 6.29　四周和正极顶部均被完全约束环境下锂离子电池关键时间点温度曲线

锂离子电池在热失控时由于热解反应和高温气体的喷出，电池质量会发生变化，如图 6.30 所示，横坐标代表七种不同约束环境。由图可以看出，随着约束环境的封闭性加强，热失控蔓延后电池组的质量有小幅上升，这是由于在封闭性较好的环境中电池在发生热失控蔓延后表面会附着一部分反弹回来的喷溅物。

6.4.2　不同气体环境下锂离子电池热失控蔓延过程特性

1. 不同氧浓度惰气环境下锂离子电池热失控蔓延过程特性

不同的惰气环境下，氧浓度高于临界氧浓度情况下实验组内单体电池 A、B、C

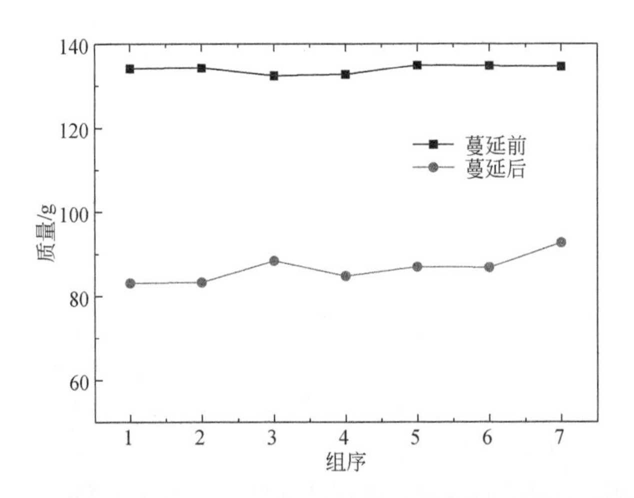

图 6.30 不同约束环境下锂离子电池热失控蔓延前后质量变化曲线

存在 2 个或 3 个电池发生了热失控，但相同的惰气环境下不同的氧浓度条件的实验组在发生热失控蔓延时表现出了不同的行为特性。以氩气环境下不同氧浓度的锂离子电池热失控蔓延的热行为为例，如图 6.31 所示，在氧气浓度较高的情况下，电池组发生热失控并产生了明亮的高温物质喷溅及火焰现象，当氧浓度接近临界氧浓度时，电池前期产气现象明显，但在发生热失控蔓延时，明火火焰面积明显减小，热失控喷溅的高温物质呈暗红状态，与高氧气浓度下形成的高温物质存在明显差异。

(a)氩气环境中10%氧浓度下锂离子电池实验组

(b)氩气环境中5%氧浓度下锂离子电池实验组

(c)氩气环境中2.5%氧浓度下锂离子电池实验组

图 6.31 氩气环境中不同氧浓度下锂离子电池第一次热失控蔓延瞬间现象对比

在不同氧浓度下，热失控蔓延的整个过程中表面温度与电压的变化特性具有一定的规律性，图 6.32 为氩气环境下实验组内单体电池全部发生热失控蔓延、仅电池 A 和 B 之间发生热失控蔓延及实验组内未发生热失控蔓延的三种实验条件下的参数曲线。电池 A 和 B 之间发生热失控的实验组中，电池 C 在电池 B 热失控后表面温度达到了 253℃，但在开阀后未进行喷溅及燃烧行为。本组实验环境中的氧气已被前面失控的电池 A 和电池 B 消耗了大部分，剩余氧气量已经无法满足电池 C 开阀后产生的小部分有机气体和电解液蒸汽燃烧所需消耗的量，从而热失控蔓延中断。在氩气环境中，2.5%氧气浓度实验中氧气量仅足以支撑电池 A 热失控，因此电池 A 热失控后实验组内热失控不再传播。

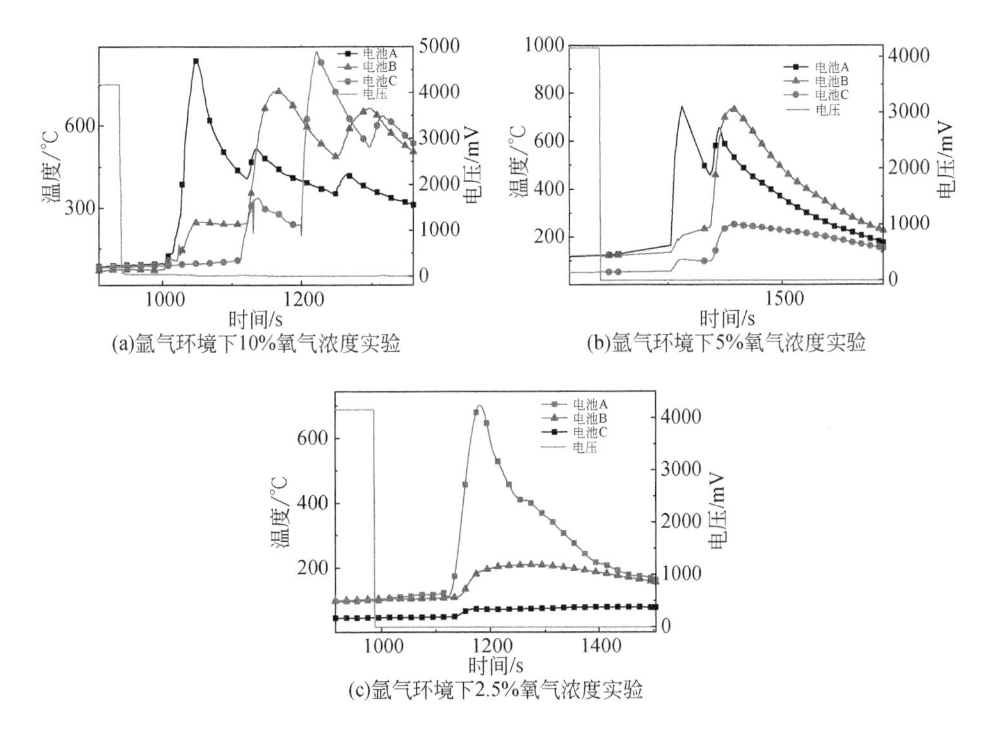

图 6.32　氩气环境中不同氧浓度下锂离子电池热失控温度曲线

图 6.33 为氩气环境中 10%氧浓度、5%氧浓度、2.5%氧浓度三种条件下锂离子电池在热失控蔓延发生阶段及其前后六个时间点的三个单体电池表面温度。10%氧浓度实验组取点范围为 1000～1250s；5%氧浓度实验组取点范围为 1250～1500s；2.5%氧浓度实验组取点范围为 1100～1350s，取值范围内包括单体电池 A、B、C 热失控全过程中达到最高温度的时间点。图 6.33(a)中，电池 A 和电池 B 之间温度曲线在 1100～1150s 发生突变，即发生热失控第一次蔓延；电池 B 和电池 C

之间温度曲线在 1200～1250s 发生突变，即发生热失控第二次蔓延。通过观察图中单体电池相邻时间数据点间距发现，在热失控前升温阶段，各单体电池跃升幅度明显增大。在图 6.33(b)中，电池 A 与电池 B 之间温度曲线在 1350～1400s 发生突变，即发生热失控第一次蔓延；电池 B 和电池 C 之间温度曲线始终未发生突变，即未发生热失控第二次蔓延。图 6.33(c)为氩气环境下 2.5%氧浓度单体电池在各特定时间点的表面温度，图中电池 A 和电池 B 之间及 B 和电池 C 之间温度曲线均始终未发生突变，且六个时间点中，电池 A 始终是三个单体电池中温度最高的，实验组内仅电池 A 发生热失控，但未发生热失控蔓延行为。

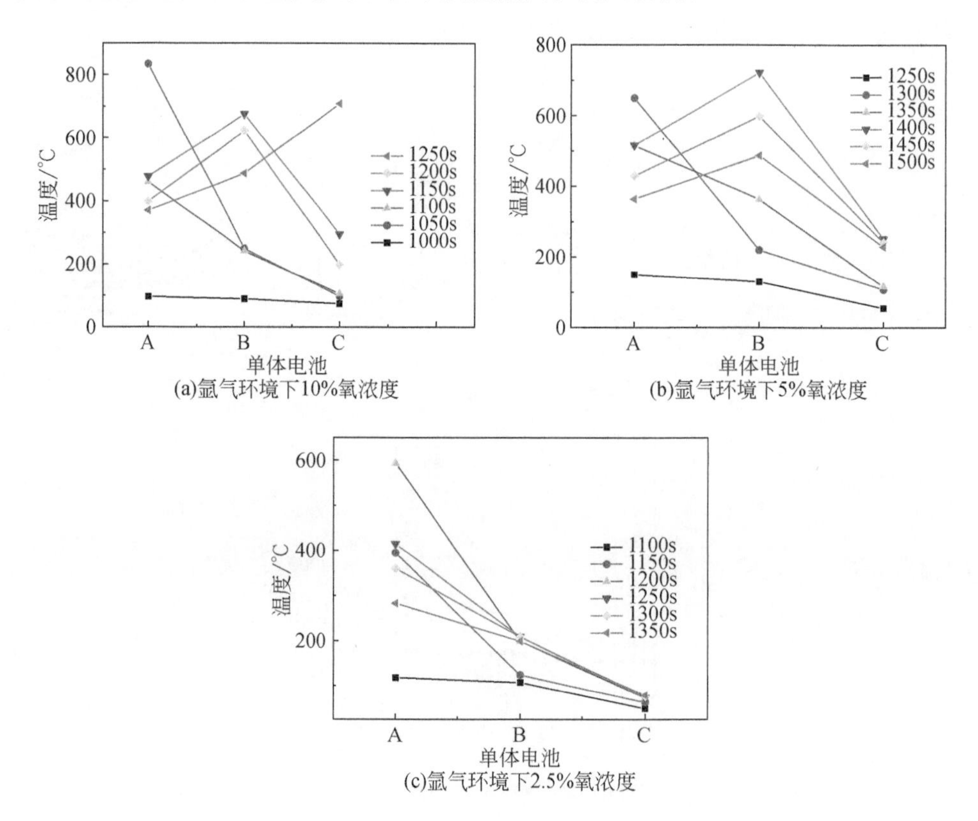

图 6.33　氩气环境中不同氧浓度下锂离子电池关键时间点温度曲线

图 6.34 和图 6.35 分别为氩气和氮气条件下，电池组中三个单体电池的总质量在热失控蔓延发生前后的变化。在较低氧含量的条件下，热失控蔓延发生时的热解反应和燃烧反应相对较弱，内部可反应组分并未完全反应，所以两种气体环境下随着氧气含量的下降，热失控蔓延后电池组的质量有较明显的上升。

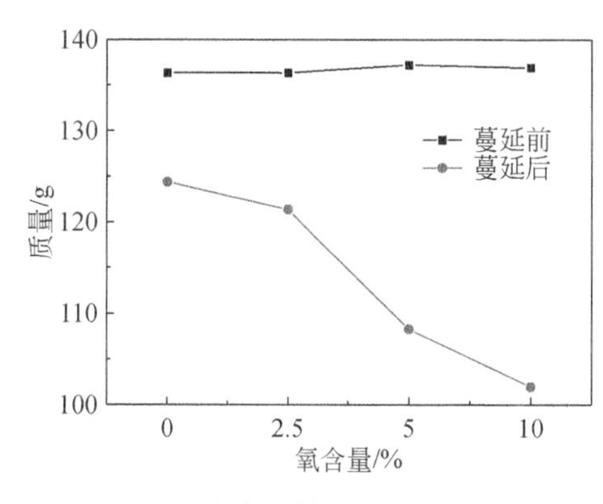

图6.34　氩气环境下锂离子电池热失控蔓延前后质量变化曲线

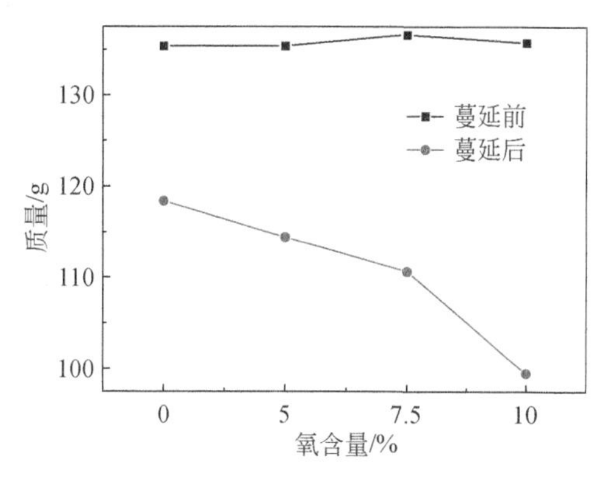

图6.35　氮气环境下锂离子电池热失控蔓延前后质量变化曲线

2.不同气流环境下锂离子电池热失控蔓延过程特性

在相同气体种类的气流环境下，随着气体流量逐渐增大，电池初始热失控时间增加，锂离子电池在发生热失控蔓延时热行为受到了气体流速的一定影响。以氩气环境下不同气体流速的锂离子电池热失控行为为例，如图6.36所示，在气体流量较低的情况下，电池发生热失控产生的红热高温物质喷溅及火焰持续时间较长，火焰高度较高，而当气体流量达到电池热失控蔓延临界流速时，电池前期产气过程中受限空间内高温气体分布较稀疏，进行热失控蔓延行为时，火焰高度较小，燃烧现象不明显。

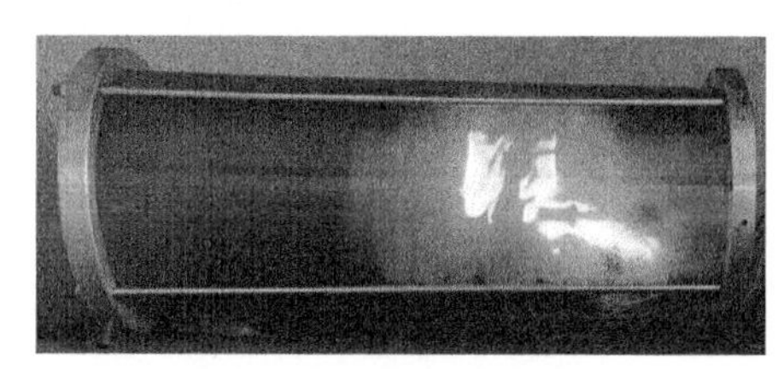

(a)氩气环境6L/min气体流量环境实验组热失控蔓延瞬间

(b)氩气环境24L/min气体流量环境实验组热失控蔓延瞬间

图6.36　氩气环境中不同气体流量下锂离子电池第一次热失控蔓延瞬间现象对比

在氩气环境下6L/min和24L/min气体流量环境中因为电池散热条件等不同，在两种实验条件下得到的电池温度和电压曲线存在一定的差异。6L/min气体流量环境下电池组发生了热失控蔓延现象，如图6.37所示，每个单体电池的温度曲线都有两个或两个以上的波峰，且最高温度均在600℃以上，而在24L/min气体流量环境下的单体电池温度曲线中单条曲线只有一个明显的波峰，电池 B 在受到电池 A 热失控热量作用下温度上升，随着电池 A 热失控的结束，电池 B 的温度也开始下降，未发生热失控，由于电池 B 在整个过程中骤升幅度相对较小，电池 C 温度曲线仅见温度速率稍有上升的凸起，未见明显波峰。显然，可以通过单条曲线的波峰数量和最高波峰温度判断该单体电池是否发生热失控，以及整个电池组中单体电池间发生热失控蔓延的次数。

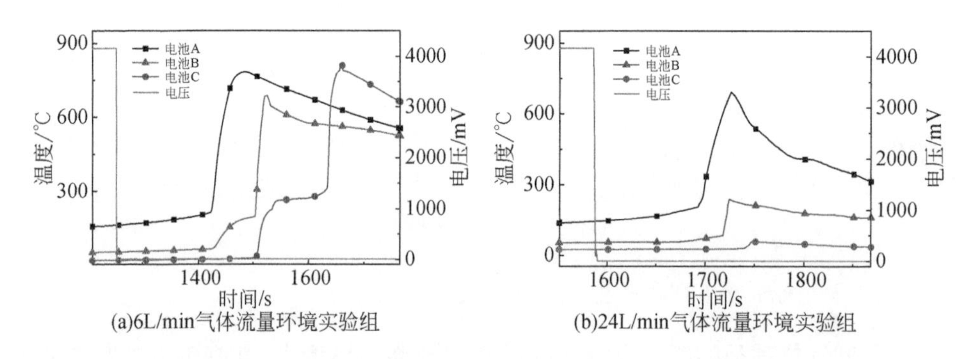

图 6.37　氩气环境中不同气体流量下锂离子电池热失控温度曲线

图 6.38 为氩气环境中 6L/min 和 24L/min 气体流量下锂离子电池在热失控蔓延发生阶段及其前后六个时间点的三个单体电池表面温度曲线。6L/min 气体流量实验组取点范围为 1400～1650s；24L/min 气体流量实验组取点范围为 1600～1850s。6L/min 气体流量环境下的结果如图 6.38(a)所示，电池组发生了热失控蔓延，电池 A 和电池 B 之间的热失控蔓延发生在 1500～1550s，电池 B 和电池 C 之间的热失控蔓延发生在 1600～1650s，曲线在这两段时间内的变化趋势均明显。

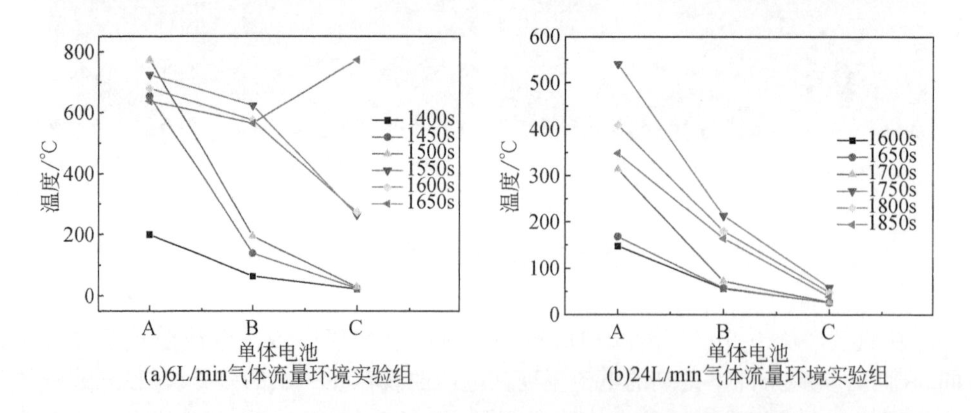

图 6.38　氩气环境中不同气体流速下锂离子电池关键时间点温度曲线

图 6.39～图 6.41 为不同气流条件下电池组三个单体电池的总质量在热失控蔓延发生前后的变化。随着气体流量的增大，电池组发生热失控的电池数量下降，热失控后整个电池组的质量增大。

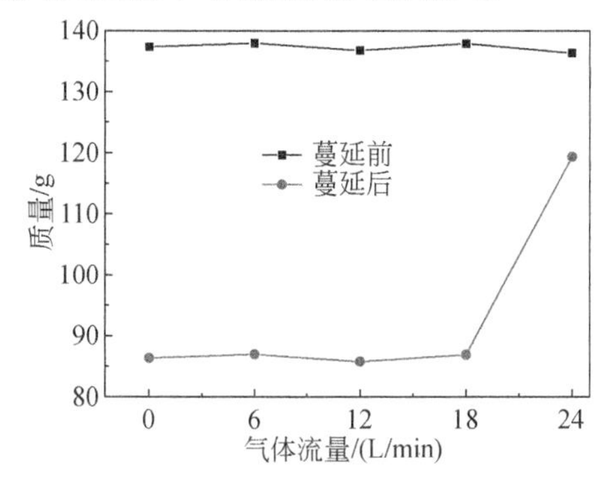

图 6.39　空气气流环境下锂离子电池热失控蔓延前后质量变化

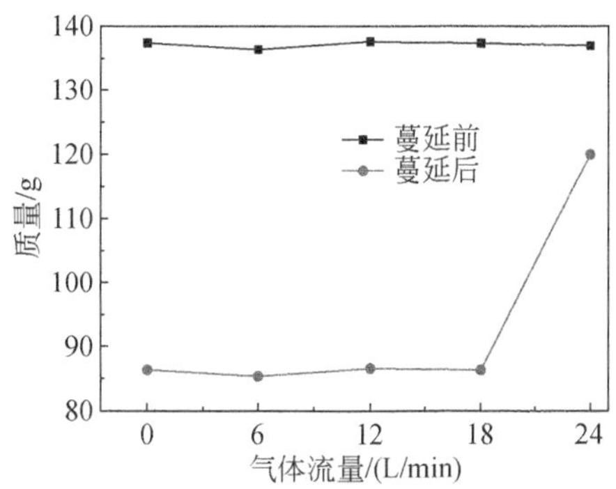

图 6.40　氮气气流环境下锂离子电池热失控蔓延前后质量变化

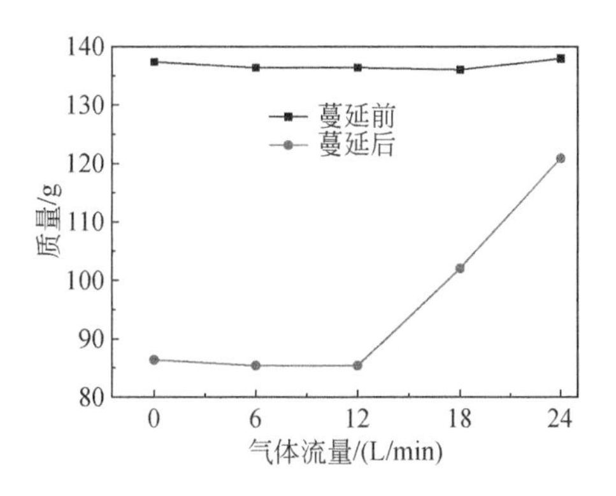

图 6.41　氩气气流环境下锂离子电池热失控蔓延前后质量变化

6.4.3　不同大气压力下锂离子电池热失控蔓延过程特性

随着海拔的升高，大气压力降低，民用飞机正常飞行高度为 8000m 左右，将压力参数设置在 35.6～101.3kPa 的五个电池组中三个单体电池均发生了热失控，即电池组内均发生了热失控蔓延。在实验中，35.6kPa 大气压力环境下的电池组中电池 A 热失控过程中发生喷溅行为前，存在大量产气的行为，从产生肉眼可见的烟气至电池发生喷溅行为经历了 30s，在这 30s 内烟气的产率逐渐提升，在电池组发生热失控蔓延行为时未出现剧烈的明火行为。在 101.3kPa 大气压条件下，电池在热失控喷溅行为发生前的产气过程持续了 16s，当热失控蔓延发生时出现了剧烈的明火，并伴随着气体的爆燃现象。上述差异是因为在低气压条件下，电池安全阀打开所需压力较低，在安全阀打开前，电池内部产生的可燃气体和氧气等较常压条件下少，同时低压环境中自身氧气含量较低，所以低压条件下锂离子电池第一次热失控蔓延发生时燃烧行为没有常压条件下剧烈。详细现象对比如图 6.42 所示。

(a)35.6kPa大气压力环境

(b)47.2kPa大气压力环境

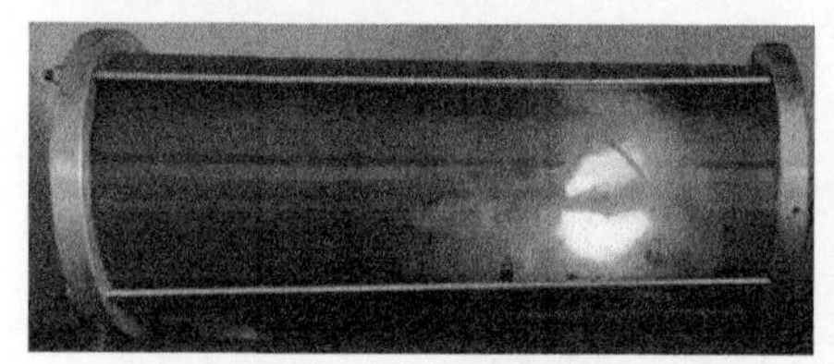

(c)61.6kPa大气压力环境

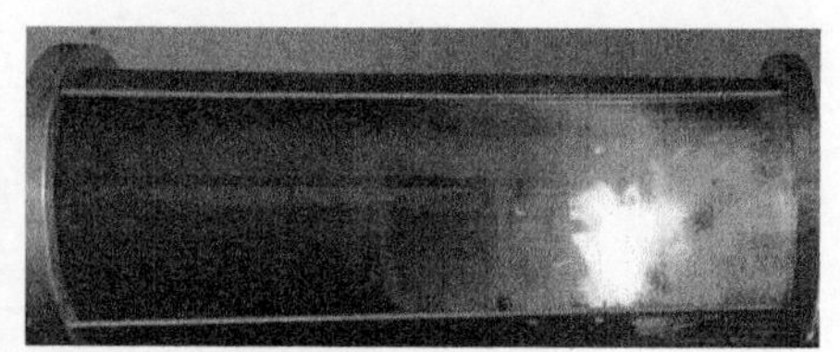

(d)79.5kPa大气压力环境

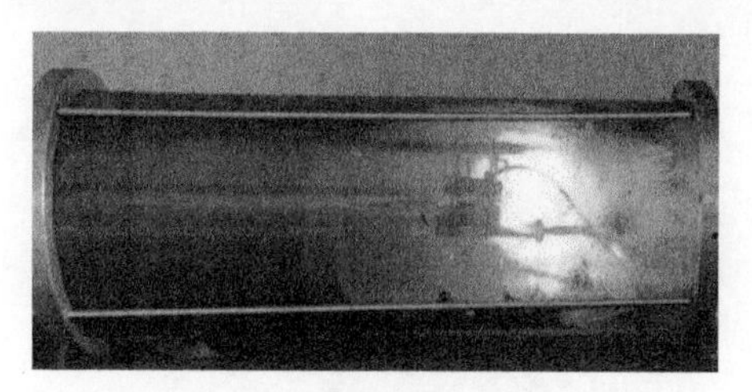

(e)101.3kPa大气压力环境

图 6.42　不同大气压力下锂离子电池第一次热失控蔓延瞬间现象对比

图 6.43 为大气压力为 35.6kPa 和 79.5kPa 两种条件下锂离子电池在热失控蔓延发生阶段及其前后时间点的三个单体电池表面温度，其中 35.6kPa 大气压力环境下由于电池热失控时间间距较长，取 10 个时间点，79.5kPa 取 6 个时间点。35.6kPa 大气压力下实验组取点范围为 1000～1450s；79.5kPa 大气压力下实验组取点范围为 1000～1250s，取值范围内包括单体电池 A、B、C 热失控全过程达到的最高温度的时间点。35.6kPa 大气压力环境下实验取点曲线如图 6.43(a)所示，电池 A、B 间的热失控蔓延发生在 1150～1200s，电池 B、C 间的热失控蔓延发生在 1400～1450s，这两段时间内趋势均有明显突变。79.5kPa 大气压力下实验组同样

发生两次热失控蔓延，但两次热失控的总持续时间明显较 35.6kPa 大气压力环境有所缩短。不同大气压力环境下热失控蔓延发生前，首先发生热失控的电池由于安全阀打开，电池内部的热解反应发生在有空气的环境下，空气中的氧气直接参与反应[9]。但随着大气压力的下降，安全阀打开前产生的气体量减少，安全阀打开后空气中参与电池热解反应的氧气量也下降，热解反应速率减缓，产生热量相应减少，从而热失控蔓延发生的时间相应增加。

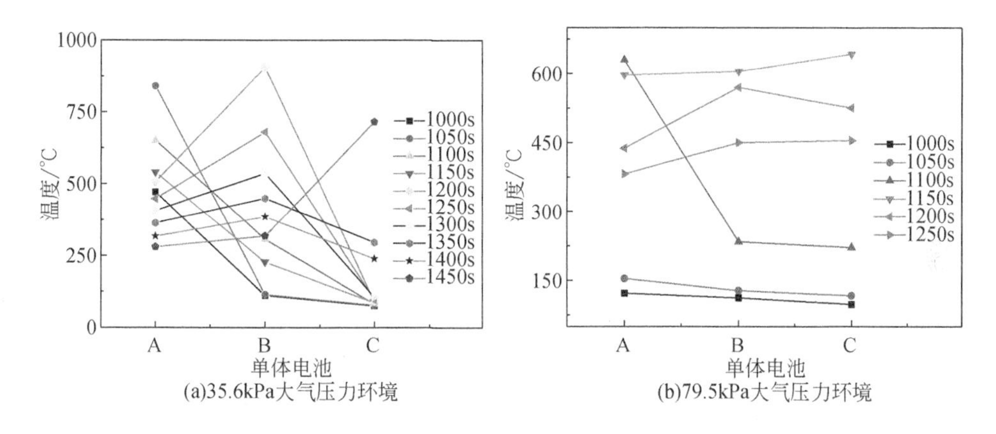

图 6.43　不同大气压力下锂离子电池关键时间点温度曲线

图 6.44 为不同大气压力环境下电池组中三个单体电池的总质量在热失控蔓延发生前后的变化。随着大气压力下降，电池开阀前产生的气体较少，热失控发生时内部组分尚未全部参与热解反应，且至电池 C 发生热失控时氧气量已不足以支撑全部热解反应的发生，致使电池组在低气压条件下热失控蔓延全部发生后质量明显高于正常大气压。

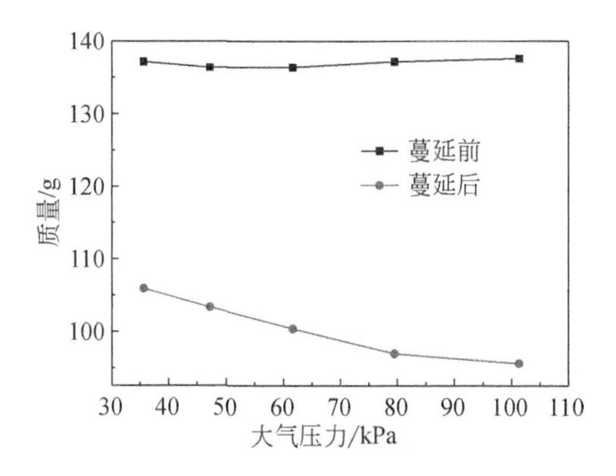

图 6.44　不同大气压力下锂离子电池热失控蔓延前后质量变化

6.5 电池间距对热失控传播的影响

6.5.1 开敞空间下热失控传播间距

1. 水平径向间距

在电池组水平排列情况下，当一个电池失控时，热量将会传递给相邻电池，使相邻电池温度上升。热失控水平径向传播示意图如图 6.45 所示。当两个电池的间距缩小至 0mm 时，即相邻两个电池直接接触，在热失控时将会有大量的热量通过热传导的方式直接传递给相邻电池，可加速电池的热失控进程。本节在前人研究的基础上，通过调节电池组内不同电池的水平间距（0mm、2mm、4mm、6mm、10mm），观察电池组内不同电池的表现。

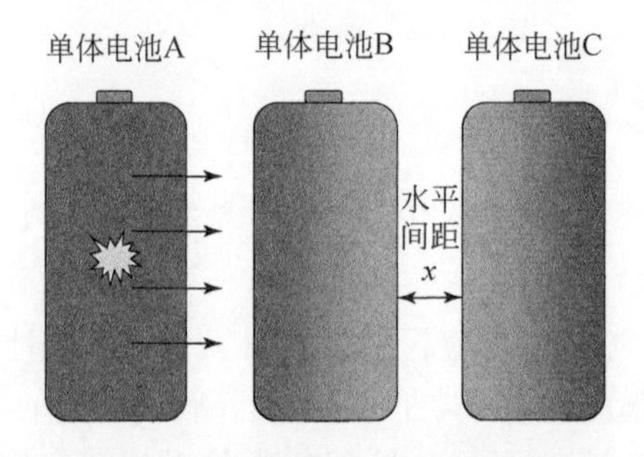

图 6.45 热失控水平径向传播示意图

在两电池间距为 0mm 时，组内的三个电池相继发生热失控，热失控传播现象明显。最高温度接近 900℃，间隔时间最短仅为 85s，第二个电池受到失控电池的影响，升温速率最大达到 33.45℃/s。这主要是因为相邻两个电池相互接触，强烈的热传导作用和热辐射效应使相邻电池接收大量的热量以加热自身，因此电池组内相邻电池失控间隔时间很短。在这个间隔时间内，主要是进行电池间热量的传递以及电池内部热量的传导，加速内部反应，提高自产热效率。0mm 间距下电池组温度曲线如图 6.46 所示。

不同于 0mm 间距的电池组，在 2mm、4mm、6mm 和 10mm 间距下，电池失控主要的传热方式是辐射和对流传热，以及固定装置的热传导作用，但热传导的热量非常有限。由图 6.47 可以看到，电池热失控使相邻电池达到的最高温度随着间距的增大逐渐减小，且变化非常明显。在 4mm 水平间距下，第一个电池失控最高温度达到 640℃，导致第二个电池表面温度迅速上升至 145℃。而在 10mm 水平间距

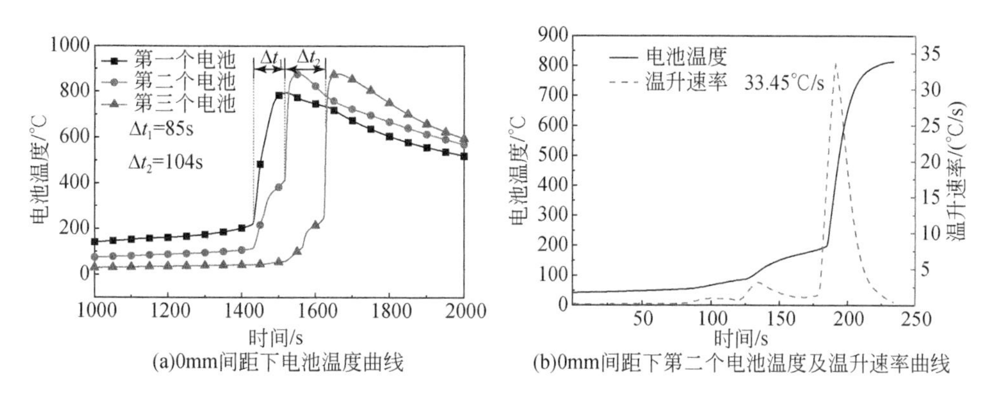

(a)0mm间距下电池温度曲线　(b)0mm间距下第二个电池温度及温升速率曲线

图 6.46　0mm 间距下电池组温度曲线

实验过程中，相邻电池受到失控电池的影响，最高温度仅为 80℃。随着两电池间距的增大，电池间的传热量明显减小，导致温升幅度较小。

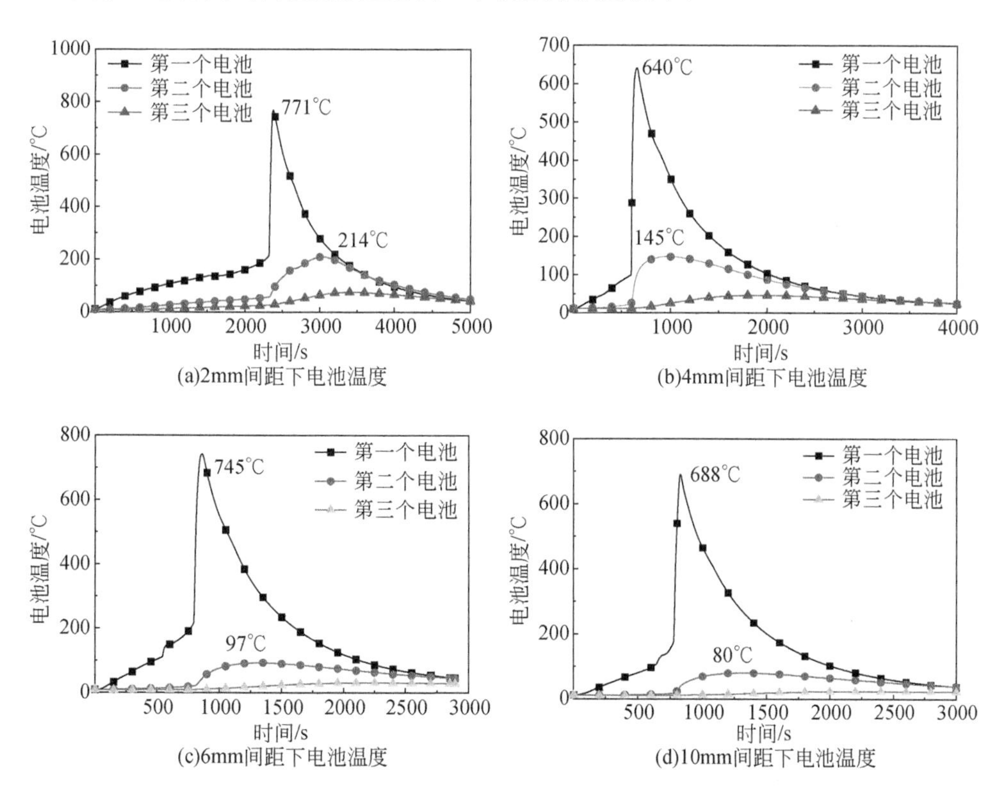

(a)2mm间距下电池温度　(b)4mm间距下电池温度

(c)6mm间距下电池温度　(d)10mm间距下电池温度

图 6.47　不同水平间距下电池组温度曲线

由图 6.47(a)可以看出,第二个电池受到相邻失控电池的加热作用,温度迅速上升,最高温度达到 214℃。安全阀打开,并未发生失控喷溅,从侧面说明第二个电池的喷溅温度比第一个电池高。

在水平间距为 6mm 和 10mm 的情况下,第一个电池失控对相邻电池加热作用并不太明显,第二个电池表面温度分别上升至 97℃、80℃,接近开阀温度,但此时第二个电池并未开阀,仅电压有所降低。在高温环境下,负极材料中的嵌锂量减少导致负极电压升高,正极材料中金属离子溶解导致正极电压降低,因此外在表现为电池电压降低[10]。受影响未失控电池电压变化曲线如图 6.48 所示。

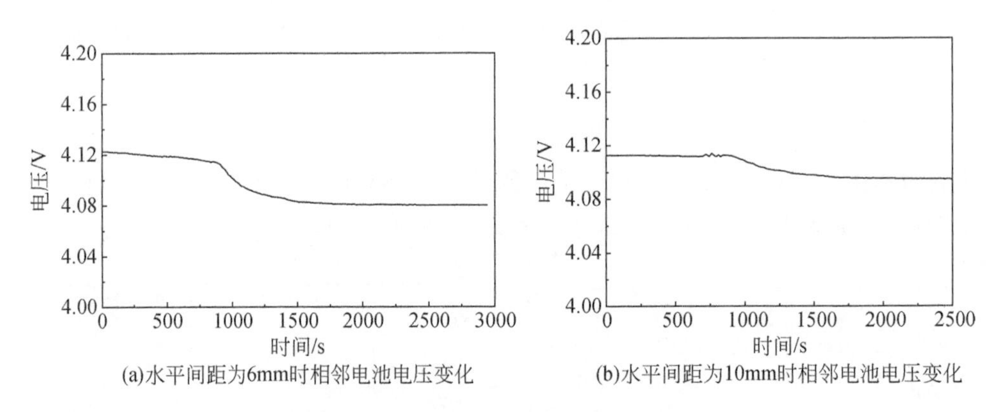

图 6.48　受影响未失控电池电压变化曲线

当电池内部温度超过正极集流体铝箔的熔点(约 660℃)时,正极集流体会发生熔化,电解液反应造成内部压力急剧增大,在喷溅时会将熔化的铝箔喷出,带出正极的活性物质,整体呈现出黑色的喷溅物;当电池内部温度未超过正极集流体的熔点温度时,电池不会将正极活性物质带出,导致电池喷出物质呈现灰白色[11]。电池在喷溅之前释放出的物质整体呈灰白色;喷溅时,喷溅物基本为黑色颗粒(图 6.49)。因此,可判定电池喷溅之前内部温度低于 660℃,而喷溅时内部温度超过 660℃,结合热失控时表面温度,电池是否产生火焰或者火焰的变化受很多因素的影响,包括外界温度、压力、气体成分及散热条件等[12]。

通过分析不同间距下相邻电池的升温速率可以发现,当两个电池直接接触时,热传导和热辐射的共同作用会使相邻电池出现剧烈的温升,升温速率能达到 33.45℃/s。而在 2mm 间距下,相邻电池的升温速率明显下降至 0.67℃/s。随着间距的增大,传热作用逐渐减弱,升温速率逐渐减小。不同间距下升温速率对比如图 6.50 所示。

图 6.49　电芯喷溅物

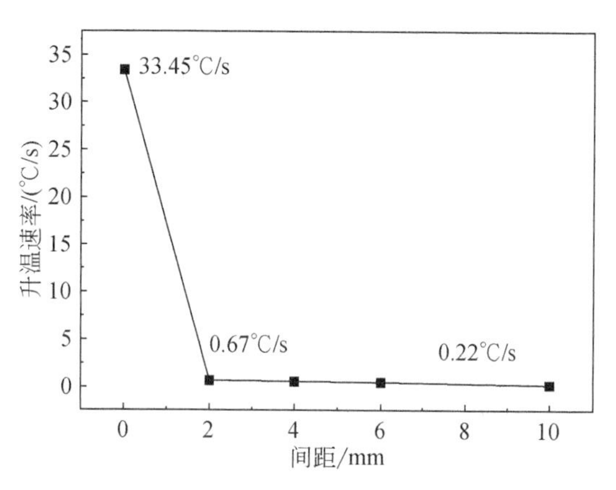

图 6.50　不同间距下升温速率对比

综合开放环境下，不同水平间距对电池组热失控传播的影响情况，以及电池组内其他电池的失效情况如表 6.4 所示。可以判断在开放环境下，水平间距大于 2mm 时，电池组发生热失控传播的可能性较小。

表 6.4　开放环境下不同水平间距电池组失效传播情况

水平间距	0mm	2mm	4mm	6mm	10mm
第一个电池	喷溅	喷溅	喷溅	喷溅	喷溅
第二个电池	喷溅	开阀	冒泡	完好	完好
第三个电池	喷溅	完好	完好	完好	完好

2. 垂直轴向间距

当两电池垂直间距为 0mm 时，表示两电池已经串联，此时若下方的电池发生热失控，则喷溅物会冲击上方电池的负极，并且电池喷溅物将会强烈加热上方电池。除此之外，高温表面会对上方电池起到热传导、热辐射作用。热失控轴向传播示意图如图 6.51 所示。

由垂直轴向间距为 0mm、2mm 和 4mm 的失控现象可以发现，受下方失控电池的影响，上方的电池在整体温度还较低的情况下就发生了开阀喷溅现象。垂直方向上喷溅的物质会对上方的电池造成强烈的热传导作用，能够极大地促进失控，致使电池温度在较低的情况下就能发生失控喷溅，提前造成了事故的发生，给事故防控带来了巨大的挑战。不同垂直轴向间距下电池温度曲线如图 6.52 所示。由温度曲线可以看出，两个电池在温度骤升阶段时间间隔很短，受影响电池在失控至最高温度时间段内，多种热量共同作用导致温度上升，如图 6.52(b)、(d)、(f)所示。

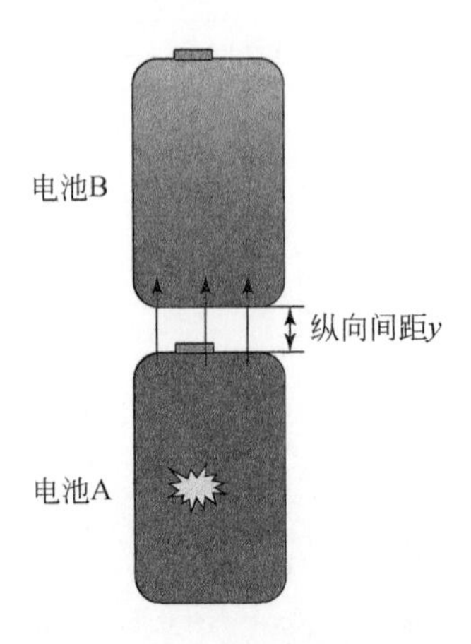

图 6.51　热失控轴向传播示意图

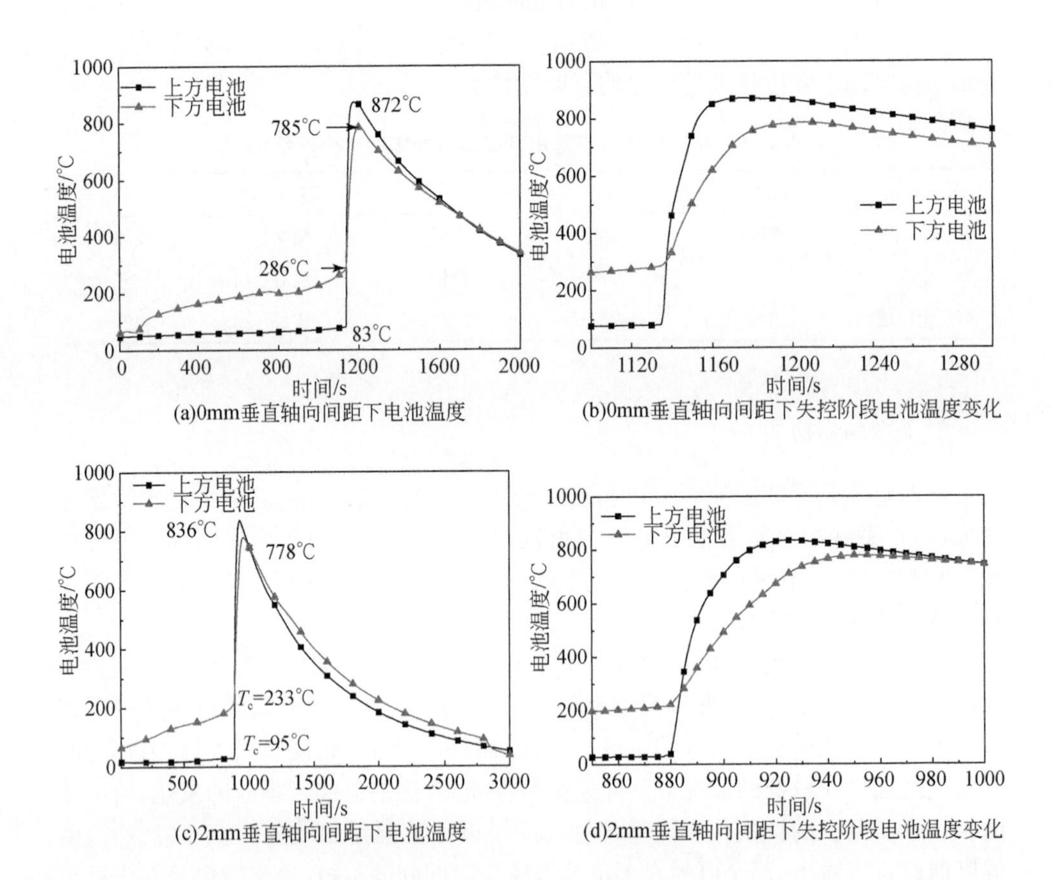

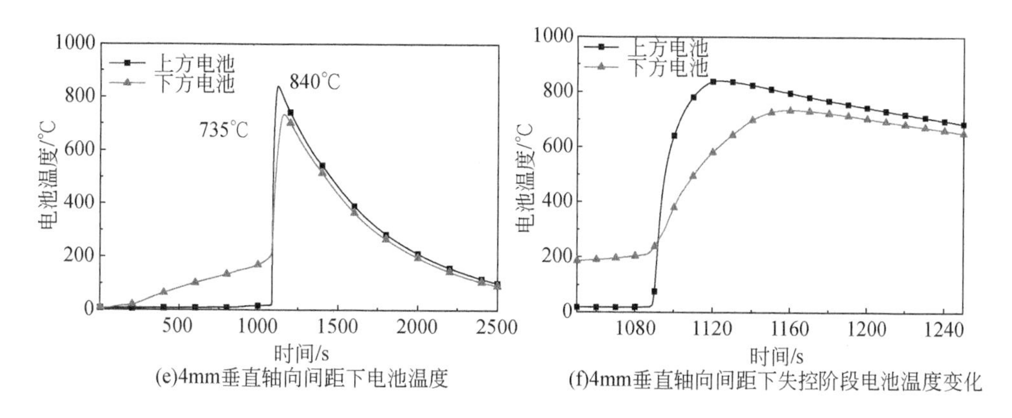

(e)4mm垂直轴向间距下电池温度
(f)4mm垂直轴向间距下失控阶段电池温度变化

图 6.52　不同垂直轴向间距下电池温度曲线

开放环境垂直轴向间距下电池组失效传播情况如表 6.5 所示，不同垂直轴向间距导致热失控传播的间隔时间有所不同。间距越小，接收粘连的高温电芯物质越多，热量损失越少，热量传递效率越高。

表 6.5　开放环境垂直轴向间距下电池组失效传播情况

垂直轴向间距	0mm	2mm	4mm	8mm	12mm
上方电池状态	失控	失控	失控	完好	完好
失控间隔时间/s	5	24	39	—	—

电池升温速率如表 6.6 所示。根据表 6.6，在失控阶段上方受影响导致失控的电池升温速率明显大于下方由热滥用引发失控的电池，说明垂直轴向方向上受影响的电池的失控起点温度低、最高温度高、失控时间短，总体表现更剧烈。

表 6.6　电池升温速率　(单位:℃/s)

垂直轴向间距	0mm	2mm	4mm	8mm	12mm
上方电池	107.5	66.5	101	0.9	0.73
下方电池	22	16.5	17.5	12.2	11

未发生失控传播的电池温度曲线如图 6.53 所示。由图 6.53 可知，在大于 8mm 的垂直轴向间距下，热失控传播难以发生。在 8mm 和 12mm 垂直轴向间距下，上方受影响的电池最高温度仅达到 88℃和 59℃，低于电池正常的失控温度，电池结构仍然保持完好，仅发生电压的微小波动。12mm 垂直轴向间距下上方电池电压变化如图 6.54 所示。

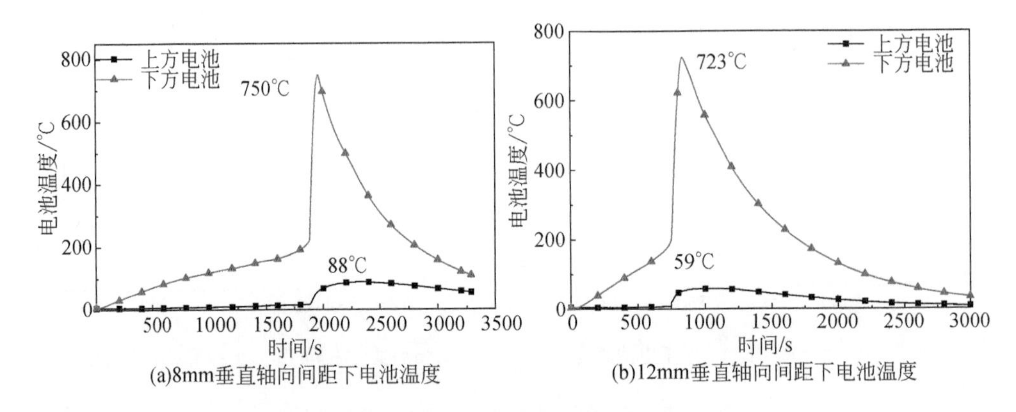

(a)8mm垂直轴向间距下电池温度　(b)12mm垂直轴向间距下电池温度

图 6.53　未发生失控传播的电池温度曲线

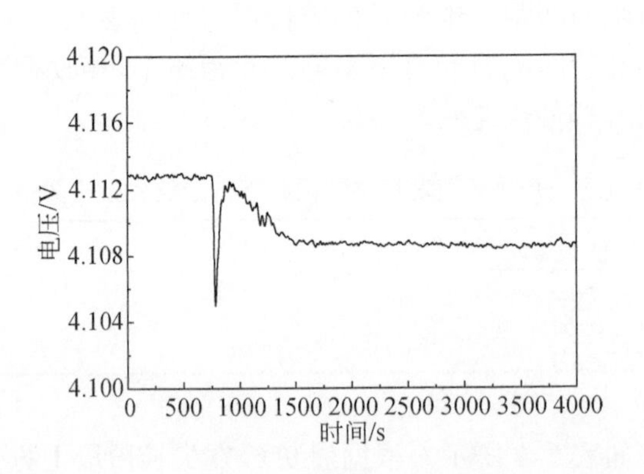

图 6.54　12mm 垂直轴向间距下上方电池电压变化

开放环境下不同垂直轴向间距的电池组热失控传播情况如表 6.7 所示。经实验研究对比分析，在开放环境下，垂直轴向间距大于等于 8mm 时，电池组发生热失控传播的可能性较小。

表 6.7　开放环境下不同垂直轴向间距的电池组热失控传播情况

垂直轴向间距	0mm	2mm	4mm	8mm	12mm	16mm
第一个电池	喷溅	喷溅	喷溅	喷溅	喷溅	喷溅
第二个电池	喷溅	喷溅	喷溅	完好	完好	完好

6.5.2　封闭空间下热失控传播间距

1. 水平径向间距

本节主要研究电池在开放环境下未发生热失控传播的间距在封闭环境中是否能够发生传播，设置水平径向间距分别为2mm、4mm、6mm，研究电池组的热失控传播情况，结果如图6.55所示。

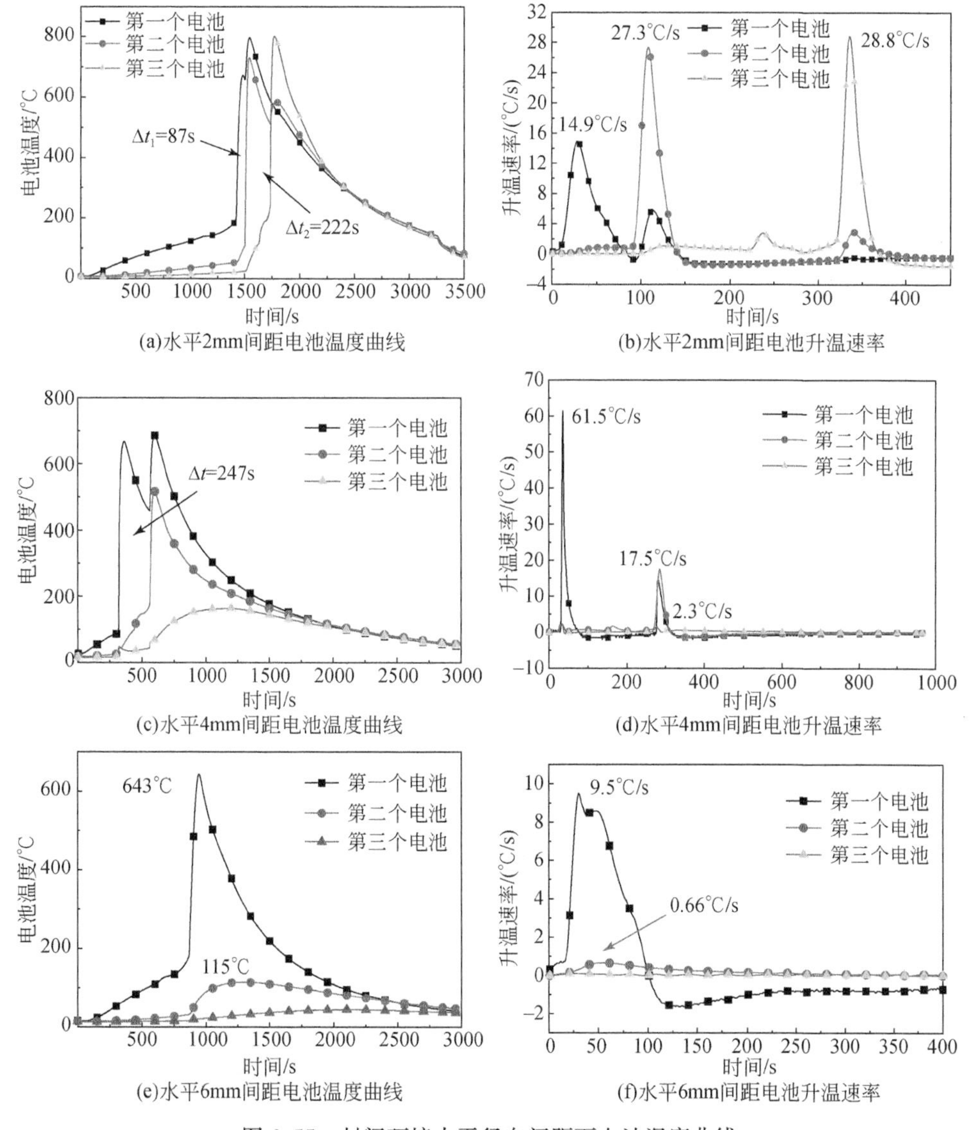

图6.55　封闭环境水平径向间距下电池温度曲线

在水平 2mm 间距的情况下，第一个电池喷溅间隔 87s 后第二个电池发生热失控；间隔 222s 后第三个电池发生热失控，升温速率比开放空间大。但在水平 4mm 间距时发现，两个电池失控的间隔时间为 247s，且第三个电池仅发生安全阀打开，并未发生剧烈的喷溅。此外，水平 4mm 间距下电池组内相邻电池的升温速率也明显比水平 2mm 间距下小。因此，可以判断水平 4mm 间距下接近失控传播的临界值。同时，水平 6mm 间距下的实验证明，电池组不能再发生热失控传播。封闭环境水平径向间距下电池组失效传播情况如表 6.8 所示。

表 6.8　封闭环境水平径向间距下电池组失效传播情况

水平径向间距	2mm	4mm	6mm
第一个电池	喷溅	喷溅	喷溅
第二个电池	喷溅	喷溅	完好
第三个电池	喷溅	开阀	完好

由表 6.8 可以看出，在封闭环境下，水平径向间距大于 4mm 时，电池组发生热失控传播的可能性较小。此外，综合分析图 6.55 中相邻电池的升温速率曲线可得，水平排列时，相邻电池的升温速率≤0.66℃/s 时发生热失控传播的概率较小。因此，实际应用中应当以控制相邻电池升温速率为重点，降低电池发生热失控的可能性。

2. 垂直轴向间距

根据实验结果(图 6.56)，在封闭环境下，4mm 间距时发生了热失控传播现象，而 8mm 间距未发生热失控传播现象。由实验结果可知，在 4mm 间距下，上方电池在温度较低时就发生了安全阀打开的现象，并且随即发生了剧烈的喷溅现象。此外，热失控声音较大，产气量较多。

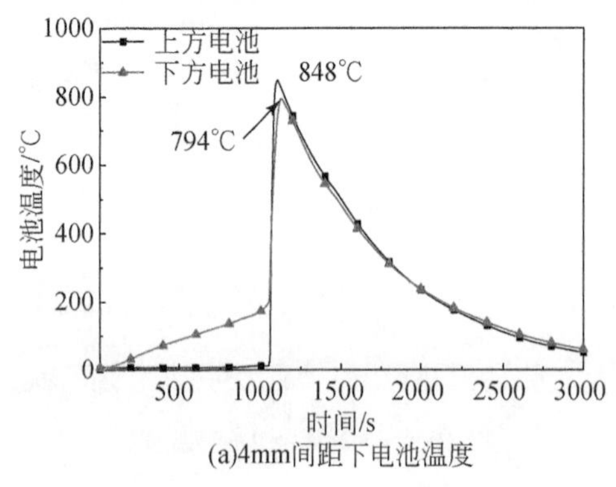

(a)4mm间距下电池温度

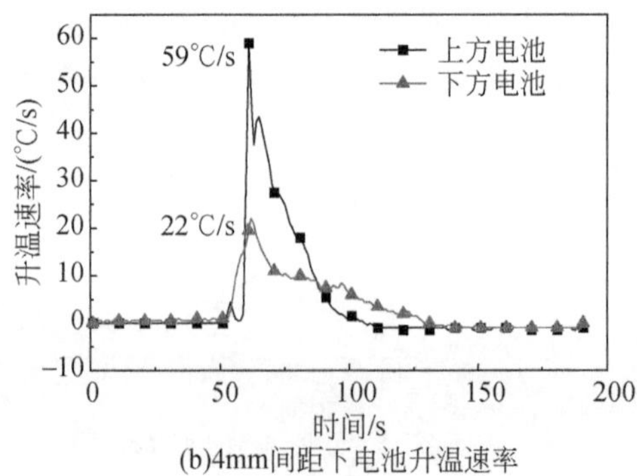

(b)4mm间距下电池升温速率

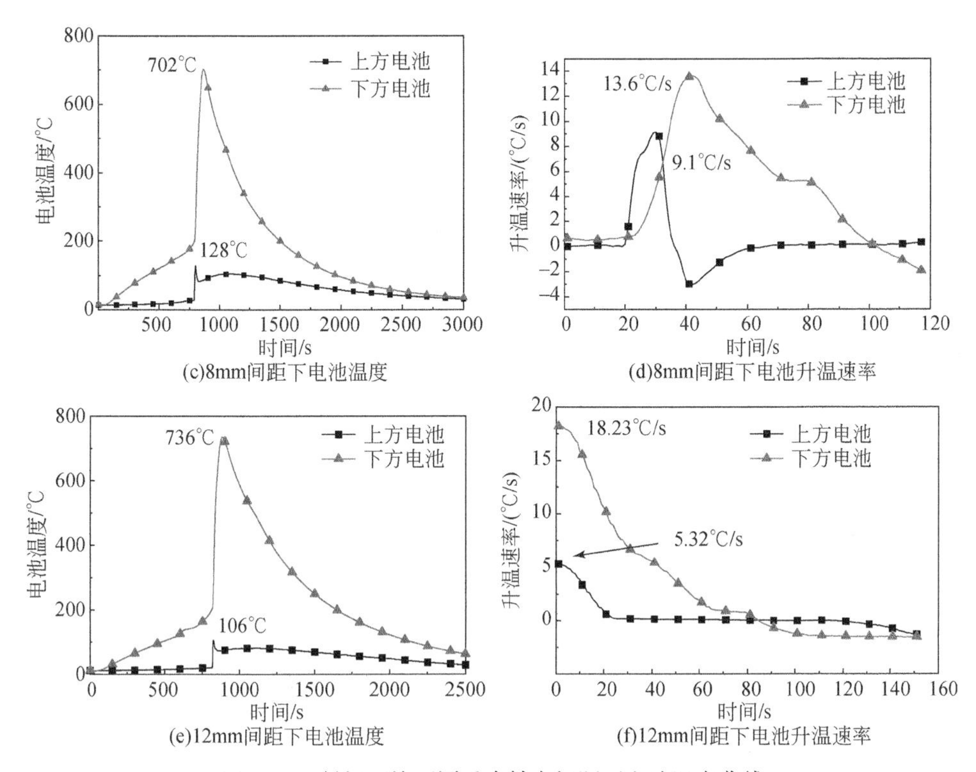

(c)8mm间距下电池温度　(d)8mm间距下电池升温速率

(e)12mm间距下电池温度　(f)12mm间距下电池升温速率

图 6.56　封闭环境不同垂直轴向间距下电池温度曲线

在 8mm 间距下，上方电池在封闭环境中受到失控电池的影响，最高温度达到 128℃，但是未发生开阀及喷溅现象。在 12mm 间距下，上方电池受影响最高温度达到 106℃，同样未发生热失控现象。因此，可以判断垂直轴向间距大于 8mm 时，电池不能发生热失控传播现象。

电池发生热失控时，封闭环境体系最高温度能达到 183℃，且电池失控之后基本伴有起火，但因持续时间短，热量散失严重，所以较大的电池间距使传热效率严重降低，难以发生热失控传播现象。此外，喷溅的高温物质迅速冷却，沉降到装置下部，且不能对封闭环境造成明显的加热作用。在封闭环境中，不同垂直间距下的电池热失控传播情况如表 6.9 所示。在封闭环境下，垂直间距大于等于 8mm 时，电池组发生热失控传播的可能性较小。

表 6.9　封闭环境中垂直轴向间距下电池热失控传播情况

垂直轴向间距	4mm	8mm	12mm
第一个电池	喷溅	喷溅	喷溅
第二个电池	喷溅	完好	完好

6.5.3　实验结果及理论分析

综合实验结果发现，在开放和封闭的实验条件下，电池的临界间距出现差异。电池 SOC 为 100%时，开放环境水平排列下，间距大于 2mm 电池组发生热失控传播的可能性较小；封闭环境水平排列下，间距大于 4mm 电池组发生热失控传播的可能性较小。开放环境垂直排列下，间距大于 8mm 电池组发生热失控传播的可能性较小；封闭环境垂直排列下，间距大于 8mm 电池组发生热失控传播的可能性较小。

相关文献表明，2.2Ah 容量的 18650 型锂离子电池在封闭环境 5mm 水平间距下发生了热失控传播现象[13]，而本节 2.6Ah 容量的 18650 型锂离子电池在 4mm 水平间距下发生了热失控传播现象，侧面说明本研究符合实际规律。

在水平排列的情况下，初始电池失控产生的能量以压力和热量的方式强烈向外界散发，失控时电池表面温度能达到 700℃以上。热量通过辐射和传导的方式向外散发，相邻的电池接收到热量，通过热传导的方式实现从表面到内部的加热。此外，在封闭环境中，整个环境温度的升高，导致电池散热条件变差，环境对电池具有保温作用，电池升温速率大于散热速率，出现热量累积现象。在多种热量的共同作用下，电池达到热失控初始温度，发生热失控现象，导致电池组中热失控的传播。

根据本节实验结果，统计发现电池失控之后平均最高温度约为 734℃，电池平均质量约为 43.6939g，根据式(6.5)可以在热失控情况下，对电池释放的总能量进行估算：

$$\Delta H_{\mathrm{M}}=19696.12\mathrm{J} \tag{6.5}$$

如图 6.57 所示，第一个电池失控后，认为电池温度达到均一性，表面温度为 T，但水平方向上相邻电池受失控电池的影响，受热并不均匀，靠近电池失控侧的温度 T_1 比远离电池失控侧的温度 T_2 高，若将远离电池失控侧的温度 T_2 作为电池的实际温度，则吸收热量偏小；但若按照靠近电池失控侧的温度 T_1 进行计算，则计算结果比实际吸收热量偏大。假设相邻电池温度在 x 方向上的温度梯度只与 x 相关，且呈现线性温度分布，失控前体系温度为 T_0，相邻电池受热传导的热流密度可认为是

$$q_1=\int_0^{2R}\left(-k\,\frac{T_1-T_x}{x}\right)\mathrm{d}x \tag{6.6}$$

式中，k 为热导率，W/(m · K)。

当间距为 0mm 时，$T_1=T$。在此基础上，若水平方向传热面积为 A，则相邻电池通过热量传导吸收的热量可表示为

$$Q_1=A\int_0^{2R}\left(-k\,\frac{T_1-T_x}{x}\right)\mathrm{d}x \tag{6.7}$$

除此之外，失控电池的热辐射作用也会对相邻电池传递较多的热量，不能被忽

略。假设失控电池表面温度为 T，受影响电池表面温度为 T'，换热表面发射率为 ε，辐射传热面积为 B，则电池表面的辐射换热量可表示为

$$Q_2=\frac{B\sigma(T^4-T'^4)}{\dfrac{1}{\varepsilon_1}+\dfrac{1}{\varepsilon_2}-1} \tag{6.8}$$

式中，σ 为斯托克斯常数。

此外，还有电池在高温环境下内部化学反应自产热 Q_3，其可表示为

$$Q_3=\Delta HM_{\mathrm{n}}A\exp\left(-\frac{E_{\mathrm{a}}}{RT_{\mathrm{b}}}\right) \tag{6.9}$$

则受影响电池用于加热自身的热量总和可表示为

$$Q=Q_1+Q_2+Q_3$$

$$Q=C_p m\Delta T \tag{6.10}$$

在 x 方向上任意一点的温度变化 ΔT_x 可表示为

$$\Delta T_x=\frac{Q}{C_p m} \tag{6.11}$$

则 x 方向上任意位置的温度 T_x 可表示为

$$T_x=T_0+\Delta T_x \tag{6.12}$$

如图 6.57(b)所示，侧向传热时，电池吸收热量后温度升高，在靠近失控电池侧的径向层状结构率先发生失效崩溃。根据电池热失控理论，随着吸收热量的增加，靠近电池失控侧的 SEI 膜逐渐开始分解，嵌入在负极的锂迅速与电解液发生反应，释放大量的热量，成为失效开始的“热点”。随着温度的升高，电池内部继续发生隔膜崩溃、正极材料分解、电解液分解、黏结剂分解等一系列链式反应，并释放一定的热量。随着外界输入热量的增加，“热点”逐渐扩大，自产热和外界输入热量同时加速电池的热失控反应进程，热失控反应在内部迅速扩展，在电池整体温度达到失效温度时，电池出现热失控现象。

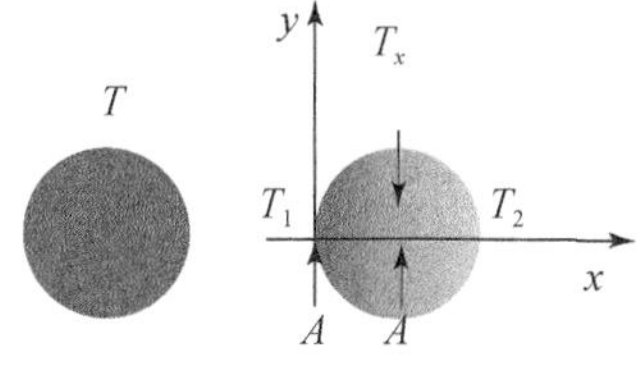

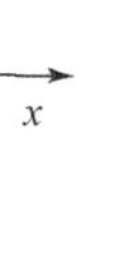

(a)径向传热示意图

(b)径向层状结构示意图

图 6.57　电池水平径向传热示意图

与水平排列相比，在垂直排列情况下，上方电池失控的主要原因是下方失控电池喷溅的高温物质粘连在上方电池的负极，强烈的热传导使电池内部温度上升。

忽略喷出物质在喷溅过程中的热量损失，认为粘连在上方电池负极的电芯物质的温度与电池失控的最高温度一致，取平均值为 $T_1=734℃$。电池正极截面面积较小，忽略热辐射和热对流作用，将上方电池传热过程简化为热传导。

通过热传导吸收的热量为

$$Q_1=D\int_0^h\left(-k\frac{T_1-T_y}{y}\right)\mathrm{d}y \tag{6.13}$$

式中，D 为电池轴向截面面积，m^2；h 为电池高度，m；k 为热导率，W/(m·K)。

电池内部化学反应产热可表示为 Q_2，可通过相关公式计算得到。受影响电池用于加热自身的热量总和可表示为

$$Q=Q_1+Q_2$$

在 y 方向上任意一点的温度变化 ΔT_y 可表示为

$$\Delta T_y=\frac{Q}{C_p m} \tag{6.14}$$

则电池轴向上 y 处的温度可表示为

$$T_y=T_0+\Delta T_y \tag{6.15}$$

垂直排列时，上方电池失控的温度起点非常低，甚至低于正常情况下的平均温度。这主要是因为下方电池失控之后喷溅的高温电芯物质粘连在电池的负极，约700℃的高温电芯物质通过强烈的热传导作用，迅速将热量传递至电池内部负极端。高温使电池内部负极端的化学反应迅速进行，结构迅速发生崩塌，相比于水平方向上热失控"一层一层"地进行，轴向截面上(图 6.58(b))的失控进程更加"直接"和"迅速"。垂直于叠层方向上的导热率小于平行于叠层方向上的导热率[14]，导致形成的失控截面迅速沿平行叠层方向扩展，沿电池轴向迅速传递拓展至整个电池。此外，还有失控之后电池正极端表面的热辐射，多种热量共同作用于受影响电池。但因电池径向热阻，在内部温度达到热失控起始温度 T_c 时，实际测得外表面的温度低于内部温度，该结论与文献结果[15]类似。

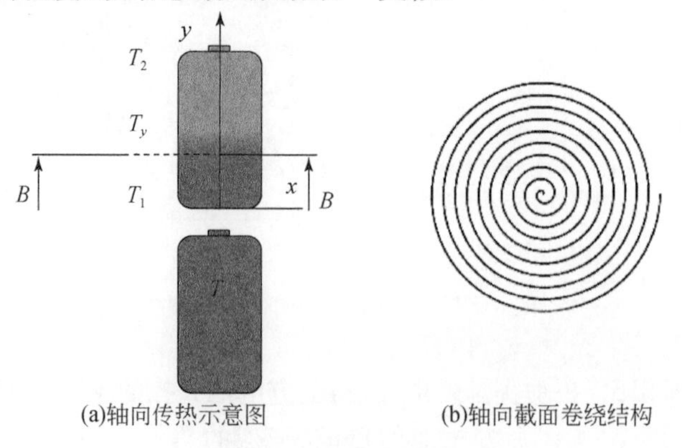

图 6.58　电池水平径向传热示意图

假设系统中存在 n 个电池，发生热失控的是 1 号电池，其他电池序号从 2 至 n；根据能量守恒定律，该系统的热平衡方程为

$$Q_0 + Q_f = \sum_{i=2}^{n} Q_i + Q_{loss} \tag{6.16}$$

式中，Q_0 为第一个电池热失控释放的能量，可近似认为其数值与 ΔH_M 相等，J；Q_f 为电池热失控之后引起的火焰热辐射量，J；Q_i 为系统内其他电池吸收的热量，J；Q_{loss} 为系统热损失(电池传递给外部空间的热量)，J。

由式(6.16)可以求出系统的热损失 Q_{loss} 。i 号电池的温度由实验测试获得，系统内其他电池吸收的热量由式(6.17)计算：

$$Q_i = C_p m \Delta T_i \tag{6.17}$$

系统内一个电池发生热失控现象，传递给相邻电池的热量与电池间距 x 有如下函数关系：

$$Q_i = f(x)(\alpha Q_0 + \beta Q_f) \tag{6.18}$$

式中，α 为初始失控电池释放的能量 Q_0 传递给相邻电池的传递系数；β 为失控引发的火焰辐射能量 Q_f 传递给相邻电池的传递系数。

无论是水平排列还是垂直排列，当间距达到一定临界值时，随着热传递效率的降低，相邻电池接收热量的效率降低，难以加速电池的失控进程，也就不会出现热失控的传播。因此，在实际应用过程中，应当合理布置电池间距，结合冷却阻断措施来降低电池组失控传播概率。

6.6　连接方式对热失控传播的影响

6.6.1　串并联单独使用

当三个电池串联时，电池组电压约为 12V，通过电池组中各个电池的电流相同。此时，引发电池组中第一个电池失控，组内的前两个电池相继发生热失控现象，第三个电池最高温度达到 218℃，接近喷溅温度，但因热量供给不足，并未发生喷溅，间隔时间分别为 594s 和 606s，最高温度分别达到 628℃、622℃和 218℃(图 6.59(a))。

当三个电池并联时，电池组电压约为 4.1V，电池组中的电池分流，此时引发电池组中第一个电池失控，组内的三个电池相继发生热失控现象，热失控传播间隔时间分别为 76s 和 229s，最高温度分别达到 784℃、890℃和 790℃(图 6.59(b))。

6.6.2　串并联组合使用

在实际情况中，多数是串联和并联组合使用。因此，本节进行串并联组合使用

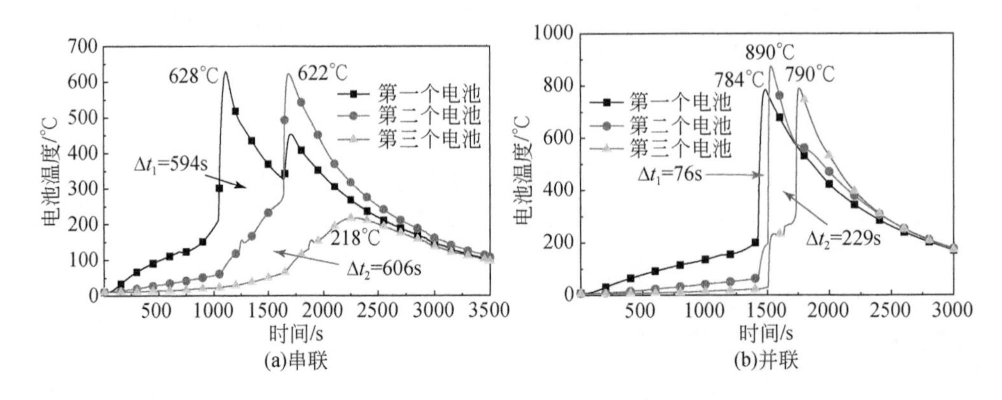

图 6.59　不同连接方式下失控过程中电池温度变化

实验研究。在三个电池组成的电池组中,可能出现 1 串联 2 并联和 2 串联 1 并联两种不同的连接方式,相关结果如图 6.60 所示。

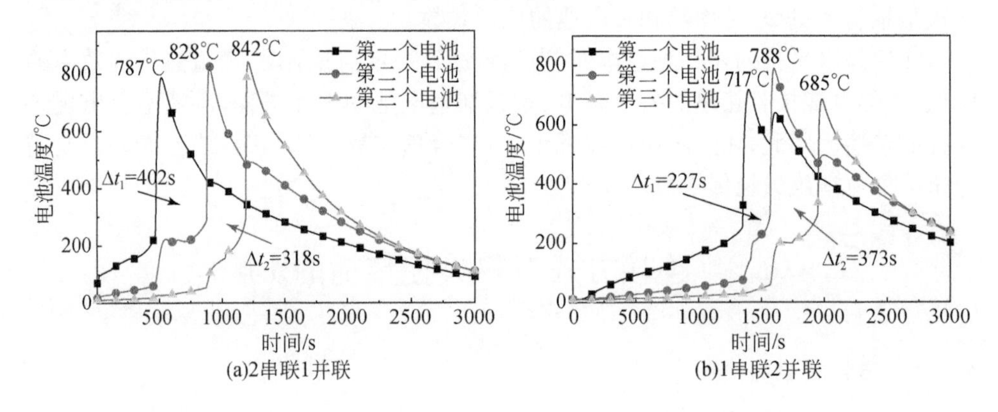

图 6.60　串并联组合使用电池组热失控传播温度曲线

不同的连接方式下电池组都发生了热失控传播,主要存在电池温度和失控间隔时间的差异。在 2 串联 1 并联情况下,三个电池的最高温度分别为 787℃、828℃和 842℃,间隔时间分别为 402s 和 318s;而在 1 串联 2 并联情况下,三个电池的最高温度分别为 717℃、788℃和 685℃,间隔时间相比于 2 串联 1 并联缩短,分别为 227s 和 373s。

综合对比单独串联、并联和串并联组合实验结果发现,并联结构越多,发生热失控传播的可能性越大,时间间隔相应越短。这主要是因为,在并联电路(或者以并联为主要连接方式的电路)中电池的电气连接有所增加,导致失控传播的间隔时间相对缩短,失控传播概率有所增加。由实验结果也可以看出,2 串联 1 并联结构中相比于单独串联后果更严重，发生了传播现象，时间间隔有所缩短。同样的对比也可以在 1 串联 2 并联结构中发现。

总之，电池在充放电的情况下进行热滥用更容易引发电池组热失控的传播，这主要是因为在充放电条件下，电池内部同样进行化学反应。电流的加载导致电池内部出现额外的热源，主要包括电池内阻引发的焦耳热和电化学反应引发的反应热[16]。如果单纯考虑电池组在充放电情况下的热失控行为且视电池内部为各向同性的均一材料，那么充放电条件下电池能量平衡方程[17]可表示为

$$\rho C_p \frac{\partial T}{\partial t} - \lambda \nabla^2 T = q_1 + q_2 + q_3 \tag{6.19}$$

式中，ρ 为密度；C_p 为比热容；λ 为热导率；∇为哈密顿算子。电池在进行充放电时，内部产热主要由反应热 q_1 、极化热 q_2 和欧姆热 q_3 组成。

仅在充放电条件下，电池的热失控主要是内部热量集聚，与内部化学反应相互促进，在达到一定的温度时就会发生热失控反应。而在外部热滥用的条件下，外部输入的热量加速内部反应的进程，强烈地促进了内部化学产热的发生。此时，外部输入的热量成为引发热失控的主导热源，因此电池组的电气连接方式对电池组热失控甚至传播影响不大。

在使用过程中，内部的化学反应同样会产热，相比于未使用时产生的热量更多，加大了热失控及传播的可能性，并联相比于串联具有更多的电气连接，增加了热量的传递路径，因此也加大了传播的可能性，但是影响效果有限。因此，在电池组的连接方式上，在保证足够的电压电流的前提下，尽可能地减小并联结构所占比例。

6.7　电池排列方式对热失控传播的影响

6.7.1　水平方向不同排列方式

对于不同的电池排列方式，沿着电池径向，无论是正极都朝着同一方向还是正负极间隔放置，对整个电池组热失控传播均无明显影响。从热量传播角度来看，电池之间的传热方式未发生明显变化，主要依靠失控电池侧面对相邻电池的传热作用，而电池的轴对称结构导致在不同的排列方式下电池侧面接收热量的方式没有变化，接收到热量之后的热量转化方式也没有变化，导致该种排列方式对电池组的失控传播并无较大影响。不同水平排列方式下电池组温度曲线如图 6.61 所示。

6.7.2　垂直方向不同排列方式

垂直方向不同的排列方式主要是电池两两之间正负极相对（正极对负极）和正

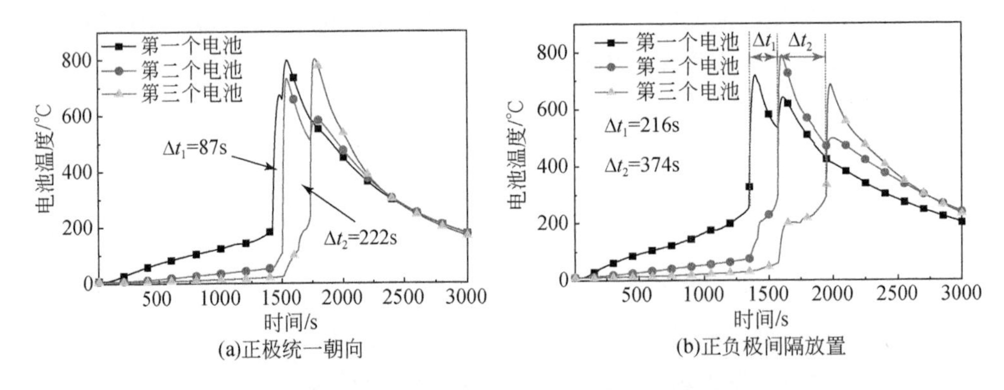

图 6.61　不同水平排列方式下电池组温度曲线

极相对(正极对正极),垂直失控传播的主要原因是失控喷溅的高温物质和失控后的高温表面热传递作用对垂直方向上的电池具有加热作用。由不同排列方式的实验结果可以看出,正极对负极容易引发传播,反之,正极对正极相对安全。在正极盖内部还存在一定的"安全装置",正极盖下方并非电芯材料,失控喷溅的高温物质粘连在电池的正极盖上,正极盖内部复杂的结构导致高温粘连物不能对内部有强烈的热量传递,导致电池温度并未剧烈升高,也就难以引发相邻电池的失控。不同垂直排列方式下电池组温度曲线如图 6.62 所示。

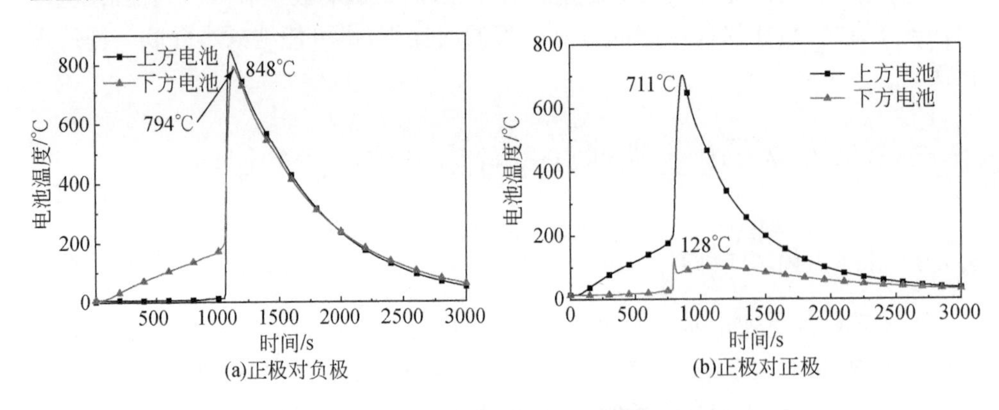

图 6.62　不同垂直排列方式下电池组温度曲线

在 18650 型锂离子电池热失控的过程中,高温电芯物质会从电池的正极安全阀孔喷出,电池负极部位的温度随着整个电池温度的变化而变化,最高温度可达到约 700℃,根据 Stefan- Boltzmann 定律,红热的负极对相邻电池的传热可用式(6.20)进行估算:

$$q_{\mathrm{rad}} = \varepsilon\sigma(T^4 - T'^4) \tag{6.20}$$

在忽略辐射传热过程中热量损失的情况下，每秒能够传递给相邻电池约 4J 的热量，因此在电池负极正对负极的情况下，一个电池发生失控之后，通过负极高温辐射传热对轴向上相邻电池的负极加热作用并不太明显，整个电池的温度不能发生大幅度上升，负极对负极的排列方式依靠单纯的负极热辐射传热作用难以引发热失控的传播。在实际电池组垂直排列时，电池负极相对对热失控传播过程具有一定的阻断作用。

6.8　荷电状态对热失控传播的影响

在 20% SOC 的情况下，第一个电池失控引发了第二个电池失控，但对电池组内水平排列的第三个电池影响有限，仅使第三个电池安全阀打开，并未发生喷溅，温度约 154℃时，受到已失控电池的温度影响，以及自身内部的化学反应和散热作用的影响，温度上升至约 200℃后开始出现下降的趋势，之后整个电池组系统温度逐渐趋于一致。20% SOC 电池组内各个电池温度变化如图 6.63 所示。

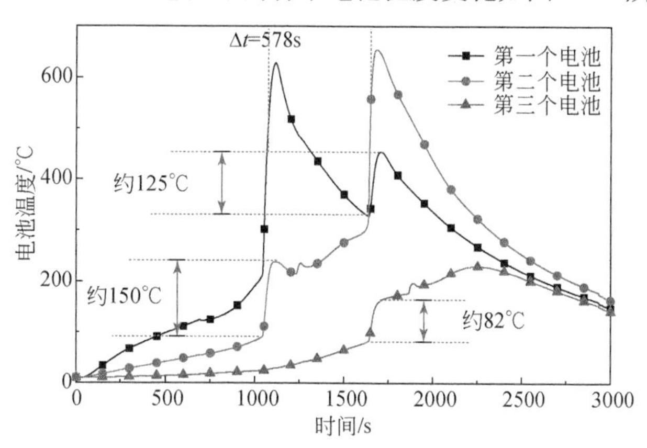

图 6.63　20% SOC 电池组内各个电池温度变化

由图 6.63 可以看出，第一个电池失控之后加热第二个电池，第二个电池与第一个失控电池相邻面温度上升约 150℃，第二个电池接收到第一个电池失控传递的热量，使第二个电池温度均匀上升，第二个电池受到第一个电池热量作用，导致其发生失控前的升温速率约为 0.36℃/s，第一个电池热失控高温引发第二个电池失控间隔时长约 578s。第二个电池失控后加热第一个电池，又使其温度上升约 125℃，热量传递至第三个电池，使其温度上升约 82℃，第二个电池失控加热第三个电池至开阀前，这段时间内的升温速率约为 0.32℃/s。20%SOC 电池组各电池失控温度如表 6.10 所示。

表 6.10　20% SOC 电池组各电池失控温度

电池	开阀温度/℃	喷溅温度/℃
第一个电池	122	220
第二个电池	154	280
第三个电池	154	—

通过观察实验，在 20% SOC 时，第一个电池在 122℃时安全阀打开，出现少量的气体，继续加热，220℃时电池出现剧烈反应，喷出大量白色烟雾，并未出现火焰，与文献中现象吻合[18]。实验结束时发现，电池正极上方的顶板上残留较多的棕黄色液体成分，有明显臭味，类似于电解液，因此可以推测在 20% SOC 的情况下，电池内部化学反应程度有限，并未使电解液发生较为彻底的分解或燃烧。电池加热过程电压和电阻的变化如图 6.64 所示。

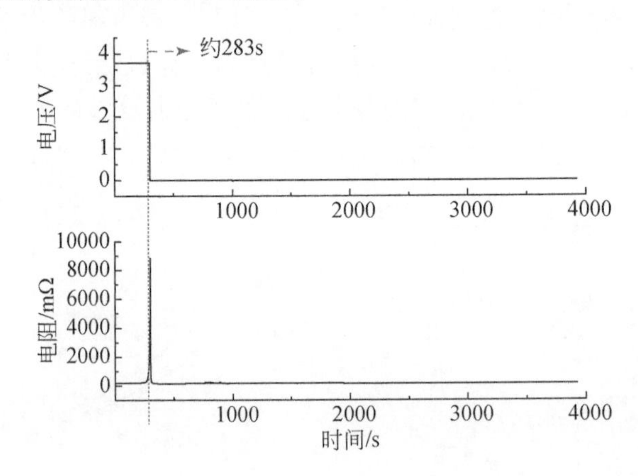

图 6.64　电池加热过程电压和电阻的变化

在电池组热失控传播过程中，第一个电池在加热约 295s 时出现了电压骤降以及电阻增大，此时电池表面的温度约为 75℃(内部温度比表面温度更高)，说明该温度已经超过电池正常工作的温度，电学性能受到了影响。失控之后，待第一个电池的热量传递到第二个电池后，第二个电池从正常状态进入失控状态，重复第一个电池的失效环节，以此类推。第三个电池仅安全阀打开，并未喷溅，这是因为电池达到热量平衡，电池温度不能继续升高，自产热效应生成的热量通过环境散失，没有用于自身加热，也就难以发生热失控的传播。

40% SOC 条件下，电池组内出现了连锁反应，第一个电池失控产生的热量致使第二个电池发生热失控，第二个电池热失控致使第三个电池发生热失控。按照传播规律，第三个电池同样能够引发第四个电池发生热失控，即电池组的热失控传播。40% SOC 电池组内各个电池温度变化如图 6.65 所示。

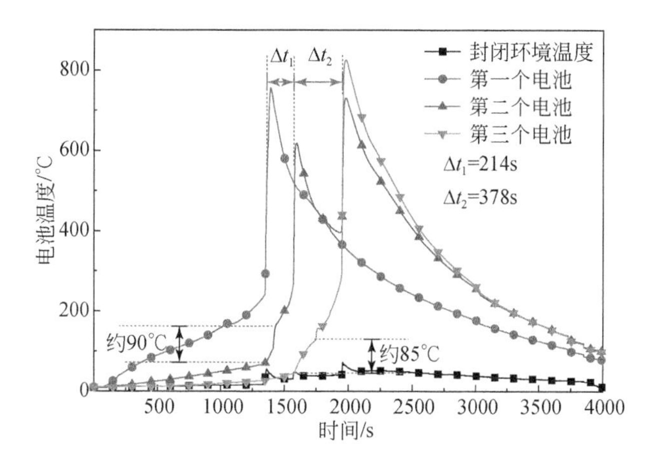

图 6.65　40% SOC 电池组内各个电池温度变化

第一个电池热失控引发第二个电池温度上升约 90℃，第二个电池热失控引发第三个电池温度上升约 85℃，三次失控的间隔时间分别约为 214s 和 378s。第二个电池受到第一个电池热量作用，导致其失控前的升温速率约为 0.87℃/s，第二个电池失控加热第三个电池至开阀前这段时间内的升温速率约为 0.56℃/s。40% SOC 电池组各电池失控温度如表 6.11 所示。

表 6.11　40% SOC 电池组各电池失控温度

电池	开阀温度/℃	喷溅温度/℃
第一个电池	165	240
第二个电池	200	280
第三个电池	157	283

根据实验结果，40% SOC 电池失控与 20% SOC 电池失控时的现象基本一致，都无明显的喷溅现象，有较为明显的泄气声音，可清晰地判断出从电池内部释放了大量的气体产物，也可判断出在此荷电状态下，内部反应相对更加剧烈，产生了较多的气体。40% SOC 电池组热失控实验现象如图 6.66 所示。

60% SOC 条件下，电池组中三个电池均出现了连锁反应，即热失控传播。由图 6.67 可以看出，第一个电池失控引发第二个电池温度上升约 225℃直至失控，第二个电池失控引发第三个电池温度上升约 225℃，第二个电池失控引发第一个电

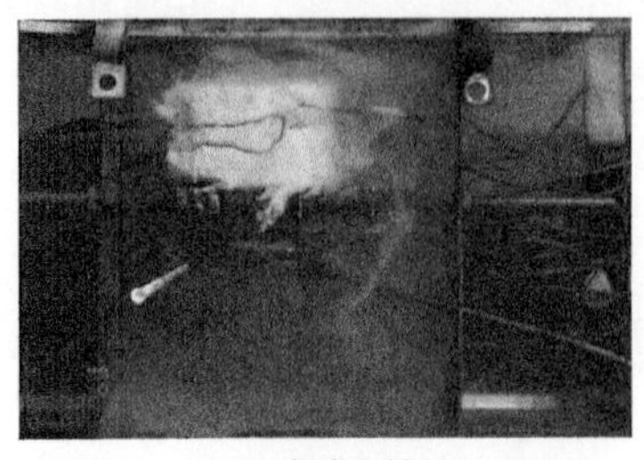
(a)喷溅之前

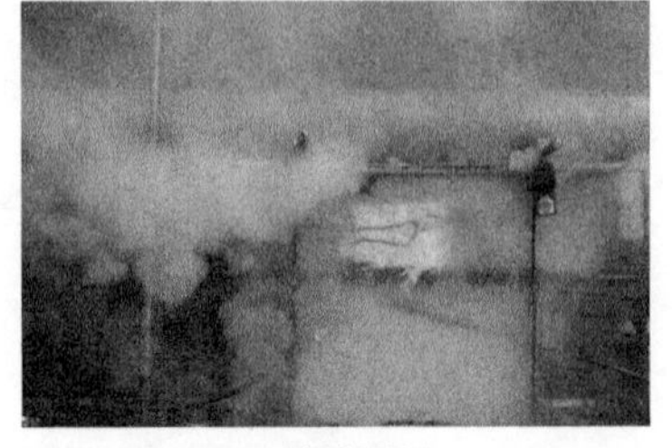
(b)喷溅瞬间

图 6.66 40% SOC 电池组热失控实验现象

池温度再次上升约 214℃，第三个电池失控引发第二个电池温度上升约 152℃，三次失控的间隔时间分别约为 404s 和 316s。三个电池失控时对封闭环境加热，最高温度能达到约 180℃。第二个电池受到第一个电池加热作用，导致其失控前的升温速率约为 0.45℃/s，第二个电池失控加热第三个电池至开阀前这段时间内的升温速率约为 0.58℃/s。60% SOC 电池组各电池失控温度如表 6.12 所示。

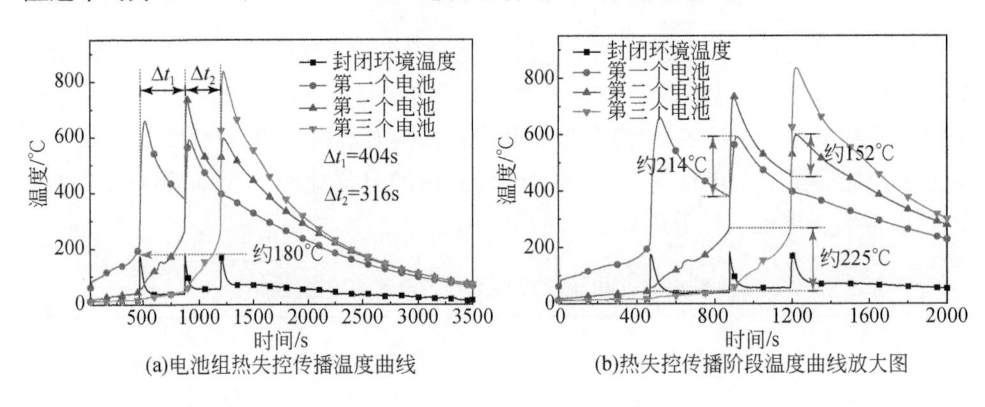

(a)电池组热失控传播温度曲线 (b)热失控传播阶段温度曲线放大图

图 6.67 60% SOC 电池组热失控传播温度曲线

表 6.12 60% SOC 电池组各电池失控温度

电池	开阀温度/℃	喷溅温度/℃
第一个电池	136	208
第二个电池	152	264
第三个电池	140	255

根据实验结果，60% SOC 电池在失控时喷出物质产生了火焰，并伴有“呲呲”的声音，这是与 20%SOC、40% SOC 电池失控时不一样的现象，随后伴随着浓烟

起火燃烧了数秒,这也是环境温度上升至 180℃的原因。60% SOC 电池失控实验现象如图 6.68 所示。

(a)喷溅瞬间

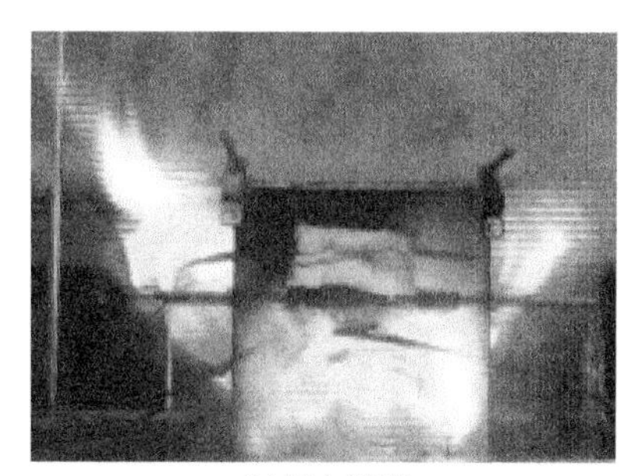

(b)起火燃烧

图 6.68　60% SOC 电池失控实验现象

此外,第二个电池失控前持续释放大量的白色烟雾,失控时喷出火焰并发出“砰”的声音,类似于气体爆炸。由图 6.69 可以看出,大量的白色烟雾产生后,发生了高温颗粒喷溅,高温颗粒作为点火源将气体点燃,随后火焰以点火源为中心呈半球形拓展,出现了气体爆炸现象,随后起火燃烧数秒熄灭。因此,可以推测,电池在封闭的环境中失控,可能会产生如气体爆炸的严重后果。

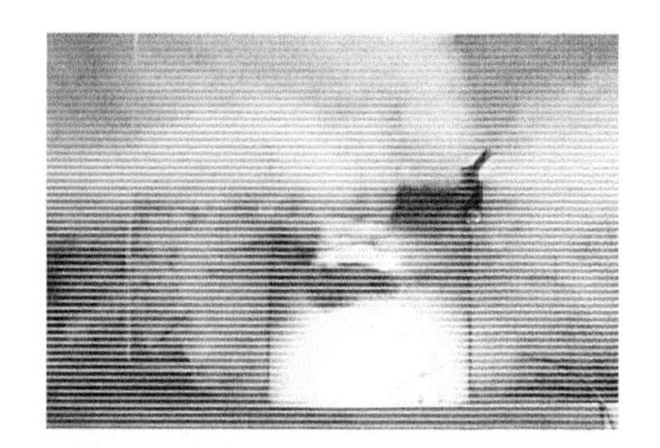

图 6.69　60% SOC 电池组第二个电池失控气体爆炸瞬间

实验中第三个电池出现了与第二个电池同样的实验现象，都发生了类似于气体爆炸的现象。因此，在电池组的工程应用过程中，还应进行相应的防爆、泄爆设计，为封装的电池组设计泄爆通道，避免电池热失控产生的爆炸性气体混合物发生严重的气体爆炸事故。60% SOC 电池组第三个电池失控气体爆炸瞬间如图 6.70 所示。

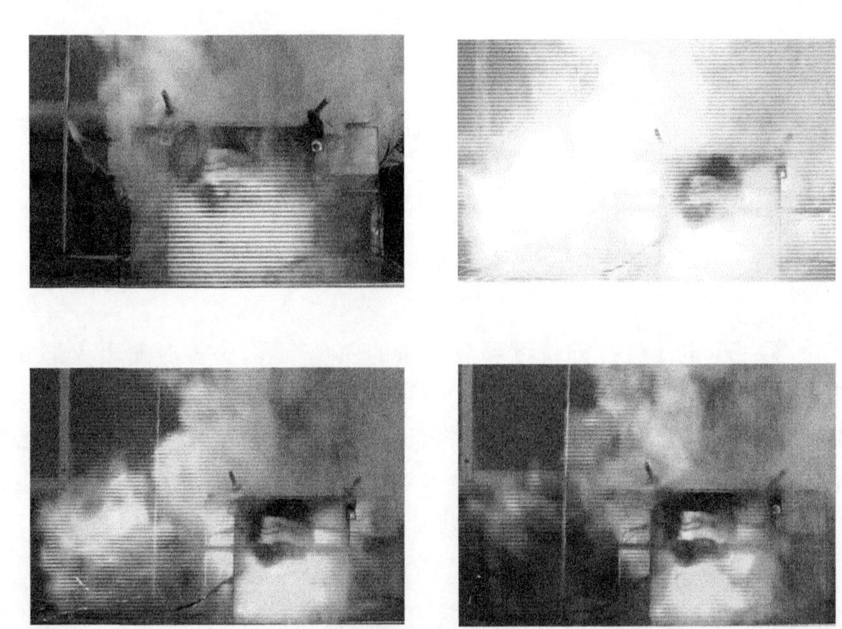

图 6.70　60% SOC 电池组第三个电池失控气体爆炸瞬间

在 80% SOC 条件下，第一个电池发生热失控之后并未导致第二个甚至第三个电池发生热失控现象，第一个电池热失控产生的高温仅使第二个电池发生了开阀现象，开阀之后第二个电池温度并未继续上升达到喷溅温度，而是在 151℃后开始出现温度下降。第一个电池失控至第二个电池发生开阀现象阶段内第二个电池升温速率约为 0.22℃/s；第三个电池在第一个电池失控之后，上升至最高温度过程中的升温速率约为 0.047℃/s。80% SOC 电池整个失控过程与开敞空间单体电池失控过程类似，与低于 80% SOC 的电池相比，其物质喷溅现象较为明显。此时，封闭环境温度上升至约 181℃，与 60% SOC 的结果基本一致。80% SOC 电池组各电池温度变化如图 6.71 所示。80% SOC 电池组各电池失控温度如表 6.13 所示。80% SOC 电池失效特征如图 6.72 所示。

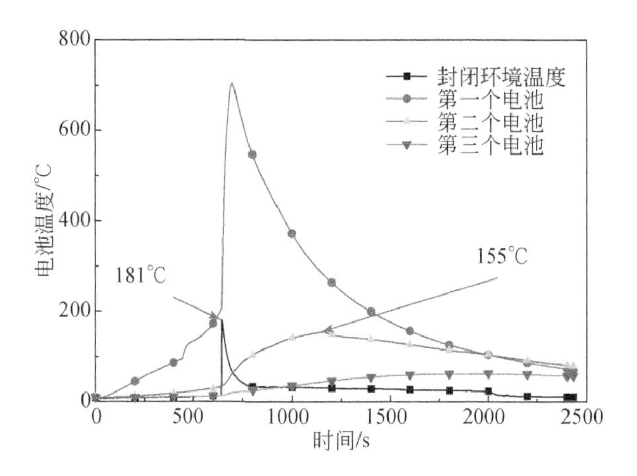

图 6.71　80% SOC 电池组各电池温度变化

表 6.13　80% SOC 电池组各电池失控温度

电池	开阀温度/℃	喷溅温度/℃
第一个电池	104	203
第二个电池	154	—
第三个电池	—	—

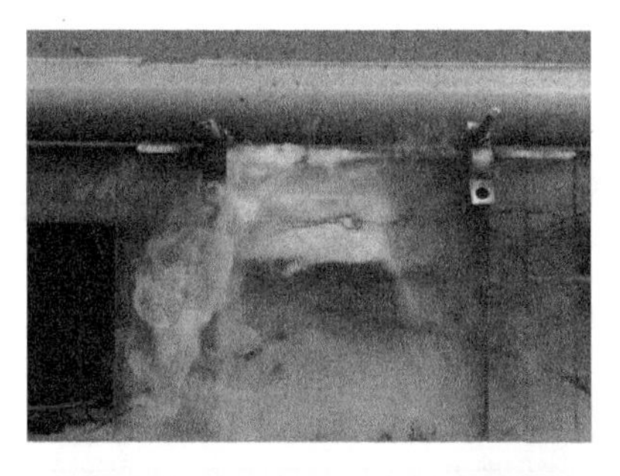
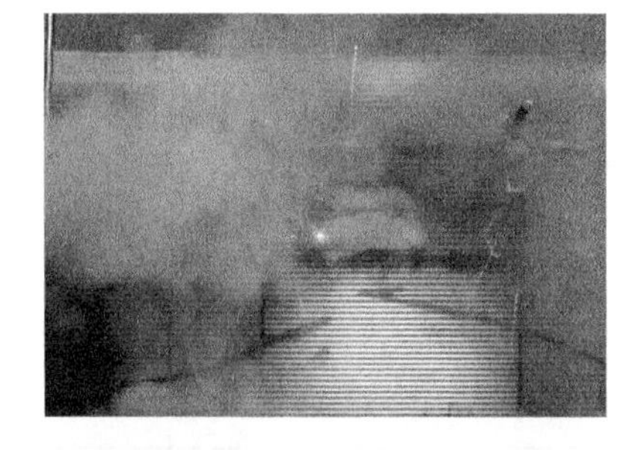

图 6.72　80% SOC 电池失效特征

100% SOC 条件下,第一个电池热失控之后并未导致第二个甚至第三个电池发生热失控现象,第一个电池热失控产生的高温仅使第二个电池发生了开阀现象,之后第二个电池温度继续上升,但未达到喷溅温度。第一个电池失控加热第二个电池至失控时其升温速率约为 0.35℃/s,第三个电池从第二个电池失控喷溅之后上升到最高温度期间的升温速率约为 0.049℃/s。第三个电池未发生失控现象,温度最高达到 137℃后内外热量达到平衡,之后散热占据主导地位,温度随着整个系统的温度下降,直至恢复到室温。100% SOC 电池组各电池温度变化如图 6.73 所示。100% SOC 电池组各电池失控温度如表 6.14 所示。

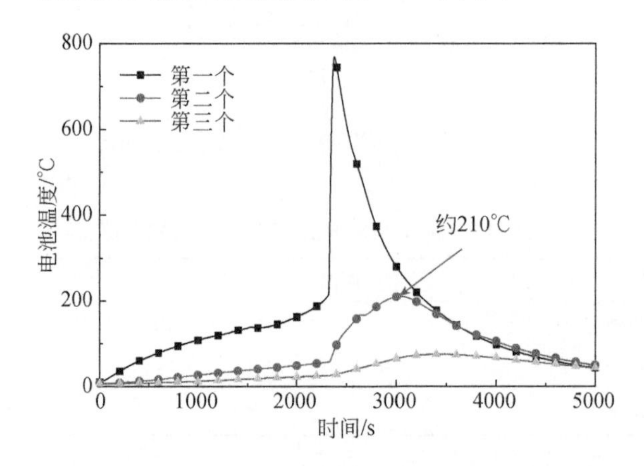

图 6.73 100% SOC 电池组各电池温度变化

表 6.14 100% SOC 电池组各电池失控温度

电池	开阀温度/℃	喷溅温度/℃
第一个电池	138	214
第二个电池	164	—
第三个电池	—	—

相比于低电量的电池组热失控传播特征,100% SOC 电池组失控特征与 80% SOC 类似,均出现了剧烈的喷溅现象,但 100% SOC 条件下的喷溅更加剧烈,喷溅之后封闭环境下类似于可燃颗粒的物质出现了轰燃现象,能够明显看到飞扬的燃烧颗粒。100% SOC 电池失效特征如图 6.74 所示。

综合以上不同 SOC 情况下电池组热失控传播实验,分析电池对相邻电池的加热作用,计算出相邻电池因受热导致温度上升至失控阶段的升温速率,如表 6.15 所示。

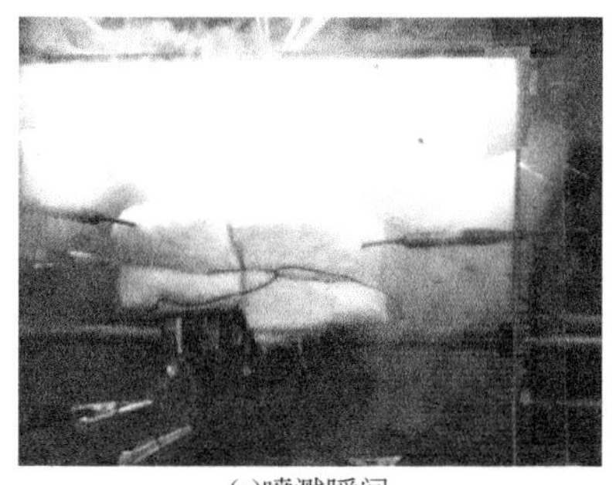
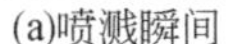

(a)喷溅瞬间

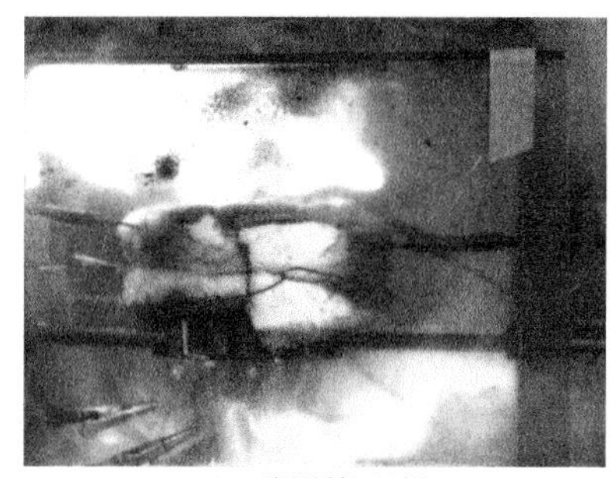

(b)可燃颗粒轰燃

图 6.74　100% SOC 电池失效特征

表 6.15　不同 SOC 下相邻电池受热至失效阶段升温速率

SOC/%	第一个加热第二个	第二个加热第三个
20	0.36℃/s,失控	0.32℃/s,开阀
40	0.87℃/s,失控	0.56℃/s,失控
60	0.45℃/s,失控	0.58℃/s,失控
80	0.22℃/s,开阀	0.047℃/s,未开阀
100	0.35℃/s,开阀	0.049℃/s,未开阀

由表 6.15 可以看出,仅在 40% SOC 和 60% SOC 情况下,相邻电池单纯由于热失控传播发生了失控现象,电池组中电池全部出现热失控。分析不同 SOC 下,电池受热至失控前的升温速率,当升温速率大于 0.36℃/s 时,相邻电池的失控传播现象可导致电池组内相邻电池发生热失控,且在升温速率为 0.32℃/s 时未能出现热失控现象,同时在 6.5 节中确定的 0.66℃/s 临界升温速率大于 0.36℃/s,可说明 0.36℃/s 已经接近临界升温速率,在工程中可被视为临界升温速率。因此,由升温速率的大小差异可以看出,在封闭环境中,SOC 对电池组热失控传播具有一定的影响,SOC 的增加并非一定增大热失控传播的概率。根据本节的实验结果可以发现,在电池 SOC 介于 40%～60%时出现热失控传播的概率最大。

当电池 SOC 介于 40%～60%时,产生了大量可燃性气体,并弥漫在整个空间内,在电池发生热失控时被电池高温表面或者高温颗粒点燃,形成气体爆炸;可燃气体剧烈反应,释放出大量的热量,对电池组的加热作用较为明显。当电池 SOC 为 80%时,能观察到电池失控初期出现了可燃气体的轰燃现象,但因可燃气体量较少,释放热量有限,另外一部分能量以喷溅的形式释放;而喷溅的高温颗粒迅速冷却,且只能够加热相邻电池的正负极,因此难以对系统造成明显的加热作用。同时根据前人的研究成果，满电量电池本身失控时表现出最大的温度上升速率，但是由于多种原因，释放了最少的能量[19]，这也是 100% SOC 时第二个电池未发生热失控的原因。在实际电池组应用过程中，控制电池荷电状态不具有实际意义，所以需要加强电池热管理，增强冷却阻断措施。

6.9 本章小结

通过改变电池组热失控传播过程的各种参数变量，研究电池组热失控传播过程的相关规律和机理，得出了下列研究结论。

电池组热失控传播过程特性研究结论如下。

(1)电池在发生剧烈的喷溅之前产气量会大幅度增加，出现白色的浓烟，在高电量的情况下会发生剧烈的喷溅现象。

(2)电池组中，由失控传播导致的失控电池的开阀温度和喷溅温度会比初始失控电池的温度更高，电池在安全阀打开前约 22s 内温度会加速上升，在安全阀打开之后升温速率会因热量的散失而适当降低。

(3)由于电池 CID 元件的动作，电池在开阀前会出现轻微的"爆裂"声，并伴随着电池电压的下降，失效后电压降至 0V，未失效的电池电压出现波动。

(4)电池内阻呈二次方增长时，表示电池接近失控状态，电池喷溅失控之后，电阻值基本固定为一个常数值，等同于电池失效后的等效电阻。

(5)若电池在经历过高温环境之后未发生热失控或者失效，其抵抗滥用条件的能力会减弱；电池受到的热冲击越"温和"，电池开阀的温度越高。

(6)电池在失控前会出现以下征兆：①内阻急剧增大，最终增大至短路状态；②电压出现急剧下降。

电池组热失控传播间距研究结论如下。

(1)电池 SOC 为 100%时，开放环境水平排列和垂直排列情况下，间距分别大于 2mm 和 8mm 时，电池组发生热失控传播的可能性较小；封闭环境水平排列和垂直排列情况下，间距分别大于 4mm 和 8mm 时，电池组发生热失控传播的可能性较小。

(2)封闭环境对临界间距影响有限，封闭环境的散热条件比开放环境差，失控释放的能量对体系有一定的加热作用，导致水平间距适当增大；但是对于垂直排列，受热面积有限，导致环境对其影响较小。

(3)水平排列时，靠近电池失控侧的温度较高，电池的层状结构内率先发生失效反应，形成局部"热点"，随着受影响电池温度的升高，"热点"扩大，相关反应继续发生，当电池整体温度接近失控温度时，电池发生热失控行为。

(4)垂直排列时，下方电池失控之后喷溅的高温电芯物质粘连在电池的负极，强烈的热传导作用迅速将热量传递至电池内部负极端。高温使电池内部负极端化学反应迅速进行，结构迅速发生崩塌，相比于水平方向上热失控“一层一层”地进行，轴向截面上的失控进程更加“直接”和“迅速”。形成的失控截面迅速扩大，在电池内部轴向上迅速拓展至整个电池。

电池组热失控传播影响因素研究结论如下。

(1)在使用过程中，电池的连接方式对电池组的热失控传播具有一定的影响，并联比串联更容易发生热失控传播，但是差异并不明显，并联情况下发生传播的间隔时间比串联的间隔时间短；串并联组合连接中，并联结构越多，发生热失控传播的可能性越大。

(2)不同的水平排列方式对热失控传播过程影响不大，正极对负极比正极对正极的垂直排列方式更加容易发生热失控传播。

(3)电池组荷电状态对热失控传播过程影响显著，不同荷电状态下电池失效行为具有一定的差异；当SOC≤20%时，电池失控只产气，不起火，传播过程出现中断；当SOC=40%时，电池组出现失控传播，但是未起火，仅出现浓烈的白烟；当SOC=60%时，电池组出现热失控传播，同时产生大量的可燃性气体，出现“气体爆炸”现象；当SOC≥80%时，电池组未出现热失控传播现象，电池失控出现剧烈的喷溅现象或可燃颗粒的“轰燃”现象。

(4)当电池组中相邻电池升温速率大于0.36℃/s时，电池组出现热失控传播的可能性较大。

通过改变受限空间中电池组所处环境条件的相关参数(如约束环境、气体环境及大气压力)，研究受限空间中不同环境下锂离子电池热失控蔓延的临界条件、影响因素及特性，并得出了以下结论。

不同约束环境下锂离子电池热失控蔓延过程的实验研究结论如下。

(1)在无约束、四周被约束和正极顶部被约束三种条件下，电池组内均发生了热失控蔓延现象，而四周被约束和正极顶部被约束的条件下锂离子电池热失控蔓延发生的时间间隔明显小于无约束环境下锂离子电池。

(2)在四周被约束改变正极盖板面积的条件下，随着盖板面积的增大(逐渐靠近全封闭环境)，电池组两两电池间发生热失控蔓延时的时间间隔有减小的趋势。

不同气体环境下锂离子电池热失控蔓延过程的实验研究结论如下。

(1)在受限空间不同气体氛围条件下的实验中，确定了在氮气和氩气环境中热失控蔓延的临界氧浓度分别为7.5%～10%和2.5%～5%。

(2)对比发现相同氧气浓度下，氮气环境中的锂离子电池更难发生热失控蔓延行为。

(3)在空气、氮气和氩气三种不同气流环境下,锂离子电池热失控蔓延发生的临界气体流量分别为24L/min、24L/min和18L/min。

(4)在相同流量的气体环境下,氩气气流中锂离子电池热失控蔓延响应最慢,氮气气流次之,空气气流中锂离子电池热失控蔓延响应相对最快。

不同压力环境下锂离子电池热失控蔓延过程的实验研究结论如下。

(1)在受限空间不同大气压力环境(35.6~101.3kPa)中,电池组均发生了热失控蔓延现象。

(2)随着大气压力的降低,锂离子电池热失控蔓延的时间间隔增加。

不同环境条件下锂离子电池热失控蔓延特性研究结论如下。

(1)全封闭条件下,电池热失控蔓延后质量略高于其他约束条件。

(2)在不同氧浓度惰气环境下,当氧气含量较高接近空气内氧气含量时,热失控蔓延时出现了明亮的高温物质喷溅及火焰现象,而在低氧浓度条件下,产生的火焰明亮度明显减弱,热失控蔓延发生时电池的产气量明显增大,热失控蔓延后电池组的质量明显上升。

(3)不同气流环境下随着气体流量的增加,锂离子电池发生热失控产生的红热高温物质喷溅及火焰持续时间下降,火焰明亮度降低,烟气爆燃面积减小。随着气体流量的增大,热失控蔓延发生后整个电池组的质量增大。

(4)低气压条件下,从产生烟气至电池发生喷溅行为时间间隔较长,且在发生热失控行为时未出现剧烈的明火行为,低气压条件下热失控蔓延后电池组质量明显高于正常大气压。

(5)发生热失控蔓延电池组中的单体电池温度曲线均存在两个以上的峰值。

参考文献

[1] 胡棋威.锂离子电池热失控传播特性及阻断技术研究[D].北京:中国舰船研究院,2015.

[2] 郭林生.不同热环境下锂离子电池热失控危险性研究[D].南京:南京工业大学,2017.

[3] 宋士刚,李小平.电动汽车锂离子电池释热机理及电热耦合模型[J].电源技术,2016,40(2):280-282.

[4] 胡信国.动力电池进展[J].电池工业,2007,12(2):113-118.

[5] Lin C K, Ren Y, Amine K, et al. In situ high-energy X-ray diffraction to study overcharge abuse of 18650-size lithium-ion battery[J]. Journal of Power Sources, 2013, 230: 32-37.

[6] 冯旭宁.车用锂离子动力电池热失控诱发与扩展机理、建模与防控[D].北京:清华大学,2016.

[7] Jhu C Y, Wang Y W, Shu C M, et al. Thermal explosion hazards on 18650 lithium ion batteries with a VSP2 adiabatic calorimeter[J]. Journal of Hazardous Materials, 2011, 192(1): 99-107.

[8] Chen M Y, Ouyang D X, Weng J W, et al. Environmental pressure effects on thermal

runaway and fire behaviors of lithium-ion battery with different cathodes and state of charge [J]. Process Safety and Environmental Protection, 2019, 130: 250-256.

[9] Yang H, Bang H, Amine K, et al. Investigations of the exothermic reactions of natural graphite anode for Li-ion batteries during thermal runaway[J]. Journal of the Electrochemical Society, 2005, 152(1): A73.

[10] Spotnitz R, Franklin J. Abuse behavior of high-power, lithium-ion cells[J]. Journal of Power Sources, 2003, 113(1): 81-100.

[11] Gachot G, Grugeon S, Eshetu G G, et al. Thermal behaviour of the lithiated-graphite/electrolyte interface through GC/MS analysis[J]. Electrochimica Acta, 2012, 83: 402-409.

[12] Hatchard T D. Importance of heat transfer by radiation in Li-ion batteries during thermal abuse[J]. Electrochemical and Solid-State Letters, 1999, 3(7): 305.

[13] Feng X N, Ouyang M G, Liu X, et al. Thermal runaway mechanism of lithium ion battery for electric vehicles: A review[J]. Energy Storage Materials, 2018, 10: 246-267.

[14] Tao C F, Cai X, Wang X S. Experimental determination of atmospheric pressure effects on flames from small-scale pool fires[J]. Journal of Fire Sciences, 2013, 31(5): 387-394.

[15] Zeng Y, Fang J, Tu R, et al. Study on burning characteristics of small-scale ethanol pool fire in closed and open space under low air pressure[C]//American Society of Mechanical Engineers 2011 International Mechanical Engineering Congress and Exposition, 2011: 1423-1430.

[16] Li Z H, He Y P, Zhang H, et al. Combustion characteristics of n-heptane and wood crib fires at different altitudes[J]. Proceedings of the Combustion Institute, 2009, 32(2): 2481-2488.

[17] Liu J H, He Y P, Zhou Z H, et al. Investigation of enclosure effect of pressure chamber on the burning behavior of a hydrocarbon fuel[J]. Applied Thermal Engineering, 2016, 101: 202-216.

[18] Liu J H, He Y P, Zhou Z H, et al. The burning behaviors of pool fire flames under low pressure[J]. Fire and Materials, 2016, 40(2): 318-334.

[19] Cai X, Wang X S, Li Q W, et al. Combustion characteristics of N-heptane and gasoline pool fire under low ambient pressure conditions [J]. Journal of Combustion Science and Technology, 2010,16: 341-346.

第7章　锂离子电池热管理、阻隔及灭火技术

锂离子电池的热管理、阻隔及灭火技术对于抑制热失控的发展、传播至关重要。高效的热管理技术可以调节电池温度、电压、电量、健康状态等,极大限度避免过充、过放、高温等现象的出现,降低电池热失控的可能性。热失控阻隔技术可以有效抑制热失控产热的蔓延,控制热失控的传播恶化。热失控灭火技术可以实现快速降温,有效抑制火灾,惰化热失控易燃易爆气体,减轻热失控火灾事故,防止电池二次着火以及爆炸事故的发生。本章对热管理、阻隔及灭火技术开展相关研究。

7.1　相变材料热管理

7.1.1　相变材料分级热管理两级危险温度节点的判定方法

1)一级危险温度节点设定原理

文献表明,锂离子电池最佳工作温度不超过50℃[1],最高安全温度为55℃,为留有一定安全余量,且最大程度地保证电池的使用寿命,确定一级危险温度节点为50℃。

2)二级危险温度节点设定原理

在80～120℃内部的SEI膜会发生分解[2],导致电极与电解液接触,进而导致副反应增多,同时电池在123℃时会发生自放热反应[3],电池内部热量累积,进一步加速反应进程,最终使电池发生热失控。SEI膜分解反应可视为电池热失控的先兆,及时控制该温度,能够避免电池热失控的发生。通过查阅文献资料发现,锂离子电池组热失控最低温度为130℃[4],而后通过实验同样发现锂离子电池在180℃左右升温较快,具有较高危险性,实验数据曲线如图7.1所示。

7.1.2　两级相变材料制备工艺

首先按照比例称取一定量的石蜡、膨胀石墨、活性炭,置于烧杯中,将其混合均匀,加热熔合,制得一级相变材料。采用同样的方法将甲基纤维素和聚乙二醇加热熔合,制得二级复合相变材料,并将其填入二级铝蜂巢板内。实验所用的主要原料及规格如表7.1所示。

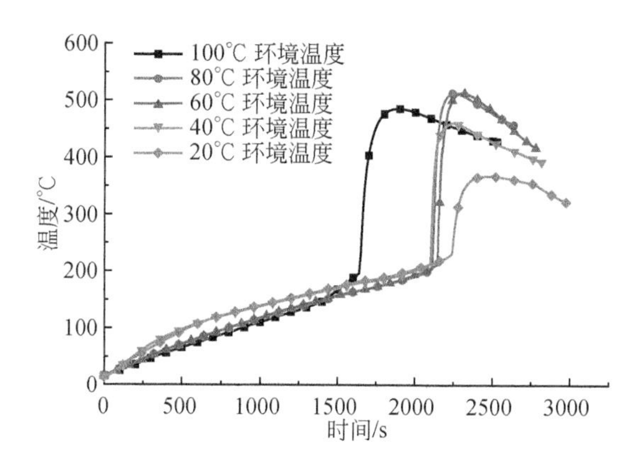

图 7.1 不同环境温度下锂离子电池组温升曲线

表 7.1 实验所用的主要原料及规格

序号	原料名称	规格
1	18650 型锂离子电池	标准电压 3.6～3.7V 充电截止电压 4.2V 电池容量 2800mAh 及 3200mAh
2	膨胀石墨	蠕虫粉碎 325 目，纯度 99%
3	石蜡	半精炼石蜡 58 号
4	活性炭	1～2mm 椰壳颗粒
5	聚乙二醇	聚乙二醇 1500
6	甲基纤维素	M813702-500g
7	1006 铝蜂巢板	定制

称取一定量的石蜡、膨胀石墨、活性炭，通过改变材料的配比，控制其相变温度点，按上述实验方法配制复合相变材料，然后在不同温度下对其进行加热。通过实验确定石蜡、膨胀石墨和活性炭以一定比例进行配制，可控制该复合相变材料相变温度点为 50℃±1℃，不同环境温度下石蜡-膨胀石墨-活性炭复合相变材料温度变化曲线如图 7.2 所示。

同样称取一定量的聚乙二醇、甲基纤维素，通过改变材料的配比，控制其相变温度点，按上述实验方法配制复合相变材料，然后在不同温度下对其进行加热，通过实验，确定聚乙二醇和甲基纤维素以 1.5∶1 的比例进行配制，可控制该复合相变材料相变温度点为 100℃±5℃，不同环境温度下聚乙二醇-甲基纤维素复合相变材料温度变化曲线如图 7.3 所示。

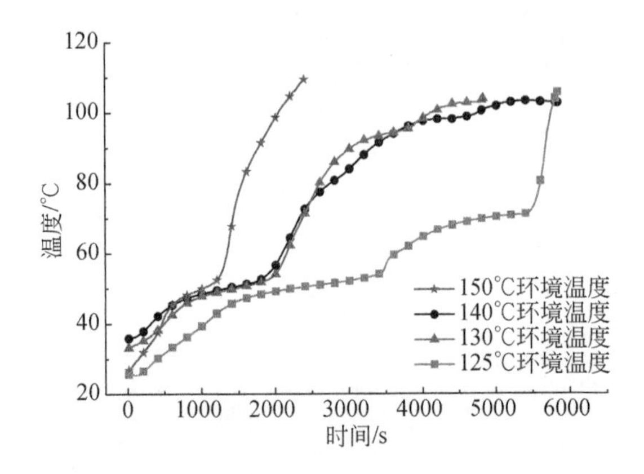

图 7.2 不同环境温度下石蜡-膨胀石墨-活性炭复合相变材料温度变化曲线

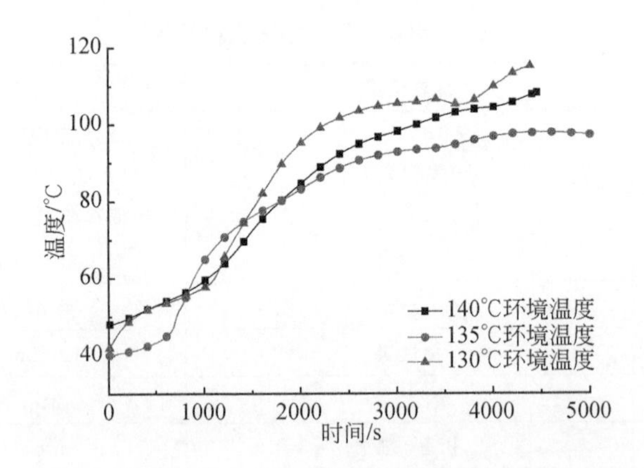

图 7.3 不同环境温度下聚乙二醇-甲基纤维素复合相变材料温度变化曲线

7.1.3 相变材料的装载方式及热管理效果

铝具有导热效果好、密度小、成本低等优点，因此采用铝板盛装。为了固定相变材料，避免相变材料流动，采用蜂巢状设计，使相变材料分布均匀且不易流动。为了增大接触面积，将平板铝蜂巢弯曲加工，可以更好地吸收电池表面的温度，抑制热失控的发生，相变材料载体模型如图 7.4 所示。将配制的一级相变材料加热成熔融状后，注入加工成型的铝蜂巢中，使其充满铝蜂巢，冷却至室温。同理，将配制好的二级相变材料加热成熔融状，注入平板铝蜂巢中，使其充满铝蜂巢，冷却至室温，如图 7.5 所示。

图7.4 锂离子电池组模型图

1、5-二级相变材料；2、4-一级相变材料；3-锂离子电池组；6-温度传感器

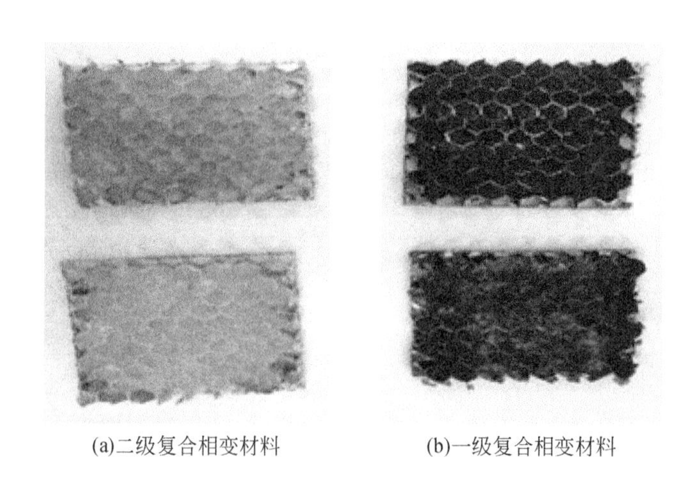

(a)二级复合相变材料　　(b)一级复合相变材料

图7.5 两级相变材料载体

常温常压条件下，以3节三星18650型锂离子电池(容量3200mAh)并联外短路放电，通过改变是否添加相变材料的条件，对相变材料有效性进行测试，相变材料的用量采用上述方法进行估算，实验结果如图7.6所示。

结果表明，未应用两级相变材料的锂离子电池组发生了热失控，应用了两级相变材料的锂离子电池组能够较好地控制在正常工作温度范围内，两组实验最大温差可达446℃，验证了两级相变材料的有效性，能够有效抑制锂离子电池组的热失控，保障锂离子电池组的安全使用。因此，该方法可用于对锂离子电池组高温引发的热失控行为进行冷却降温，各级相变材料的响应时间较短，具有良好的吸热效

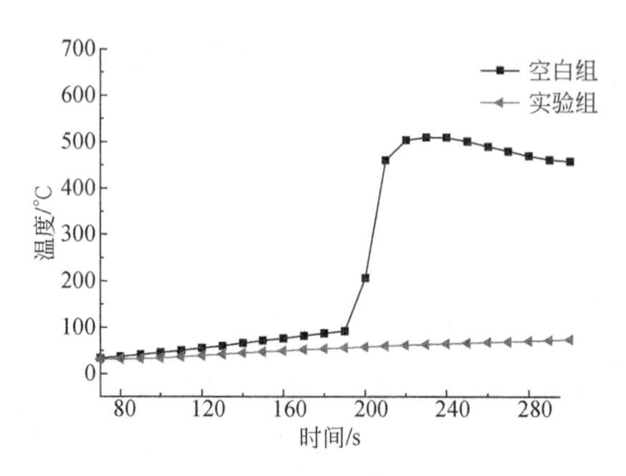

图 7.6 3200mAh 容量 18650 型锂离子电池组对比实验温度曲线

果，不仅不会干扰电池组的正常工作，而且能够在电池组异常升温时及时进行温度抑制，有效避免热失控的发生。

7.1.4 相变材料的用量估算

经实验测得，锂离子电池正常工作电压为 3.65V，此时电池组表面温度略高于 50℃，放电截止电压为 2.5V，电池组表面温度可达 100℃以上。设锂离子电池组表面温度为 T，当 $T \leqslant 50$℃时，电池放热量为 Q_1，存在一级相变材料温升吸热量 q_{a1}，二级相变材料温升吸热量 q_{b1}，一级相变材料相变潜热量 q_{c1}；当 $T>50$℃时，电池放热量为 Q_2，存在一级相变材料温升吸热量 q_{a2}，二级相变材料温升吸热量 q_{b2}，二级相变材料相变潜热量 q_{c2}，由于相变材料厚度较薄，且铝蜂巢导热效果良好，忽略相变材料中存在的热传递，将电能完全转化成热能进行估算。

利用差示扫描量热仪分别对一级相变材料和二级相变材料进行热物性分析，其中一级相变材料热流曲线如图 7.7 所示。通过对曲线进行分析计算，得到的材料热物性参数如表 7.2 所示。

以上分析涉及的计算公式如下：

$$Q_1 = q_{a1} + q_{b1} + q_{c1} \tag{7.1}$$

$$Q_2 = q_{a2} + q_{b2} + q_{c2} \tag{7.2}$$

$$q_{a1} = m_1 C_1 (50 - T_0) \tag{7.3}$$

$$q_{b1} = m_2 C_2 (50 - T_0) \tag{7.4}$$

$$q_{c1} = m_1 l_1 \tag{7.5}$$

$$q_{a2} = 50 m_1 C_1 \tag{7.6}$$

$$q_{b2} = 50 m_2 C_2 \tag{7.7}$$

$$q_{c2}=m_2 l_2 \tag{7.8}$$

式中，下标 1、2 分别代表一级相变材料和二级相变材料。当环境温度 T_0 为 25℃时，以 3200mAh 的 18650 型锂离子电池为例，通过上述计算方法可得，一级相变材料用量 m_1 为 58.58g，二级相变材料用量 m_2 为 107.39g。

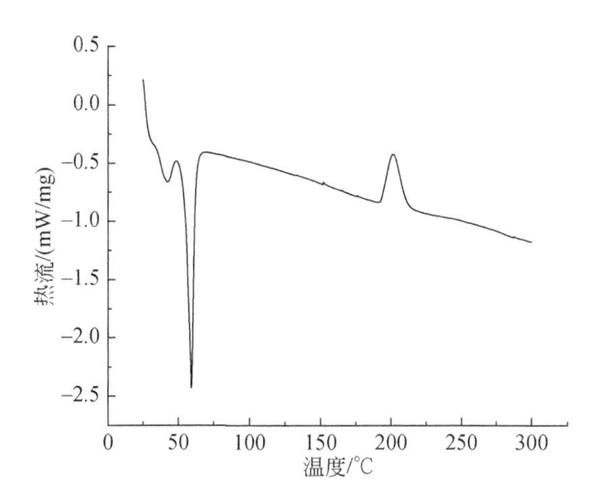

图 7.7　一级相变材料热流曲线

表 7.2　材料热物性参数

参数	比热容 C/[kJ/(kg・℃)]	相变潜热 l/(kJ/kg)
一级相变材料	2.5($T\leqslant50$℃) 2.9($T>50$℃)	155.2
二级相变材料	2.33	174.5

7.2　热失控阻隔技术

锂离子电池热失控传播具有传播速度快、反应剧烈的特点，会引发大规模的火灾。阻隔电池热失控的传播和对热失控电池进行灭火降温是避免火灾扩散的重要方式。本节选用泡沫镍、玻璃棉和纳米多孔气凝胶三种多孔材料，分别研究它们对锂离子电池组热失控传播的阻隔效果和阻隔机理。利用细水雾对锂离子电池进行灭火降温。基于细水雾和多孔材料单独作用结果，开展协同作用抑制锂离子电池热失控传播的研究，并在电池水平和竖直两种排列方式下开展上述抑制方法的研究。研究确定了应用于锂离子电池火灾的最佳多孔材料，以及协同作用达到最优效果的最优方法。本节还将故障模式与影响分析(fault modes and effect analysis,

FMEA)方法用于评估抑制方法的可靠性,并揭示 FMEA 方法应用于锂离子电池领域的效果。

7.2.1　锂离子电池组排布方式热失控研究

实验装置如图 7.8 所示,该装置由电池固定装置、热失控诱发装置和细水雾发生装置等组成。水平排列或竖直排列的两个电池(INR 18650-26E,100% SOC)均由两块限位板、四根丝杆和螺母固定。电阻丝($Gr_{20}Ni_{80}$)均匀缠绕在位于左侧或下方的电池上,连接直流稳压电源(SW-1800-500;输出电压为 600V;输出电流为 3A)为电池加热,调节加热功率为 30W,诱发电池热失控,停止加热。细水雾由高压水泵(NMT2120R;压强为 6MPa;流量为 2L/min)抽取水箱中的水,经过高压五喷喷头(单喷头直径为 0.3mm;操作压力为 1～7MPa;雾化量为 80～145mL/min)进行雾化和释放。喷头底部距锂离子电池 15cm 左右,保证水雾能够覆盖整个电池表面,在首个锂离子电池发生热失控喷射火时立即释放细水雾抑制锂离子电池热失控的传播,直至电池表面温度降至 50℃以下。本实验选用的多孔材料为金属多孔材料的泡沫镍(孔隙率为 95%,导热系数为 3W/(m · K),耐温度为 500℃),非金属多孔材料的玻璃棉(密度为 $160kg/m^3$,导热系数为 0.031W/(m · K),耐温度为 800℃)和纳米多孔气凝胶(密度为 $180kg/m^3$,导热系数为 0.018W/(m · K),耐温度为 650℃),包裹于相邻电池的侧部和底部,包裹厚度为 2mm。热电偶(K 型,响应时间为 0.5s;测温范围为 0～1400℃;精确度为±1.5℃)紧贴着电池表面。

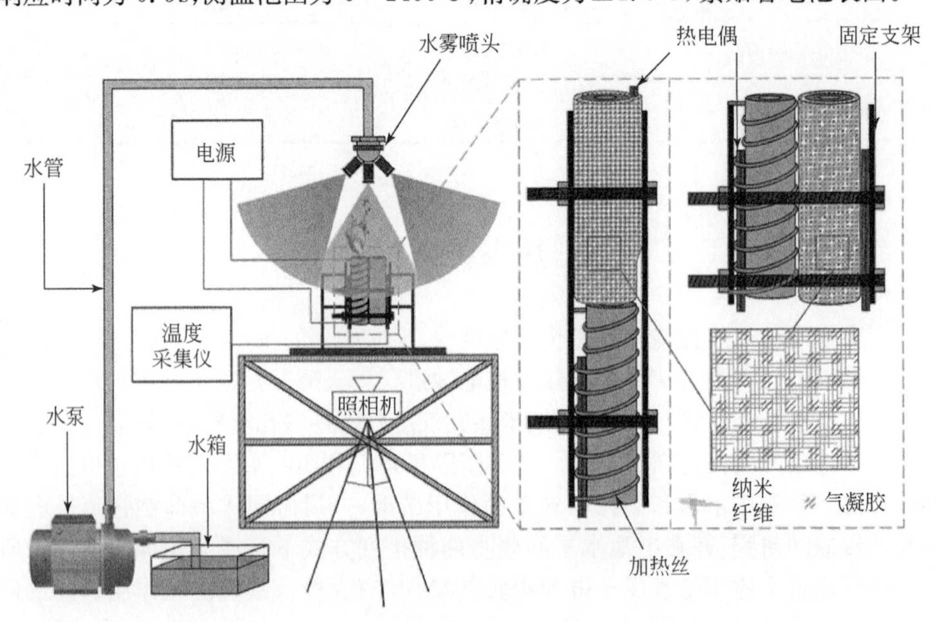

图 7.8　实验装置

抑制锂离子电池热失控传播实验方案如表7.3所示。首先进行没有任何抑制措施的对照组Case 0实验，探究锂离子电池热失控传播特性；然后进行细水雾和多孔材料单一物质作用组(Case 1～Case 4)实验，研究各物质单独抑制热失控传播的效果；最后进行多孔材料和细水雾协同作用组(Case 5～Case 7)实验，探索最优组别并揭示其抑制机理。各个组别还进行了电池水平排列(Case *x*h)和竖直排列(Case *x*v)两种排列方式的实验，以对比抑制措施作用于不同排列方式电池上的区别。

表7.3　抑制锂离子电池热失控传播实验方案

对照组及方案	施加措施	排列方式	
		水平排列	竖直排列
对照组	—	Case 0h	Case 0v
单一物质作用	细水雾	Case 1h	Case 1v
	泡沫镍	Case 2h	Case 2v
	玻璃棉	Case 3h	Case 3v
	纳米多孔气凝胶毡	Case 4h	Case 4v
协同作用	泡沫镍-细水雾	Case 5h	Case 5v
	玻璃棉-细水雾	Case 6h	Case 6v
	纳米多孔气凝胶毡-细水雾	Case 7h	Case 7v

首先，进行无抑制措施的对照组实验(Case 0h, Case 0v)，实验Case 0h电池A、B水平排列，间距为2mm，电池A在热滥用情况下，温度达到一定值时，会引发电池内部SEI膜开始分解，锂盐也开始分解，活性锂与电解液发生反应等一系列反应[5]。这些反应会产生O_2、CO、CO_2等气体[6]，导致电池内部压力骤升，电池正极的安全阀打开，接着产生烟雾，发生热失控产生喷射火，电池A喷射火持续3s后稳定燃烧了53s，在131.5s后电池B开始发生喷射火，电池B受热迅速，导致喷射火只持续了1s，且喷射火比电池A更加猛烈，电池B稳定燃烧了29s，并且火焰更加强烈。

实验Case 0v电池A、C竖直排列，间距为2mm，电池A发生热失控喷射火后，仅5s后电池C发生热失控喷射火，并且电池C喷射火前的产气、开阀等一系列动作几乎同步进行。如图7.9所示，Case 0h和Case 0v发生热失控的温度分别为179.5℃和239.9℃，Case 0h热失控传播时间Δt为187.5s，而Case 0v的Δt仅为89s。这主要是因为电池A的喷射火直接作用于电池C的负极，电池A产生的高温火焰使电池C瞬间升温发生热失控；而水平排列的电池A、B，电池A热失控只有稳定燃烧时的部分火焰会作用于电池B的侧面，还有一部分热量来自电池A释放到空气中再传递到电池 B,所以竖直排列电池热失控传播速度要快于水平排列。由此可见,电池热失控的传播十分迅速及猛烈,需要对其采取一些抑制措施。

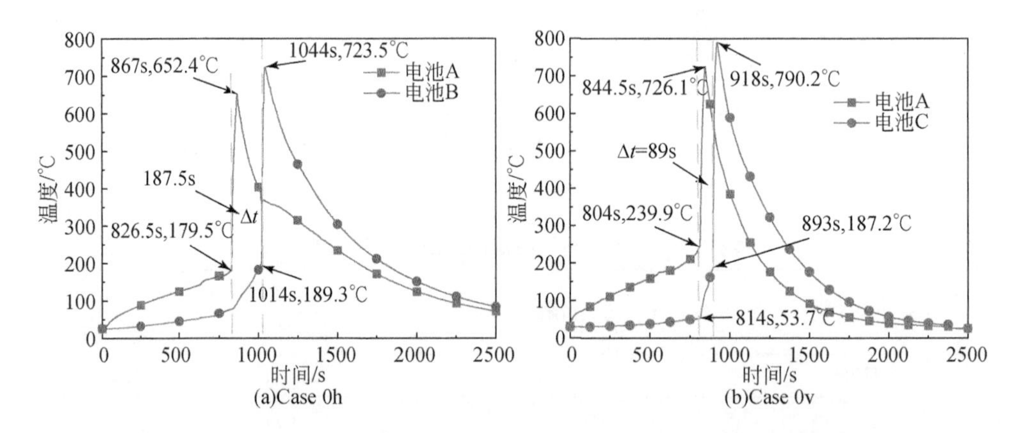

图 7.9　水平排列(Case 0h)和竖直排列(Case 0v)电池热失控传播的温度变化曲线

7.2.2　多孔材料及细水雾抑制锂离子电池热失控传播

上述实验 Case 0h 和 Case 0v 均发生了热失控传播,主要是由电池 A 热失控所产生的热量导致的[7]。本节采用细水雾对水平排列(Case 1h)和竖直排列(Case 1v)电池进行热失控传播的抑制。如图 7.10 所示,细水雾在电池 A 热失控发生喷射火时开始作用,在电池 A 温度下降到 50℃时结束作用,由于电池内部温度高于表面温度,在停止细水雾喷洒后,表面温度会出现一定的回升现象。Case 1h 和 Case 1v 中,电池 A 发生喷射火时的温度分别为 185.3℃和 181.1℃。细水雾作用过程中,电池 B 先是缓慢升温再降温,而电池 C 迅速升温再降温,而且电池 C 的温度高于电池 B,同样说明与 Case 0 中竖直作用相邻电池反应更加强烈的现象一致。在细水雾作用下,Case 1h 和 Case 1v 电池均没有发生热失控传播,相邻电池没有发生热失控,电池最高温度仅为 74.7℃和 136.9℃。这主要是因为细水雾雾滴进入火场后,其体积会迅速膨胀 1700～5800 倍[8],导致其具有比水更大的比表面积,同体积的细水雾可以吸收更多的热量,由牛顿冷却公式[9]可以得出:

$$\Phi_1 = A_{SW} h (T_0 - T_{SW}) \tag{7.9}$$

式中,T_0 为热失控电池温度,K;h 为表面传热系数,J/(K · m^2);T_{SW} 为细水雾的温度,K;A_{SW} 为电池热失控时与细水雾的接触面积,m^2。细水雾的粒径很小,因此其较大的比表面积增大了 A_{SW},造就了极强的吸热能力,在电池发生热失控后可以迅速降低电池的温度,减少热量的传递。同时在火灾过程中,电池燃烧消耗氧气,水蒸气稀释氧气,使氧气浓度减小,从而导致灭火,扼杀了火三角中的助燃物一角[10,11]。电池内可燃物无法充分燃烧，因此 Case 1h 和 Case 1v 电池 A 分别仅燃烧了 5s 和 8s，而在没有细水雾作用组 Case 0h 和 Case 0v 的燃烧时间较长，分别燃烧了 56s 和 62s。

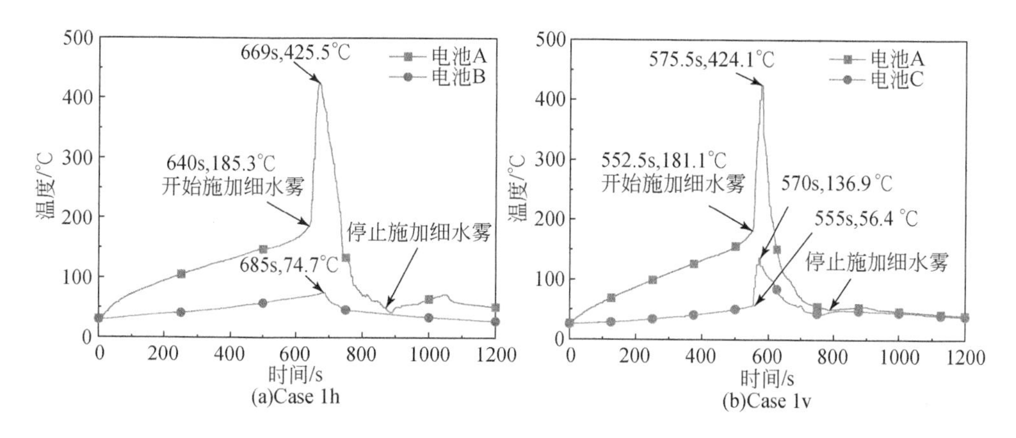

图 7.10　细水雾抑制水平排列(Case 1h)和竖直排列(Case 1v)电池热失控传播的温度变化曲线

Case 1 在细水雾作用下电池没有发生热失控传播，但还是导致相邻电池达到了一个相对比较高的温度，如图 7.10 所示，Case 1v 电池 A 发生热失控后，电池 C 的温度仅经过 17.5s 就达到了 136.9℃。当电池温度大于 90℃时，SEI 膜开始发生分解，此时为电池热失控的关键节点，若不及时采取措施，则会引发后续一系列化学反应[12]。Case 0v 在电池 A 发生热失控后，仅 3s 电池 C 就发生热失控，若此时细水雾没有及时响应，则仍会发生热失控传播。因此，在电池之间运用阻隔材料来抑制电池热失控的传播是十分必要的。

多孔材料具有质量轻、多孔、耐高温以及热导率较低等优点，能减少结构与环境交换、阻滞热流传递[13]。多孔材料内部的热量主要以热传导、热对流和热辐射三种方式同时进行传递[14]，表达式为

$$\lambda = \lambda_e + \lambda_c + \lambda_r \tag{7.10}$$

式中，λ 为材料的总热导率，W/(m · K)；λ_e为传导热导率，W/(m · K)；λ_c为对流热导率，W/(m · K)；λ_r为辐射热导率，W/(m · K)。

泡沫镍、玻璃棉和纳米多孔气凝胶的内部孔隙直径均较小，所以通过热对流和热辐射传递的热量较少，主要通过热传导进行传热[15]。泡沫镍的热导率计算公式[16]如下：

$$\lambda_e = \lambda_g V + (1 - V)\lambda_s \tag{7.11}$$

式中，λ_e为材料的传导热导率，W/(m · K)；λ_g 为气相热导率，W/(m · K)；λ_s为固

相热导率,W/(m·K);V 为材料的孔隙率。一般固相热导率远大于气相热导率,因此材料的孔隙率越大,热导率越小。玻璃棉和纳米多孔气凝胶的热导率与其密度相关,密度越小,孔隙率越大,它们的气相体积远大于固相体积,固相热传导随密度的增大而增大,但气相热传导随密度的增大而减小。在25℃下,泡沫镍、玻璃棉和纳米多孔气凝胶的热导率分别为3W/(m·K)、0.31W/(m·K)和0.18W/(m·K)。

大多数可燃物每消耗单位质量的氧气释放出的热量是恒定的[17],电池A热失控燃烧的环境一致,因此电池A热失控产生的热量可视为相同。对比五种多孔材料的抑制效果,主要从相邻电池B的温度骤升时间、升温速率和升温量三方面进行分析。电池水平排列的实验结果如图7.11(a)、(c)、(e)所示,Case 2h～Case 4h电池B分别在电池A热失控后1.5s、13.5s和14.5s温度开始骤升,升温速率分别为2.88℃/s、0.13℃/s和0.11℃/s,升温量分别为693.8℃、50.1℃和46.1℃。由此可见,纳米多孔气凝胶的抑制效果最佳,但泡沫镍未能抑制水平排列电池热失控的传播。

电池竖直排列的实验结果如图7.11(b)、(d)、(f)所示,电池A热失控后,Case 2v～Case 4v电池C温度骤升起始时间分别为0.5s、14.5s和16s,整体升温响应时间比水平排列实验短,这是因为电池A热失控作用于竖直排列电池C的火焰多于水平排列电池B,升温速率也大于水平排列电池,分别为3.6℃/s、0.17℃/s和0.15℃/s,电池C的升温量分别为68.5℃、56.8℃和51.6℃。由此可见,纳米多孔气凝胶的抑制效果最佳,泡沫镍能抑制水平排列电池热失控的传播,但其较高的导热系数使电池C安全阀开启,而且水平排列的电池B与热失控电池A的接触面积比竖直排列的电池C要大,电池的热失控传播能量主要是依靠电池壳体间热辐射传递的[18]。由此可见,相邻电池的起始响应时间与火焰接触面积相关,热失控传播的严重程度与电池间的接触面积相关。电池A热失控后相邻电池的升温速率如图7.12所示。

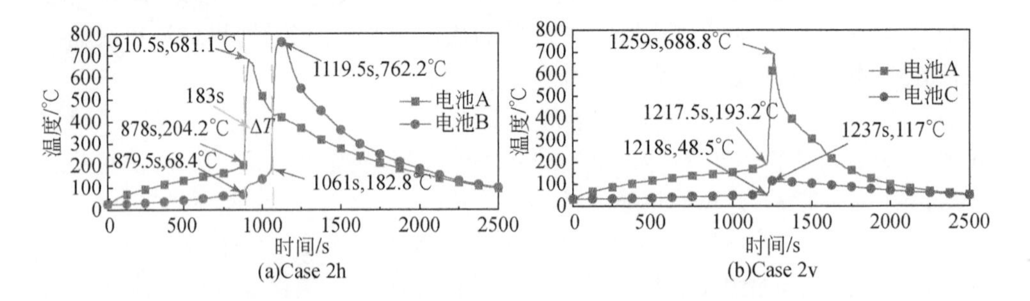

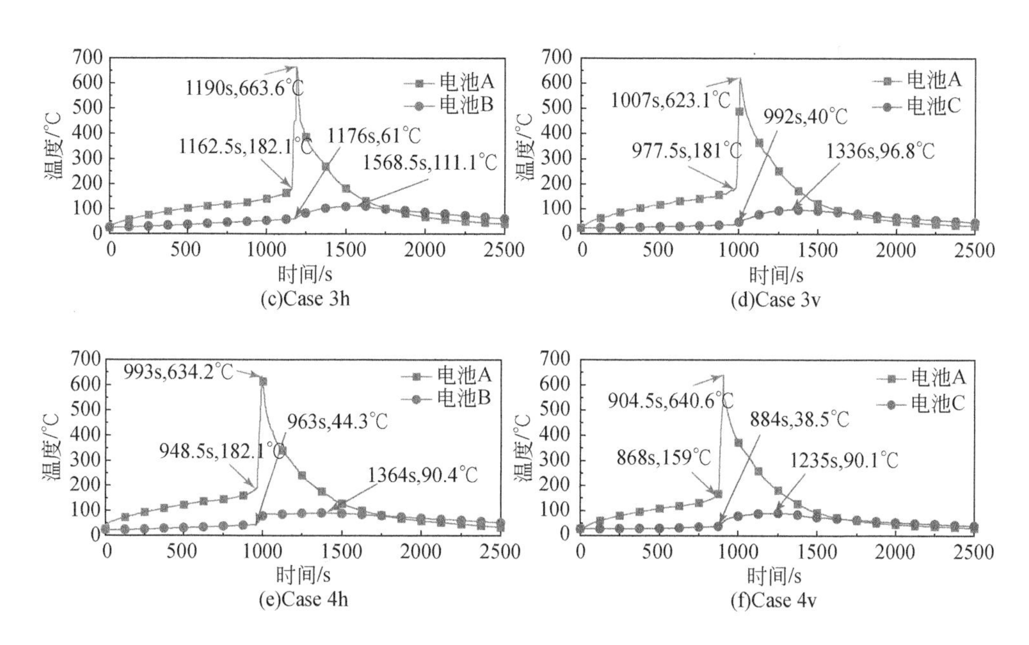

图 7.11 多孔材料抑制电池热失控传播的温度变化曲线

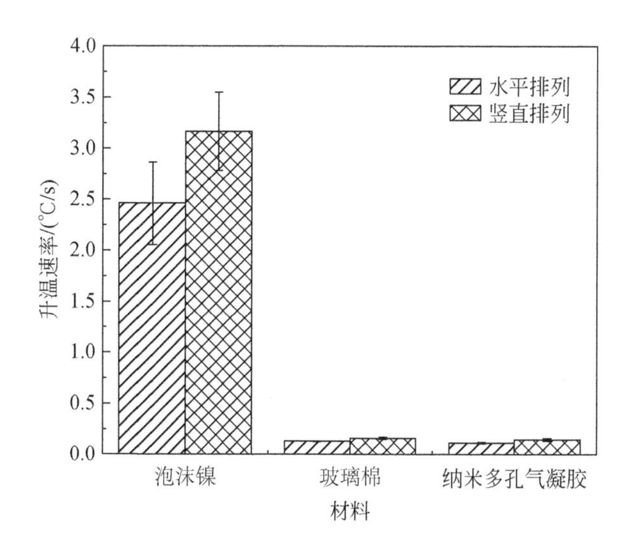

图 7.12 电池 A 热失控后相邻电池的升温速率

综上所述，纳米多孔气凝胶阻隔效果最佳，玻璃棉次之，泡沫镍最差，这是因为纳米多孔气凝胶和玻璃棉的热导率均较低。泡沫镍具有高热导率，如图 7.11(a)和

(d)所示，导致水平排列电池发生热失控传播，竖直排列电池安全阀开启。在玻璃棉作用下，如图 7.11(b)和(e)所示，升温速率均呈现缓慢上升的趋势，玻璃棉由二氧化硅、三氧化二硼、氧化钙、三氧化二铝、氧化钠等耐高温物质组成，能在电池热失控高温下保持多孔结构，从而保持热导率稳定[19]。在纳米多孔气凝胶作用下，如图 7.11(c)所示，升温速率先快速上升再缓慢上升，最终达到最高温度。研究表明，升温速率先呈现快速上升，原因是 SiO_2 气凝胶在 500℃左右会导致网格结构 Si—O—Si 键断裂，SiO_2 网格结构消失，生成单个的 SiO_2，导致气凝胶的热导率急剧升高[20]。大规模电池模组热失控会发生热量集聚，达到较高的温度。因此，多孔材料单独应用于大规模电池模组时，建议使用玻璃棉。

7.2.3 多孔材料-细水雾协同抑制锂离子电池热失控传播

本节进行多孔材料-细水雾协同抑制锂离子电池热失控传播的实验(Case 5～Case 7)。同样是诱导电池 A 热失控，采用多孔材料对电池 B 和电池 C 进行包裹，在电池 A 发生热失控喷射火的瞬间，细水雾立即响应作用于电池组。电池水平排列的实验结果如图 7.13(a)、(c)、(e)所示，电池 B 的温度变化曲线先随着电池 A 温度的升高而缓慢升高，在电池 A 发生喷射火及细水雾作用下，电池 B 随后达到最高温度并且开始降温。Case 5h～Case 7h 电池 B 的起始降温时间间隔分别为 14s、19.5s、67s，最高温度分别为 74.5℃、61.3℃、49℃。

在 Case 1h 中细水雾单一作用时，电池 B 的起始降温时间间隔为 45s，火焰直接接触相邻电池，热失控传播热量小于细水雾带走的热量，电池开始降温。由此可见，在多孔材料的作用下，大幅度减少了热失控火焰和热量对电池 B 的影响。这是因为在电池 A 发生热失控，通过多孔材料作用于电池 B 时，细水雾立即作用将火焰熄灭，并将热量带走。由图 7.13 可以看出，Case 5h～Case 7h 电池 B 的温度变化曲线波动不大，能使电池 B 保持在一个相对安全的温度之下，在协同作用下受电池 A 热失控的影响较小。Case 7h 起始降温时间间隔为 67s，降温效果最差，但从图 7.13(c)来看，电池 B 达到的最高温度仅 49℃，协同作用下对其温度影响最小。

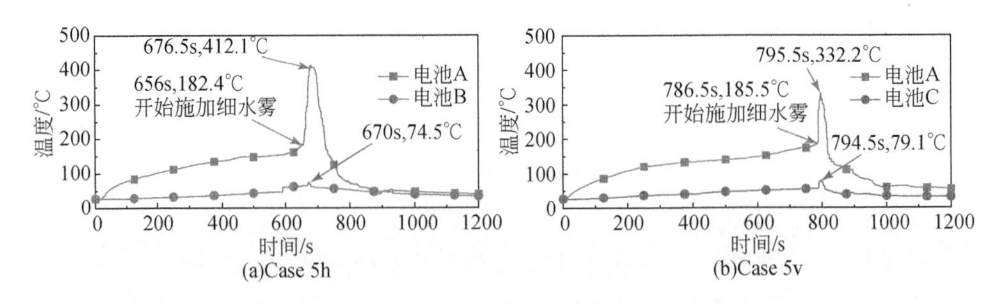

(a)Case 5h (b)Case 5v

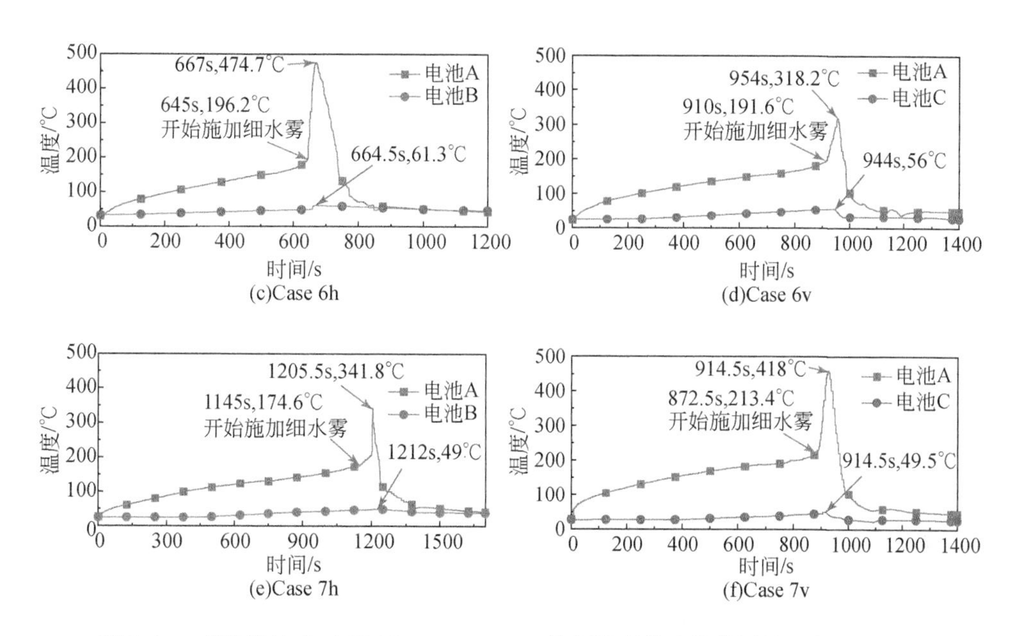

图 7.13　多孔材料-细水雾(Case 5～Case 7)协同抑制热失控传播的温度变化曲线

电池竖直排列的温度变化曲线如图 7.13(b)、(d)、(f)所示,电池 C 的起始降温时间间隔分别为 8s、34s、42s,最高温度分别为 79.1℃、56℃、49.5℃。电池 C 达到最高温度后的降温速率如图 7.13(b)、(d)、(e)所示,可见明显大于水平排列电池图 7.13(a)、(c)、(f)的降温速率。这是因为竖直排列电池与细水雾接触面积更大,能迅速带走更多的热量,更快结束热失控对相邻电池的影响。在 Case 1v 中细水雾单一作用时,起始降温时间为 17.5s,最高温度为 136.9℃。升温速率和降温速率均较大,相邻电池还是会达到比较高的温度。当电池温度大于 90℃时,相邻电池会发生隔膜分解等一些不可逆的行为[12],影响电池的安全性。在细水雾单独作用于竖直排列电池时,需要在电池发生热失控 3s(Case 0v 中热失控传播时间为 3s)内响应,才能避免竖直排列电池的热失控传播。由上述实验结果得出,多孔材料与细水雾协同抑制竖直排列电池热失控传播取得了显著的效果。

综上所述,多孔材料和细水雾协同抑制热失控的传播,Case 5～Case 7 都取得了显著的抑制效果,且在多孔材料和排列方式不同的情况下,都能较好地抑制热失控的传播。电池 A 发生热失控后,无论是水平排列的电池 B 还是竖直排列的电池 C 都没有发生热失控,且最高温度都在 90℃以下。在细水雾作用下,热失控电池的最高温度均小于 500℃,泡沫镍、玻璃棉和纳米多孔气凝胶均适用。协同作用下,多孔材料首先起阻隔热量和火焰的作用,细水雾接着起降温和灭火的作用,可以为电池组提供更为安全的抑制热失控传播措施。

7.2.4 FMEA 方法应用于锂离子电池热失控传播抑制效果的分级

锂电池热失控火灾属于安全领域亟待解决的问题，众多学者研究出了许多抑制热失控传播及热失控火灾的措施。FMEA 方法是安全领域一个较为重要的评估方法[21,22]，可以将电池组及其所处的环境视为一个系统，对该系统的构成元素进行逐一分析，找出所有潜在的失效模式，并分析其可能导致的后果，从而预先采取必要的措施，以提高电池组使用的安全性。

本节将加热装置、电池组、多孔材料和细水雾发生装置视为一个系统，潜在失效模式、潜在失效后果、严重等级和潜在失效起因的分析对象是相邻电池 B 和 C，研究电池 A 发生热失控后，其故障模式对电池 B 和 C 的影响。研究结果表明，电池的失效模式主要有热失控、未发生热失控但安全阀开启、安全阀未开启但电池温度过高。电池热失控会引发电池组火灾；安全阀开启未发生热失控会导致电池失效；电池温度大于 90℃会导致电池微失效。依据上述电池可能存在的失效模式划分其严重等级如表 7.4 所示。

表 7.4 锂离子电池失效严重等级与定义

严重等级	定义(相邻电池的影响程度)
Ⅰ(致命的)	发生热失控
Ⅱ(危险的)	未发生热失控，安全阀打开
Ⅲ(临界的)	安全阀未打开，最高温度大于 90℃，容易发生 SEI 膜分解等化学反应
Ⅳ(安全的)	安全阀未打开，最高温度小于 90℃，电池保持安全状态

根据上述 FMEA 方法的描述和内容的定义，再结合实验结果讨论，最后分析得出锂离子电池热失控传播抑制方法的 FMEA 表如表 7.5 所示。通过锂离子电池热失控传播抑制效果的故障模式影响分析得到，严重等级为Ⅰ级的有 3 组，Ⅱ级的有 1 组，Ⅲ级的有 5 组，Ⅳ级的有 7 组。应该特别注意严重等级为Ⅰ级和Ⅱ级的实验组别，需采取相关措施减少这类故障模式的发生。

表 7.5 锂离子电池热失控传播抑制方法的 FMEA 表

组别	潜在失效模式	潜在失效后果	严重等级	潜在失效起因
Case 0h	热失控	电池火灾	Ⅰ	电池 A 热失控，无抑制措施
Case 0v	热失控	电池火灾	Ⅰ	电池 A 热失控，无抑制措施
Case 1h	无	无	Ⅳ	无
Case 1v	$T_{max} \geqslant 90℃$	电池微失效	Ⅲ	电池 A 热失控，无阻隔措施

续表

组别	潜在失效模式	潜在失效后果	严重等级	潜在失效起因
Case 2h	热失控	电池火灾	Ⅰ	泡沫镍热导率高，无降温措施
Case 2v	安全阀开启	电池失效	Ⅱ	泡沫镍热导率高，无降温措施
Case 3h	T_{max}≥90℃	电池微失效	Ⅲ	部分热量传导，无降温措施
Case 3v	T_{max}≥90℃	电池微失效	Ⅲ	部分热量传导，无降温措施
Case 4h	T_{max}≥90℃	电池微失效	Ⅲ	部分热量传导，无降温措施
Case 4v	T_{max}≥90℃	电池微失效	Ⅲ	部分热量传导，无降温措施
Case 5h	无	无	Ⅳ	无
Case 5v	无	无	Ⅳ	无
Case 6h	无	无	Ⅳ	无
Case 6v	无	无	Ⅳ	无
Case 7h	无	无	Ⅳ	无
Case 7v	无	无	Ⅳ	无

上述FMEA方法应用于锂离子电池热失控传播抑制系统，可以清晰地展示出各个抑制方法的优缺点以及抑制效果。不同锂离子电池热失控传播抑制方法的FMEA严重等级分级及不同等级实验现象如图7.14所示。该方法可以根据故障

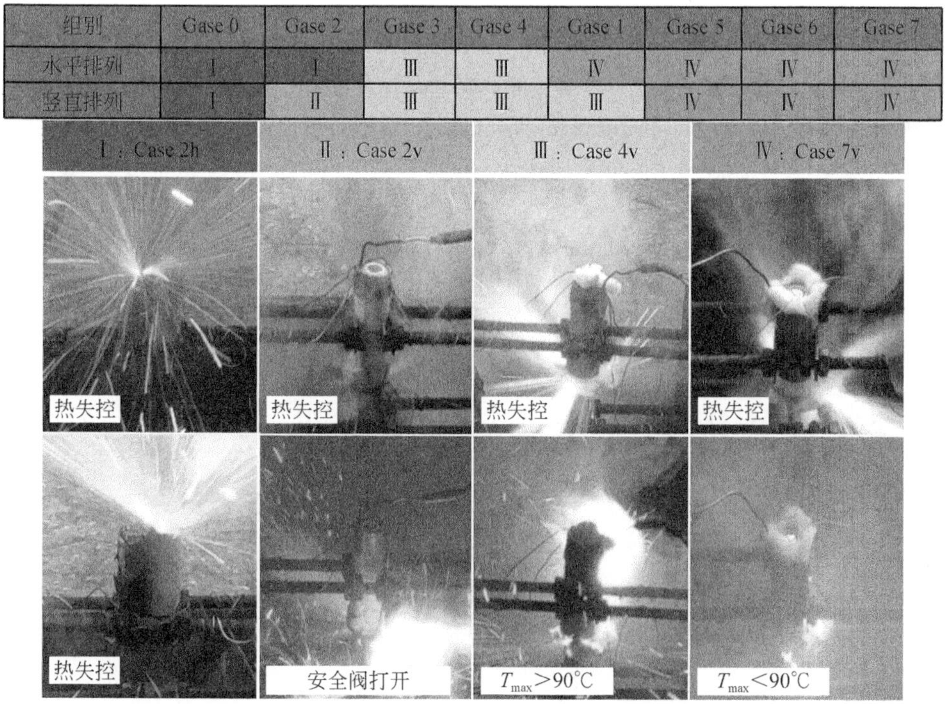

组别	Case 0	Case 2	Case 3	Case 4	Case 1	Case 5	Case 6	Case 7
水平排列	Ⅰ	Ⅰ	Ⅲ	Ⅲ	Ⅳ	Ⅳ	Ⅳ	Ⅳ
竖直排列	Ⅰ	Ⅱ	Ⅲ	Ⅲ	Ⅲ	Ⅳ	Ⅳ	Ⅳ

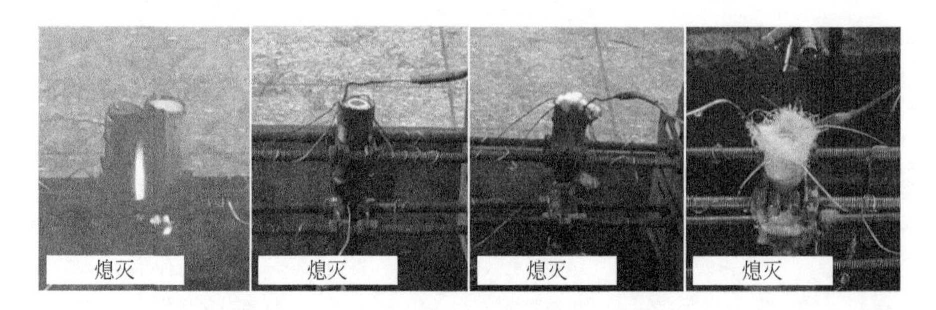

图 7.14　不同锂离子电池热失控传播抑制方法的 FMEA 严重等级分级及不同等级实验现象

模式逐次归纳到子系统和系统，从而有助于查找和消除各类风险。根据电池的失效模式和失效后果，再结合电池的特性和环境影响，可以全面分析出电池失效的起因。再根据起因设计相应的应对措施，从而提高电池系统的安全性。电池管理系统应用广泛，且具有多样性、组成复杂、子系统较多等特点，建议在使用电池管理系统前，运用 FMEA 方法对其可靠性进行分析，提高其安全性。

7.3　细水雾灭火技术

锂离子电池火灾危险性较大，现多采用纯水、二氧化碳、干粉、泡沫等对锂离子电池火灾进行灭火，相比于这些方式，含添加剂的细水雾灭火效率更高，但在现有研究中，细水雾多用于气体灭火及抑爆，采用含复合添加剂的细水雾对锂离子电池灭火的研究较少。在扑灭电池火灾的同时，电池内仍会持续放出可燃气，易复燃，因此冷却电池与抑制火焰发展是扑灭锂离子电池火灾的两个重要手段，传统灭火方式难以满足扑灭锂离子电池火灾的需要，而含添加剂的细水雾灭火方式可同时实现冷却电池的物理作用与抑制火焰的化学效果，因其具有多方面的优势，本节对细水雾灭火技术开展系统研究。

7.3.1　纯水细水雾抑制锂离子电池火

本节主要通过自行选用的复合添加剂与水混合配比，再利用高压泵机形成细水雾，抑制锂离子电池燃爆产生的喷射火焰。实验过程中采用蓝电电池测试系统、高压泵机、直流稳压电源、数据采集模块等设备，具体设备型号及功能如表 7.6 所示。设备实物图如图 7.15 所示。

表 7.6　实验设备信息

序号	仪器名称	型号	功能
1	蓝电电池测试系统	CT2001B 型	锂离子电池充电
2	高压泵机	NMT2120R 型	提供高压，结合喷头形成细水雾
3	直流稳压电源	DC PS-305DM 型	提供锂离子电池外部加热源
4	数据采集模块	C-7018 型	信号传输
5	热电偶	K 型	采集温度信号
6	高压雾化喷头	3010 型	喷洒细水雾

(a)LAND CT2001B型充放电设备

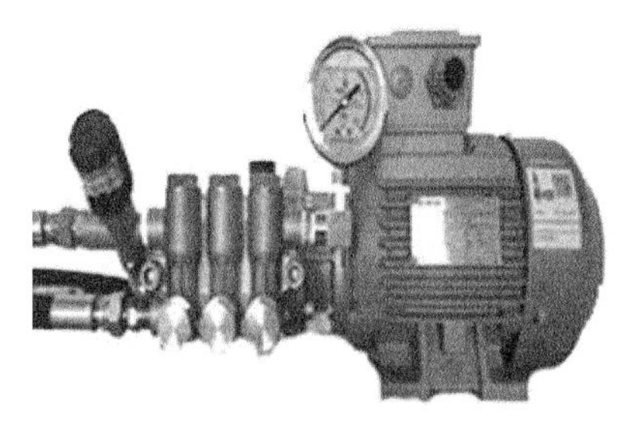

(b)NMT2120R型高压泵机

(c)DC PS-305DM 型直流稳压电源

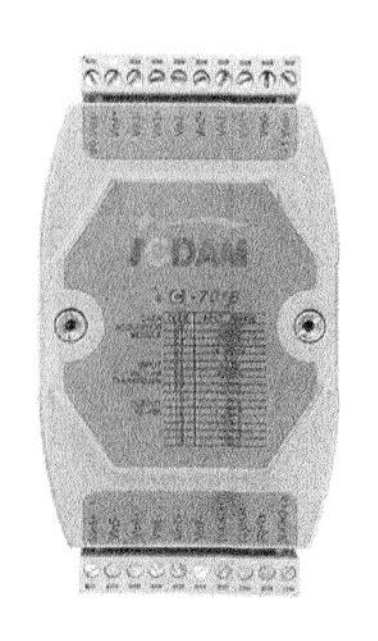

(d)C-7018型 数据采集模块

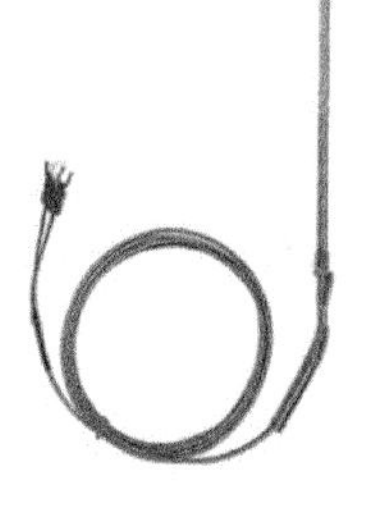

(e)K型热电偶

(f)3010型高压雾化喷头

图 7.15　设备实物图

为保证实验的安全，本实验在 25℃室温下的实验室通风橱内进行，同时为避免橱内流动空气对实验的影响，实验主体部分在半密闭空间内进行。本实验首先使用电阻丝均匀环绕铜管，并将其与直流稳压电源连接，将 100% SOC 的 18650 型锂离子电池(INR 18650-35E)放入铜管内部，通过电阻丝对其进行加热，从而引发锂离子电池热失控。然后采用出口压力为 6. 0MPa，流速为 0. 6L/min 的

FOG0210C 型高压水泵从高位水箱中取水，并控制细水雾的喷放。本实验喷头由 5 个精细雾化喷头环绕连接，可实现全方位水雾分布，固定喷头距锂离子电池 15cm 左右，以保证水雾能够覆盖整个电池表面。实验通过改变添加剂种类及其配比，探究含复合添加剂的细水雾抑制锂离子电池火的实验效果，采用 K 型热电偶连接测温模块，将温度信号传入计算机，记录锂离子电池开阀温度、热失控初始温度、最高温度，以及降至锂离子电池安全温度(100℃)以下所需时间等，通过绘制并分析温度曲线及计算各添加剂细水雾的降温速率，得出细水雾复合添加剂的最佳配比。本节实验装置如图 7.16 所示。

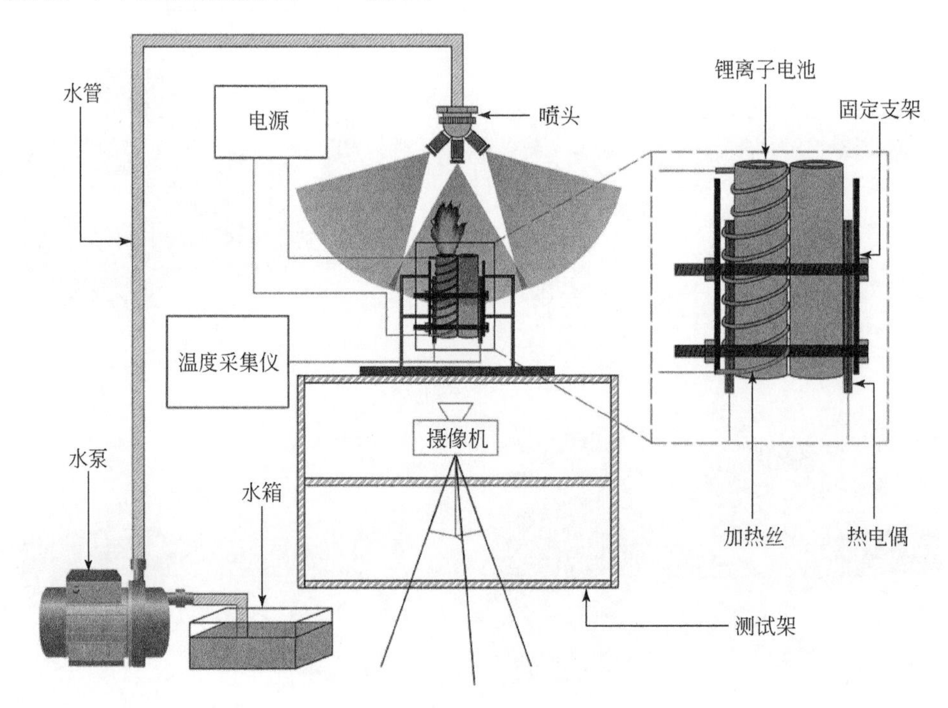

图 7.16　实验装置示意图

将 100% SOC 的 18650 型锂离子电池置于铜管中并对其进行外部加热，为保证加热速率，加热功率由 23W 逐渐提升至 32W，直至引发电池热失控，然后采用无添加剂的纯水细水雾进行灭火实验。

图 7.17 为锂离子电池热失控及细水雾灭火过程。在 146℃时，锂离子电池安全阀打开，PTC 元件从安全阀喷出但无明显损坏，同时发出一声闷响并伴随有白色烟气冒出。当锂离子电池温度达到 184℃左右时发生热失控，火星喷溅，并伴有黑烟，此时开启高压泵机，对锂离子电池进行降温灭火处理，在细水雾喷洒后火焰较快熄灭，并伴有少量白色烟雾，通过实验监控画面发现，火焰在热失控开始后 11s

左右熄灭。

图 7.17　锂离子电池热失控及细水雾灭火过程

细水雾灭火过程锂离子电池温度变化结果如图 7.18 所示。从锂离子电池热

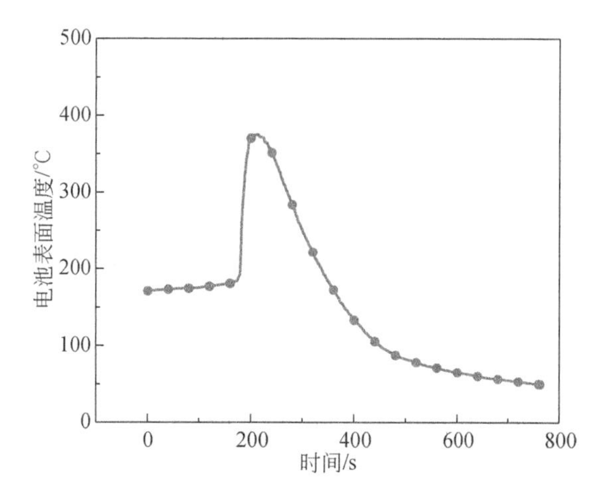

图 7.18　细水雾灭火过程锂离子电池温度变化结果

失控开始至灭火降温结束，温度变化曲线呈现先快速升高再缓慢降低的趋势，电池升温具有热惯性，所以虽然在热失控发生后进行了细水雾灭火处置，但电池仍有短时间的温升。本次实验电池最高温度达到 381℃，在采用细水雾喷洒处置 264s 后温度降到 100℃以下，从最高温度降至 100℃用时 235s。通过计算可得，降温速率为 1.20℃/s。

7.3.2　单一添加剂细水雾抑制锂离子电池火

使用尿素、三乙醇胺、氯化钾、非离子型氟素表面活性剂等自行配比成复合添加剂。具体选材及用量如表 7.7 所示。

表 7.7　实验材料及用量

序号	名称	特性	用量
1	18650 型锂离子电池	容量 3500mAh	50 个
2	尿素($CO(NH_2)_2$)	无色结晶或白色结晶性粉末	100g
3	三乙醇胺($(HOCH_2CH_2)_3N$)	无色或淡黄色吸湿性黏稠状液体	60g
4	氯化钾(KCl)	白色结晶性粉末	1000g
5	非离子型氟素表面活性剂(FC-4430)	黄色黏稠液体	100g

基于以上实验方法，开展如下实验。

首先采用不同单一添加剂细水雾抑制锂离子电池喷射火，记录相关测量参数，实验方案如表 7.8 所示。细水雾灭火实验包括尿素、三乙醇胺单一添加剂最佳浓度细水雾验证实验(序号 1～2)，氟素表面活性剂单一添加剂最佳浓度细水雾实验(序号 3～8)，氯化钾单一添加剂最佳浓度细水雾实验(序号 9～13)，以及纯水细水雾对比实验(序号 14)。

表 7.8　细水雾灭火实验工况

序号	添加剂成分及浓度	测量参数
1	尿素(0.32%)	锂离子电池安全阀打开温度、热失控初始温度、火灾过程中最高温度、火焰熄灭时间以及降温至 100℃所用时间
2	三乙醇胺(0.2%)	
3	0.16%	锂离子电池安全阀打开温度、热失控初始温度、火灾过程中最高温度、火焰熄灭时间以及降温至 100℃所用时间
4	0.18%	
5	0.2%	
6	0.22%	
7	0.24%	
8	0.3%	

续表

序号	添加剂成分及浓度	测量参数
9	1.0%	锂离子电池安全阀打开温度、热失控初始温度、火灾过程中最高温度、火焰熄灭时间以及降温至100℃所用时间
10	1.5%	
11	2.0%	
12	2.5%	
13	3.0%	
14	无	锂离子电池安全阀打开温度、热失控初始温度、火灾过程中最高温度、火焰熄灭时间以及降温至100℃所用时间

通过实验现象及测量结果，确定各添加剂的浓度后，将四种添加剂进行复合，抑制锂离子电池喷射火，采用四因素三水平正交实验进行细水雾添加剂最佳配比测试，记录锂离子电池安全阀打开温度、热失控初始温度、火灾过程中最高温度、火焰熄灭时间以及降温至100℃所用时间等相关测量参数，实验方案如表7.9所示。

表7.9　复合添加剂细水雾灭火实验工况

序号	$(HOCH_2CH_2)_3N$ 浓度/%	$CO(NH_2)_2$ 浓度/%	KCl浓度/%	FC-4430浓度/%
1	0.15	0.27	1.5	0.17
2	0.15	0.32	2	0.22
3	0.15	0.37	2.5	0.27
4	0.2	0.27	2	0.22
5	0.2	0.32	2.5	0.17
6	0.2	0.37	1.5	0.27
7	0.25	0.27	2	0.27
8	0.25	0.32	2.5	0.17
9	0.25	0.37	1.5	0.22

本节对18650型锂离子电池在100% SOC状态下进行外部加热，为保证加热速率，控制加热功率由25W逐渐提升至32W，直至电池发生热失控，随即关闭直流稳压电源，打开高压泵，喷洒细水雾。根据前人研究的最佳质量浓度，配制含尿素(0.32%)、三乙醇胺(0.2%)添加剂的溶液[23,24]，使用所配溶液进行细水雾灭火验证实验。

实验过程中电池的温度变化如图7.19所示，尿素和三乙醇胺添加剂实验中电池分别在温度达到 145℃和 143℃时打开安全阀，当温度分别达到 182℃和 184℃时电池发生热失控，电池热失控最高温度分别为 378℃和 360℃，从灭火处置开始到电池温度降低至 100℃分别用时 264s 和 189s，电池最高温度降至 100℃分别用时 225s 和 158s。

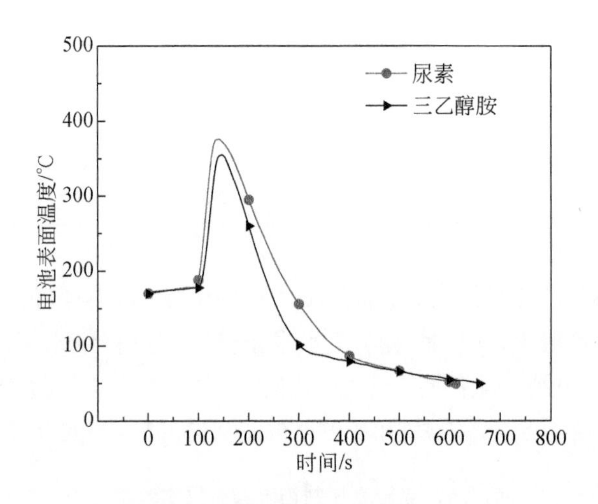

图 7.19 最佳浓度配比尿素和三乙醇胺作用下电池温度曲线

在相同条件下，采用同样的方式引发锂离子电池热失控，然后分别将氯化钾及氟素表面活性剂作为添加剂加入细水雾中进行灭火处理，通过对比灭火效果、降温速率、复燃情况等因素，确定添加剂最佳浓度。实验结果如图 7.20～图 7.23 所示。

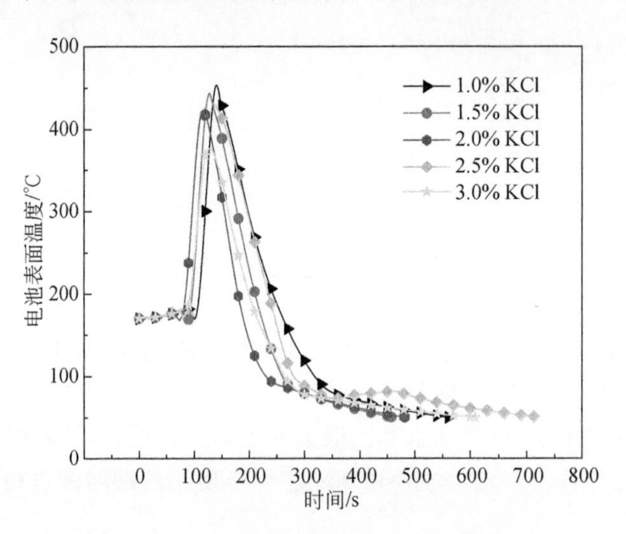

图 7.20 不同浓度 KCl 细水雾灭火结果

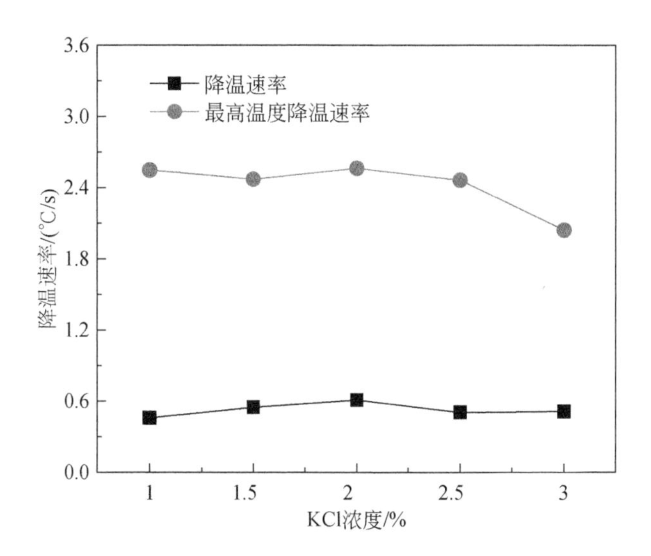

图7.21　不同浓度KCl细水雾灭火降温速率

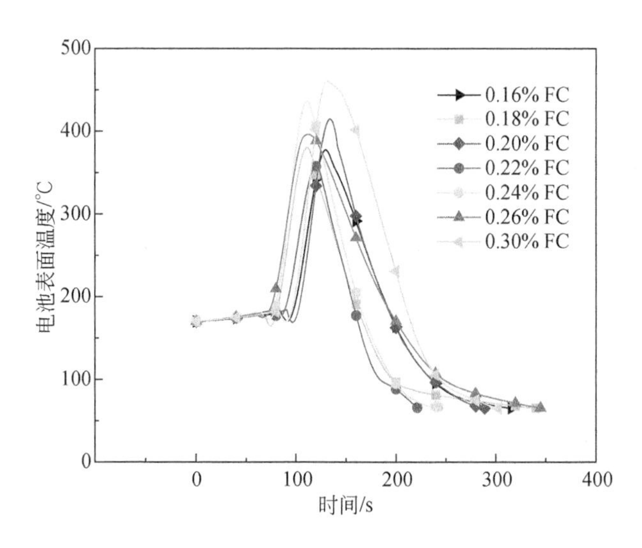

图7.22　不同浓度FC-4430细水雾灭火结果

由实验温度变化及降温速率曲线可知，当细水雾在添加剂浓度为2%的氯化钾时降温速率最快，灭火效果最好；氟素表面活性剂在浓度为0.22%时降温速率最快，灭火效果最好，因此确定氯化钾最佳浓度为2%，氟素表面活性剂最佳浓度为0.22%。

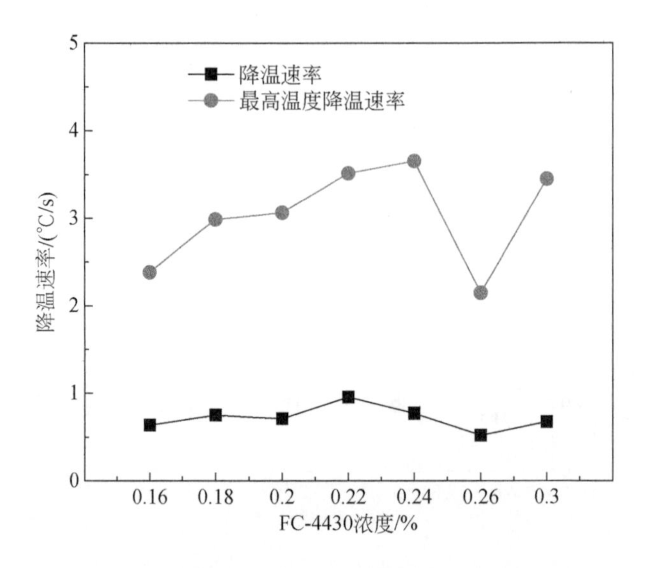

图 7.23　不同浓度 FC-4430 细水雾灭火降温速率

通过以上实验可得出，四种单一添加剂的最佳质量浓度分别为 0.22%（非离子型氟素表面活性剂）、0.2%（三乙醇胺）、0.32%（尿素）、2%（氯化钾）。添加剂的加入使细水雾灭火速率有了显著的提高，浓度为 0.22%的非离子型氟素表面活性剂溶液降温速率最快，表现更为优越，仅在火焰熄灭时间方面稍次于 2%浓度的氯化钾，而 0.32%的尿素虽为最佳浓度，但其作为添加剂后的灭火效果远逊于其余三种，在降温速率方面仅稍优于纯水。

7.3.3　复合添加剂细水雾最佳浓度实验及结果

按照表 7.9 中复合添加剂细水雾灭火实验工况的质量浓度分别称量添加剂试样，配制相应浓度的细水雾溶液，在与上述实验条件相同的环境下，对锂离子电池进行灭火处理，不同配比细水雾添加剂灭火温度变化曲线及灭火降温速率对比曲线如图 7.24 和图 7.25 所示。

如图 7.25 所示，由于电池温升热惯性的时间不可控，将火焰熄灭时间及最高温度降温速率作为主要参考依据，通过对数据进行对比分析，含比例 5 添加剂的细水雾相比于含其他 8 组添加剂的细水雾对锂离子电池灭火降温效果更好，为最佳复合添加剂配比浓度。其火焰熄灭时间为 2s，相比于纯水缩短了 9s，总降温时间相比于纯水缩短了 130s，最高温度降至 100℃所用时间相比于纯水缩短了 133s。其灭火速率为纯水灭火速率的 5.5 倍，降温速率为纯水的 2 倍，最高温度降温速率为纯水的 2.7 倍，具有显著的灭火降温效果。

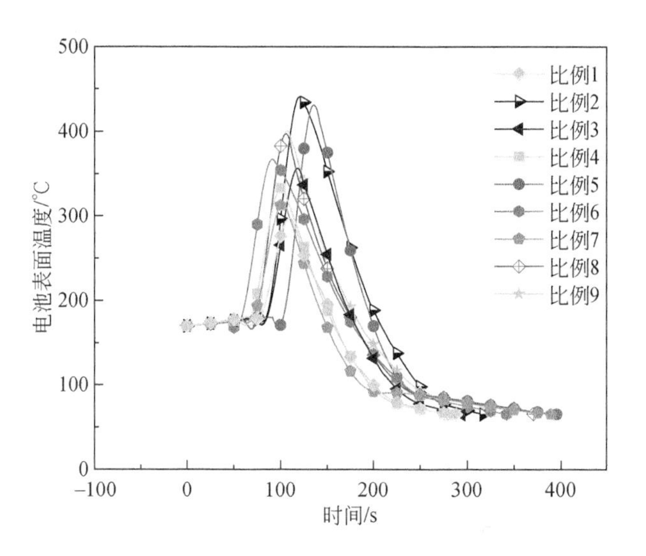

图 7.24　不同配比细水雾添加剂灭火温度变化曲线(比例 5 为最佳配比)

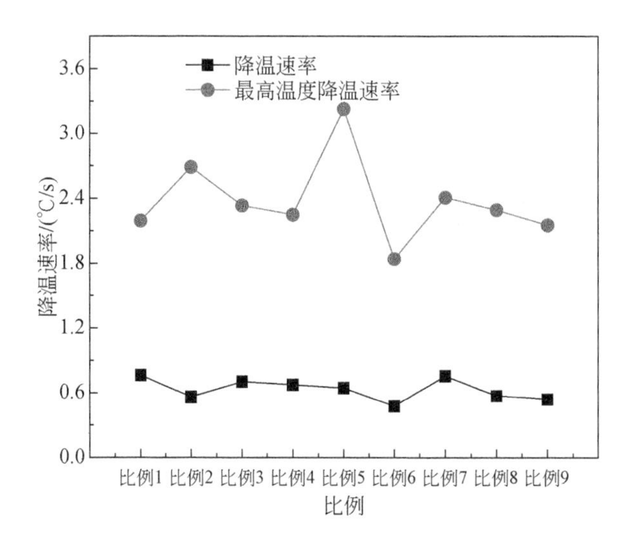

图 7.25　不同配比细水雾添加剂灭火降温速率对比曲线

细水雾的添加剂种类繁多,按照作用机理可分为两类:一类是通过改变水的表面张力增大水滴的比表面积,以增强水的灭火效果的添加剂,起到改变水的物理性质的作用;另一类为通过添加可发生化学反应释放出不燃性气体或消耗火焰传播中的自由基,以达到阻断火蔓延的化学添加剂,从而达到改变水的化学性质的目的[24]。

改变水的物理性质的添加剂(以下简称物理添加剂)一般具有增加水的汽化潜热,降低水的表面张力、附着力和黏度等效果。增加水的汽化潜热能够使水吸收更多的热量,从而达到降温的效果;降低水的表面张力、附着力和黏度的作用相同,均能够使水雾的相互作用力减小,从而减小细水雾粒径,优化细水雾粒径分布,使水雾能够更快地蒸发,增加吸热速率,以提高灭火的效果。本节中氟素表面活性剂及三乙醇胺均属于物理添加剂,其中氟素表面活性剂(FC-4430)是一种非离子聚合型含氟表面活性剂,其在水中不发生电离,因为羟基(OH—)或醚键(R—O—R′)为亲水基,可与水以任意比例互溶,并且能够有效降低水相和有机相之间的界面张力,改善水的雾化效果。氟是所有元素中电负性最大,范德瓦耳斯半径是除氢以外最小,并且原子极化率最低的元素,氟原子形成的单键比碳原子与其他元素原子形成的单键键能都大,键长都短,因此氟素表面活性剂的 F—C 链非常牢固,很难以共价键的均裂方式断裂分解。当氟素表面活性剂受到高温、强化学试剂刺激时,其仍具有很高的活性。同时,氟素表面活性剂是水成膜泡沫灭火剂的主要成分,在通过高压泵机及精细化喷头加压喷洒到锂离子电池表面时,可形成一层轻薄的泡沫附着在锂离子电池表面,既可起到隔绝空气的作用,又可起到降温的效果。

三乙醇胺是表面活性剂的一种,可以较大程度上降低细水雾的表面张力,从而在电池表面迅速形成一层水膜,阻止氧气与释放出来的可燃性气体继续发生反应,同时可通过增大雾滴的比表面积,达到降温的效果。研究发现,对水成膜泡沫灭火剂来说,泡沫稳定性越高越不利于灭火,三乙醇胺可作为乳化剂改善氟素表面活性剂的分散性,降低泡沫的稳定性,将氟素表面活性剂的作用进一步放大,进而增强吸热效果。

改变水化学性质的添加剂(以下简称化学添加剂)可分为反应释放不燃性气体的添加剂和能够终止燃烧链式反应的添加剂。反应释放不燃性气体的添加剂能在一定温度下发生分解反应而释放出含氮的化合物,这类添加剂产生的不燃性气体可降低氧气的体积分数,同时将可燃物氧气隔绝,达到窒息灭火的效果。能够终止燃烧链式反应的添加剂以离子化合物为主,这类物质能够电离出阴离子和阳离子。阴离子和阳离子可与火焰反应中的自由基进行结合,吸收链式反应产生的自由基,以降低自由基的数量,当自由基的数量降低到一定范围时,链式反应就会因分子间反应减弱而停止传播,使火焰最终熄灭,从而达到灭火效果。

本节中尿素为可产生不燃性气体的化学添加剂,与纯水细水雾灭锂离子电池火相比,其最佳浓度下的细水雾抑制火灾效果较强。尿素可在 160℃左右发生热分解反应,释放出 NH_3,其反应方程式如下:

$$CO(NH_2)_2 = NH_3 + HCNO \tag{7.12}$$

同时，尿素溶于水后，也可产生 CO_2 和 NH_3，其反应方程式如下：

$$CO(NH_2)_2+H_2O=2NH_3+CO_2 \tag{7.13}$$

分解产生的 CO_2 和 NH_3 为不燃性气体，可阻断可燃物与空气中氧气的接触，达到窒息灭火的作用。

氯化钾作为碱金属盐，属于能够终止燃烧链式反应的化学添加剂，可以消耗链式反应产生的自由基，从而破坏链式反应来灭火。在锂离子电池热失控过程中，碱金属盐分解产生的碱金属离子 M 能够捕捉火焰燃烧过程中的自由基 H·、O·和 OH·，其主要反应过程[25]如下：

$$M+OH+X \longrightarrow MOH+X \tag{7.14}$$

$$MOH+H \longrightarrow M+H_2O \tag{7.15}$$

$$MOH+OH \longrightarrow MO+H_2O \tag{7.16}$$

$$MO+H \longrightarrow M+OH \tag{7.17}$$

$$MO+O \longrightarrow M+O_2 \tag{7.18}$$

通过碱金属盐分解产生金属离子可以对火焰燃烧过程中产生的自由基进行捕捉，减弱火焰分子间的反应，有效抑制喷射火的燃烧与传播。

结合实验结果及各添加剂反应机理，本节认为，在电池发生热失控时，电池外壳并未完全损坏，仅有电池正极的安全阀打开，所以电池的热失控反应在电池内部进行，通过自由基抑制电池火的添加剂很难在热失控反应中发生作用，因此灭火效果不佳。而受热分解释放出不燃性气体的添加剂需要在一定温度下才能进行分解，因此其仅能抑制电池表面的高温，难以使电池表面温度快速下降，尤其是当电池表面温度降低到添加剂分解温度以下时，其降温效果会更差。物理添加剂是通过改变水的物理性能来增强灭火效果，不涉及化学反应，对温度也不敏感。因此，在扑灭锂离子电池火灾的过程中，细水雾物理添加剂往往能表现出优于化学添加剂的性能。

通过对比最佳复配浓度与其他复配浓度，发现其中化学添加剂浓度相对较高，因此认为物理添加剂降低了细水雾的表面张力，有效改善了单一化学作用添加剂细水雾的雾化效果，使化学添加剂有机会在电池内部发挥作用，从而有效抑制了电池内部的热失控反应。与此同时，物理添加剂在电池外部进行降温，二者协同抑制了锂离子电池喷射火，使细水雾更好地抑制锂离子电池热失控诱发的喷射火焰。

7.3.4　低导电性添加剂细水雾抑制锂离子电池火

锂离子电池组热失控火灾危险性较大，现多采用水、二氧化碳、干粉、泡沫等灭火介质对锂离子电池火灾进行抑制，相比于这些方式，含添加剂的细水雾抑制火焰效果更好。现有细水雾添加剂多含有碱金属盐等强电解质[23,26,27]，在喷洒细水雾过程中不会引发锂离子电池的短路，但一旦在锂离子电池表面形成水膜或积液，就可能会引发锂离子电池的外部短路，在抑制锂离子电池火灾的过程中引发二次灾害。因此，为最大程度地避免未发生热失控的电池发生外短路，可在上述研究的基础上使用尿素、脂肪醇聚氧乙烯醚(AEO-9)、FC-4430和甲基膦酸二甲酯(DMMP)四种非离子型细水雾添加剂，通过对比不同溶液雾化形成的细水雾对锂离子电池热失控及其传播的抑制效果，以探究含非离子型添加剂的细水雾抑制锂离子电池火灾的最优配比。细水雾抑制剂单一成分最佳浓度确定实验如表7.10所示。

表7.10　细水雾抑制剂单一成分最佳浓度确定实验

成分	浓度				
尿素/%	0.28	0.30	0.32	0.34	0.36
FC-4430/%	0.05	0.10	0.15	0.20	0.25
AEO-9/%	0.50	1.00	1.50	2.00	2.50
DMMP/%	2.00	4.00	6.00	8.00	10.00

通过实验现象及测量结果，确定各添加剂单一成分最佳浓度后，将四种添加剂进行复合配制。设定四种添加剂的浓度为四个因素，最佳浓度上下波动一定比例的浓度为三个水平，采用正交实验方法开展实验，实验方案如表7.11所示。通过对比含不同组分复合溶液的细水雾对锂离子电池组热失控的抑制效果，确定复合溶液的最佳配比。

本节分别开展自来水及蒸馏水细水雾灭火性能实验，固定高压雾化喷头距离锂离子电池组约15cm高度，在第一颗锂离子电池发生热失控产生喷射火的瞬间，释放细水雾抑制锂离子电池喷射火，持续喷洒，直至锂离子电池降温至50℃以下。

表7.11　灭火剂复合组分灭火实验方案

序号	尿素/%	FC-4430/%	AEO-9/%	DMMP/%
1	0.32	0.15	1.50	3.50
2	0.32	0.20	2.00	4.00
3	0.32	0.25	2.50	4.50
4	0.34	0.15	2.00	4.50
5	0.34	0.20	2.50	3.50
6	0.34	0.25	1.50	4.00
7	0.36	0.15	2.50	4.00
8	0.36	0.20	1.50	4.50
9	0.36	0.25	2.00	3.50

细水雾抑制锂离子电池组热失控的实验过程如图7.26所示，共分为三个阶段：锂离子电池热失控产气阶段(图7.26(a)～(c))，释放细水雾抑制阶段(图7.26(d)～(f))和锂离子电池降温阶段(图7.26(g)～(i))。在锂离子电池发生热失控瞬间释放细水雾抑制喷射火，图7.26(d)～(h)为细水雾释放阶段，在熄灭喷射火后，持续喷洒细水雾，直至电池温度降至50℃以下。实验现象表明，第一个电池的热失控强度被有效减弱，第二个电池未发生热失控，因此细水雾可有效抑制锂离子电池组热失控，避免热失控传播现象的发生。

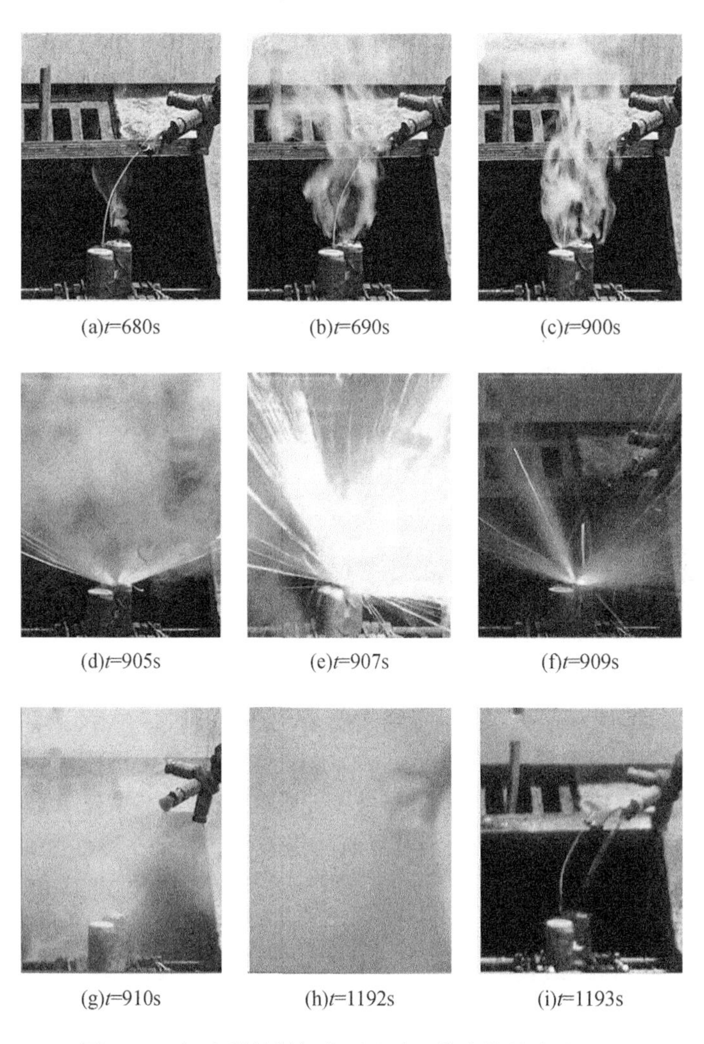
(a)t=680s　(b)t=690s　(c)t=900s

(d)t=905s　(e)t=907s　(f)t=909s

(g)t=910s　(h)t=1192s　(i)t=1193s

图7.26　细水雾抑制锂离子电池组热失控的实验过程

如图 7.27 所示，实验前期主要为电阻丝加热电池，因此电池初期升温速率较为平稳。随着温度的升高，电池内部发生了一系列化学反应，使锂离子电池温度骤升。当锂离子电池产生喷射火时，释放细水雾，电池仍会升温一段时间，随着细水雾的持续释放，锂离子电池表面温度迅速下降。由于电池内部温度高于表面，在停止细水雾喷洒后，表面温度会出现一定回升现象，然后伴随空气流动，自然降温。实验过程中，电池 2 与电池 1 具有相同的温度变化趋势，在喷洒细水雾后，电池 2 温度保持在 50℃以下。

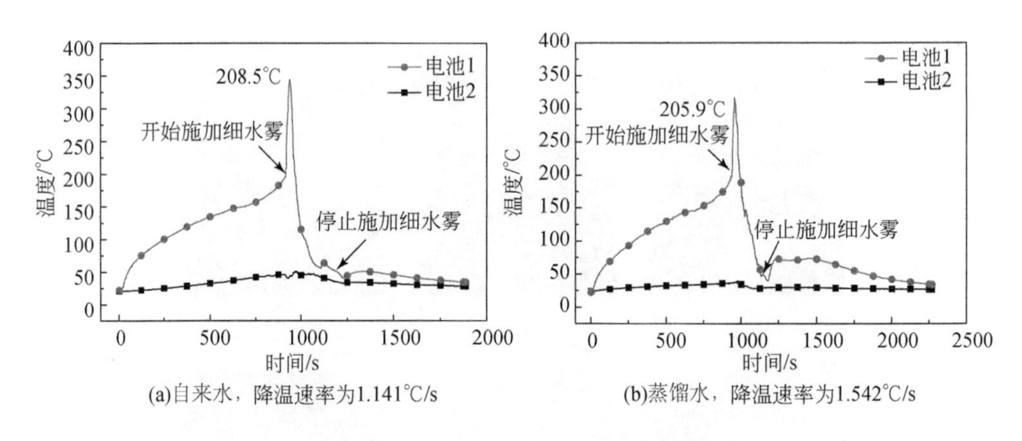

图 7.27 细水雾灭锂离子电池组火灾温度变化

定义细水雾有效抑制锂离子电池组热失控的判定依据为熄灭火焰且降温至 50℃以下，火焰持续时间较短，不具有研究价值，因此本节选择最高温度至 50℃区间的降温速率作为判断抑制效果的主要参数。

表 7.12 为自来水及蒸馏水细水雾灭锂离子电池组火灾时电池表面温度变化。自来水未经过滤、蒸馏等方式处理，水中仍含有一定的杂质，如悬浮物质、胶体物质、溶解性物质以及小分子有机物等。自来水的表面张力相对较大，雾滴比表面积相对较小，因此相比于蒸馏水降温效果较差。自来水灭火降温效果差，需要释放细水雾的时间较长，平均降温速率小，导致电池内外温差小，所以在达到 50℃后停止释放细水雾，不会形成较大的温度回升。蒸馏水细水雾相比于自来水细水雾具有更大的雾滴比表面积，降温速率更快，但由于水雾释放时间较短，电池内外温差较大，在达到 50℃停止释放细水雾后会有较长时间的温度回升。在实际应用情况下，若锂离子电池数量较多，则其积聚的热量就较多，可能会造成锂离子电池火的复燃，或引发热失控传播现象。由实验可知，自来水及蒸馏水细水雾均存在一定的局限性，相比于自来水细水雾，蒸馏水细水雾的降温速率更快。为保证良好的降温效果和溶液的低导电性，本研究选择蒸馏水作为溶剂，添加非离子型溶质，通过正

交实验对比不同组分添加剂的细水雾抑制锂离子电池组热失控的效果，最终确定一种最优的添加剂配比。

表 7.12　自来水及蒸馏水细水雾灭火过程相关参数

细水雾	安全阀打开温度/℃	热失控初始温度/℃	最高温度/℃	熄灭火焰时间/s	降至 50℃时间/s	平均降温速率/(℃/s)	电导率/(μS/cm)
自来水	148.4	192.4	344.4	5	287	1.137	297
蒸馏水	142.8	196.6	316.8	6	174	1.538	2

尿素作为化学添加剂，能在一定温度下发生分解反应而释放出窒息性气体，将可燃物与空气中的氧气隔绝，达到窒息灭火的效果[28]。DMMP 作为磷系阻燃剂，在火焰燃烧过程中，不同价态的含磷小分子在 H·、O·、OH·等自由基作用下，可与物质发生基元反应，反应过程中可消耗大量火焰中的活性自由基，使链式反应强度减弱[29]，从而快速熄灭火焰。

研究表明，在尿素溶液中添加表面活性剂可以显著降低溶液的表面张力，改善细水雾的雾化效果[30]，因此本节选用 AEO-9 和 FC-4430 作为物理添加剂，用于增加水的汽化潜热、降低水的表面张力和黏度[31]。增加水的汽化潜热能够使水吸收更多的热量，从而起到降温的效果；降低水的表面张力和黏度的作用相同，均能够减小雾滴之间的相互作用力，优化细水雾粒径分布，使水雾能够更快地蒸发，以提高吸热速率。

基于以上研究，本节选用尿素、AEO-9、FC-4430、DMMP 作为溶液添加剂，在前人的研究基础上[32-35]分别配制如表 7.11 所示的不同浓度溶液，雾化形成细水雾抑制锂离子电池热失控传播，对实验过程中两个电池的温度变化参数及溶液电导率进行记录。

图 7.28 为含不同单一添加剂细水雾抑制锂离子电池热失控实验过程中的降温速率变化曲线及电导率变化曲线。对尿素溶液而言，在 0.28%～0.36%浓度区间，降温速率呈现先下降后上升，再下降的趋势，当浓度为 0.34%时降温速率最大，抑制效果最好。由于尿素在 130℃左右发生热分解反应，吸收环境中的热量，同时产生的窒息性气体可稀释周围氧气浓度，从而提升细水雾的抑制性能。但尿素热分解反应的发生，使液滴的蒸发速率降低，单位时间内产生的水蒸气减少，可降低细水雾的抑制性能[36]。随着尿素含量的持续增加，热分解产生的效果增加，蒸发速率进一步下降，当热分解提高的抑制效果不能抵消蒸发减弱的抑制效果时，整体的抑制效果降低。因此，在浓度超过 0.34%后，尿素溶液细水雾的抑制效果降低。同时，尿素在水中会发生少部分水解，因此随着浓度的增大，溶液电导率逐渐升高并趋于平稳。

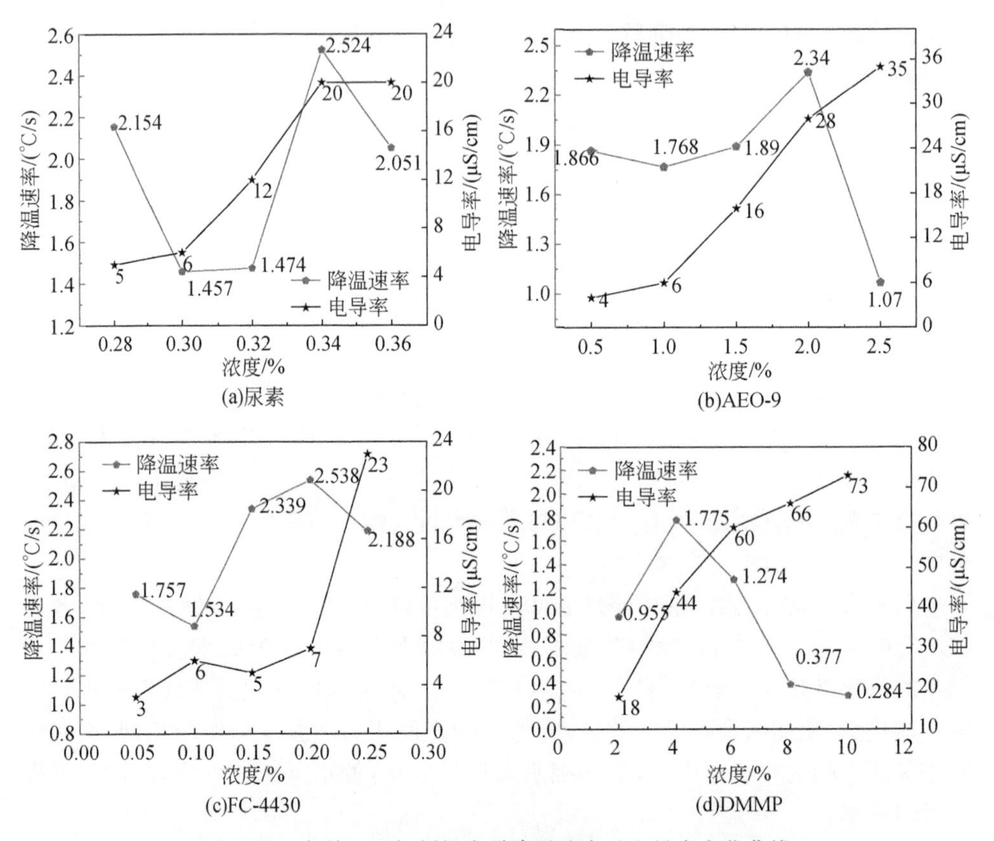

图 7.28　各单一添加剂细水雾降温速率及电导率变化曲线

如图 7.28(b)所示，对 AEO-9 溶液而言，在 0.5%～2.5%浓度区间，降温速率呈现先上升后下降的趋势，当浓度为 2.0%时，其具有最高的降温速率。表面张力是液体表层的分子因受到不平衡的力导致其向内收缩所产生的，当溶液体相中的表面活性剂浓度达到临界胶束浓度时，分子会自动聚集形成亲水基向外、疏水基向内的胶束[37]，此时溶液的表面张力不再随浓度的增加而下降，因此在浓度超过 2.0%后，AEO-9 溶液细水雾的抑制效果降低。AEO-9 在溶液中不能发生水解反应，因此电导率随着浓度的增加而增加，当浓度为 2.0%时，其电导率为 25μS/cm。

如图 7.28(c)所示，对 FC-4430 溶液而言，在 0.05%～0.25%浓度区间，降温速率同样呈现先下降后上升再下降的趋势，在浓度为 0.2%时，FC-4430 溶液降温速率最高。FC-4430 与 AEO-9 同属于非离子型表面活性剂，同样存在临界胶束浓度，因此在浓度超过 2%后，FC-4430 溶液细水雾的抑制效果降低。FC-4430 的电导率随着浓度的增加而增加，在 FC-4430 溶液浓度为 0.2%时，溶液电导率为7μS/cm。

如图 7.28(d)所示，对 DMMP 溶液而言，在 2%～10%浓度区间，降温速率呈现先上升后下降的趋势，当溶液浓度为 4%时，其具有最高的降温速率，在溶液浓度超过 8%后，降温速率骤降。研究表明，随着 DMMP 浓度增大，其对火焰抑制贡献率存在饱和效应[38]。同时由于 DMMP 溶液具有一定黏性，随着浓度的增加，细水雾雾滴的表面张力增大，雾滴的比表面积降低，导致降温速率减小。随着 DMMP 浓度增大，其电导率也逐渐增大，在溶液浓度为 4%时，溶液电导率为44μS/cm。

基于上述实验结果，得到四种单一添加剂最佳浓度分别为 0.34%(尿素)、2.0%(AEO-9)、0.2%(FC-4430)及 4%(DMMP)。随后进一步开展含复配添加剂的细水雾抑制锂离子电池组热失控的实验，通过对比各组细水雾抑制下锂离子电池表面温度的变化，确定最佳复配溶液配比。

与上述含单一添加剂溶液细水雾抑制锂离子电池组热失控实验条件相同，图 7.29 为添加了各复配添加剂的细水雾抑制锂离子电池组热失控的温度变化曲线，可见电池 1 均发生了热失控，在释放一段时间的含复配添加剂的细水雾后，电池 1 的温度都降至 50℃以下，电池 2 均未发生热失控。由此可见，含复合添加剂的细水雾可以降低锂离子电池热失控强度，并有效抑制热失控传播。

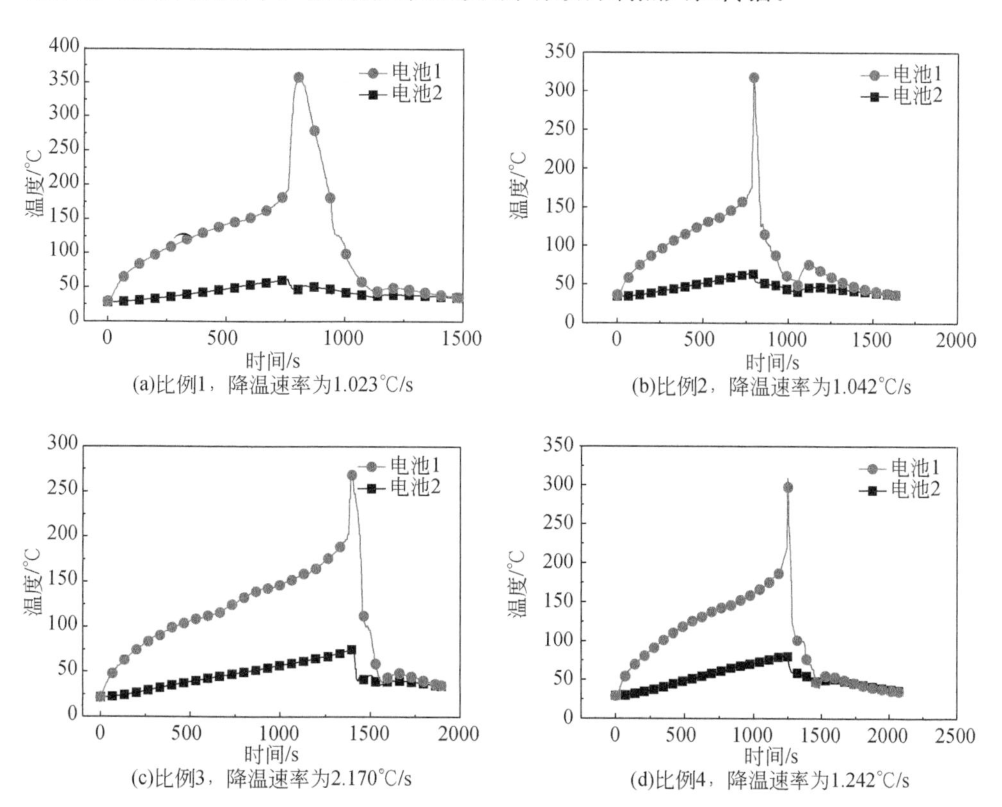

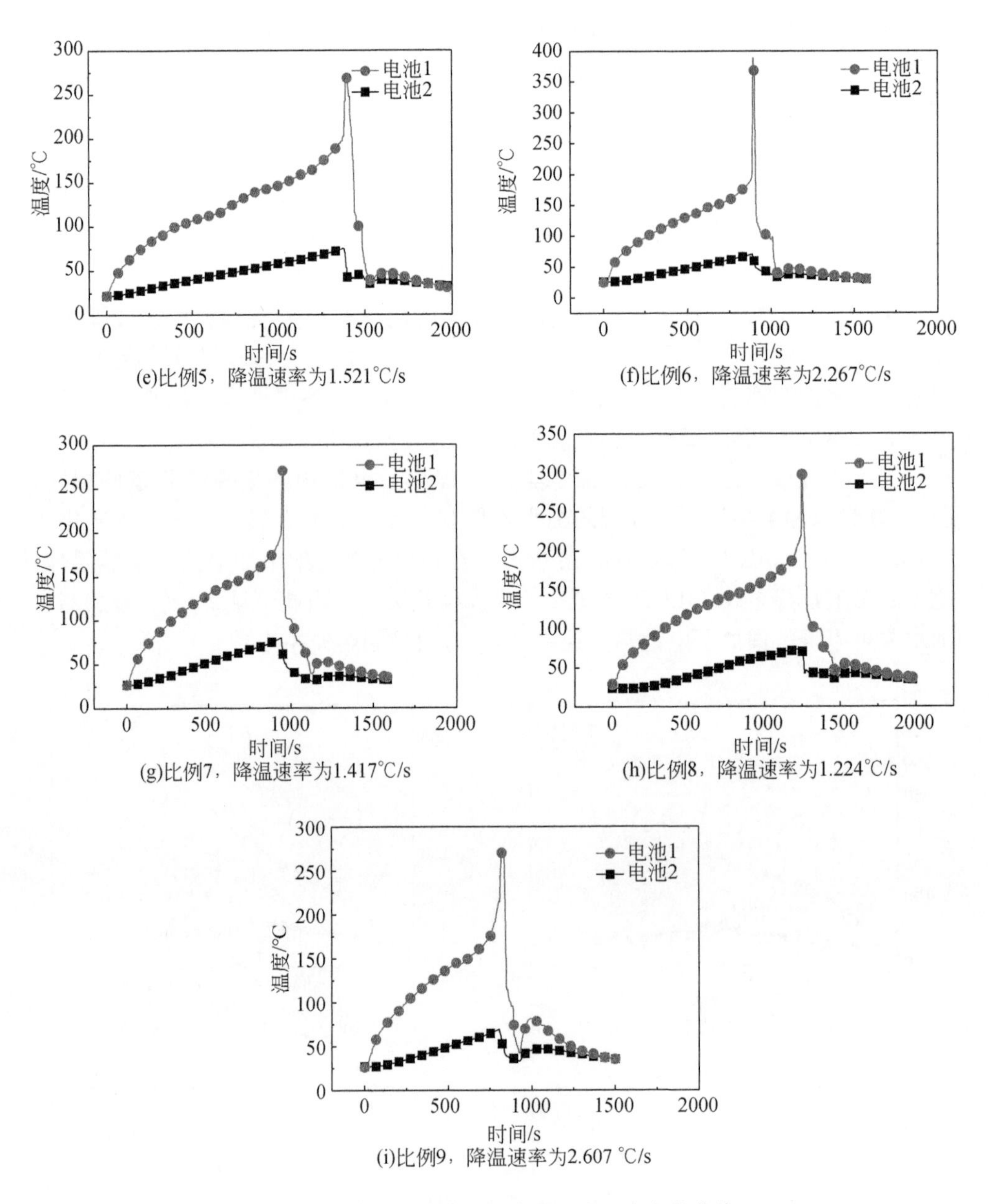

图 7.29　不同复配溶液细水雾灭火温度变化曲线

不同浓度复配溶液细水雾电导率及降温速率曲线如图 7.30 所示，采用方案 9 复配溶液的细水雾降温速率最快，即最佳复配溶液浓度为 0.36%尿素+2.5%AEO-9+0.25%FC-4430+3.5%DMMP。通过对比各方案的抑制效果，研究发现方案3、6、9的抑制效果相对较好。在这三种复配方案中，FC-4430的含量均为0.25%，是FC-4430溶液正交实验的最高浓度。由于FC-4430是一种非离子聚合型含氟表面活性剂，其在水中不发生电离，其中羟基(OH—)或醚键(R—O—R′)为亲水基，可与水以任意比例互溶，以降低水的表面张力，增大雾滴的比表面积。F—C键能高，非常牢固，很难以共价键的均裂方式断裂分解，因此当氟素表面活性剂受到高温、强化学试剂刺激时，其仍具有很高的活性，在抑制锂离子电池热失控的过程中具有良好的热稳定性，能够较好地改善雾滴的表面张力。因此，本节认为，在复配添加剂中非离子聚合型含氟表面活性剂占主导作用。AEO-9同属于表面活性剂的一种，其亲水亲油平衡(hydrophile-lyophile balance，HLB)值为12.5，主要用于提高溶液的分散程度。由于AEO-9具有出众的协同效应[39]，它的加入可以屏蔽其他表面活性剂分子(离子)头基间的电性排斥作用，在气/液表面形成更为紧凑的单分子膜。AEO-9的加入使FC-4430的临界胶束浓度得到了提高，从单一添加剂的最佳浓度0.2%提高至0.25%。在本研究中，AEO-9作为分散剂可以有效提高FC-4430的分散程度，还可以协同降低溶液的表面张力。

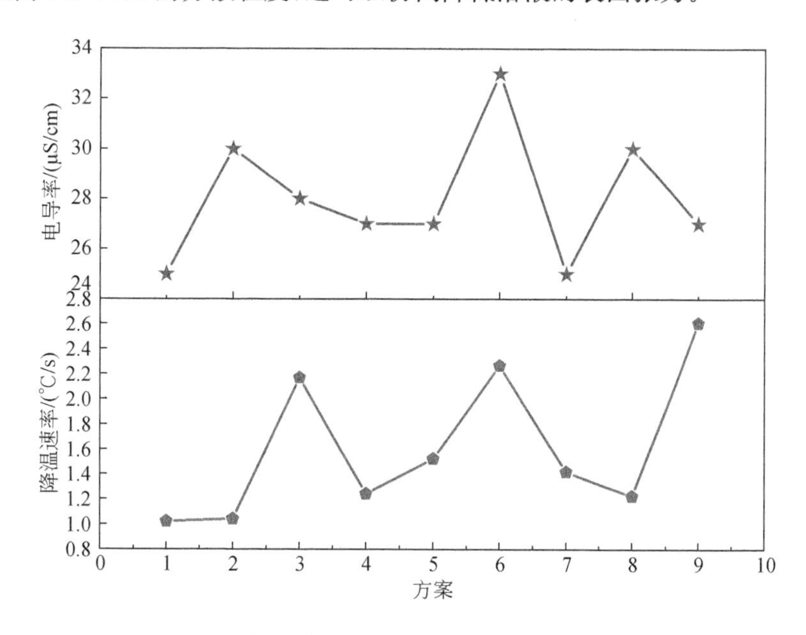

图7.30　不同浓度复配溶液细水雾电导率及降温速率曲线

在方案9溶液中，尿素溶液浓度为0.36%，相比于单一添加剂的最佳浓度略高。随着AEO-9及FC-4430的加入，溶液的表面张力变小，雾滴比表面积变大，尿素溶液的热分解速率和蒸发速率同时增大。但在抑制热失控的过程中，尿素主要发生分解反应，产生窒息性气体，降低空间氧气含量，其抑制效果应与尿素溶液浓度保持正相关，最终趋于稳定。在单一尿素溶液细水雾实验中，浓度为0.34%抑制效果最好。本节认为，单一添加尿素的细水雾表面张力相对较大，水雾未能使尿素发挥其最佳作用，在非离子型氟素表面活性剂及AEO-9将溶液表面张力减小后，尿素溶液充分发挥其作用，在浓度为0.36%时，与FC-4430及AEO-9协同灭火降温效果最佳。DMMP的灭火机理主要为含磷小分子捕捉火焰燃烧反应过程中的H·、O·、OH·自由基，并发生基元反应。由于添加了AEO-9，FC-4430的蒸馏水表面张力会有较大程度下降，雾滴比表面积增大，可参与反应的含磷小分子数量增加，但DMMP会增加溶液的黏度，进而增加溶液的表面张力，因此增加DMMP的浓度会使雾滴粒径显著增大，可参与反应的含磷小分子数量降低，DMMP的最佳浓度下降至3.5%。

由电导率曲线可知，各复合溶液的电导率相对稳定在30μS/cm，最佳复配灭火剂的电导率为27μS/cm。相比于传统的水抑制剂，最佳浓度细水雾抑制剂的电导率变为原来的1/10，最高降温速率为自来水的2.3倍，在提升灭火效果的同时，兼顾了溶液的电导率，可以降低泡水后未发生热失控锂离子电池的短路风险。

7.4 液氮灭火技术

液氮自身的性质使其在降温灭火方面有着很大的优势，液氮气化成氮气的过程是从−195.8℃开始的，气化过程将吸收大量的热量。可燃物在燃烧的过程中产生巨大的热量，而液氮气化成氮气的过程可以吸收巨大的热量，致使可燃物的温度迅速降低，从而阻止可燃物的继续燃烧。在此过程中，液氮从低温环境进入高温环境后，会迅速气化成氮气，在燃烧的空间内形成正压，使可燃物得不到外部补充的新鲜空气，从而降低燃烧空间内部氧气的浓度，更好地对可燃物进行灭火。除此之外，液氮还是一种“洁净灭火器”，灭火后不产生任何痕迹及残渣，无毒无害，不产生温室气体，具有明显环境友好性的特征[1-3]。但是国内外学者的研究还没有将液氮应用到锂离子电池热失控的降温灭火方面，因此本节致力于研究液氮对锂离子电池的热失控抑制机理，通过实验对开敞空间和受限空间的锂离子电池热失控液氮抑制展开研究，以探索锂离子电池热失控液氮抑制规律。

7.4.1 开敞及受限空间中液氮喷淋对锂离子电池热失控的研究

在开敞空间中，对18650型锂离子电池进行热失控液氮喷淋实验研究。首先将电阻丝均匀缠绕在电池的表面，并将电池固定在开敞空间的装置上，将电阻丝的两端与直流稳压电源相连接，通过加热电阻丝为电池加热，引发电池温度升高，从而发生热失控。当电池的正极开始喷溅火焰时，立即打开自增压液氮装置，对热失控的电池进行液氮喷淋，并获得此过程中的温度变化情况。液氮从自增压液氮装置内出来后，其极低的温度与环境的温度和电池表面的温度相差较大，液氮发生气化变成温度较低的氮气，而高浓度的氮气稀释了电池周围的氧气含量，降低了氧气的浓度，进而阻止了电池的燃烧，扑灭了电池产生的火焰，并且低温氮气能够降低电池的温度，随着时间的延迟，液氮喷淋到电池的表面，吸收电池产生的大量热量，从而迅速降低电池表面的温度，使电池在短时间内降低至零下，在电池的正极上留有一层霜。由图 7.31 可以看出，液氮对锂离子电池燃爆产生的火焰具有很好的抑制效果。

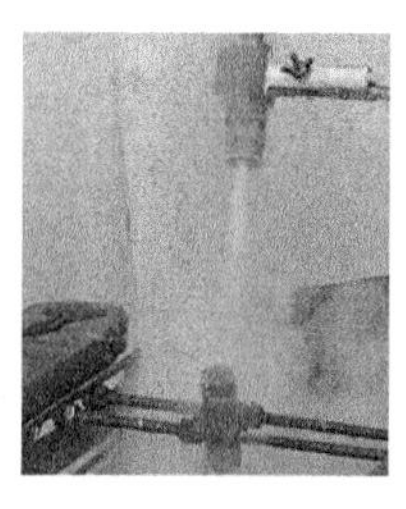

图 7.31　开敞空间中液氮喷淋电池热失控的实验过程

图 7.32 为开敞空间中液氮喷淋热失控电池的温度变化曲线，开阀温度为 151.9℃，电池的最高温度为 368.7℃。经过数据分析，液氮喷淋电池 100s 过程中，电池从最高温度很快降低至安全温度，整个过程电池表面的平均降温速率为 3.83℃/s。液氮喷淋实验表明，液氮喷淋到电池正极时，可扑灭电池热失控喷溅出来的火焰，并且能够快速降低电池表面的温度。在液氮喷淋的过程中，电池没有出现温度回升的现象。在液氮喷淋之后，电池的温度缓慢回升。

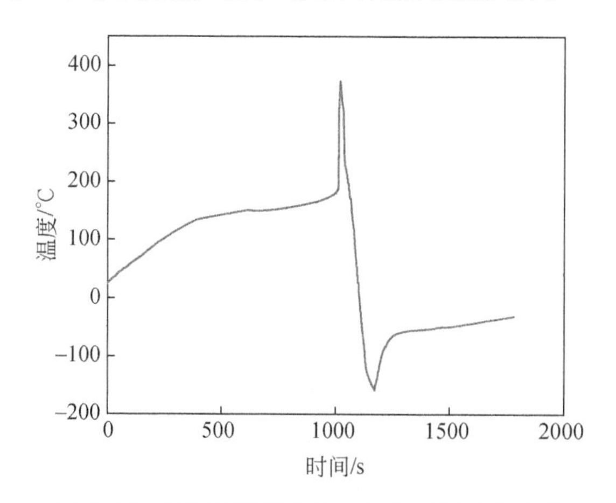

图 7.32　液氮喷淋热失控电池的温度变化曲线

电池组由成百上千的单个电池组成，电池组经过包装组成电池模块，并且都处于受限空间的环境中。因此，对受限空间中锂离子电池热失控的液氮抑制进行研究具有重要意义。

在受限空间内，对 18650 型锂离子电池进行热失控液氮注入实验研究。首先将电阻丝均匀缠绕在电池的表面，并将电池放置到受限空间装置中，再将直流稳压电源与电阻丝的两端相连接，通过电阻丝发热，对电池进行外部加热，引发电池热失控。当电池在受限空间装置内喷溅出火焰时，立即通过漏斗从受限空间装置的上方向内部注入液氮，测得电池在此过程中的温度变化情况。图 7.33 为液氮注入受限空间中锂离子电池热失控的实验过程。

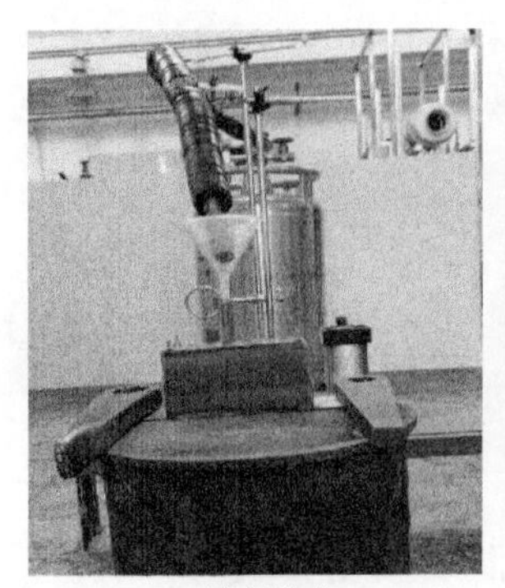
(a)液氮注入

(b)液氮注入受限空间装置

(c)电池浸泡在液氮中

图 7.33　液氮注入受限空间中热失控电池的实验过程

图 7.34 为液氮注入受限空间中发生热失控的电池的温度变化曲线。由图可以看出，电池温度先逐渐上升，电池发生热失控喷溅出火焰，电池的温度开始陡升。在电池发生热失控喷溅出火焰时，向受限空间装置的内部注入液氮，抑制电池持续升温的态势，且随着注入的液氮量增多，电池的温度开始出现陡降。注入液氮量为装置体积的 3/4，受限空间中电池的温度能够迅速降低到−170℃，且能够维持电池的温度在−170℃一段时间。实验过程中，电池的开阀温度为 142.9℃，电池的最高温度为 460.7℃。经过计算分析，受限空间中电池表面的平均降温速率为 3.43℃/s。液氮能够有效抑制受限空间中电池的热失控，并使其温度迅速降低至零下。

对比开敞空间和受限空间中锂离子电池热失控液氮抑制，电池热失控后进行液氮抑制，开敞空间中电池的降温速率比受限空间中电池的降温速率要快，这是由于开敞空间液氮是直接喷淋在电池表面，而在向受限空间中注入液氮时，液氮是从底部缓慢将电池淹没，降温所需的时间更长。

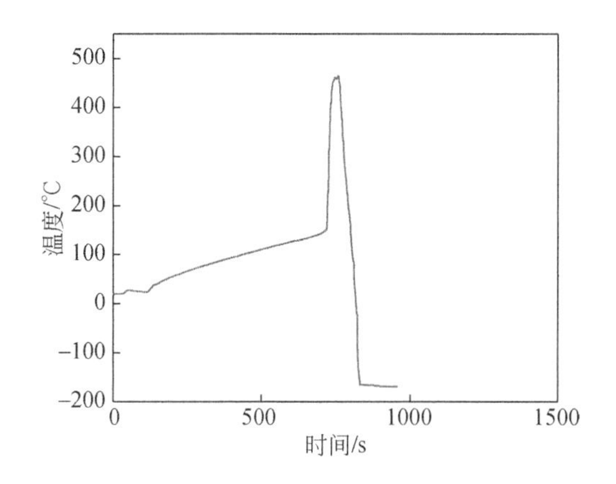

图 7.34　液氮注入受限空间中热失控电池的温度变化曲线

液氮对电池火灾具有很好的抑制作用，并且能够快速降低电池的温度。根据燃烧三要素的条件，由于电池内部的电解液、SEI 膜等都是可燃的，在储存、运输、使用的过程中，一旦电池的温度升高，电池内部产热速率大于外界散热速率，一定时间内就会导致电池发生热失控，在空气中剧烈燃烧并且发生爆炸。本节选择液氮对锂离子电池进行降温灭火，原因主要有以下三个[3]：

(1)液氮喷淋到高温电池的表面会立即发生气化，气化产生的氮气会稀释电池周围的空气。

(2)液氮气化成氮气的过程中会吸收电池热失控产生的大量能量，迅速降低电池本身及其周边环境的温度。

(3)液氮气化形成的低温氮气会使周边电池的温度降低，阻止电池热失控的传播。

因此，相对于其他灭火剂，液氮降温灭火更为高效、清洁。图 7.35 为液氮抑制锂离子电池热失控的机理分析图。在工程应用方面，使用液氮抑制电池的火灾爆炸，不仅可以扑灭电池火灾，还可以快速降低电池表面的温度和周边环境的温度，也可以阻止电池组内电池与电池间热失控传播的发生，避免更多的电池发生热失控而造成巨大的人员伤亡和经济损失。当然，在工程应用中也应充分考虑液氮可能会导致人员发生冻伤和窒息的危险，因此必须采取必要的安全防护措施。

7.4.2　液氮抑制锂离子电池热失控传播的研究

根据电池使用的场所不同，电池组由数个电池、数十个电池，甚至成百上千个电池通过串联、并联、串并联组合等方式构成。在电池组中，若有 1 个电池发生热失控，且不能及时有效地阻止其将热量传递给周围的电池，则随着周围电池温度的

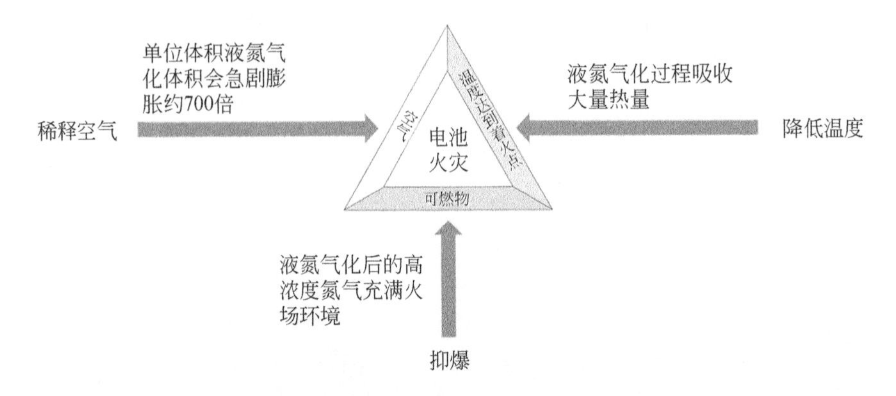

图 7.35　液氮抑制锂离子电池热失控的机理分析图

升高，将有可能引发整个电池组发生热失控。单个电池发生热失控释放的能量有限，产生的危害性不大，通常也不会造成安全事故，但是若整个电池组发生热失控，则其危害和后果将不可预估。因此，对锂离子电池热失控传播液氮喷淋实验进行研究，不仅可以阻止电池组发生火灾爆炸，避免电池组发生热失控的多米诺效应，同时利用最少的液氮保护更多的电池，以探究电池组热失控液氮阻断机理。

将电池 A、B 分别固定在铝板的两侧，可以避免液氮在喷淋其中一个电池时喷淋到另外一个电池的表面，喷淋时长为 80s。本节分别进行三种工况的实验：①电池 A 热失控时，使用液氮喷淋电池 A；②电池 A 热失控时，使用液氮喷淋电池 B；③电池 A 热失控时，使用液氮同时喷淋 A、B 两个电池。图 7.36 为液氮抑制电池 A、B 热失控传播的过程实验图。

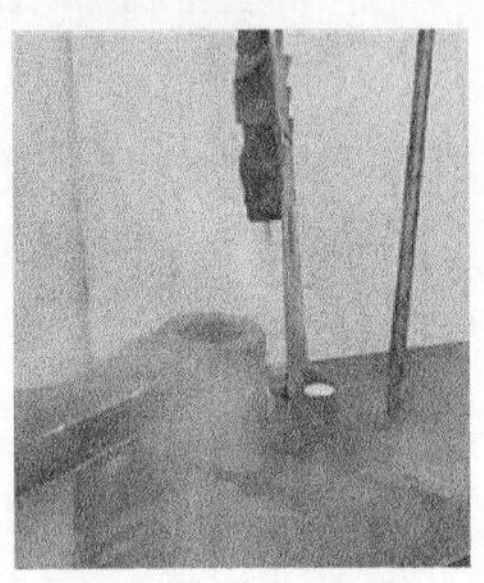
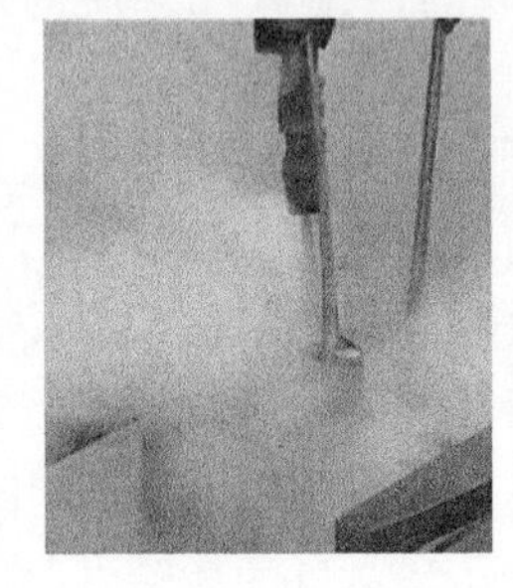

图 7.36　液氮抑制电池 A、B 热失控传播的过程实验图

(1)电池 A 热失控时，喷淋电池 A/电池 B。

在电池 A 发生热失控后，为了保护电池 B 不发生热失控，在电池 A 喷溅出火焰时，立即对电池 B 进行液氮喷淋。由图 7.37 可以看到，电池 A 发生热失控时，电池B的温度为72.9℃,对电池B立即进行液氮喷淋,电池B的温度迅速降低,而电池A的温度缓慢下降。经计算,电池A的平均降温速率为3.26℃/s。

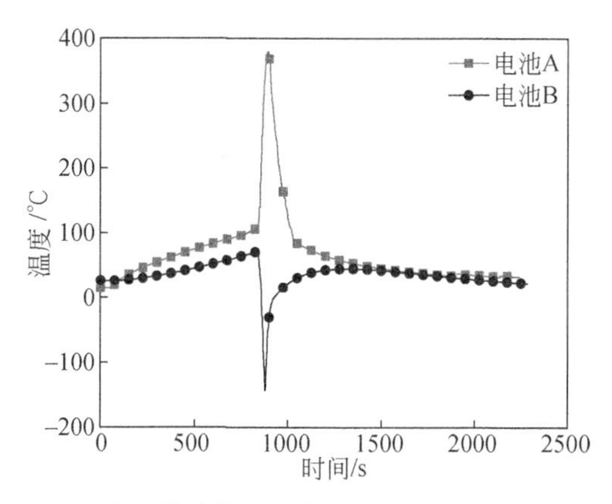

图7.37 电池A热失控时液氮喷淋电池B的温度变化曲线

图7.38为电池A热失控时液氮喷淋电池A的温度变化曲线。由图可以看出,电池A受到液氮喷淋后,其温度在短时间内迅速降低至安全温度,并且电池B的温度受电池A温度以及环境温度的影响,下降得很快。经计算,电池A的平均降温速率为3.81℃/s。

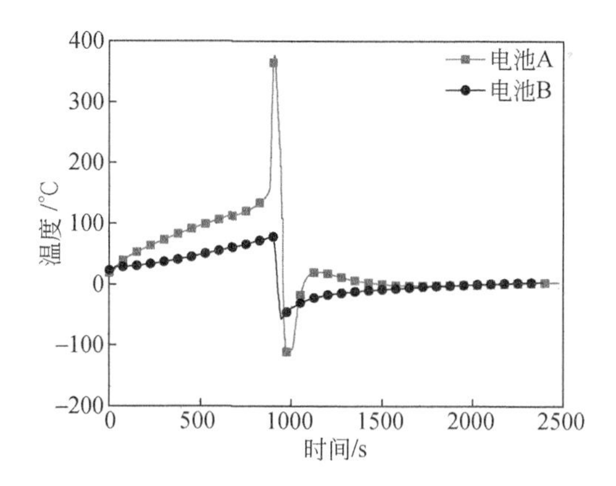

图7.38 电池A热失控时液氮喷淋电池A的温度变化曲线

(2)电池A热失控时,同时喷淋电池A、B。

将A、B两个电池用高温胶带裹在一起,引发电池A发生热失控,当电池A喷溅出火焰时,立即对电池A、B同时进行液氮喷淋,电池A、B的温度都迅速降低至−125℃左右。经计算,电池A的平均降温速率为3.78℃/s。同时液氮喷淋电池

A、B 的温度变化曲线如图 7.39 所示。

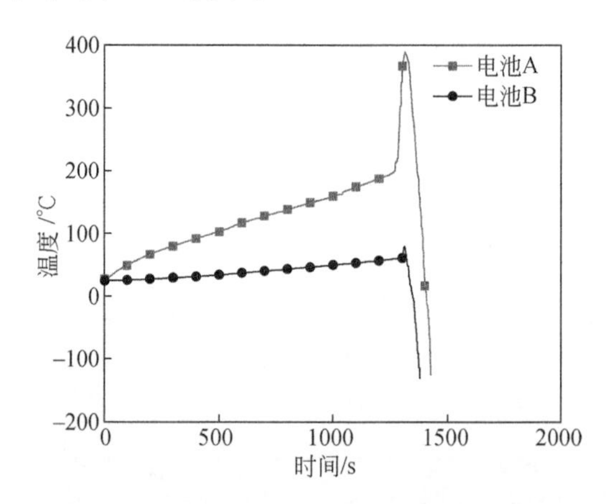

图 7.39 同时液氮喷淋电池 A、B 的温度变化曲线

在开敞空间中,对电池 A、B 进行液氮喷淋实验研究。研究表明,电池 A 发生热失控后,无论是立即喷淋电池 A 或者电池 B,还是同时喷淋电池 A、B,由于液氮具有极好的降温冷却作用,都不会导致电池 B 的温度继续升高。电池发生热失控的根本原因为其温度的不断上升,若及时有效并且迅速地降低电池的温度,不仅可以避免电池发生热失控多米诺效应[5],还可以避免电池组内更多的电池因大量热量的传入,导致相邻电池温度的升高,使相邻的电池内部 SEI 膜发生分解反应,从而导致更多电池受到损坏。

利用自行设计的受限空间装置,对电池 A、B 进行受限空间中的液氮注入实验研究。将电池 A、B 分别固定在铝板两侧,铝板的厚度为 1.5mm,将铝板用胶水固定在装置的底部,避免液氮流动到另外一个电池上,液氮的注入量为装置体积的 3/4。本节分别进行三种工况的实验:①电池 A 热失控时,将液氮注入电池 B 所在的受限空间中,不对电池 A 进行液氮处置;②电池 A 热失控时,将液氮注入电池 A 所在的受限空间中,不对电池 B 进行液氮处置;③电池 A 热失控时,同时将液氮注入电池 A、B 所在的受限空间中。

(1)电池 A 热失控时,液氮注入电池 A/电池 B 所在的受限空间中。

图 7.40 为电池 A 发生热失控时,不对电池 A 进行液氮处置,立即向电池 B 所在的受限空间中注入液氮的温度变化曲线。由图可以看出,电池 B 起初受到电池 A 温度升高的影响,电池 B 的温度逐渐升高,在电池 A 发生热失控后,向电池 B 所在的受限空间中注入液氮,保护电池 B,使其温度不断降低。电池 B 温度的迅速降低,使电池 A 的温度也快速下降。经计算,电池 A 的平均降温速率为 3.14℃/s。图 7.41 为电池 A 发生热失控时,对电池 A 进行液氮处置,立即向电池 A 所在的受

限空间中注入液氮，电池A的温度迅速降低，并使电池B从72.3℃快速降低至零下，经过液氮的抑制，电池B不会发生热失控。经计算，电池A的平均降温速率为3.66℃/s。

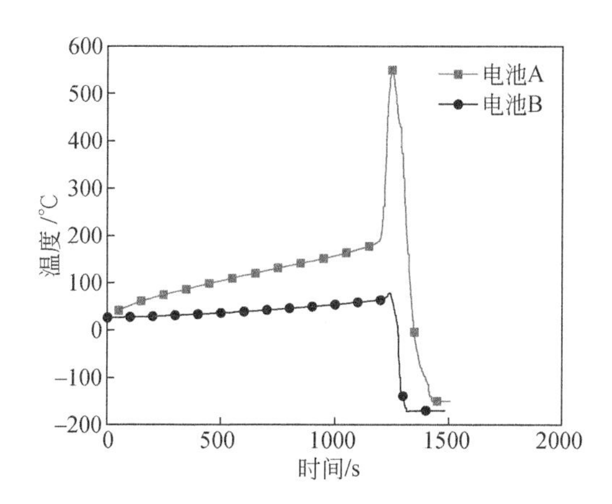

图7.40 电池A热失控时液氮注入电池B所在的受限空间中的温度变化曲线

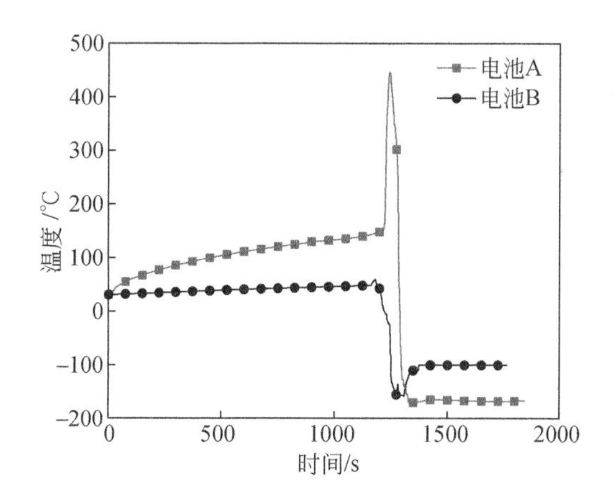

图7.41 电池A热失控时液氮注入电池A所在的受限空间中的温度变化曲线

(2)电池A热失控时，同时注入液氮至电池A、B所在的受限空间中。

当电池A热失控喷溅出火焰时，打开自增压液氮装置，向电池A、B所在的受限空间中同时注入液氮。由图7.42可以看出，由于注入液氮有一定的时间差，电池A在热失控后快速升温，在电池A升温的过程中，会将热量传给电池B，使电池B缓慢升温，当液氮注入电池A、B所在的受限空间中时，电池A、B的温度迅速下降，最终保持在−170℃左右，这是由于液氮的注入量为装置体积的3/4。经计算，电池 A 的平均降温速率为 3.17℃/s。

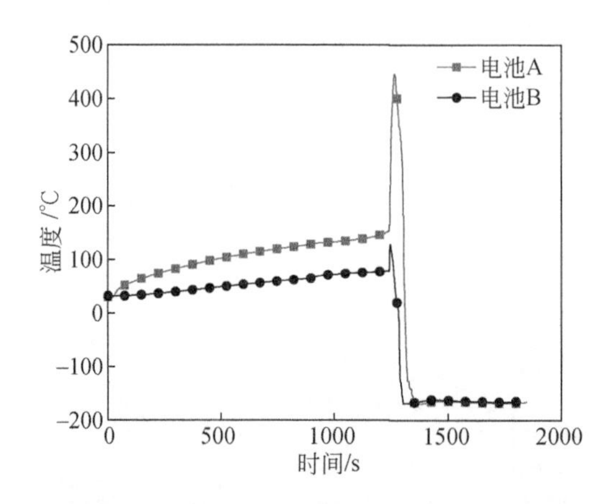

图 7.42 液氮同时注入电池 A、B 所在的受限空间中的温度变化曲线

7.5 本章小结

对于锂离子电池热管理、阻隔及灭火技术，本章主要针对相变材料、多孔阻隔材料、含添加剂的细水雾，以及液氮对锂离子电池在不同工况下的热失控抑制进行展开研究分析，得到的主要结论如下：

(1)采用两级相变材料，如甲基纤维素、聚乙二醇、膨胀石墨、石蜡等对锂离子电池在外短路情况下热管理效果较好，能够及时吸收大量的热量，从而抑制锂离子电池的热失控。

(2)利用多孔材料对电池组进行阻隔，竖直排列电池的阻隔效果优于水平排列电池。纳米多孔气凝胶阻隔抑制效果最佳，但玻璃棉更适用于锂离子电池火灾。泡沫镍不适合单独应用于锂离子电池火灾。多孔材料和细水雾协同作用取得最优的抑制效果，得益于多孔材料的阻隔效果和细水雾的降温灭火效果，使相邻电池温度始终保持在安全温度范围之内。

(3)细水雾灭火方式对于锂离子电池热失控灭火以及热失控传播具有优异的抑制效果，物理添加剂与化学添加剂协同作用。相比于传统水抑制剂，低导电性的细水雾灭火剂既能够高效抑制电池热失控及其传播，也能够有效降低细水雾对未发生热失控锂离子电池的破坏。

(4)无论电池在开敞空间中还是在受限空间中，液氮都能够快速扑灭电池热失控喷溅出的火焰，并且迅速降低电池表面的温度，液氮作用于电池表面的过程中，电池的温度并不会回升。

(5)FMEA方法将所有实验组别的抑制效果分成Ⅰ、Ⅱ、Ⅲ、Ⅳ四个等级，清晰地展示出了各个方法的优缺点，评估了抑制方法的可靠性。FMEA方法适用于评估电池管理系统的可靠性，并提高系统的安全性，以保证电池组安全健康地使用。

参考文献

[1] Spotnitz R, Franklin J. Abuse behavior of high-power, lithium-ion cells[J]. Journal of Power Sources, 2003, 113(1): 81-100.

[2] Maleki H, Deng G P, Anani A, et al. Thermal stability studies of Li-ion cells and components[J]. Journal of the Electrochemical Society, 1999, 146(9): 3224-3229.

[3] Wang Q S, Ping P, Zhao X J, et al. Thermal runaway caused fire and explosion of lithium ion battery[J]. Journal of Power Sources, 2012, 208: 210-224.

[4] 姜贵文. 高导热复合相变材料的制备与动力电池热管理应用研究[D]. 南昌: 南昌大学, 2017.

[5] Feng X N, Ouyang M G, Liu X A, et al. Thermal runaway mechanism of lithium ion battery for electric vehicles: A review[J]. Energy Storage Materials, 2018, 10: 246-267.

[6] Chen S, Wang Z, Yan W. Identification and characteristic analysis of powder ejected from a lithium ion battery during thermal runaway at elevatedtemperatures[J]. Journal of Hazardous Materials, 2020, 400: 123169.

[7] Chen M Y, Liu J H, Ouyang D X, et al. A large-scale experimental study on the thermal failure propagation behaviors of primary lithium batteries[J]. Journal of Energy Storage, 2020, 31: 101657.

[8] Heskestad G. Extinction of gas and liquid pool fires with water sprays[J]. Fire Safety Journal, 2003, 38(4): 301-317.

[9] Bergman T L, Lavine A S, Incropera F P, et al. Introduction to Heat Transfer[M]. New York: John Wiley and Sons, Inc., 2011.

[10] Back G G, Beyler C L, Hansen R. A quasi-steady-state model for predicting fire suppression in spaces protected by water mist systems[J]. Fire Safety Journal, 2000, 35(4): 327-362.

[11] Back GG, Beyler C L, Hansen R. The capabilities and limitations of total flooding, water mist fire suppression systems in machinery space applications[J]. Fire Technology, 2000, 36: 8-23.

[12] Huang P, Yao C, Mao B, et al. The critical characteristics and transition process of lithium-ion battery thermal runaway[J]. Energy, 2020, 213: 119082.

[13] Thai Q B, Nguyen S T, Ho D K, et al. Cellulose-based aerogels from sugarcane bagasse for oil spill-cleaning and heat insulation applications[J]. Carbohydrate Polymers, 2020, 228: 115365.

[14] Feng J P, Liu M, Ma S J, et al. Micro-nano scale heat transfer mechanisms for fumed

silica based thermal insulating composite[J]. International Communications in Heat and Mass Transfer, 2020, 110: 104392.

[15] Do N H N, Luu T P, Thai Q B, et al. Heat and sound insulation applications of pineapple aerogels from pineapple waste[J]. Materials Chemistry and Physics, 2020, 242: 122267.

[16] Olurin O B, Arnold M, Körner C, et al. The investigation of morphometric parameters of aluminium foams using micro- computed tomography [J]. Materials Science and Engineering: A, 2002, 328(1/2): 334-343.

[17] Babrauskas V. Heat release rates[J]. SFPE Handbook of Fire Protection Engineering, 2016: 799-904.

[18] Feng X N, Sun J, Ouyang M G, et al. Characterization of penetration induced thermal runaway propagation process within a large format lithium ion battery module[J]. Journal of Power Sources, 2015, 275: 261-273.

[19] Li Z F, Ruckenstein E. Strong adhesion and smooth conductive surface via graft polymerization of aniline on a modified glass fiber surface[J]. Journal of Colloid and Interface Science, 2002, 251(2): 343-349.

[20] 夏政. SiO_2 气凝胶/聚苯乙烯复合材料的制备及其保温性能的研究[D]. 青岛：中国石油大学(华东)，2014.

[21] Asllani A, Lari A, Lari N. Strengthening information technology security through the failure modes and effects analysis approach [J]. International Journal of Quality Innovation, 2018, 4: 5.

[22] Roszak M, Spilka M, Kania A. Environmental failure mode and effects analysis (FMEA)—A new approach to methodology[J]. Metalurgija, 2015, 54(2): 449-451.

[23] Babushok V, Tsang W, Linteris G T, et al. Chemical limits to flame inhibition[J]. Combustion and Flame, 1998, 115(4): 551-560.

[24] Liu Y J, Duan Q L, Xu J J, et al. Experimental study on a novel safety strategy of lithium-ion battery integrating fire suppression and rapid cooling[J]. Journal of Energy Storage, 2020, 28: 101185.

[25] Babushok V, Tsang W, Linteris G T, et al. Chemical limits to flame inhibition[J]. Combustion and flame, 1998, 115(4): 551-560.

[26] Joseph P, Nichols E, Novozhilov V. A comparative study of the effects of chemical additives on the suppression efficiency of water mist[J]. Fire Safety Journal, 2013, 58: 221-225.

[27] Gan B, Li B, Jiang H, et al. Suppression of polymethyl methacrylate dust explosion by ultrafine water mist/additives[J]. Journal of Hazardous Materials, 2018, 351: 346-355.

[28] Cui Y, Liu J H. Research progress of water mist fire extinguishing technology and its application in battery fires[J]. Process Safety and Environmental Protection, 2021, 149: 559-574.

[29] Li X, Li W, Chen L, et al. Ethoxy (pentafluoro) cyclotriphosphazene (PFPN) as a multi-

functional flame retardant electrolyte additive for lithium- ion batteries[J]. Journal of Power Sources, 2018, 378: 707-716.

[30] Kulkarni A P, Megaritis T, Ganippa L C. Insights on the morphology of air- assisted breakup of urea-water-solution sprays for varying surface tension[J]. International Journal of Multiphase Flow, 2020, 133: 103448.

[31] Liang T, Li R, Li J, et al. Extinguishment of hydrocarbon pool fires by ultrafine water mist with ammonium/amidogen compound in an improved cupburner[J]. Fire and Materials, 2018, 42(8): 889-896.

[32] Zhou X M, Zhou B A, Jin X A. Study of fire-extinguishing performance of portable water-mist fire extinguisher in historical buildings[J]. Journal of Cultural Heritage, 2010, 11(4): 392-397.

[33] Li G C, Pan C Y, Liu Y P, et al. Evaluation of the effect of water mist on propane/air mixture deflagration: Large-scale test[J]. Process Safety and Environmental Protection, 2021, 147: 1101-1109.

[34] Zhang T W, Han Z Y, Du Z M, et al. Cooling characteristics of cooking oil using water mist during fire extinguishment[J]. Applied Thermal Engineering, 2016, 107: 863-869.

[35] Zhou Y X, Wang Z R, Gao H P, et al. Inhibitory effect of water mist containing composite additives on thermally induced jet fire in lithium- ion batteries[J]. Journal of Thermal Analysis and Calorimetry, 2022, 147(3): 2171-2185.

[36] Zhang Q S, Cheng X J, Bai W. Study on optimum concentration of additives in water mist for suppression of lithium batteryfire[J]. Journal of Safety Science and Technology, 2018, 14(5): 43-50.

[37] Yuan M,Nie W, Zhou W, et al. Determining the effect of the non-ionic surfactant AEO-9 on lignite adsorption and wetting via molecular dynamics (MD) simulation and experiment comparisons[J]. Fuel, 2020, 278: 118339.

[38] Li W, Jiang Y, Jin Y, et al. Investigation of the influence of DMMP on the laminar burning velocity of methane/air premixed flames[J]. Fuel, 2019, 235: 1294-1300.

[39] Geng T, Zhang C Q, Jiang Y J, et al. Synergistic effect of binary mixtures contained newly cationic surfactant: Interaction, aggregation behaviors and application properties[J]. Journal of Molecular Liquids, 2017, 232: 36-44.

第8章　锂离子电池热失控安全防护技术展望

鉴于锂离子电池的本质安全缺陷，由电池热失控触发的火灾爆炸事故不胜枚举，行之有效的热失控安全防护技术亟待开发推广。目前，锂离子电池缺少有效的安全防护，且国内外专家学者对于电池安全防护技术主要针对单一防护技术的有效性展开研究，较少涉及电池本质安全提升、电池状态监测、热失控预警、热失控阻隔、热失控抑灭等前中后期多项技术联合使用的系统安全防护，相应的系统安全防护技术对于降低电池热失控风险与危害的效果尚不清晰。如何有效提升电池组件的本质安全、高效跟踪电池的健康状态、及时捕捉电池的热失控前兆、采用有效的隔热措施并施加快速响应的灭火举措，从而对锂离子电池模块进行系统安全防护，最大程度上降低热失控风险与灾害后果还有待探究。

如1.2节所述，锂离子电池通常由集流体、正极材料、负极材料、隔膜、电解液、外部壳体、安全装置等组成。目前主流的锂离子电池正极材料为镍锰钴酸锂和磷酸铁锂，后者相比前者有着更为优越的安全性能，但工作电压低，能量密度相对不高。近年来，产业界把目光转向了磷酸锰铁锂材料，通过向磷酸铁锂材料中掺杂锰来提高充放电电压，进而提升磷酸铁锂材料的能量密度。与此同时，磷酸锰铁锂材料还保留了磷酸铁锂材料安全性高的优点，受热过程中放热不明显，且受荷电状态影响不大。未来一旦克服其电导率低的缺陷，磷酸锰铁锂材料将有着很好的应用前景。其他新型正极材料，如高镍材料、富锂材料等都有着优越的能量密度，但安全性均不理想。此外，商业化隔膜一般由聚乙烯或聚丙烯制成，高温环境下易收缩变形导致电池内短路。

目前，通过静电纺丝技术加入阻燃成分来制备复合隔膜，在保证隔膜孔隙率的同时，还可以提升隔膜的热稳定性和安全性，降低隔膜收缩变形的风险。另外，高安全电解液主要有阻燃溶剂、离子液体以及固态电解液。通过使用含有阻燃官能团的有机溶剂取代现有碳酸酯溶剂或者加入阻燃添加剂，进而降低电解液的可燃性，改善电极/电解液界面，提升电池热稳定性。离子液体通常是指在室温下完全由阴离子和阳离子组成的液体盐，其具有不易挥发、不易燃、无污染、电化学窗口宽等优良特性。通过使用离子液体可有效改善电池安全性，降低热失控风险，但其复杂的制备流程和高昂的成本限制了其推广使用。近年来，固态电解液即固态电池受到大量的关注。固态电解液不可燃，工作温度范围大，没有腐蚀性，不会发生漏液，也不会挥发。可以沿用现有液态电池的材料体系，如使用三元锂或者磷酸铁锂作为正极材料，使用石墨和硅作为负极材料。此外，其还可以简化电池生产组装工艺，实现无隔膜化。然而，固态电解液电导率较低，难以实现快充；界面阻抗大，电极与电解液间的有效接触较弱，离子传输动力学差；固态电池制备工艺不够成熟，成本较高。商业化的圆柱形电池和方形电池通常组装有安全阀、电流阻断器、热敏电阻等安全装置，相比于软包电池有着更为优越的安全性能。提升电池安全装置的灵敏度与准确度，实现电池高温、超压、大电流等的早期高效阻断应对，可有效提升电池安全性能，减少热失控的发生。

另外，锂离子电池热失控安全防护离不开行之有效的电池管理系统。电池使用过程中需要高效的电池管理系统对电池电压、温度、电量、功率、健康状态等进行监测跟踪，防止过充、过放、高温、短路等现象的出现，进而延长电池的使用寿命，避免热失控的发生。如何提升电池管理系统精度，提高电池管理系统效率是今后学术界、产业界需要解决的问题。

目前，许多学者对锂离子电池热失控的预测预警技术展开了研究，主要分为以下三类：

(1)借助电池管理系统，对运行过程中电池模块的电压、电流、电池表面温度等信号进行实时监测。

(2)在电池内部植入传感器或光纤，对电池内部温度变化、产气、应力、阻抗等进行准确监测。

(3)利用高分辨率的气体检测传感器跟踪典型热失控气体，进而实现电池热失控的早期预警。

然而，当下的热管理系统无法准确反映电池内部的电化学变化，因此无法全面评估电池模块的潜在热失控风险，且精确度不高，容易误报，植入电池内部的传感器价格较为昂贵，且在一定程度上影响电池的性能，现今的热失控气体检测传感器精度亦亟待提高。

国内外对于锂离子电池热失控阻隔技术的研究主要是采用气凝胶、环氧树脂等隔热材料抑制热量的传播扩散，进而阻断热失控的蔓延。然而，现今的隔热材料未充分考虑热失控时温度与材料性能的匹配，忽略了充放电过程中电池体积的变化和热失控时爆炸超压对材料的影响。因此，目前仍缺少集隔热、耐压、阻燃等于一体的隔热材料，研发一种高效的隔热材料并改进电池模块的组装排列方式，实现良好隔热的同时保障电池模块的能量密度势在必行。

目前对于电池热失控火灾灭火技术的研究多针对七氟丙烷、全氟己酮、细水雾等单一灭火剂，较少关注多种灭火技术的协同作用(单一灭火剂都存在自身缺陷，如七氟丙烷降温效果差、电池容易复燃；全氟己酮用量大，成本高；细水雾易造成设备短路等)，以及灭火剂的使用方法、使用时间、使用量等对火灾抑灭效果的影响。

今后可开展的工作包括分析现有灭火剂的灭火机理及应用特点，筛选环保、经济高效的灭火组分，明确各组分对电池火灾的抑制特征及机理，筛选强降温介质与灭火剂进行复合，研发灭火速度快、降温效果好的复合灭火抑爆剂。根据复合灭火抑爆剂的理化特性，确定灭火装置输运、混合喷放方案和灭火抑爆剂的使用量、喷射方式等参数，提高灭火技术的高效性和可靠性，实现电池火灾的有效抑灭，并防止电池二次失控。